超超临界火电机组培训系列教材

电厂化学分册

主　编　吴春华
参　编　龚云峰　赵晓丹　王　啸
诸红玉　徐刚华

中国电力出版社
CHINA ELECTRIC POWER PRESS

内容提要

本书是《超超临界火电机组培训系列教材》的《电厂化学分册》。全书共二十三章，详细介绍了水的混凝、澄清和过滤处理，超滤和反渗透预除盐处理，离子交换深度除盐处理，凝结水精处理，循环冷却水处理，热力设备腐蚀与防止，锅内水化学工况及水汽品质控制，化学清洗，废水处理，制氢系统，电力用油，锅炉补给水处理和凝结水精处理的程序控制等。

本书适合从事1000MW超超临界火力发电机组设计、安装、调试、运行、检修及其管理工作的工程技术人员阅读，可作为电厂生产人员的培训教材，亦可供有关专业人员和高等学校相关专业师生参考。

图书在版编目(CIP)数据

超超临界火电机组培训系列教材. 电厂化学分册/吴春华主编. —北京:中国电力出版社,2013.1 (2021.10重印)
ISBN 978-7-5123-3218-8

Ⅰ.①超… Ⅱ.①吴… Ⅲ.①火力发电-发电机组-技术培训-教材②火电厂-电厂化学-技术培训-教材 Ⅳ.①TM621

中国版本图书馆CIP数据核字(2012)第137429号

中国电力出版社出版、发行
(北京市东城区北京站西街19号 100005 http://www.cepp.sgcc.com.cn)
三河市百盛印装有限公司印刷
各地新华书店经售
*
2013年1月第一版 2021年10月北京第四次印刷
787毫米×1092毫米 16开本 22.5印张 535千字
印数5501—6500册 定价**64.00**元

《超超临界火电机组培训系列教材》

编　委　会

主　任　姚秀平
副主任　倪　鹏　刘长生
委　员　杨俊保　任建兴　符　杨　郑蒲燕　高　亮　肖　勇　章德龙
丁家峰　钱　虹　吴春华　徐宏建　张友斌　李建河　潘先伟
张为义　符义卫　黄　华　陈忠明　洪　军　孙志林

《锅炉分册》编写人员

主　编　章德龙
副主编　王云刚　缪加庆

《汽轮机分册》编写人员

主　编　丁家峰
副主编　陆建峰　王亚军　戴　欣

《电气分册》编写人员

高　亮　江玉蓉　陈季权　胡　荣　杨军保　洪建华　**编　著**

《热控分册》编写人员

主　编　钱　虹
副主编　黄　伟　刘训策　汪　容

《电厂化学分册》编写人员

主　编　吴春华
副主编　龚云峰　赵晓丹　王　啸　诸红玉　徐刚华

《燃料与环保分册》编写人员

主　编　徐宏建
副主编　辛志玲　谈　仪　李中存　许　斌

前　言

进入21世纪，我国经济飞速发展，电力需求急速增长，电力工业进入了快速发展的新时期。截至2011年底，全国发电装机容量达10.56亿kW，首次超过美国（10.3亿kW），成为世界电力装机第一大国。其中，火电7.65亿kW。目前，全国范围内已投产的单机容量1000MW超超临界火电机组共有47台，投运、在建、拟建的百万千瓦超超临界机组数量居全球之首。华能玉环电厂、华电邹县电厂、外高桥第三发电厂、国电泰州电厂等一大批百万千瓦级超超临界机组的相继投产，标志着我国已经成功掌握世界先进的火力发电技术，电力工业已经开始进入“超超临界”时代。根据电力需求和发展的需要，未来几年，我国还将有大量大容量、高参数的超超临界机组相继投入生产运行。因此，编写一套专门用于1000MW超超临界机组的培训教材有着现实需求的积极意义。

上海电力学院作为一所建校六十余年的电力院校，一直以来依托自身电力特色，利用学校的行业优势，发挥高校服务社会的功能，依托丰富的电力专业师资资源，大力开展针对发电企业生产人员的各类型、各层次、各工种的技术培训。从20世纪70年代至今，学校已先后为全国近百家电厂，从125MW到600MW的超临界机组，以及我国第一台1000MW超超临界火力发电机组——华能玉环电厂等培养了大批技术人才，成为最早开始培训同时接受培训厂家最多、机组类型最丰富的院校之一。2012年11月，学校以1000MW火电机组培训代表的面向发电企业技术项目正式被上海市评为2006～2012年市级培训品牌项目。

本套丛书包括《锅炉分册》、《汽轮机分册》、《电气分册》、《热控分册》、《电厂化学分册》与《燃料与环保分册》6个分册，是学校基于多年以来的培训经历累积而成，并融合多家在学校培训的厂家资料，由上海电力学院和皖能铜陵发电有限公司合作完成的。

丛书在编写过程中，力求反映我国超超临界1000MW等级机组的发展状况和最新技术，重点突出1000MW超超临界火电机组的工作原理、设备系统、运行特点和事故分析，包含国内主要四大发电设备制造企业——上海电气、哈尔滨电气、东方电气、北京巴威的技术资料，以及大量国内外最新的百万机组资料，并经过华能玉环电厂、国电泰州电厂、皖能铜陵电厂、国华绥中电厂、华润广西贺州电厂、国华徐州电厂、国电谏壁电厂、浙能台州电厂、江苏新海电厂、浙能嘉兴电厂、浙能舟山六横电厂、华电句容电厂、华能南通电厂等十几家百万千瓦发电机组企业培训使用，最终逐步修改、完善而成。本套丛书注重理论联系实际，紧密围绕设备型号进行讲解，是超超临界火电机组上岗、在岗、转岗、技能鉴定、继续教育通用培训的优秀教材。

本套丛书由上海电力学院副院长姚秀平教授担任编委会主任，现皖能集团总工程师倪鹏（原皖能铜陵发电有限公司总经理）、皖能铜陵发电有限公司总经理刘长生担任编委会副主任，上海电力学院华东电力继续教育中心和皖能铜陵发电有限公司负责组织校内18位长期从事培训工作的教师和10位专工联合编写，历时近3年，历经多次修改而成。

本套丛书在编写过程中，中国上海电气集团公司、华东电力设计院、国华宁海发电有限公司、国电北仑发电有限公司、中电投上海漕泾发电有限公司、外高桥第三发电有限公司、浙能嘉兴发电有限公司、国电泰州发电有限公司、浙能舟山六横煤电有限公司等提供了大量的技术资料并给予了大力的支持和热情帮助；上海电力学院成教院杨俊保副院长、培训科肖勇科长、司磊磊老师以及多位研究生为本丛书的出版做出了大量细致工作，在此表示诚挚的感谢。

本册为《电厂化学分册》，全书共二十三章，其中第一～四章、第十三章由龚云峰编写，第五～八章由赵晓丹编写，第九～十二章、第十四章由吴春华编写，第十五～二十章由诸红玉编写，其他章节由王啸编写，现场技术资料由徐刚华提供，全书由吴春华负责统稿。本分册由丁桓如担任主审。

由于知识和经验有限，书中难免有不妥之处，恳请广大读者提出宝贵意见，以利不断完善。

编者
2012年11月

目　录

第一章

绪　　论

由于水的传热性能好、热容量高，因此被认为是火力发电厂的理想工质。在火力发电厂生产过程中，燃料在锅炉中燃烧，把燃料中的化学能转变成热能传递给锅炉水冷壁中的水，吸收热能后的水变成具有一定温度的蒸汽，然后流经过热器进一步升温后进入汽轮机，推动汽轮机旋转。旋转的汽轮机带动发电机将机械能转变为电能。汽轮机做功后的乏汽排入凝汽器中，被冷却水冷却成凝结水，高参数机组凝结水经处理后再次送回锅炉循环利用。因此，水在火力发电厂中起着能量传递、水变成高温蒸汽后推动汽轮机旋转做功和冷却等作用。

第一节　火力发电厂生产用水

一、火力发电厂中汽水流程

当压力等于或超过临界压力时，汽水的密度差消失，无法进行汽水分离，所以，超临界参数锅炉只能采用直流锅炉。典型的超临界直流锅炉机组汽水流程如图 1-1 所示。

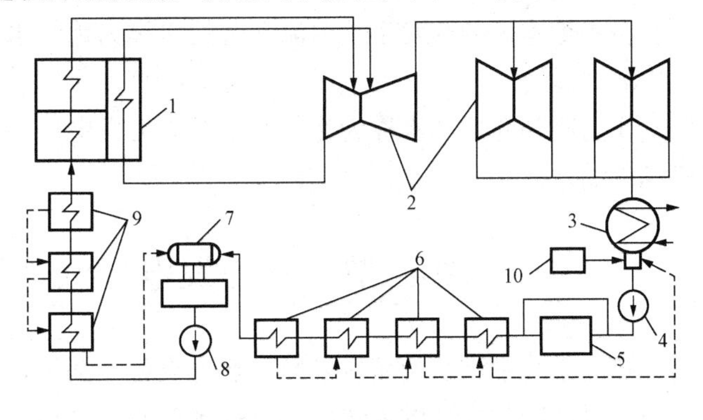

图 1-1　超临界直流锅炉机组水汽循环流程

1—锅炉；2—汽轮机；3—凝汽器；4—凝结水泵；5—凝结水精处理系统；6—低压加热器；7—除氧器；8—给水泵；9—高压加热器；10—补给水处理系统

二、各种汽水损失

在上述汽水循环系统中，汽水虽然是循环流动的，但是总不免有些损失。造成这些汽水损失的主要原因有以下几部分：

1. 锅炉部分

锅炉的排污放水、安全门和过热器放汽门的向外排汽、用蒸汽推动的附属机械、蒸汽吹灰和燃烧液体燃料时采用蒸汽雾化等。

2. 汽轮机组

汽轮机的轴封排汽、抽汽器和除氧器排气口的排汽。

3. 各种水箱

各种水箱（如疏水箱等）有溢流和热水的蒸发等。

4. 管道系统

各管道系统法兰盘连接不严密、阀门泄漏等。

凝汽式电厂汽水损失量一般小于锅炉蒸发量的2%～4%。为了维持热力系统的正常汽水循环流动，就要补充这些损失，这部分水称为补给水。

三、火力发电厂生产用水分类

1. 生水

又称原水，是指未经处理的天然水，如江河水、湖水、地下水等。在火力发电厂中生水既可作为制取锅炉补给水的水源，又可作为冷却水或消防水使用。

2. 锅炉补给水

生水经过各种方法净化处理后，用来补充热力系统汽水损失的水。锅炉补给水按其净化处理方法的不同，又可分为软化水、蒸馏水和除盐水等。

3. (汽轮机) 凝结水

在（汽轮机）中做功后的蒸汽经过冷凝成的水。

4. 疏水

火力发电厂内部各种蒸汽管道和用汽设备中的蒸汽凝结成的水称为疏水，它经疏水器汇集到疏水箱。在火力发电厂中高压疏水一般回收到除氧器，低压疏水回收到凝汽器。

5. 返回凝结水

返回凝结水指向热用户供热后，回收的蒸汽凝结水。其中又有热网加热器凝结水和生产蒸汽凝结水之分。

6. 给水

送往锅炉的水称为给水。凝汽式发电厂的给水主要由凝结水、补给水和各种疏水组成。热电厂还包括返回凝结水。

7. 锅炉水

在锅炉本体的蒸发系统内流动着的水称为锅炉水，简称炉水。

8. 冷却水

作为冷却介质的水称为冷却水。在火力发电厂中，它主要是指通过凝汽器用以冷却汽轮机排汽的水。

第二节 火力发电厂汽水品质不良的危害

热力系统中汽水的品质是影响热力设备（锅炉、汽轮机等）安全、经济运行的重要因素之一。没有净化处理的天然水含有许多杂质，这种水如进入汽水循环系统，将会造成各种危害。为了保证热力系统中有良好的水质，必须对水进行适当的净化处理和严格的汽水质量监督。

热力系统中由于汽水品质不良引起的危害主要有以下几种：

一、热力设备的结垢

如果进入锅炉或热交换器的水质不良，则经过一段时间运行后，在和水接触的受热面上会生成一些固体附着物，这种现象称为结垢，这些固体附着物称为水垢，如图1-2所示。因为水垢的导热性能比金属差数百倍，这些水垢又极易在热负荷很高的锅炉炉管中生成，所以结垢对锅炉（或热交换器）的危害很大。它可使结垢部位的金属管壁过热，引起金属强度下降。这样在管内压力的作用下，就会发生管道局部变形、产生鼓包，甚至引起爆管事故，如图 1-3 所示。结垢不仅危害到安全运行，还会大大降低运行经济性。

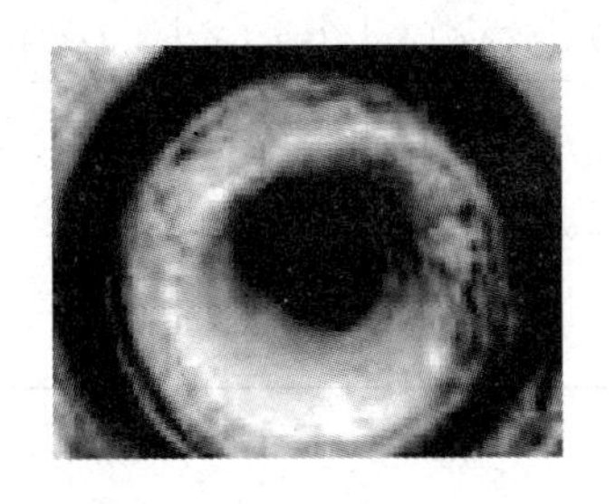

图 1-2 锅炉管道结垢

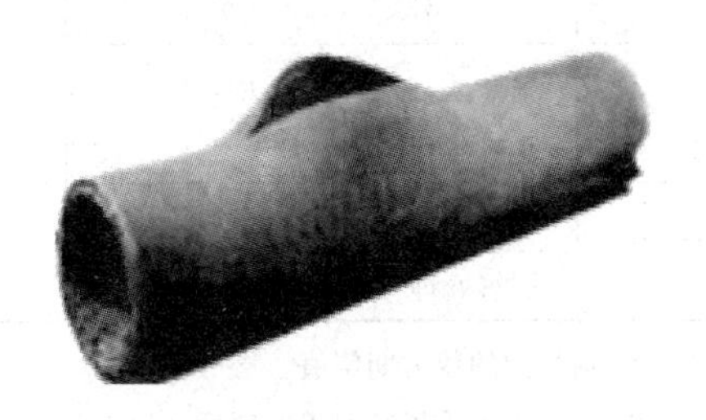

图 1-3 管道局部过热而引起的破裂

二、热力设备的腐蚀

热力设备的金属经常和水接触，若水质不良，则会引起金属的腐蚀，如图 1-4 所示。腐蚀不仅会缩短设备本身的使用寿命、造成经济损失，同时还因为金属的腐蚀产物进入水中，使给水杂质增多，进一步加剧在高热负荷受热面上的结垢过程，结成的垢又会促进锅炉炉管的垢下腐蚀。此种恶性循环会迅速导致爆管事故。

三、过热器和汽轮机的积盐

水质不良会使锅炉不能产生高纯度的蒸汽，蒸汽带出的杂质就会沉积在蒸汽通过的各个部位。如过热器和汽轮机，这种现象称积盐，如图 1-5 所示。积盐会引起过热器金属管壁过热甚至爆管；降低汽轮机出力和效率，严重时，还会使推力轴承负荷增大，隔板弯曲，造成事故停机。

图 1-4 金属材料腐蚀

图 1-5 汽轮机积盐

随机组参数的不断提高，其对汽水品质的要求也越高。表 1-1 给出了超临界火力发电机组给水、蒸汽和凝结水的质量标准（DL/T 912—2005《超临界火力发电机组水汽质量标准》）。

表 1-1　　超临界火力发电机组给水、蒸汽和凝结水的质量标准

项目	氢电导率（25℃，μS/cm）		SiO_2（μg/L）	Fe（μg/L）	Cu（μg/L）	Na^+（μg/L）	Cl^-（μg/L）	TOC（μg/L）
给水	挥发处理	＜0.20(＜0.15)	≤15（≤10）	≤10（≤5）	≤3（≤1）	≤5（≤2）	≤5（≤2）	≤200
	加氧处理	＜0.15(＜0.10)						

续表

项目		氢电导率（25℃，μS/cm）	SiO_2（μg/L）	Fe（μg/L）	Cu（μg/L）	Na^+（μg/L）	Cl^-（μg/L）	TOC（μg/L）
蒸汽		<0.20（<0.15）	≤15（≤10）	≤10（≤5）	≤3（≤1）	≤5（≤2）	—	—
凝结水	挥发处理	<0.15(<0.10)	≤10（≤5）	≤5（≤3）	≤2（≤1）	≤3（≤1）	≤3（≤1）	—
	加氧处理	<0.12(<0.10)						

注　1. 括号内的数为期望值。

2. 凝结水水质指经混床处理后。

火力发电厂的水处理工作就是为了保证热力系统各部分有良好的汽水品质，以防热力设备的结垢、腐蚀和积盐。对机组安全、经济运行具有十分重要的意义。

超临界机组的化学工作主要有以下内容：

（1）净化生水，制备热力系统所需质量的补给水。它包括去除天然水中的悬浮物和胶体杂质的澄清、过滤等预处理；除去水中全部溶解盐类的除盐处理。补给水的处理通常称为锅炉外水处理。

（2）对给水进行除氧、加药等处理。

（3）对汽轮机凝结水进行净化处理。

（4）对冷却水进行防垢、防腐和防止有机附着物等处理。

（5）对热力系统设备各部分的汽水质量进行监督。

（6）热力设备化学清洗以及汽轮机、锅炉停运期间的保养工作。

第二章

水 质 概 述

第一节　天 然 水 中 杂 质

自然界的水一直处于不停的运动中，并保持循环状态。水的循环可以分为自然循环和社会循环两种。水在循环运动过程中，接触大气、尘埃、土壤、岩石、矿物以及各种污染物，还会滋生微生物及各种水生生物，这样给水中带入很多杂质。对于天然水中杂质，可以按其颗粒大小进行分类，分为悬浮物、胶体和溶解物质三类，溶解物质又可以分为溶解气体、溶解的无机离子、溶解的有机物质三种。

一、悬浮物

悬浮物通常指水中大于100nm（0.1μm）以上的颗粒，它属于肉眼可见或者光学显微镜下的可见物。这一类物质包括泥砂、黏土、藻类、细菌及动植物的肢体，例如水中细菌大小在0.1μm至几十微米之间，泥砂颗粒一般大于100μm，而藻类、动植物肢体则有更大的尺寸。

二、胶体

胶体是指水中尺寸约为1～100nm的颗粒。由于颗粒较小，沉降速度很慢，依重力很难达到沉降的目的，再加上胶体颗粒带有电荷以及布朗运动的影响，使水中胶体颗粒非常稳定，不能用自然沉降方法去除。

水中胶体按成分可以分为无机胶体、有机胶体和混合胶体三种，无机胶体多为硅、铝、铁的化合物、复合物及其聚合体，比如各种黏土胶体就是典型的无机胶体；有机胶体多为大分子的有机物，天然水中经常见到腐殖质、蛋白质类的有机胶体；混合胶体多为无机胶体上吸附了大分子有机物构成。

三、溶解物质

1. 溶解气体

地表水由于和空气接触，空气会溶入水中。所以水中存在溶解的氧气即溶解氧，CO_2也会溶解在水中。另外，由于地壳运动，水生生物作用等原因，放出的CO_2也会增加水中CO_2含量。排入地表水的各种废水，还会给地表水带入氨、硫化氢等气体。

地下水由于和空气隔绝，水中溶解氧很少。但由于地下水长期在地层中，地壳活动产生的CO_2会大量溶解在地下水中，地下水的CO_2含量通常很高。

水与空气接触，在大气压力下，水中最大的溶解氧量为14.5mg/L（0℃时），也即是此条件下的饱和溶解量。实际天然水中的溶解氧量达不到上述饱和量，一般仅为5～10mg/L，水中溶解氧主要来自大气，水中溶解氧另一个来源是水生生物的光合作用，它能将 CO_2 转变为有机质而放出氧。

一般地表水中 CO_2 含量约几至几十毫克每升，地下水中 CO_2 含量达几十至几百毫克每升，远远大于与空气相平衡时由空气溶入的 CO_2，这主要是因为水生生物活动及地壳变化带入造成的。比如水生生物吸收氧气，氧化体内有机质后，产生 CO_2 排出体外，进入水中。

天然水中氨主要来自工业和生活废水中的污染物。当废水中含氮有机物（如蛋白质、尿素等）进入天然水体后，会在微生物作用下进行生物氧化，将有机质氧化为 CO_2、水和氨（NH_3 及 NH_4^+），氨就是通常所称的氨氮，氨氮再进一步氧化可以氧化为 NO_2^- 或 NO_3^-，它称为硝酸氮。

从水中总氮、有机氮、氨氮、硝酸氮的多少和相对含量比例，可以判断水的污染程度及水污染时间的长短。

天然水中总氮的含量一般在 0 至几毫克每升。

地下水中有时含有硫化氢，当达 0.5～1mg/L 时，就可感觉到明显的臭鸡蛋味，它多数在特殊地质环境中生成。地下水中 H_2S 含量一般在 0 至几毫克每升。地表水中很少有硫化氢存在，偶尔出现硫化氢多是因为工业废水和生活废水排放的含硫化合物在缺氧条件下进行厌氧分解被还原而产生硫化氢。

2. 溶解的无机离子

天然水中溶解的无机离子主要有：阳离子 K^+、Na^+、Ca^{2+}、Mg^{2+} 等，阴离子 HCO_3^-（CO_3^{2-}）、SO_4^{2-}、Cl^-、$HSiO_3^-$ 等。两者含量占水中总的无机离子 95%以上。除了这些主要的离子外，其他的还有 Fe^{2+}、Cu^{2+}、Mn^{2+}、Ba^{2+}、Sr^{2+}、I^-、PO_4^{3-}（HPO_4^{2-}、$H_2PO_4^-$）、NO_3^-、NO_2^-、F^-、Br^-，但含量均很低，约在毫克每升级及以下。

一般天然水中 Ca^{2+}、Mg^{2+} 含量约为几毫摩尔每升，而且 Ca^{2+} 比 Mg^{2+} 多，在水溶解固形物小于 500mg/L，Ca^{2+} 与 Mg^{2+} 摩尔比约为(2～4)：1；当水溶解固形物大于 1000mg/L 时，Ca^{2+} 与 Mg^{2+} 摩尔比约为(1～2)：1；水中溶解固形物含量再高时，Mg^{2+} 含量会高于 Ca^{2+} 含量，比如海水中 Mg^{2+} 约为 Ca^{2+} 的 2～3 倍，含 Mg^{2+} 高的水，口感有苦味。

一般天然水中 HCO_3^- 浓度约几毫摩尔每升，若水 pH 值较高，有一部分 HCO_3^- 会变为 CO_3^{2-} 存在，但 CO_3^{2-} 浓度太高时，则要与 Ca^{2+} 形成 $CaCO_3$ 沉淀析出。

天然水中 SO_4^{2-} 浓度较低，一般在几十毫克每升或以下。随天然水中溶解固形物增高，水中 SO_4^{2-} 浓度增多，苦咸水中 SO_4^{2-} 及 Mg^{2+} 浓度均高。

一般来讲，天然水中 K^+ 浓度低于 Na^+ 浓度，一则因为含钾的岩石不及含钠岩石普遍，二则进入水中 K^+ 还会再次结合进入黏土矿物（如伊利石）中，使天然水中 K^+ 浓度降低。

一般天然水中 Cl^- 和 Na^+ 的浓度在几十至几百毫克每升，K^+ 浓度比 Na^+ 浓度低。我国天然水中 Na^+ 和 K^+ 的摩尔浓度比约为 7：1，按 mg/L 计，K^+ 约为 Na^+ 含量的 4%～10%。

天然水中硅化合物种类繁多，形态各异，在水质分析中通常用 SiO_2 来表示。天然水中 SiO_2 含量一般在 1～20mg/L 之间，含量高的天然水可达 60～100mg/L，甚至超过 100mg/L。

海水中 Na^+ 和 Cl^- 浓度很高，NaCl 含量约为35 000mg/L，近海地区的地表水及某些井水，也会由于海水倒灌等原因渗入海水，而使 NaCl 浓度上升至几千毫克每升。

由于地下是还原性的缺氧环境，所以，地下水中有时含有较多的 Fe^{2+} 和 Mn^{2+}。

3. 溶解的有机物质

天然水中有机物和无机物一样，可以分为溶解态、胶态和悬浮态三种，它们来自工业和生活排放物、动植物肢体、微生物、动植物和微生物的代谢产物等。

目前，在天然水有机物研究中，通常采用水通过 0.45μm 孔径滤膜后的水中有机物当作溶解态有机物。

天然水中有机物含量，若用总有机碳（TOC）表示，一般在几至几十毫克每升，用 COD_{Mn} 表示，多在 1～10mg/L，个别污染严重的水，COD_{Mn} 在 10mg/L 以上，地下水有机物含量少，COD_{Mn} 约 1mg/L。

第二节　水质指标

在工业用水中，常使用一些指标来表示水的质量，这就是水质指标。在其他用水场合比如生活用水、工业废水等，也有相应的水质指标，不同场合所用的水质指标之间大部分是相同的，但也有一些各自的特殊点，这主要是为适应各自不同要求而定的。

工业用水常用的水质指标可以分为两种类型，一种是表示水中某些具体成分（如离子、分子等）含量，如表示水中 Na^{+}、K^{+}、SO_4^{2-}、Cl^{-} 等的指标。钠、钾、硫酸根、氯离子等，这些明确表示水中相应物质含量的指标通常叫做成分性指标；另一种类型称为技术性指标，它是用一种指标来表示水中某一类物质总的含量或者是某一类物质的某种性质，比如硬度表示水在受热时产生结垢的物质总量（通常指 Ca^{2+}、Mg^{2+} 总量），溶解固体表示水中溶解的物质的总量，化学耗氧量是借水中有机物被氧化时消耗的氧化剂量来反映水中有机物的多少。

一、悬浮物、浊度

天然水中粗分散颗粒除悬浮物外，还有胶体，它们的共同特性是使水呈混浊感，而水质清晰透明是生活饮用水及高质量工业用水的基本条件，浊度指标用来反映水中悬浮物和胶体的多少。

浊度测量中一个重要问题是浊度的单位，目前通用的是福马肼单位，它是利用一定量硫酸肼和六次甲基四胺反应生成的微粒作为浊度单位。其配制方法为：

1g 硫酸肼溶于 100mL 无浊水中，成为溶液 A；10g 六次甲基四胺溶于 100mL 无浊水中，成为溶液 B；将 5mL 溶液 A 和 5mL 溶液 B 混合在（25±3）℃下放置 24h 后再用无浊水稀释至 100mL，此即福马肼浊度为 400 的标准液，可在 30℃以下保存一周，低于 400 福马肼浊度的标准液可用无浊水稀释获得。

所谓的无浊水通常是指纯水经过 0.15μm 微孔滤膜过滤后的水，该水不宜储存，现制现用。

采用福马肼标准液，利用散射光原理测得的浊度称为散射光福马肼浊度（NTU），采用福马肼标准液利用透射光原理测得的浊度称为透射光福马肼浊度（FTU）。

福马肼浊度标准是目前通用的浊度标准。

二、溶解固体、含盐量

将滤去悬浮物后的水在水浴上蒸发至干，然后在105～110℃下恒重，得到的固体物质量即为水的溶解固体，以前也叫蒸发残渣。从测定方法可知，溶解固体代表水中除溶解气体外的全部溶解物质量，但实际上还存在一些偏差，这主要是由于水蒸干后所得到的固体物质中某些物质（如$NaOH$、Na_2SO_4等）还含有结晶水，在110℃下不会全部失去，另外重碳酸盐在105～110℃下也会分解，损失了重碳酸根51%的质量。即

$$2HCO_3^- \longrightarrow CO_3^{2-} + H_2O + CO_2 \uparrow \tag{2-1}$$

$$\frac{CO_2 + H_2O}{2HCO_3^-} = \frac{62}{122} = 0.51 = 51\%$$

水中的有机物在110℃下也会有部分分解。

水的含盐量严格地讲指水中溶解的无机盐的总量，它是通过水质全分析，根据所测得的水中全部阳离子量和全部阴离子量通过计算而得。含盐量有两个单位，一个是mg/L，一个是mmol/L，采用mg/L时，含盐量为水中全部阳离子含量（以mg/L表示）和全部阴离子含量（以mg/L表示）之和；采用mmol/L时，含盐量为水中全部阳离子含量（以mmol/L表示）之和或全部阴离子含量（以mmol/L表示）之和。

溶解固体可以近似代表水的含盐量，但不能完全代表水的含盐量，它们之间关系约为

$$S = \sum x + \sum y = m - SiO_2 - \sum z + \frac{1}{2}HCO_3^- \tag{2-2}$$

式中 S——含盐量，mg/L；

$\sum x$——所有阳离子之和，mg/L；

$\sum y$——所有阴离子之和，mg/L；

m——溶解固体含量，mg/L；

SiO_2——全硅含量，mg/L；

$\sum z$——所有有机物之和，mg/L。

三、电导率

水中溶解的带电荷离子在电场作用下会移动，即有电流通过，因而水是导电的，水的导电能力即电导率，电导率大小是与水中带电离子量成正比，所以可以用电导率来反映水中溶解的离子含量。

与测定水的溶解固体和含盐量相比，电导率方法简便、快速、灵敏度高，又不破坏水样，所以得到广泛应用，特别适应于工业水处理的过程监测。

电导率的单位是S/cm，但该单位太大，常用的是它的10^{-6}，即μS/cm。

一般天然水的电导率可达几百微西每厘米，纯水的电导率小于10μS/cm，超纯水的电导率小于0.1μS/cm，理论纯水的电导率（25℃）为0.055μS/cm。

水的电导率是水中各种导电离子对电导率贡献的代数和，可以通过测得水中各种导电离子浓度来计算水的电导率，公式为

$$\gamma = \sum \gamma_i = \sum n_i z_i \Lambda_i \tag{2-3}$$

式中 n_i——水中i组分离子的浓度，mol/L；

z_i——i离子带有的电荷数；

Λ_i —— i 组分的摩尔电导率，$\mu S \cdot cm^2/mol$。

例：已知 25℃时 H^+ 的摩尔电导率 $\Lambda_{H^+} = 349.8 S \cdot cm^2/mol$，$OH^-$ 的摩尔电导率 $\Lambda_{OH^-} = 197.6 S \cdot cm^2/mol$，求 25℃理论纯水的电导率和电阻率。

解：由于理论纯水中仅有 H^+ 和 OH^-，且 $[H^+] = [OH^-] = 10^{-7} mol/L$

$$\begin{aligned}\gamma &= \Lambda_{H^+} \times 10^{-7} mol/1000cm^3 + \Lambda_{OH^-} \times 10^{-7} mol/1000cm^3 \\ &= 0.55 \times 10^{-7} S \cdot cm^2/cm^3 = 0.055 \times 10^{-6} S \cdot cm^{-1} = 0.055 \mu S \cdot cm^{-1}\end{aligned}$$

$$\rho = \frac{1}{\gamma} = \frac{1}{0.055 \times 10^{-6}} = \frac{1}{0.055} \times 10^6 \Omega \cdot cm = 18.2 M\Omega \cdot cm$$

电导率使用中另有一个问题是电极常数的测量，实际应用中通常采用已知摩尔电导的一定浓度 KCl 溶液进行测量。

例：一未知电极常数的待测电极，将其放入 0.01mol/L KCl 溶液中，保持 25℃，测其电导，通过电导来计算电极的电极常数。

解：25℃时 0.01mol/L KCl 溶液的电导率可通过理论计算，即

$$\begin{aligned}\gamma &= \sum n_i z_i \Lambda_i = (\Lambda_{K^+} + \Lambda_{Cl^-}) \times 1 \times 0.01 mol/L \\ &= (73.5 + 76.32) S \cdot cm^2/mol \times 1 \times 0.01 mol/1000cm^3 \times 10^6 \\ &= 1498 \mu S \cdot cm^{-1}\end{aligned}$$

若该电极在 0.01mol/L KCl 溶液中测得电导为 2000μS，则该电极电极常数为

$$K = \frac{\gamma}{S} = \frac{1498 \mu S \cdot cm^{-1}}{2000 \mu S} = 0.749 cm^{-1}$$

电导率可以反映水中溶解的盐类多少，但与含盐量数值之间却无明显的固定关系，因而不能用电导率来计算含盐量的具体数值，仅能在同一类的水中，用电导率对含盐量作一些简单的估算。特别要指出的是，某些化合物如 SiO_2 类物质，对电导率的影响是很小的，所以，用电导率是无法判断 SiO_2 类物质的多少的。

四、碱度

水的碱度指水中能接受强酸中 H^+ 或与之发生反应的物质的量，包括碱及强碱弱酸盐，比如 NaOH、$NaHCO_3$、Na_2CO_3、$Ca(HCO_3)_2$、$Mg(HCO_3)_2$、Na_3PO_4、Na_2HPO_4、NaH_2PO_4、腐殖酸盐等。

磷酸盐只存在在锅炉水、冷却水等特殊场合，天然水中一般没有磷酸盐，腐殖酸盐含量也不高，而且 pH 值多为中性，所以天然水碱度大多仅由 HCO_3^- 构成，在少数 pH 值较高的天然水中，除 HCO_3^- 外，还有少量 CO_3^{2-}，甚至 OH^-。

要区别碱度和碱、碱性及 pH 值之间的不同。碱度包括碱但不全是碱，而且大多数情况碱度仅是由强碱弱酸盐组成；含有强碱的水碱性强，pH 值也高，但碱度不一定高；而碱度高的水，碱性不一定强，pH 值也不一定高。

按测定方法不同，碱度有甲基橙碱度和酚酞碱度之分，甲基橙碱度是在用酸滴定水碱度时，用甲基橙作指示剂，甲基橙由黄变橙色时为滴定终点，此时 pH 值约为 4.2～4.4；酚酞碱度是用酚酞作指示剂，酚酞由红变无色时为滴定终点，此时 pH 值约为 8.2～8.4。甲基橙碱度又称 M 碱度或全碱度，酚酞碱度又称为 P 碱度。天然水中 P 碱度和 M 碱度间关

系如图 2-1 所示。

五、酸度

水的酸度指水中能接受强碱中 OH^- 或与之发生反应的物质量。

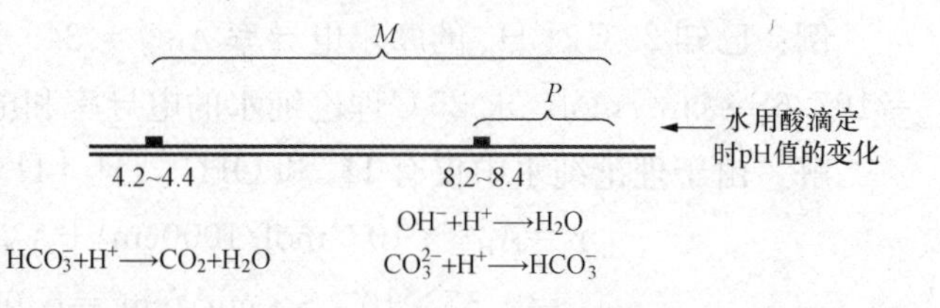

图 2-1 天然水 P 碱度和 M 碱度之间关系示意图

水酸度的测定是用 NaOH 来滴定，指示剂可以用酚酞也可以用甲基橙。用酚酞时，测定结果包括水中强酸（HCl、H_2SO_4 等）、弱酸（如 H_2CO_3、有机酸等）及强酸弱碱盐（如 $FeCl_3$ 等），测得的酸度称为总酸度。用甲基橙作指示剂时，测定结果仅为水中的强酸（或某些强酸弱碱盐），此时称为强酸酸度，有时强酸酸度也简称为酸度，比如阳离子交换出水酸度实际是指强酸酸度。

六、硬度

硬度通常是指水中钙镁离子总量，因为它们能形成坚硬的水垢，所以叫硬度。相反，去除水中钙镁离子的过程则称为软化，去除钙镁离子的水则称为软化水。

硬度常用的单位是 mmol/L(C=1/2Ca^{2+} 或 1/2Mg^{2+})，但目前还在使用一些其他单位，比如：

$mgCaCO_3$/L：是将水中硬度离子全部换算成 $CaCO_3$，计算其 mg/L 的浓度，1mmol/L =50$mgCaCO_3$/L。

德国度°G：指水中硬度离子全部换算成 CaO，计算其 mg/L 的浓度，每 10mg/L 即为 1°G，1mmol/L=2.8°G。

水的重碳酸盐硬度指水中与 HCO_3^- 相结合的钙镁离子量，水的非碳酸盐硬度指水中与 Cl^-、SO_4^{2-}、NO_3^- 相结合的钙镁离子量。所谓“结合”是一个假设的概念。

碳酸盐硬度由于在水受热时会以垢形式析出，故又叫暂时硬度，非碳酸盐硬度在水受热时不会析出垢，所以又称为永久硬度。

七、表示水中有机物含量的指标

水中有机物质种类多，有机物单种检测极其困难，所以水中有机物含量无法像测定无机离子那样逐个进行测定。目前，常用的方法是利用有机物整体的某种性质（如可以被氧化，含有碳，对紫外光吸收等）来进行测定，间接反映水中有机物含量的多少。常用的表示水中有机物含量的指标如下：

1. 化学耗氧量（COD）

有机物是碳氧化合物，遇到氧化剂时会被氧化，氧化产物可以是 CO_2 和 H_2O，但更多的是在氧化剂作用下，有机物中链发生断裂，大分子有机物被氧化成小分子有机物。化学耗氧量是在一定的条件下，水中有机物被氧化时消耗的氧化剂量（换算成氧量），即化学耗氧量单位为 mgO_2/L。

测定化学耗氧量所用的氧化剂有两种，一种是用高锰酸钾 $KMnO_4$，测定结果标示为 COD_{Mn}，另一种是用重铬酸钾 $K_2Cr_2O_7$，测定结果标示为 COD_{Cr}。$K_2Cr_2O_7$ 对水中有机物的氧化率比 $KMnO_4$ 高。对同一种水，测得的 COD_{Cr} 大约为 COD_{Mn} 的 2～3 倍，但 COD_{Mn} 和 COD_{Cr} 之间不存在明确的换算关系。

COD_{Cr}多用于废水中有机物测定，COD_{Mn}多用于给水等较清洁水中有机物测定。

化学耗氧量只能用来对不同水中有机物作相对比较，因为影响测定结果除了与测定条件有关外，还与水中有机物种类、分子大小、分子结构等有关，利用化学耗氧量定量水中有机物的含量是困难的。

2. 生化需氧量（BOD）

水中有机物可以作为微生物的营养源，微生物在吸收水中有机物后，又吸收水中溶解氧，在体内对有机物进行生物氧化，所以水中微生物需要的氧量也间接反映水中有机物含量，所需的氧量即生化需氧量，符号是BOD，它反映了水中有机物的多少。

严格讲，生化需氧量指水中可以被生物降解的有机物多少，如碳水化合物、蛋白质、脂肪等，不包括水中不能被生物降解的有机物，如大分子腐殖质类物质等。

水中有机物被生物氧化降解一般分为两个阶段，第一阶段是有机物被氧化成CO_2、H_2O、NH_3，称为碳化阶段，需要的氧量称为碳化需氧量，第二阶段NH_3被氧化为NO_2^-和NO_3^-，称为硝化阶段，需要的氧量称为硝化需氧量，水中有机物被生物氧化过程如图2-2所示。

完成碳化阶段氧化需要20天左右（20℃时），目前采用的BOD_5指水在20℃时，生物氧化5天时需要的氧量，其值大约是碳化需氧量的70%。

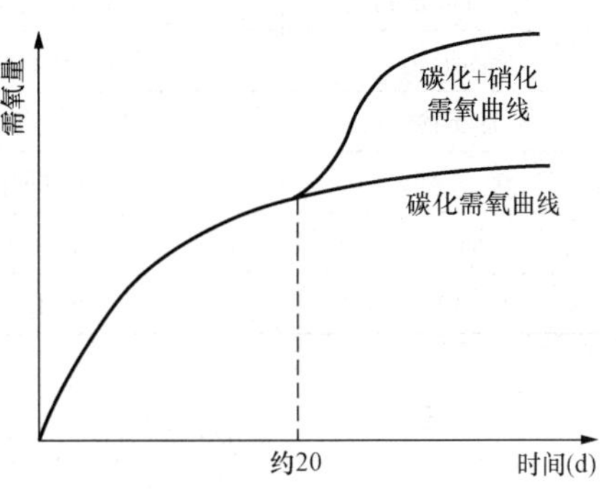

图2-2 水中有机物的生物氧化过程

BOD单位是mgO_2/L，多用于废水中有机物的测定，BOD_5和COD_{Cr}的比值反映水的可生化程度，当比值大于30%时水才可能进行生物氧化处理。

3. 总有机碳（TOC）

总有机碳是测定水中所有有机物中的碳的含量，单位是mg/L，由于有机物都是含碳的，所以与其他测定水中有机物含量的指标相比，它更能反映水中有机物含量的多少。

总有机碳测定方法有燃烧氧化法和紫外/过硫酸盐氧化法两大类，燃烧氧化法是将样品放在680～1000℃下在氧气或空气中燃烧，用非色散红外线检测技术测定燃烧气体中CO_2含量，扣除无机碳含量之后即为有机碳含量。另一种方法是用紫外线（185nm）、在二氧化钛催化下的紫外线或用过硫酸盐作氧化剂，将水中有机物氧化，用红外线或电导率进行测量，电导率测量是利用有机物被氧化成有机酸而促使电导率上升的原理来测有机物含碳量。

两种方法相比，燃烧氧化法误差较大，只适用于对有机物含量大的水进行检测，而紫外/过硫酸盐氧化法可用于纯水中低含量的总有机碳测量。

4. 紫外吸收（UV_{254}）

天然水中天然有机物大多为含有不饱和键（双键、三键）的化合物，如腐殖质为带有苯环的化合物，这些化合物不饱和键会吸收紫外光，可以用水对紫外光的吸收程度来判定水中有机物的多少。

在254nm处水对紫外光吸收程度与水中有机物量成正比，用254nm紫外光测定水中有

机物称为 UV_{254}。

UV_{254} 的测定值是消光值，可以用消光值大小来比较水中有机物多少。消光值与天然水有机物含量之间无明确的定量关系，但对某种单一化合物也可通过试验求得相互之间的定量关系。

浊度干扰紫外吸收的测定时，被测水样应在消除浊度干扰后再进行测定。铜陵电厂水质资料见表 2-1。

表 2-1　铜陵电厂水质资料（长江水）

项　目	数　值	项　目	数　值
Na^+	0.548mmol/L	Cl^-	0.31mmol/L
K^+	0.078mmol/L	SO_4^{2-}	0.579mmol/L
Ca^{2+}	1.48mmol/L	NO_3^-	
Mg^{2+}	0.64mmol/L	HCO_3^-	1.961mmol/L
∑阳离子	2.746mmol/L	∑阴离子	2.850mmol/L
总溶解固形物	168mg/L	暂时硬度	187.15mg/L
全固形物	190.2mg/L	永久硬度	91.57mg/L
悬浮物	22.2mg/L	全硬度	2.12mmol/L
耗氧量	0.56mg/L（Mn 法）	全碱度	1.961mmol/L
SiO_2	13.42mg/L	pH 值	7.81
R_2O_3	5mg/L	腐殖酸	0.05mmol/L

第三节　天然水中几种无机化合物

一、碳酸化合物

碳酸化合物是水质成分中一组重要的化合物，是构成天然水缓冲体系的主要物质，它可以阻止天然水 pH 值的急剧波动，在水质变化、水质处理、水中生物活动、地质活动等过程中有重要的影响。

1. 水中碳酸化合物存在形态

水中碳酸化合物主要有三种存在形态：溶解的 CO_2 或 H_2CO_3，H_2CO_3 的一级解离产物 HCO_3^-，二级解离产物 CO_3^{2-}，即

$$CO_2 + H_2O \Longleftrightarrow H_2CO_3 \Longleftrightarrow H^+ + HCO_3^- \Longleftrightarrow 2H^+ + CO_3^{2-} \tag{2-4}$$

在此平衡中，CO_2 指水中溶解的 CO_2，它受与水接触的气体中 CO_2 影响，它们之间存在平衡。CO_3^{2-} 还受碳酸盐沉淀物影响，也与它存在平衡。

在上述平衡中，H_2CO_3 的存在比例很小，也难以测定，所以，在上述平衡中，可将 H_2CO_3 予以忽略，仅用 CO_2 来表示水中溶解的 CO_2 与 H_2CO_3 之和，即

$$CO_2 + H_2O \Longleftrightarrow H^+ + HCO_3^- \Longleftrightarrow 2H^+ + CO_3^{2-}$$

它的一级与二级解离常数为

$$K_1 = \frac{f_1[H^+]f_1[HCO_3^-]}{[CO_2]} = 4.45 \times 10^{-7} \tag{2-5}$$

$$K_2=\frac{f_1[H^+]f_2[CO_3^{2-}]}{f_1[HCO_3^-]}=\frac{f_2[H^+][CO_3^{2-}]}{[HCO_3^-]}=4.69\times10^{-11} \tag{2-6}$$

式中　f_1、f_2——一价离子和二价离子的活度系数，在天然水的稀溶液中均近似当作1。

2. 天然水pH值对水中碳酸化合物形态的影响

不同pH值时水中各种碳酸化合物比例的变化关系如图2-3所示。

从图上可以看出，在pH值小于4.3时，水中只有CO_2一种，不存在HCO_3^-与CO_3^{2-}；在pH值大于8.3时，水中不存在CO_2，只有CO_3^{2-}和HCO_3^-；在pH值等于8.3时，水中HCO_3^-含量最多，几近100%。pH值从8.3再升高，水中HCO_3^-含量减少，CO_3^{2-}含量增多，大约在pH值为11～12时，HCO_3^-消失，CO_3^{2-}含量最多，并出现明显的OH^-。

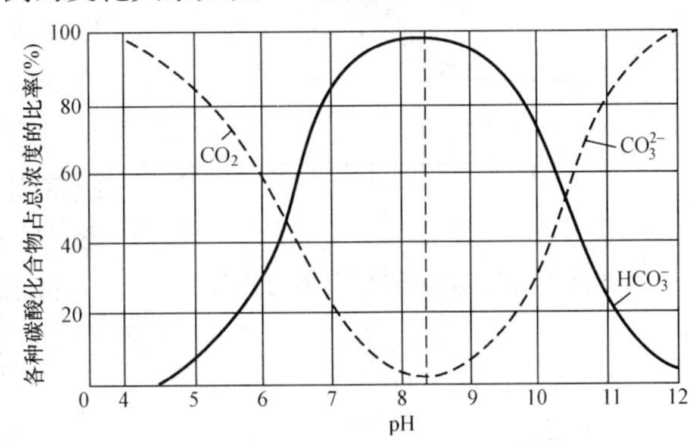

图2-3　水中碳酸化合物形态与pH值关系

二、硅酸化合物

天然水中硅酸化合物比较复杂，它们都来自地壳中硅酸盐和硅铝酸盐的岩石溶解。溶解过程受温度、pH值和接触面积(时间)以及硅酸盐形态所影响(见图2-4、图2-5)。溶解过程可以看作是硅酸盐的水合过程，最终水合产物可用$xSiO_2\cdot yH_2O$表示，例如：

$x=1$　　$y=1$　　H_2SiO_3　　偏硅酸

$x=1$　　$y=2$　　H_4SiO_4　　正硅酸

$x=2$　　$y=1$　　$H_2Si_2O_5$　　二偏硅酸

$x=2$　　$y=3$　　$H_6Si_2O_7$　　焦硅酸

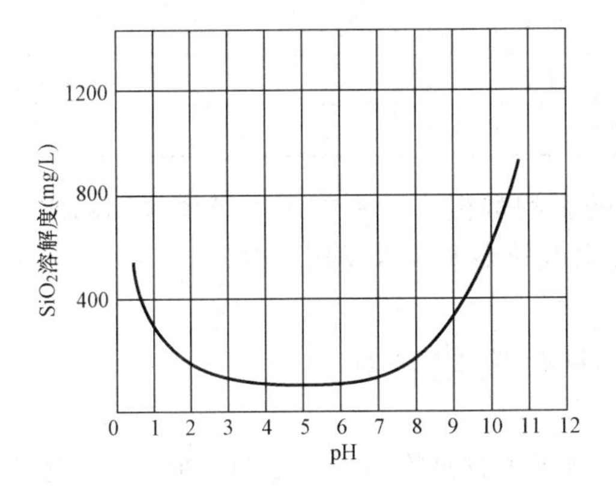

图2-4　pH值对SiO_2溶解度的影响(25℃)

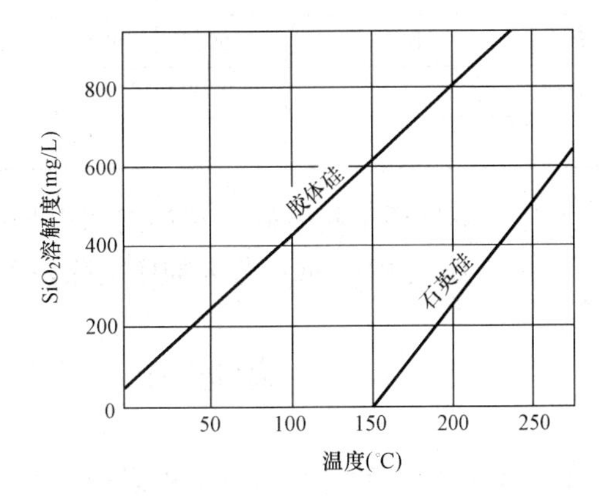

图2-5　温度对SiO_2溶解度的影响

当x、y值较大时，实际上是SiO_2的多聚体，随着聚合度的增大，它在水中溶解度下降，形成胶态，即通常所说的胶体硅。胶体硅和溶解硅之间可以相互转换，转换条件与水pH值、温度等因素有关(如图2-6所示)，pH值高、温度高时胶体硅易转换为溶解硅，最典型的例子是在锅炉水高温和碱性条件下，带入锅炉的胶体硅会很快转变为溶解硅。

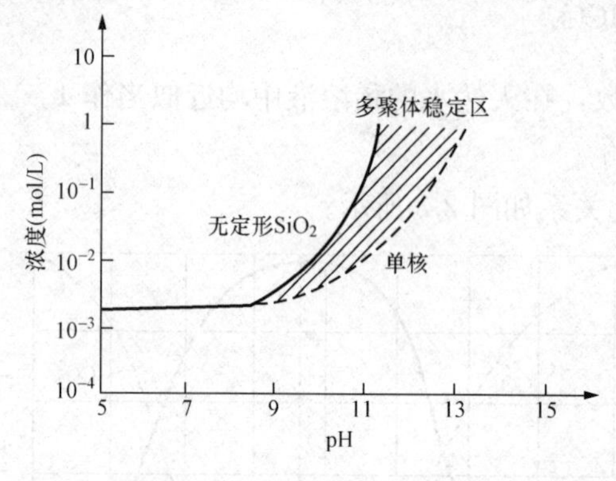

图 2-6　pH 值与 SiO_2 形态的关系

天然水中硅酸化合物有溶解硅和胶体硅之分，溶解硅和胶体硅之和称为全硅。一般比色分析测得的是溶解硅，所以溶解硅又称为反应硅，胶体硅要将其转变为溶解硅后才能用比色分析测出。水中硅酸化合物由于形态复杂，通常统一写为 SiO_2。

溶解硅中最简单的是偏硅酸 H_2SiO_3，所以经常用它代表水中硅酸化合物，有时简称为硅酸。它是二元弱酸，可以进行二级解离，即

$$H_2SiO_3 \Longleftrightarrow H^+ + HSiO_3^- \Longleftrightarrow 2H^+ + SiO_3^{2-}$$

$$一级解离常数\quad K_1 = \frac{f_1^2[H^+][HSiO_3^-]}{[H_2SiO_3]} = 1\times10^{-9} \tag{2-7}$$

$$二级解离常数\quad K_2 = \frac{f_1 f_2[H^+][SiO_3^{2-}]}{f_1[HSiO_3^-]} = \frac{f_2[H^+][SiO_3^{2-}]}{[HSiO_3^-]} = 1\times10^{-13} \tag{2-8}$$

和碳酸化合物解离一样，硅酸化合物的解离程度也与水 pH 值有关，不同 pH 值时 H_2SiO_3 解离程度列于表 2-2。如表 2-2 所示，在天然水的中性 pH 值下，水中溶解硅大都以 H_2SiO_3 形式存在，$HSiO_3^-$ 仅占 0.3%(pH=7)，SiO_3^{2-} 在水 pH>9 时才有少量存在。

表 2-2　　水中硅酸解离程度与 pH 关系

pH 值	5	6	7	8	8.5	9	9.5	10	11	12	12.9
H_2SiO_3	100	100	99.7	96.9	90.8	75.8	49.6	23.5	2.6	0.1	0
$HSiO_3^-$			0.3	3.1	9.2	24.2	50.2	75.3	84	38.4	7.3
SiO_3^{2-}							0.2	1.2	13.4	61.5	92.7

不论溶解硅还是胶体硅，它们对水电导率的影响都很小，不能用电导率来判断水中的 SiO_2 含量，如纯水中 SiO_2 若未彻底去除，在纯水电导率上基本反映不出。

第四节　天然水中有机化合物

自然界有机物种类繁多，结构复杂，因此天然水中有机物也极其复杂，种类多，浓度低(mg/L 级到 μg/L 级以下)。

一、来源

天然水中有机物的来源主要有下列几个方面：

1. 工业废水的排放

处理或未经处理的工业废水往往含有大量有机物，其中既有简单的合成有机物，又有复

杂的有机物（各种高聚物和天然有机物），都会通过各种途径进入自然界，包括天然水中。

2. 生活污水的排放

这类水含有大量营养物质，如脂肪、淀粉、蛋白质等，它们排入天然水体后，会促进微生物的滋生和繁殖。

3. 生物降解产物

排入天然水体中的工业和生活污水，以及水体中的动植物残骸会被水中生物降解，降解产物为不能再被生物作用的腐殖质类化合物，以及 CO_2、H_2O、CH_4 等。

4. 土壤中腐殖质的溶解

农田、土壤、河流湖泊底部沉积物、沼泽地等受雨水或其他水的冲刷，会使其中有机物质溶解出来，进入天然水体，这些有机物大部分是腐殖质。

二、天然水中有机物种类

由于天然水中有机物种类繁多，目前的技术已检测出来的有 700～800 种之多。对这些有机物进行分类也及其困难，往往根据不同需要有不同分类方法，在工业用水处理领域通常有如下分类：

1. 按有机物尺寸大小来分

分为悬浮态、胶态和溶解态有机物。

2. 按有机物分子量进行分段

在工业用水中。目前常用分子量大小来区分水中有机物，用不同分子量区段来进行划分。比如 <500，500～1000，1000～2000，2000～5000，5000～10 000，10 000～20 000，…。因为分子量相近的有机物在水处理工艺中有相似的特性，所以这种分类有一定实用意义。

天然水中有机物的分子量从 300～500 到几十万，目前还不能把它们完全检测出来，这部分有机物大多是天然有机物，一般认为主要包括腐殖酸、富里酸、木质素和丹宁四类，腐殖酸和富里酸属于腐殖质类有机物，天然水中的腐殖质化合物含量在 1～10mg/L 之间，高的可达 50mg/L，其中大多是富里酸，有人认为富里酸约占腐殖质类化合物的 80%。

三、腐殖质类化合物

腐殖质类有机物是天然水中天然有机物的主要部分，它不是单一的化合物，而是许多性质相近复杂的化合物的混合物。

（一）分类

腐殖质的分类如下：

- 腐殖质
  - 真腐酸
    - 腐殖酸（胡敏酸）
      - 黑（灰）腐殖酸
      - 褐（棕）腐殖酸（吉马多朗美酸）
    - 富里酸
  - 腐黑物

每个组分的定义如下：

（1）腐殖酸：腐殖质中能溶于稀碱（0.1mmol/L NaOH），但不溶于稀酸（pH 值为 1～1.5）的部分。

（2）富里酸：腐殖质中在稀酸和稀碱中均能溶解的部分。

(3) 腐黑物：腐殖质中在稀碱和稀酸中均不溶解的部分。

(4) 黑（灰）腐殖酸：腐殖酸中在含氧有机溶剂中不溶解的部分。

(5) 褐（棕）腐殖酸：腐殖酸中在含氧有机溶剂中溶解的部分。

（二）组成结构

腐殖质类化合物形成过程十分复杂，它不是一种单一化合物，是具有相似结构的复杂高分子化合物的混合物，元素分析表明，它除含有碳、氢外，还含有氮、氧、磷、硫等元素，这表明它结构中含有官能团，这些官能团主要是羟基、羧基、醇、酚羟基和甲氧基等，对外呈弱酸性。

富里酸和腐殖酸的区别在于富里酸分子量小，官能团多，含碳量少，含氧量多。

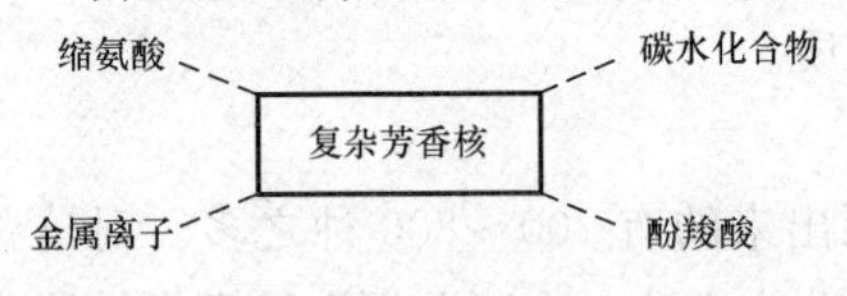

图 2-7　腐殖质类化合物结构示意图

腐殖质类化合物的结构很复杂，虽有很多人提出各种结构模型，但至今仍无定论。不过，有一点是确定的：它们都是含有苯环的化合物，由于苯环上有双键，因而对紫外光强烈吸收，可以用 UV_{254} 来检测它的浓度。

有人提出腐殖类化合物结构如图 2-7 所示，从图中可见，它结构中除了复杂的芳香环外，还有带各种官能团的侧链，以至金属离子。富里酸的分子结构如图 2-8 所示。

（三）性质

1. 溶解性

腐殖酸和富里酸水溶性都很好，尤其是富里酸，溶解度很大；在碱性溶液中，它们生成相应的盐，水溶性更好，往往可以形成透明的真溶液；在无机酸（pH 值为 1～1.5）中富里酸溶解度好，腐殖酸溶解性差。

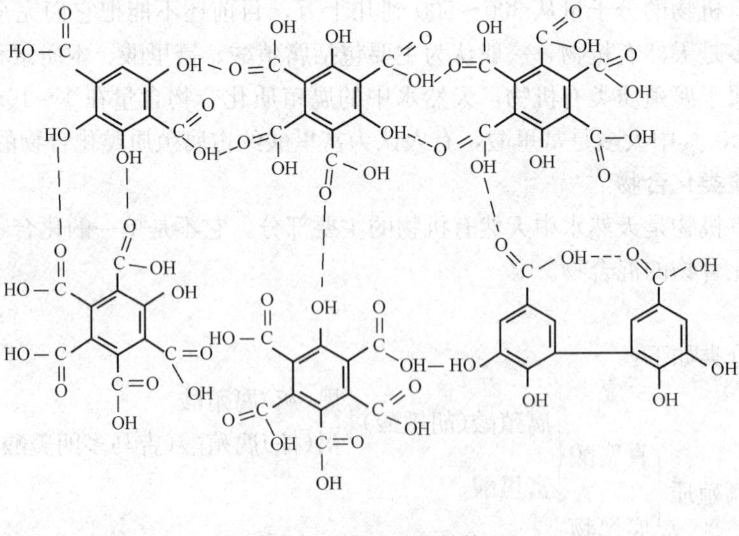

图 2-8　富里酸的结构

2. 酸性

具有弱酸性，酸碱滴定曲线与弱酸相似，这主要是因为它们均含有大量羧基、酚羟基等官能团。它们在水中解离出 H^+ 后，大分子成为阴离子，带负电。

3. 吸附性

这类化合物比表面积较大，吸附性较强，它可以吸附水中的有机质、金属离子等，在环境中往往起到金属的输送、浓缩和沉积作用。

4. 与金属离子形成沉积

腐殖质在高浓度 Ca^{2+}、Mg^{2+} 存在下可以形成沉淀，所以在高硬度地区的水中，它们会沉积下来，含量较低。它们还会和高浓度 Fe^{3+}、Al^{3+}、Ba^{2+} 形成沉淀或络合物。

5. 离子交换性

由于它们是具有弱酸性的高分子化合物，因而和弱酸性阳离子交换树脂相似，具有一定离子交换能力。

6. 凝聚特性

这一类化合物在水中解离后，大分子部分类似于带负电荷的胶体，通常认为它是有机胶体组成部分。曾测得它的 ξ 电位为－30～－10mV，所以可以被正电荷胶体及电解质凝聚。

7. 氧化还原及氧化降解

曾测得腐殖酸的氧化还原电位为＋0.70V，因而它可以将 Fe^{3+} 还原为 Fe^{2+} 或将金盐还原为金。

这一类物质如遇到强氧化剂，如 $KMnO_4$、O_3、H_2O_2、紫外光、Cl_2 等，都可以发生氧化降解，氧化产物视氧化强度而定，可以是 CO_2 和 H_2O，但更多时候是低分子有机物，如烷烃、苯衍生物、羧酸等。

8. 热稳定性

固体状态下，在空气中温度在 60～80℃以上会发生结构变化。

第三章

水的混凝澄清处理

天然水中常含有泥砂、黏土、腐殖质、纤维素、悬浮物、胶体类等杂质。它们在水中都有一定稳定性，是构成水的浊度、颜色和异味的主要因素，根据它们颗粒的大水和密度，可以采取不同的处理方法除去。其中颗粒直径大于 0.1mm 以上的细砂，可借助重力在 2min 以内自然沉淀除去，而颗粒直径小于 0.001mm 的细粒黏土，沉降速度非常缓慢，更细小的微粒实际上已不可能自行沉降除去，对水中沉速缓慢难除去的微粒，通常要通过混凝处理才能很好地将它们除去。

天然水通过混凝澄清及沉淀处理后，水中绝大部分微粒被去除，出水浊度通常小于 10NTU，水中有机物也可伴随去除一部分。水得以澄清，有利于进一步深度处理。

第一节　胶体颗粒的基本性质

一、胶体的结构

胶体颗粒由胶核、吸附层和扩散层三部分组成，现以 $Fe(OH)_3$ 胶体为例说明胶体的结构。胶核是许多 $Fe(OH)_3$ 分子的聚集体，它不溶于水而成为胶体颗粒的核心，所以称为胶核，胶核具有较大的比表面积，有从水中吸附某些离子的能力，如吸附 FeO^+ 使胶核表面上拥有一层带电离子，称为电位决定(形成)离子。如果电位决定离子为阳离子，胶核就带正电荷；如果电位决定离子为阴离子，胶核就带负电荷。

胶核表面的电位形成离子在静电引力的作用下，吸引水溶液中电荷符号相反、电荷量相等的离子（如 Cl^-，SO_4^{2-}）到胶核周围，被吸引的离子称为反离子。这样就在胶核与周围水溶液之间的界面区域内形成一个双电层结构，内层为胶核的电位决定离子层，外层为水溶液中的反离子层。其中有一部分反离子因受到较大的静电引力作用，与胶核表面的电位决定离子结合紧密、牢固，形成吸附层，其厚度较小。由于在吸附层外的反离子受到的静电引力较弱，在反离子浓差扩散和热运动的作用力的推动下，分散到溶液深处，形成扩散层，其厚度通常比吸附层大得多。胶核、电位形成离子与反离子的吸附层一起称为胶粒，胶粒是带电的。胶核、电位形成离子、反离子的吸附层和扩散层组成的一个整体，称为胶团，胶团是不带电的，下式是 $Fe(OH)_3$ 胶体的组成结构。

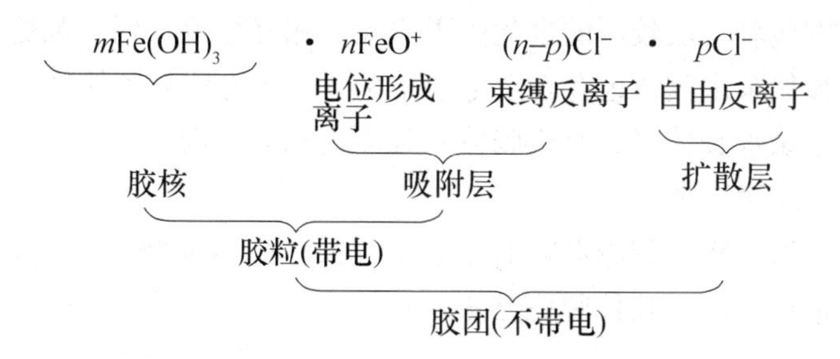

式中的 m、n、p 表示任何正整数，m 表示胶核中 $Fe(OH)_3$ 分子数，n 表示吸附在胶核表面上的电位决定离子数，p 表示扩散层中反离子数。胶体颗粒的结构如图 3-1(a)所示。

当胶体颗粒在某种力的作用下与溶液之间发生相位移时，吸附层中的反离子和扩散层中部分反离子随胶核一起移动，而扩散层中的其他反离子滞留在水溶液中，这样就形成了一个滑动界面，滑动界面的电位称为 ζ（Zeta）电位，吸附层与扩散层分界面处的电位用 φ_d 表示，胶核表面上的电位称为总电位（φ_0），即胶核表面上的离子与反离子之间形成的电位（整个双电层电位）也称为热力学电位，它是测不出来的，如图 3-1（b）所示。对于足够稀的溶液，可把 ζ 电位与 φ_d 电位等同地看待。因此，通常用 ζ 电位表示胶粒的带电量大小。ζ 电位越高，微粒间的静电斥力越大，胶粒的稳定性越高，反之，ζ 电位越低，微粒间的静电斥力越小，也就越不稳定。水处理中常用测出微粒 ζ 电位来判别胶体微粒的稳定性，近年来国内外又发展了一种流动电流（位）方法来判别胶体微粒的稳定性，流动电流指在外力作用下含有带电胶体微粒的液体流动而产生电场的现象（即反离子相应的定向运动而形成的电流）。

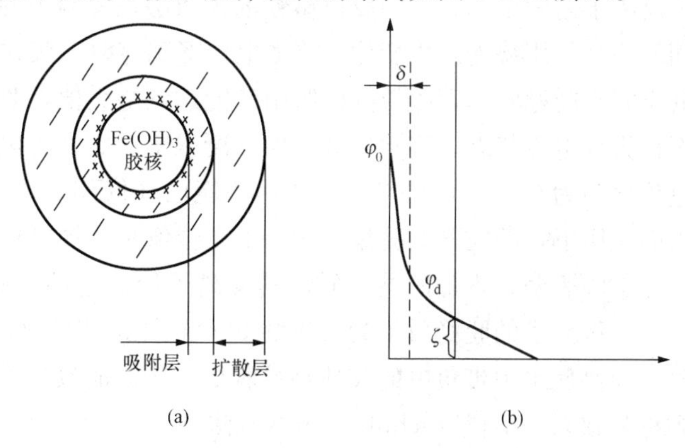

图 3-1 胶体（颗粒）结构和双电层中电位分布

（a）胶体结构；（b）双电层中的电位分布

二、胶体颗粒的稳定性

胶体颗粒稳定性指胶体微粒在水中长期保持分散悬浮状态的特性。

对憎水胶体而言，稳定性主要决定于胶体微粒表面的 ζ 电位。ζ 电位越高，同性电荷间的斥力越大，稳定性越好。天然水中的胶体杂质通常是带负电胶体，如黏土、细菌、病毒、藻类及腐殖质等。黏土胶体的 ζ 电位一般在 −40～−15mV 范围内；细菌的 ζ 电位一般在 −70～−30mV 范围内；藻类的 ζ 电位一般在 −15～−10mV 范围内。

胶体微粒的稳定性并非都是由于静电斥力引起的，胶体表面的水化作用往往也是重要因素。某些胶体（如黏土胶体）的水化作用一般是由胶粒表面电荷引起的，且水化作用较弱，因而，黏土胶体的水化作用对聚集稳定性影响不大。因为，一旦胶体 ζ 电位降至一定程度或完全消失，水化膜随之消失。但对于典型亲水胶体（如有机胶体或高分子物质）而言，水化作用却是胶体稳定性的主要原因。它们的水化作用常来源于微粒表面极性基因对水分子的强烈吸附，使微粒周围包裹一层较厚的水化膜阻碍胶粒相互靠近，因而范德华力不能很好发挥作用。实践证明，显然亲水胶体也存在双电层结构，但 ζ 电位对胶体稳定性的影响远小于水化膜的影响。这也是亲水胶体（如有机胶体）难以去除的原因。

三、胶体颗粒的脱稳方法

胶体颗粒脱稳指通过降低胶体颗粒的 ζ 电位或其他原因使胶体失去聚集稳定性的过程，在水处理领域内，常用到以下几种脱稳方法。

1. 投加电解质

天然水中的黏土胶体颗粒一般均带负电荷，当向水中投加带高价反离子的电解质后，水中反离子浓度增大，水中胶体微粒的扩散层在反离子的压缩作用下减薄，电位下降，使胶粒间的相互作用势能发生变化。当 ζ 电位降到零时，胶粒间的排斥势能完全消失，此时的胶粒处于完全脱稳状态，胶粒间的吸引势能达到最大值，胶粒很容易凝聚。ζ 电位等于零时的状态称为等电点状态。实验研究表明，凝聚不一定在 ζ 电位降至等电点时才开始发生，而在 ζ 电位值约为 0.01～0.03V 时，排斥势能已降低到足以使胶粒相互接近的程度，此时在吸引力的作用下，胶粒开始凝聚，这一 ζ 电位值是胶体颗粒保持稳定的限度，称为临界电位值。

试验表明，投加的电解质，其反离子价数越高，脱稳效果越好。在投加量相同的情况下，二价离子的脱稳效果为一价的 50～60 倍，而三价离子的脱稳效果为一价的 700～1000 倍，即要使水中带负电的胶体颗粒脱稳，所需的投加量之比大致为 $1:10^{-2}:10^{-3}$，这条规则称为叔采—哈代（schulze-hardy）法则。

2. 投加带相反电荷的胶体

当向水中投加带相反电荷的胶体后，水中胶体颗粒与加入的相反电荷的胶粒之间发生电性吸附和电性中和作用，使两种胶体颗粒的 ζ 电位都降低或消失，从而发生脱稳凝聚作用。为了使两种胶体脱稳凝聚，必须控制适当的投加量，投加量不足时，胶粒仍保持一定的 ζ 电位值，凝聚效果不佳，投加量过高时，又会因原来的胶体脱稳后形成的微小絮凝体具有较大的吸附能力，能吸附过量的相反电荷的胶体而重新带电（带上相反电荷），从而使原胶粒发生再稳定，影响凝聚效果。

3. 投加高分子絮凝剂

高分子絮凝剂是一类水溶液性的线形高分子聚合物，分子呈链状，每一链节是一个化学单位。若聚合物单体上含有可离解的基团，则称为聚合电解质。当高分子絮凝剂投加到水中后，开始时某一个链节的官能团吸附在某一胶粒上，而另一个链节伸展到水中吸附在另一个胶粒上，从而形成一个“胶粒—高分子絮凝剂—胶粒”的絮凝体，即高分子絮凝剂在两个颗粒之间起到一个吸附架桥的作用，如图 3-2 反应 2 所示。如果高分子絮凝剂伸展到水中的链节没有被另一个胶粒所吸附，就可能

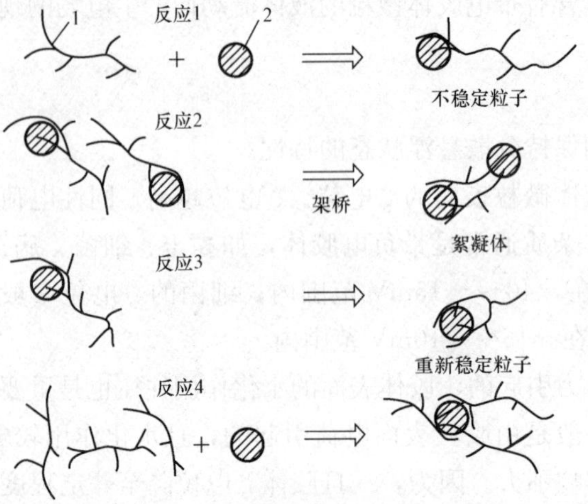

图 3-2　高分子絮凝剂的吸附架桥作用示意图

1—高分子絮凝剂；2—胶粒

折回吸附到所在胶粒表面的另一个吸附位上，而使胶粒表面的吸附位全部被占据，从而失去再吸附能力，而形成再稳定状态。如图 3-2 反应 3 所示。若投加过量的高分子絮凝剂，致使胶体颗粒被过多的高分絮凝剂包围，失去同其他胶粒吸附架桥的可能性，胶粒的稳定性不但没有被破坏，反而得到加强，胶粒仍处于稳定状态，如图 3-2 反应 4 所示。

除了链状高分子化合物以外，一些无机高分子化合物如铁盐、铝盐水解产物，也能产生吸附架桥凝聚作用。

第二节 水的混凝处理

在水处理领域中，“混凝”一词目前仍没有统一规范的定义。因此，“混凝”有时与“凝聚”和“絮凝”相互通用，但是，现在较多的水处理工作者认为水中胶体颗粒脱稳（胶粒失去稳定性）的过程称为“凝聚”；脱稳后的胶粒相互聚集过程称为“絮凝”；“混凝”是凝聚和絮凝的总称，也即从原水投加混凝剂开始到生成大颗粒的絮凝体为止。

一、混凝处理原理

（一）混凝机理

水处理中的混凝现象较复杂，不同的水质条件、不同种类的混凝剂，混凝作用的机理都有所不同。混凝剂对水中胶粒的混凝作用机理有以下四种。

1. 压缩双电层作用

如前所述，水中胶粒能维持稳定的分散悬浮状态，主要是由于胶粒的 ζ 电位，消除或降低胶粒的 ζ 电位，就有可能使微粒碰撞凝聚，失去稳定性。在水中投加电解质，反离子进入胶粒的扩散层，甚至进入吸附层压缩胶粒的双电层，使胶粒 ζ 电位降低甚至为零，就可达到胶粒脱稳凝聚的目的。压缩双电层作用是胶粒脱稳凝聚的一个重要理论，它特别适用于无机盐混凝剂所提供的简单离子的状况。但是，压缩双电层作用不能解释混凝剂投量过多时胶粒再稳定的现象，因为按这种理论，至多达到 $\zeta=0$ 状态，而不可能使胶粒电荷符号改变。另外，压缩双电层作用也不能解释在等电状态下，混凝效果通常并非最好的现象。

2. 吸附电中和作用

吸附电中和作用的机理是加入的化学药剂（混凝剂）及其水解产物被吸附到胶体颗粒上，而使胶体颗粒表面电荷中和，胶粒表面电荷不但可以被降低到零，而且当加药量较大时，胶粒还可以带上相反的电荷，这说明了吸附是主要过程，它导致胶粒表面物理化学性质改变。

3. 吸附架桥作用

铁盐或铝盐以及其他高分子混凝剂溶于水后，经水解和缩聚反应形成高分子聚合物，具有线性结构。这类高分子物质可被胶体微粒所强烈吸附。因其线性长度较大，当它的一端吸附某一胶粒后，另一端又吸附另一胶粒，在胶粒间进行吸附架桥，其结果是许多胶粒连同投加的药剂一起聚集长大，形成肉眼可见的粗大絮凝体。

不言而喻，在水处理中，若高分子物质为阳离子型聚合电解质，它具有吸附电中和与吸附架桥双重作用；若为非离子型或阴离子型聚合电解质，只能起胶粒间架桥作用。

4. 网捕或卷扫作用

当铁盐或铝盐混凝剂投加量很大而形成大量氢氧化物时，这些沉淀物在自身沉降过程中，可以网捕、卷扫水中胶体等微粒，以致产生沉淀分离，称网捕或卷扫作用。这种作用基本上是一种机械作用，所需混凝剂量与原水杂质含量成反比，即原水胶粒杂质含量少时，所需混凝剂多。

以上所述四种作用机理有时同时发生，有时仅其中1种或2种机理起作用。究竟以何者为主，取决于混凝剂种类、投加量、水中胶粒性质、含量以及水的pH值等。

（二）混凝剂的化学反应

混凝过程中投加的化学药剂叫混凝剂，目前，常用的混凝剂是铝盐和铁盐两大类，现以硫酸铝$[Al_2(SO_4)_3 \cdot 18H_2O]$为例，说明混凝剂加入到水中后产生的一系列反应及其混凝作用，即

$$[Al(H_2O)_6]^{3+} + H_2O \Longleftrightarrow [Al(OH)(H_2O)_5]^{2+} + H_3O^+ \tag{3-1}$$

$$[Al(OH)(H_2O)_5]^{2+} + H_2O \Longleftrightarrow [Al(OH)_2(H_2O)_4]^{+} + H_3O^+ \tag{3-2}$$

$$[Al(OH)_2(H_2O)_4]^{+} + H_2O \Longleftrightarrow [Al(OH)_3(H_2O)_3]\downarrow + H_3O^+ \tag{3-3}$$

上述水解反应过程中不断放出质子H^+，使水中出现酸性物质，如果此时水解产生的H^+能及时被水中碱度中和，会使水解反应趋向右方，水合羟基络合物的电荷逐渐降低，最终生成中性氢氧化铝难溶沉淀物。水中最终羟基化合物的形态与反应后水的pH值有关，在某一特定pH值时，水解产物还有许多复杂的高聚物和络合物同时共存。因为初步水解产物中的羟基OH^-具有桥键性质，在由$[Al(H_2O)_6]^{3+}$转向$[Al(OH)_3(H_2O)_3]$的中间过程中，羟基可将单核络合物通过桥键缩聚成多核络合物，如

$$[Al(H_2O)_6]^{3+} + [Al(OH)(H_2O)_5]^{2+} \Longleftrightarrow [Al_2OH(H_2O)_{10}]^{5+} + H_2O \tag{3-4}$$

两个单羟基络合物也可通过羟基桥联缩合成双羟基双核络合物，即

$$2[Al(OH)(H_2O)_5]^{2+} \Longleftrightarrow [Al_2(OH)_2(H_2O)_8]^{4+} + 2H_2O \tag{3-5}$$

上述反应也称为高分子缩聚反应，缩聚反应的连续进行，可使络合物变成高分子聚合物。在缩聚反应的同时，聚合物水解反应仍继续进行，使在水中形成多种形态的高聚物，如：$Al_7(OH)_{17}^{4+}$、$Al_7(OH)_{18}^{3+}$、$Al_{13}(OH)_{34}^{5+}$、$Al_8(OH)_{20}^{4+}$等。在低pH值时，高电荷低聚合度的络合物占多数；在pH值高时，低电荷高聚合度的高聚物占多数。

从上面的化学反应过程可以看出，在混凝处理中起混凝作用的是这些水解、桥联的中间产物。具有高电荷低聚合度的多核羟基络离子，可通过压缩双电层吸附电性中和，降低ζ电位，减少胶粒间的斥力，使微粒之间发生碰撞而凝聚；具有低电荷高聚合度的多核羟基络合离子，由于分子结构呈链状，可通过吸附架桥作用使微粒发生凝聚，聚合度很大的氢氧化铝沉淀物，由于它的比表面积大，吸附能力强，与水中脱稳的胶粒发生吸附，形成网状沉淀物，进一步网捕、卷扫水中黏土胶粒、胶体硅及有机物等，形成共沉淀，从水中分离出来。

二、影响混凝效果的因素

混凝处理全过程经历混凝剂的水解和聚合反应，及微粒的脱稳、絮凝体的形成和长大等过程，所以影响混凝效果的因素比较复杂。

（一）pH值

铁盐、铝盐混凝剂加入水中后，由于水解反应而使水中出现酸性物质，对混凝效果有影

响的主要是加药后水的 pH 值，因此，这里所说的 pH 值指混凝后的 pH 值，不是原水的 pH 值。

1. pH 值对混凝剂水解产物形态的影响

如前所述，水合络离子的水解过程是一个不断放出质子 H^+ 的过程，因此，在不同 pH 值的条件下，将有不同形态的水解中间产物。由于水的 pH 值不同，混凝剂的水解产物不同，因此对混凝效果的影响也不同。

混凝处理以去除浊度为目标时，最佳 pH 值一般在 6.5～7.5 之间，此时混凝剂水解产物主要是低正电荷高聚合度的多核羟基络离子和氢氧化物，试验证实，在此 pH 值条件下，原水中胶粒仍具有一定的负电位。其值约为－15～－10mV，因此，混凝处理的关键是通过低正电荷高聚合度的多核羟基络离子的吸附架桥作用来实现的。

2. pH 值对原水中有机物的影响

水的 pH 值对水中有机物存在形态有很大影响，这显然会对混凝处理去除有机物的效果产生直接影响。当水的 pH 值较低时，天然水中腐殖酸类有机物质子化程度较高，此时易于吸附到絮凝体上共沉淀除去；当水的 pH 值较高时，天然水中腐殖酸类有机物转化为腐殖酸盐类化合物，因而难于吸附到絮凝体上去除。试验表明，水中腐殖酸类有机物在弱酸性的条件下去除率较高，最佳去除 pH 值一般为 6.0±0.5。对某一具体水源而言，其混凝处理最佳 pH 值最好通过模拟混凝处理试验来求得。在混凝处理过程中，水中有机物去除率一般为 20%～60%，这与混凝处理 pH 值及有机物种类、形态有很大关系。

（二）混凝剂剂量

混凝剂的剂量是影响混凝效果的主要因素之一，混凝剂剂量与出水剩余浊度之间的关系如图 3-3 所示。曲线分为四个区域，在第 1 区域，因剂量不足，尚未起到脱稳作用，剩余浊度较高；在第 2 区域，因剂量适当，产生了较好的凝聚，出水剩余浊度急剧下降；在第 3 区域，剂量继续增加，由于胶粒吸附了过量的混凝剂水解中间产物，而引起胶粒电性改变，产生再稳定现象，水剩余浊度重新增加；在第 4 区域，进一步加大剂量，生成大量难溶氢氧化物沉淀，通过吸附、网捕、卷扫等作用，引起再次凝聚，出水剩余浊度再次下降。工业上一般水的混凝、混凝剂用量均在第二区域。

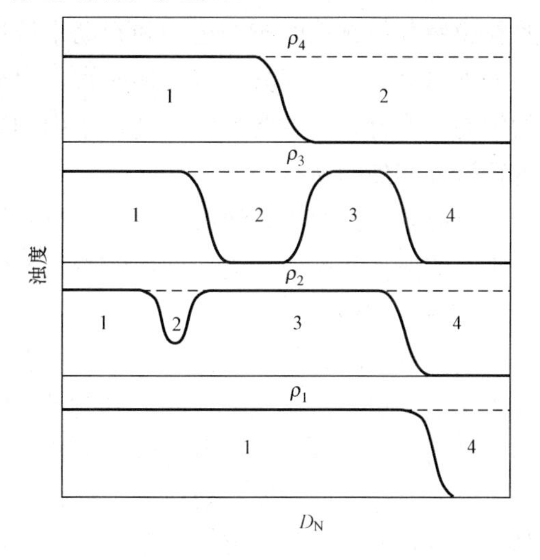

图 3-3　混凝剂量对混凝效果的影响

注：ρ_1、ρ_2、ρ_3、ρ_4 分别为胶体浓度，$\rho_4>\rho_3>\rho_2>\rho_1$。

因为混凝过程是一个相当复杂的物理化学过程，很难根据计算来求得所需的加药剂量，对某一具体水源而言，应通过混凝剂量试验求得最佳剂量。根据运行试验，天然水的混凝剂量一般为 0.3～0.7mmol/L。

（三）水温

水温对混凝效果有明显影响，混凝剂种类不同，水温影响程度也不同，如图 3-4 所示。在低水温条件下，尽管加大混凝剂量也难获得良好的混凝效果，通常絮凝体形成速度缓慢，

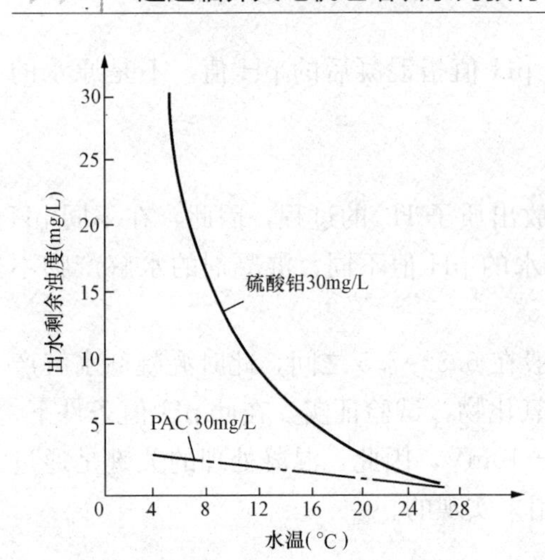

图 3-4　水温对出水浊度的影响

絮凝颗粒细小、松散、沉降性能差。为了提高低温水的混凝效果，通常可采用的方法有：增加混凝剂剂量及投加絮凝剂；采用受水温影响小的铁盐混凝剂，有条件的地方，也可采用加热原水来改善混凝效果。

（四）原水水质

原水水质的影响主要表现为水中微粒的浓度对混凝效果的影响。

水中细小颗粒脱稳后必须有较高的有效碰撞几率才能聚集成长为较大絮凝体从水中分离出来，但当水中微粒浓度较小时，这种碰撞几率就较小，致使凝聚作用较差，甚至不能进行。因此，当水中颗粒浓度较低时，除选择合适的混凝剂外，可通过较大幅度地提高混凝剂剂量以产生大量的氢氧化物沉淀，也可通过添加一些黏土类颗粒杂质来改善混凝效果。

（五）水力条件

整个混凝过程可分为两个阶段：混合和反应。

混合阶段的要求是使药剂迅速均匀地扩散到全部水中以创造良好的水解和聚合条件，使胶粒脱稳并借颗粒的布朗运动和紊动水流进行凝聚。混合要求快速和剧烈搅拌，在几秒钟或一分钟内完成。对高分子絮凝剂而言，由于它们在水中的形态不像无机盐混凝剂那样受时间的影响，混合作用主要是使药剂在水中均匀分散，混合反应可以在很短时间内完成，且不宜进行过分剧烈的搅拌。

反应阶段的要求是使脱稳微粒通过碰撞，絮凝形成大的具有良好沉降性能的絮凝体。反应阶段的搅拌强度或水流速度应随着絮凝体的长大而逐渐降低，以免打碎已长大的絮凝体。

（六）接触介质

当进行混凝或其他沉淀处理时，如在水中保持一定数量的泥渣，则可以使混凝过程进行得更完全、更快。这里的泥渣起接触介质作用，即利用其巨大表面的活性，起吸附核心作用。目前许多混凝处理设备内设有泥渣层。

综上所述，影响混凝效果的因素较多，目前还无法用理论计算出所需混凝剂剂量，因此某一具体水源的最佳混凝处理条件只能通过模拟试验来确定。试验的基本设备包括提供混凝过程所需搅拌作用的搅拌器和盛水样的烧杯，因此称为混凝烧杯试验，或简称烧杯试验。

三、絮凝动力学

混凝剂加入水中后，会立即发生水解、桥联、吸附架桥等一系列反应。很快使水中胶粒脱稳，并在脱稳颗粒间或脱稳颗粒与混凝剂之间发生凝聚，形成许多微小的絮凝物，但仍达不到依靠自身重力沉降分离的大小。絮凝反应的目的就是要让这些很微小的絮凝物间相互吸附凝聚，逐渐成长为大颗粒（1mm 左右）的絮凝体，混凝作用并加速沉降分离。因此，这一过程要求颗粒之间有充分的接触碰撞的几率。

水中胶粒主要通过以下三个途径来实现接触碰撞。

1. 布朗运动

刚脱稳的胶粒，由于尺寸较小，可在水分子的撞击下作布朗运动，使颗粒之间发生碰撞絮凝。通常，当颗粒的直径大于 1μm 时，由布朗运动引起的颗粒碰撞次数已经小到可以忽略不计。

2. 颗粒沉降速度差异

颗粒间的沉降速度差异，也可能引起颗粒间的碰撞，在混凝的反应阶段，水流仍有较剧烈流动，所以颗粒间的沉降速度差异是很小的，因此，由颗粒沉降速度差异引起的颗粒碰撞次数几乎可以忽略不计。

3. 水体流动

由水体流动引起的颗粒碰撞在混凝的反应阶段起重要作用，而影响水体流动状态的水力学参数是速度梯度。在水力学中速度梯度指两个相邻水层的水流速度差 d_u 与它们之间距离 d_y 之比，用 G 表示，即

$$G=\frac{d_u}{d_y} \tag{3-6}$$

速度梯度 G 反映了水流的搅拌强度和颗粒间的碰撞几率，速度梯度越大，颗粒间的碰撞几率就越大，絮凝速度也就越快。在水处理工艺中常以 Gt（t 表示时间）的乘积作为混凝处理时的控制项目，Gt 值一般控制在 $10^4 \sim 10^5$ 范围内。

第三节 常用混凝剂和絮凝剂

一、混凝剂

混凝剂种类很多，按化学成分可分为无机和有机两大类。无机混凝剂品种较少，目前主要是铝盐和铁盐及其聚合物，在水处理中应用最多。有机混凝剂品种较多，主要是高分子化合物，但在水处理中的应用比无机的少。下面主要介绍常用的两类无机混凝剂。

1. 铝盐混凝剂

铝盐混凝剂常用的只有硫酸铝和聚合铝。

硫酸铝的工业产品为白色晶体，相对密度约为 1.62，其中 Al_2O_3 的含量在 16%左右，工业产品中会夹杂少量不溶性物质。硫酸铝使用方便，混凝效果较好，且不会给处理后的水质带来不良后果，因此应用较多，但水温低时，硫酸铝水解困难，形成的絮凝体比较松散，混凝效果较差，可采用与铁盐联合使用的方法改善混凝效果。

聚合铝是一类化合物的总称，主要包括聚合氯化铝（PAC）和聚合硫酸铝（PAS）等。目前使用较多的是聚合氯化铝，我国也是研制 PAC 较早的国家之一。20 世纪 70 年代，PAC 得到广泛应用。

聚合铝可看作是，在铝盐中加碱经水解逐步转为 $Al(OH)_3$ 的过程中，各种水解产物通过羟基桥联等反应聚合而成的无机高分子化合物。聚合铝与硫酸铝相比有以下优点：加药量少，只相当于硫酸铝的 1/3～1/2；混凝效果好，形成絮凝体速度快，而且体积大，致使其易于沉降；适用范围广，对低浊度水、高浊度水及高色度水均有较好的效果；腐蚀性小，即便过量投加也不会恶化出水。

2. 铁盐混凝剂

铁盐作混凝剂时，其水解、混凝等过程和铝盐相似。相对于铝盐混凝剂其主要特点有：适用的pH值范围较宽；受水温影响较小；生成的絮凝体的密度比铝盐的大，沉降性能好；腐蚀性相对大些，加药量较大时可能使出水带色（黄色）。目前，常用的铁盐有三氯化铁和聚合铁等。

三氯化铁[$FeCl_3 \cdot 6H_2O$]是铁盐混凝剂中最常见的一种。三氯化铁溶于水后，水合铁离子 $Fe(H_2O)_6^{3+}$ 进行水解，聚合反应。在一定条件下，Fe^{3+} 离子通过水解聚合可形成多种成分的络离子，如单核组分 $Fe(OH)_2^+$、$Fe(OH)^{2+}$ 及多核组分 $Fe_2(OH)_2^{4+}$、$Fe_3(OH)_4^{5+}$ 等，以至 $Fe(OH)_3$ 沉淀物。三氯化铁混凝效果好，但腐蚀性极强，药剂溶解及加药设备必须具备很好的防腐措施。

聚合铁包括聚合氯化铁（PFC）和聚合硫酸铁（PFS）两种，聚合铁具有以下的优点：出水残留铁含量低，没有发现混凝剂本身铁离子的后移现象；由于所形成的聚合铁络离子的电荷量高于铁盐（如 $FeCl_3$）水解产物的电荷量，所以混凝效果较好；除色和去除有机物效果高于一般铁盐，对低温、低浊度水处理效果也较好。

二、助凝剂和絮凝剂

当单独使用混凝不能取得预期效果时，需投加某种辅助药剂以提高混凝效果，这种药剂按其在混凝剂中的作用，可分为三类。

第一类为调节混凝过程中pH值的酸或碱等物质，例如，当原水碱度不足而使铝盐混凝剂水解困难时，可投加碱性物质（通常用石灰）以促进混凝剂的水解反应。

第二类为破坏有机物和起氧化作用的物质，例如，当水中有机物含量较高时，投加一些氧化剂（通常用氯气）破坏有机物干扰，起到改善混凝效果的作用。

第三类为增大混凝体及其密度的物质。例如通过投加活化硅酸，黏土，粉末活性炭及某些有机高分子絮凝剂使生成的絮凝体粗大而紧密，易于沉降分离。

对第一类和第二类物质，它们对混凝过程起保证作用，只有它们存在，才使混凝过程顺利进行，这一类物质称为助凝剂，第三类物质可以改善絮凝过程，增加絮凝体的粒度和牢度，有利于混凝过程进行，这一类物质称为絮凝剂。在水处理中，有时会把助凝剂和絮凝剂混淆。

常见的絮凝剂是有机高分子絮凝剂。

有机高分子絮凝剂一般是水溶性的线型聚合物，每一大分子由许多链节组成且常含带电基团，所以又被称为聚电解质。按基团带电情况，可分为以下四种：凡基团离解后带正电荷的称阳离子型，带负电荷者称为阴离子型，分子中不含可离解基团的称为非离子型，分子中既含正电荷基团又含负电荷基团的称为两性型。水处理中常用的是阳离子型、阴离子型和非离子型三种高分子絮凝剂。这些高分子絮凝剂的混凝作用机理主要在于线型分子的吸附架桥。在给水处理中，常将它们用作絮凝剂，以增大絮凝体及其密度。

目前，我国水处理领域用得最多的是一种非离子型絮凝剂——聚丙烯酰胺（PAM），其分子式表示为

$$-[CH_2-\underset{\displaystyle CONH_2}{\underset{|}{CH}}]_n-$$

聚丙烯酰胺是由丙烯酰胺聚合而成，每一个丙烯酰胺上都带有一个酰胺基，所以，聚丙烯酰胺主链上带有大量酰胺基，酰胺基具有很强的化学活性，它具有絮凝、增稠、表面活性等性质，还可以衍生出一系列化合物，所以聚丙烯酰胺是一种用途很广的物质。

聚丙烯酰胺的絮凝作用在于对胶粒表面具有强烈的吸附作用，在胶粒间形成桥联，一个分子的聚丙烯酰胺可以吸附多个粒子，把它们拉在一起，使矾花变大，迅速下沉。聚丙烯酰胺每一个链节中均含有一个酰胺基（$-CONH_2$），由于酰胺基之间的氢键作用，线型分子往往不能充分伸展开来，致使架桥作用削弱。为此，还可将PAM在碱性条件（pH＞10）进行部分水解，生成阴离子型水解聚合物（HPAM），即

$$\underset{\substack{|\\ CONH_2}}{\left(CH_2-CH\right)_x}\underset{\substack{|\\ CONH_2}}{\left(CH_2-CH\right)_y} + OH^- \longrightarrow \underset{\substack{|\\ CONH_2}}{\left(CH_2-CH\right)_x}\underset{\substack{|\\ COO^-}}{\left(CH_2-CH\right)_y} + NH_3$$

PAM经部分水解后，一部分酰胺基带上负电荷，在静电斥力的作用下，高分子是以充分伸展开来，吸附架桥作用得以充分发挥。由酰胺基转化为羧基的百分数称为水解度。水解度过高，负电性过强，对絮凝也会产生阻碍作用。一般控制其水解度在30%～40%范围内，其吸附架桥能力最强。

聚丙烯酰胺在水处理中应用的一个重要问题是产品中未聚合的聚丙烯酰胺单体含量。丙烯酰胺单体有毒，所以聚丙烯酰胺用在水处理，特别是饮用水处理时应注意聚丙烯酰胺及处理后水中丙烯酰胺单体含量，要求饮用水中丙烯酰胺单体含量小于0.01mg/L。

第四节 水中悬浮颗粒的沉降

水中悬浮颗粒在重力的作用下，从水中分离出来的过程称为沉降。此处所说的悬浮颗粒，可以是天然水中的泥砂、黏土，也可以是混凝处理中形成的絮凝体，或是在沉淀处理中生成的难溶沉淀物。这些悬浮颗粒在沉降过程中常出现四种情况：当水中悬浮颗粒浓度较小时，沉降过程可以按颗粒的絮凝性的强弱分为离散沉降和絮凝沉降；当颗粒浓度较大且颗粒具有絮凝性时，呈层状沉降；当颗粒浓度很大时，颗粒呈压缩沉降状态。

一、离散沉降

在水处理中，研究离散颗粒在静水中的沉降规律时，通常作如下一些理想假设：颗粒在沉降过程中，该颗粒不受其他颗粒的干扰，也不受器壁的干扰，完全处于自由沉降状态；为了便于研究，假设水中颗粒的形状为等体积的球形；水中颗粒表面都吸附有一层水膜，所以颗粒在静水中的沉降，可认为是水膜与水之间的一种相对滑动；颗粒在沉降过程中，颗粒之间不发生任何絮凝现象，即它的形状，大小，质量等均不发生变化。

离散颗粒开始有一个加速沉降过程，以后由于受力达到平衡，便以等速沉降。

二、絮凝沉降

在水的沉降分离过程中，只有当水中的悬浮颗粒全部由泥沙所组成，且浓度小于5000mg/L时，才会发生上述离散沉降现象，而天然水中的悬浮颗粒及混凝处理中形成的絮凝体大都具有絮凝性能，颗粒在沉降过程中会发生碰撞和聚集长大，从而导致沉降速度不断加快，是一个加速过程，不像离散颗粒那样在沉降过程中保持沉降速度不变。

由于在沉降过程中，颗粒的质量、形状和沉速是变化的，实际沉速很难用理论公式计算。因此，对此类沉降需要研究的问题，不是它的某一沉降速度，而是要通过实验来测定水中颗粒在某一流程中的沉降特征。

三、层状沉降（拥挤沉降）

当水中悬浮颗粒浓度继续增大时，如悬浮颗粒占水溶液体积大于1%时，大量颗粒在有限水体中下沉时，被排挤的水便有一定的上升速度，使颗粒所受到的水阻力有所增加，最终可以看到水体中有一个清水和浑水的交界面，并以界面的形式不断下沉，所以称这种沉降为层状沉降，也有人称为拥挤沉降。

将高浊度水注入透明的沉降筒内进行静水沉降试验，经过一个很短的时间，会在清水与浑水之间形成一个交界面，称为浑液面。随后浑液面以等速下沉，一直沉到一定高度后，浑液面的沉速才逐渐慢下来，从浑液面的等速沉降转入降速沉降的转折点称为临界点。临界点以前为层状沉降，临界点以后为压缩沉降。

四、压缩沉降

在沉降的压缩区，由于悬浮颗粒浓度很高，颗粒相互之间已挤集成团块结构，互相拉触、互相支承，下层颗粒间的水在上层颗粒的重力作用下被挤出，使颗粒浓度不断增大，压缩沉降过程也是不断排除颗粒之间孔隙水的过程。

第五节　沉　　淀　　池

利用悬浮颗粒的重力作用来分离固体颗粒的设备称为沉淀池。当生水中悬浮物浓度很大（3000mg/L以上）时，沉淀池可用来进行预处理，以利于后续的水处理工艺过程。沉淀池可用来进行混凝或其他加药沉淀处理，此时，应将加有药剂的水先通过混合器和反应器，再引入沉淀池。

沉淀池按水流方向可分为平流式、竖流式、辐流式和斜流式四种。平流式沉淀池是使用最早的一种沉淀设备，由于它结构简单，运行可靠，对水质适应性强，所以目前仍广泛应用于水处理领域。

一、平流式沉淀池

（一）结构

平流式沉淀池是一个矩形结构的池子，常称为矩形沉淀池。一般长宽比为4∶1左右，长深比为9∶1左右。整个池子可分为进水区、沉淀区、出水区和排泥区，如图3-5所示。

1. 进水区

通过混凝处理后的水先进入沉淀池的进水区，进水区内设有配水渠和穿孔墙，如图3-6所示。配水渠墙上配水孔的作用是使进水均匀分布在整个池子的宽度上，穿孔墙的作用是让水均匀分布在整个池子的断面上。

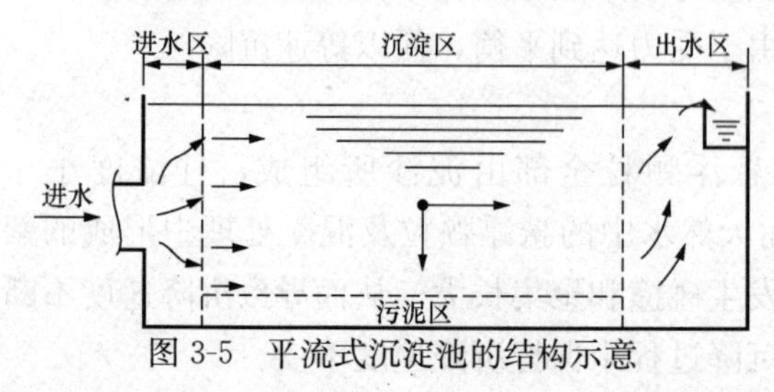

图3-5　平流式沉淀池的结构示意

2. 沉淀区

沉淀区是沉淀池的核心，其作用是完成固体颗粒与水的分离。在此，固体颗粒以水

平流速 v_{SH} 和沉降速度 u 的合成速度，一边向前行进一边向下沉降。

3. 出水区

出水区的作用是均匀收集经沉淀区沉降后的水，使其进入出水渠后流出池外，为了保证在整个沉淀池宽度上均匀集水和不让水流将已沉到池底的悬浮颗粒带出池外，必须合理设计出水渠的进水结构。出水区布置的三种常见结构如图 3-7 所示。图 3-7（a）为溢流堰式，这种形式结构简单，但堰顶必须水平，才能保证出水均匀。图 3-7（b）为淹没孔口式，它是在出水渠内墙上均匀布孔，尽量保证每个小孔流量相等。图 3-7（c）为三角堰式，为保证整个堰口的流量相等，堰应该用薄壁材料制作，堰顶应在同一个水平线上。

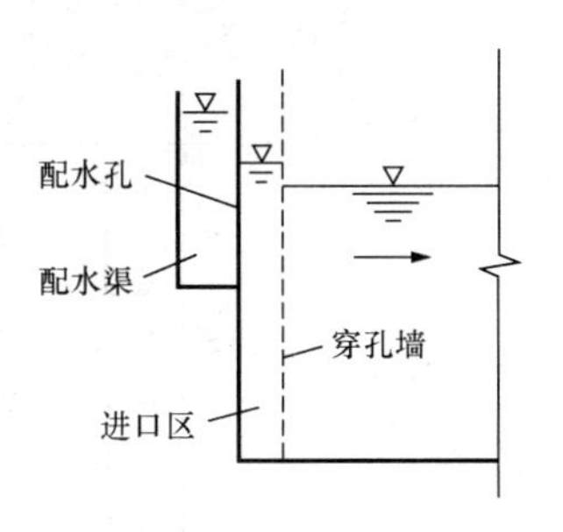

图 3-6　进水区布置

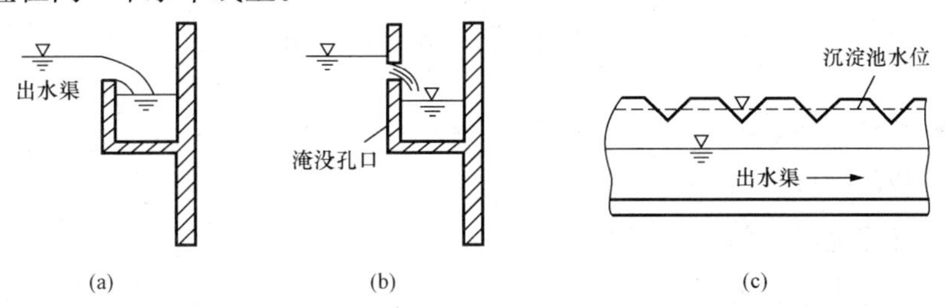

图 3-7　出水区布置

（a）溢流堰式；（b）淹没孔口式；（c）三角堰式

4. 污泥区

污泥区的作用是收集从沉淀区沉下来的悬浮颗粒，这一区域的深度和结构与沉淀区的排泥方法有关。

（二）离散颗粒在沉淀池中的沉降

平流式沉淀池在运行时，水流受到池身结构和外界影响（如进口处水流惯性、出口处束流、风吹池面、水质的浓差和温差等）致使颗粒沉降复杂化。为了便于理解，现讨论理想沉淀池中的颗粒沉降规律。

1. 截留速度与表面负荷

如图 3-8 所示，进入沉淀区的水流中有一种颗粒，从池顶 A 点开始以水平流速 v_{SH} 和沉降速度 u 的合成速度，一边向前行进一边向下沉降，到达池底最远处 D 点时刚好沉到池底，AD 线即表示这种颗粒的运动轨迹。这种颗粒的沉速表示在池中可以截留下来的临界速度，也称截留速度，用 u_J 表示。可见，凡是沉降速度大于或等于 u_J 的颗粒，从池顶 A 点开始下沉，必然能够在 D 点以前沉到池底，AE 线表示这类颗粒的运动轨迹。所以 u_J 表示沉淀池中能够全部去除的颗粒中最小颗粒的沉降速度。同样，凡是沉速小于 u_J 的颗粒，从池顶 A 点开始下沉，必然不能到达池底而被带出池外，AF 表示这类颗粒的运动轨迹。

对于 AD 线代表的一类颗粒，沿水平方向和垂直方向到达 D 点的时间是相同的，即

$$t = \frac{L}{v_{SH}} = \frac{H_0}{u_J} \tag{3-7}$$

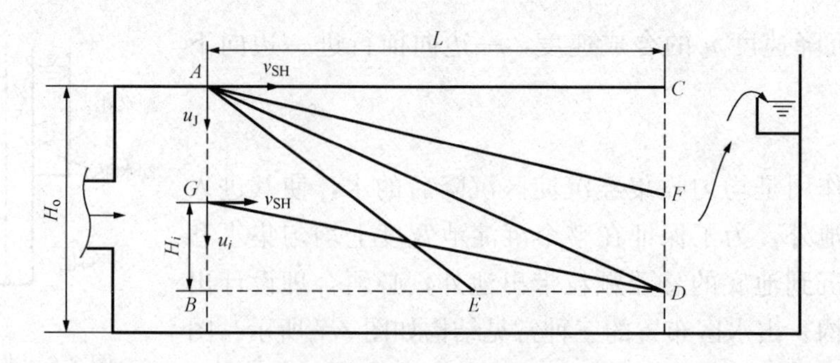

图 3-8　离散颗粒在沉淀池中的沉降

$$v_{SH}=\frac{Q}{H_o B} \tag{3-8}$$

$$u_J=\frac{Q}{LB}=\frac{Q}{A}\quad m^3/(m^2\cdot h) \tag{3-9}$$

式中　v_{SH}——水平流速，m/s；

u_J——截留速度，m/s；

H_o——沉淀池的水深，m；

Q——处理水量，m^3/s；

B——沉淀池断面宽度，m；

L——沉淀池的长度，m；

t——水在沉淀区中的停留时间，s；

A——面积，m^2。

式中 $\frac{Q}{A}$ 称为“表面负荷”或“溢流率”，表面负荷在数值上和量纲上等于截留速度。

2．沉淀效率

沉淀池的沉淀效率表示沉淀池的沉降澄清分离效果，而去除率是表示沉淀效率的一个指标，它指沉降于池底的悬浮颗粒占水中总悬浮颗粒的百分率。

如前所述，沉速大于 u_J 的颗粒可全部沉于底部而去除，而对于沉速小于 u_J 的颗粒可部分被去除。

（三）絮凝性颗粒在沉淀池中的沉降

在水处理中经常遇到的沉降多属于絮凝性颗粒沉降，即在沉降过程中。颗粒的大小、形状和密度都有所变化，随着沉淀深度和时间的增长，沉降速度越来越快。所以絮凝性颗粒在沉淀池中的运动轨迹也不是直线，而是曲线，有关絮凝性颗粒的沉淀效率只能根据沉淀试验加以预测。

二、斜板、斜管沉淀池

按照表面负荷 $u_J=\frac{Q}{A}$ 的关系，对某种沉速为 u_i 的特定颗粒，在处理水量 Q 一定时，增加沉淀池表面积 A 可以提高悬浮颗粒的去除率。当沉淀池容积一定时，池身浅则表面积大，去除率可以提高，此即 Hazen 和 Camp 的“浅池理论”。增加沉淀面积的有效途径是降低沉

降高度，这就形成了多层沉淀池。为了便于排泥，将沉淀池的底板做成具有一定倾斜度，便成为斜板沉淀池、斜管沉淀池。

（一）斜板、斜管沉淀池的特点

（1）根据浅池理论，降低沉淀池的沉降高度，可在水平流速不变的情况下，减小截留速度，使更小的悬浮颗粒沉到池底，同时缩短沉降时间，提高了去除率。如将原沉淀池高度 H 分成 n 等分，组成 n 个浅层池，则理论上每个浅层池的截留速度必然只有原截留速度的 $1/n$。

（2）斜板、斜管沉淀池由于在沉淀池倾斜放置了许多斜板、斜管，水流的稳定性增强，有利于颗粒沉降，提高沉淀效果。

（3）斜板、斜管上积聚的泥渣下滑过程可起接触凝聚作用（沉淀物网捕作用）。

目前，工业用水处理中多采用异向流，而且在后面所述的澄清池的澄清区，也可以加装斜管组件，构成所谓的斜管澄清池。

（二）异向流斜板、斜管沉淀池的结构

异向流斜板、斜管沉淀池的结构与平流式沉淀池相似，由进水区、斜板（斜管）沉淀区、出水区和污泥区四个部分组成，如图 3-9 所示。

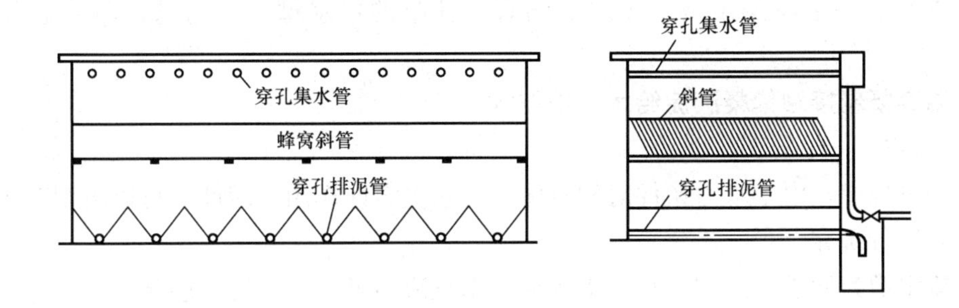

图 3-9　斜管沉淀池示意

1. 进水区

进入沉淀池的水流多为水平方向，而在斜板、斜管沉淀区的水流方向是自下向上的。目前设计的斜板、斜管沉淀池，进水布置主要由穿孔墙、缝隙墙和下向流斜管进水等形式，以使水流在池宽方面上布水均匀。

2. 斜板、斜管的倾斜角

为了便于排泥，斜板、斜管必须倾斜放置，斜板与水平方向的夹角称为倾斜角，倾斜角 α 越小，沉淀面积越大，截留速度 u_J 越小，沉降效果越好。但为了排泥通畅，α 值不能太小，对异向流斜板、斜管沉淀池，污泥休止角为 55°～60°。

3. 斜板、斜管的形状与材质

为了充分利用沉淀池的有限容积，斜板、斜管都设计成截面为密集形几何图形，其中有正方形、长方形、正六边形和波纹形等（见图 3-10）。

斜板、斜管的材料要求轻质、坚牢、无毒、廉价。目前，使用较多的有纸质蜂窝、薄塑材板等。蜂窝斜管可以用浸渍纸制成，并用酚醛树脂固化定形，一般做成正六边形，内切圆直径为 25mm。塑料板一般用厚 0.4mm 的硬聚氯乙烯板热压成形。

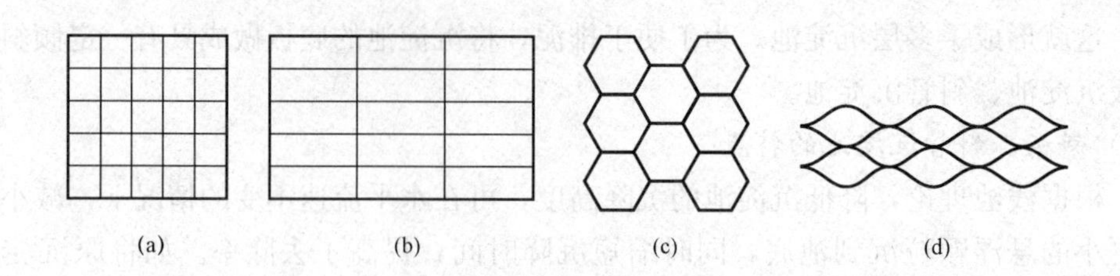

图 3-10　斜板、斜管族的截面图形

(a) 正方形；(b) 长方形；(c) 六边形；(d) 波形

4. 斜板、斜管的长度与间距

斜板、斜管的长度越长，沉降的效率越高。但斜板、斜管过长，制作和安装都比较困难，通常情况下，异向流斜板长度一般为 0.8～1.0m，不宜小于 0.5m。

在截留速度不变的情况下，斜板间距或管径越小，沉淀面积越大，沉淀效率越高。但斜板间距或管径过小，会造成加工困难，且易于堵塞。目前，在给水处理中采用的异向流沉淀池的斜板间距或管径大致为 50～150mm。

5. 出水区

为了保证斜板、斜管出水均匀，出水区中集水装置的布置也很重要。集水装置一般由集水支槽（管）和集水总渠组成。集水支槽有带孔眼的集水槽、三角堰、薄形堰和穿孔等形式。

三、湍流凝聚接触絮凝沉淀给水处理技术

（一）原理

在絮凝过程中，由于水力条件对絮凝体成长起决定性作用，因此，可以将絮凝当作流体力学问题来进行研究。

以直流水槽为例进行说明，水槽中水流沿垂直流向可分为三层：层流底层、过渡层和紊流层（惯性区）。

在紊流层内只能产生尺度大而强度低的涡流，在层流底层内不可能存在涡旋运动，在这两层之间存在一速度梯度相当大、涡能量最大的层，这一层就是过渡层，实际上层流底层和过渡层都是极薄的流层，因此，絮凝效果的好坏决定于紊流区。

紊流中存在着大大小小的涡旋，涡旋的大小和轴向是随机的，因此，涡旋本身在紊流内部的相对运动也是随机变化的，涡旋不断的产生、发展、衰减与消失。大尺度涡旋破坏后形成尺度较小的涡旋，较小尺度的涡旋破坏后形成尺度更小但波数较大的涡旋，由于这些涡旋在紊流内部做随机运动，不断平移和转动，使得紊流各点速度随时间不断变化，形成了流速的脉动，也就是说紊流是由连续不断的涡旋运动造成的。紊动能量由大尺度涡旋逐级传给小尺度涡旋。

大尺度涡旋由于速度梯度很小，其絮凝条件很差。由此可见，在紊流中若能有效的消除大尺度涡旋，增加微小尺寸涡旋的比例，就能提高絮凝效果。

（二）湍流凝聚接触絮凝沉淀给水处理技术设备

湍流凝聚接触絮凝沉淀给水处理技术设备包括列管式混合、翼片隔板絮凝和接触絮凝沉淀等（见图 3-11）。

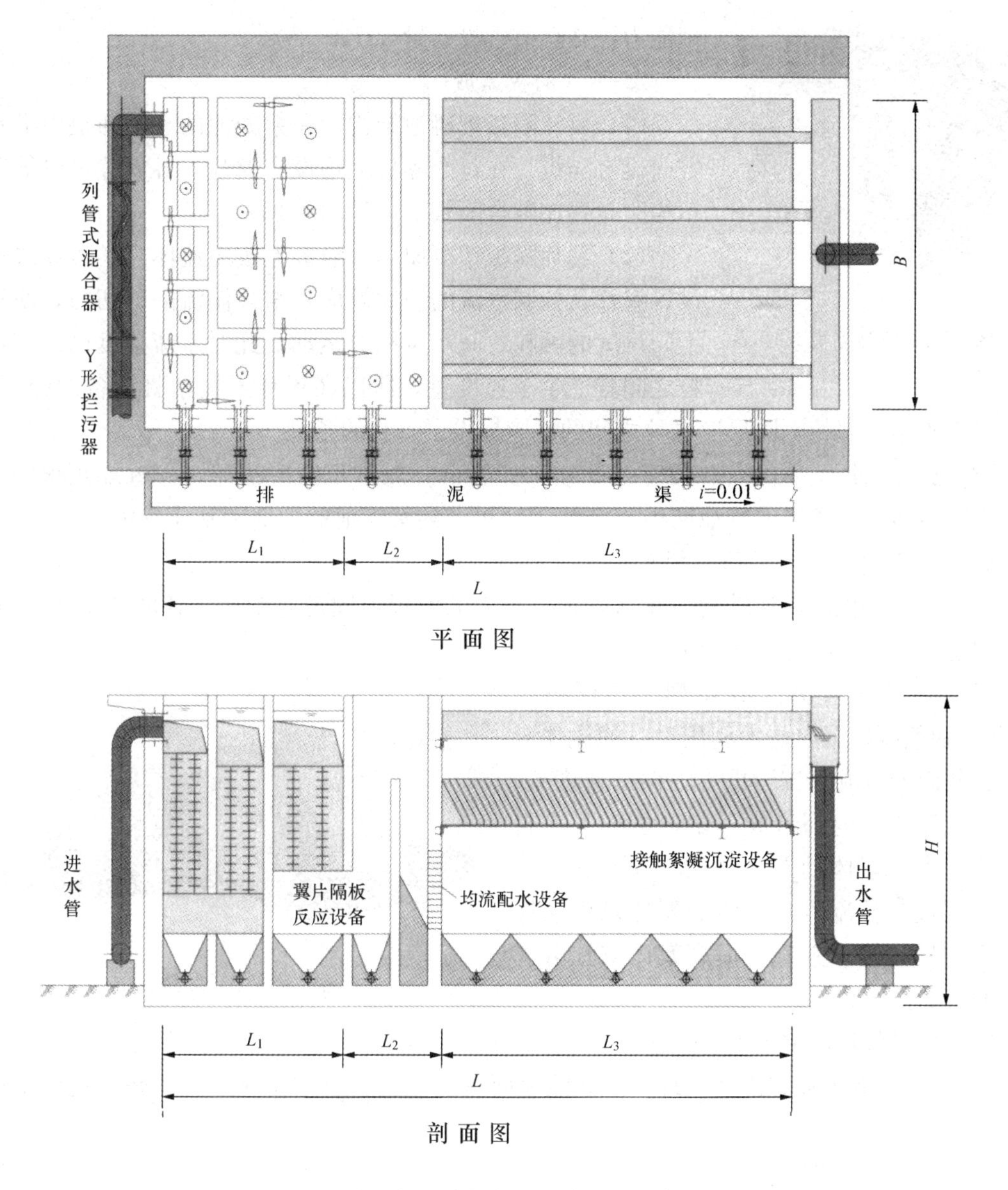

图 3-11　湍流凝聚接触絮凝沉淀给水设备示意图

1. 列管式混合

(1) 列管式静态混合器结构。在混合器外壳内沿液流方向设有列管，各列管呈并排平行排列，在混合器内的并排列管可以是一组或数组（见图 3-12）。

(2) 列管式混合原理。原水经过列管式混合器，通过控制水流的速度、水流空间的尺度，同时控制速度零区的范围，继而造成高比例、高强度的微涡旋，从而充分利用微小涡旋的离心惯性效应为亚微观扩散提供原动力，克服亚微观传质阻力，增加亚微观传质速率。

(3) 列管式混合优点。列管式混合器混合效率高、效果好，混合时间仅为 2～3s，相比于传统的静态混合器或管式混合器大幅度地提高了处

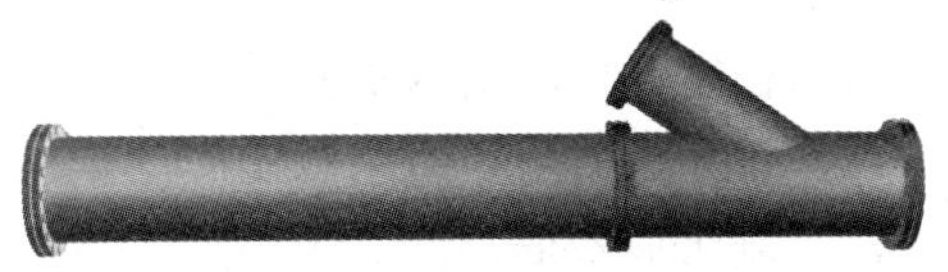

图 3-12　列管式静态混合器

图 3-13　翼片隔板絮凝

理能力，并且节省投药量 30%～35%。

2. 翼片隔板絮凝

（1）翼片隔板絮凝池结构。在絮凝池的流动通道内沿水流方向设有隔板，在每个隔板上均设有翼片，各翼片可以等距或不等距布置在各自隔板上（见图 3-13）。

（2）翼片隔板絮凝原理。隔板上按照流体力学边界层理论设置翼片，控制水流的惯性效应，增强湍流的剪切力，使水中不同尺度的颗粒之间产生相对运动，此时水流速度已改变，颗粒之间就产生了速度差。所以在翼片隔板絮凝设备的控制下，速度差为水中相邻的不同尺度颗粒之间的碰撞提供了有利的条件。

（3）翼片隔板絮凝优点。絮凝时间为 5～10min，较常规絮凝池的 20min 缩短很多，所需的絮凝池体积较常规絮凝池缩小 50%以上，可节约絮凝池的占地和基建费用。

3. 接触絮凝沉淀（V 形斜板沉淀）

（1）V 形斜板沉淀池结构。在水处理设备中的斜板上固定有肋条，各肋条呈 V 形分布排列固定在斜板上（见图 3-14）。

（2）V 形斜板沉淀池原理。V 形斜板（强化接触絮凝）沉淀技术利用设备的流体上升流道截面差造成水流沿重力方向的速度差，使斜板沉淀单元内部形成一定厚度的具有自我更新能力的絮体动态悬浮层，同时通过增设的垂直板（整流段）来增加絮体悬浮层厚度，实现强化接触絮凝、提高絮体沉淀分离性能的目的。

图 3-14　V 形斜板

（3）V 形斜板沉淀池的优点。

1）设备将有沉淀和澄清机理，沉淀池表面负荷可达 $18m^3/(m^2 \cdot h)$；较常规设备可提高负荷 2.0～2.5 倍。

2）处理效果有明显提高。

3）与澄清池相比，不需要很长时间的悬浮泥渣层形成期，且由于泥渣层存在于沉淀小单元内，液流状态稳定，泥渣层形成稳定。

4）由于悬浮泥渣层和斜板沉淀的共同作用，对不同水质和冲击负荷的适应性较斜板和澄清池都好。

5）沉淀池沉泥的密度较常规沉淀池大，排泥水可有 50%左右的节省。

（三）湍流凝聚接触絮凝沉淀给水处理技术特点

（1）处理效率高，占地面积小，节约土地资源，降低土地造价，经济效益显著。

（2）稳定优良的出水水质。

（3）抗冲击力强，适用水质广泛。

（4）制水成本低。

（5）设备安装、启动方便，操作简单。

（6）工期短，见效快。

铜陵电厂原水预处理工程工艺流程如下：

加混凝剂
↓
原水→直列式混合器→星形翼片絮凝池→V形斜板沉淀池→出水

第六节 澄 清 池

一、澄清池概述

澄清池也是进行水的混凝，去除水中悬浮物和胶体的设备。而澄清池与沉淀池处理系统相比有两个明显特点：一是它将药剂与水混合，絮凝反应和絮凝体的沉降分离三个步骤组合在一个构筑物内完成；二是利用了澄清处理中生成的大量泥渣（活性泥渣）进行接触絮凝和层状沉降。正是由于以上两个特点使澄清池具有占地面积小，设备小，沉降效率高等优点。

（一）澄清池类型

澄清池类型众多，结构各异，按其工作原理可分为以下两大类。

1. 泥渣悬浮型澄清池

这类澄清池的工作特征是，已形成的大粒径絮凝颗粒处于和上升水流成平衡的静止悬浮状态，构成所谓的悬浮泥渣层。投加混凝剂的原水通过搅拌作用所生成的微小絮凝颗粒随上升水流自下而上通过悬浮泥渣层时被吸附和絮凝，迅速生成密实易沉降的粗大絮凝颗粒，从而使水得到净化。因为这个絮凝过程是发生在两种絮凝颗粒表面上的，所以称为接触絮凝或接触混凝过程。从整体上看悬浮泥渣层和滤层所起的作用相类似，所以也有人称这种接触絮凝为泥渣过滤。

2. 泥渣循环型澄清池

这类澄清池的工作特征是，除了有悬浮泥渣层以外，还有相当一部分泥渣从分离区回流到进水区，与加有混凝剂的原水混合进行接触絮凝过程，然后再返回分离区，正是有大量的泥渣在池内循环流动，使泥渣接触絮凝作用得以充分发挥。

（二）澄清池的优缺点

（1）因为澄清池是将水与药剂的混合，絮凝反应及絮凝颗粒的沉降分离等过程在一个设备内完成，所以可减少设备及占地面积。

（2）水在澄清池内的停留时间约为沉淀池的1/2～2/3，这样可在处理水量不变的情况下减小设备体积和降低造价。

（3）澄清池与沉淀池相比，投药量少，出水悬浮颗粒含量小。正常运行情况下，出水浊度小于10NTU，运行状态良好时可低于5NTU。

（4）澄清池的结构比沉淀池复杂，运行管理的技术要求高，有的还需机械设备及较高的建筑物相配套。

二、泥渣循环型澄清池种类

泥渣循环型澄清池是目前应用较广的一类澄清池，常用的有机械搅拌澄清池和水力循环澄清池。

1. 机械搅拌澄清池

机械搅拌澄清池池内泥渣的循环流动是靠一个专用的机械搅拌机的提升作用来完成的。目前已广泛用于各种水处理工艺中。

机械搅拌澄清池的池体主要由第一反应室，第二反应室和分离室三部分组成，并设置有相应的进出水系统、排泥系统、搅拌机及调流系统。另外，还有加药管，排气管和取样管等。如图 3-15 所示。

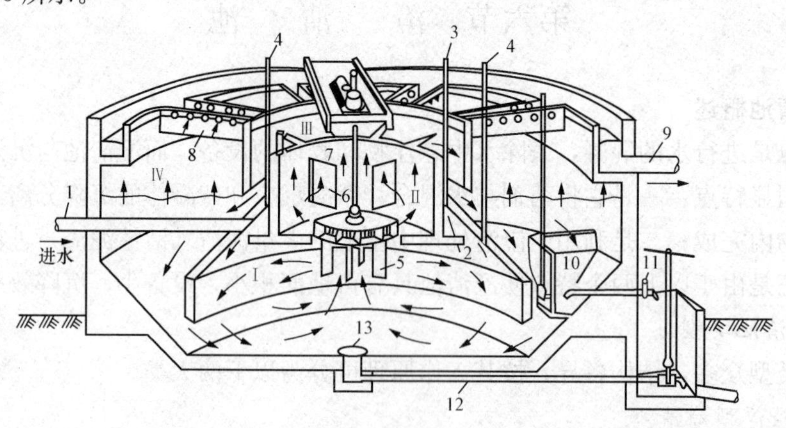

图 3-15　机械搅拌澄清池

Ⅰ—第一反应室；Ⅱ—第二反应室；Ⅲ—导流室；Ⅳ—分离室；1—进水管；2—三角配水槽；3—排气管；4—加药管；5—搅拌浆；6—提升叶轮；7—导流板；8—集水槽；9—出水管；10—泥渣浓缩室；11—排泥阀；12—放空管；13—排泥罩

原水由进水管进入环行三角配水槽后，由槽底配水孔流入第一反应室，在此与分离室回流的泥渣混合。混合后的水由于叶轮的提升作用，从叶轮中心处进入，再向外沿辐射方向流出来，经叶轮与第二反应室底板间的缝隙流入第二反应室。在第一反应室和第二反应室完成接触絮凝作用。第二反应室内设置有导流板，以消除因叶轮提升作用所造成的水流旋转，使水流平稳地经导流室流入分离室，导流室有时也设有导流板。分离室的上部为清水区，清水向上流入集水槽和出水管。分离室的下部为悬浮泥渣层，下沉的泥渣大部分沿锥底的回流缝再次流入第一反应室重新与原水进行接触絮凝反应，少部分排入泥渣浓缩室，浓缩至一定浓度后排出池外，以便节省耗水量。

环行三角配水槽上设置有排气管，以排除水中带入的空气。药剂可加入第一反应室，也可加至环行三角配水槽或进水管中。

2. 水力循环澄清池

水力循环澄清池的基本原理和结构与机械搅拌澄清池的相似，只是泥渣循环的动力不是采用专用的搅拌机而是靠进水本身的动能，所以它的池内没有转动部件，因此，它结构简单，运行维护方便，成本低，适宜处理水量为 50～400m^3/h 的中小型澄清池。在工业用水处理中应用也较多，但相对机械搅拌澄清池而言，其对水质、水量等变化的适应性能差些。

水力循环澄清池的结构示意如图 3-16 所示，主要由进水混合室（喷嘴、喉管）、第一反应室、第二反应室、分离室、排泥系统、出水系统等部分组成。

原水由池底进入，经喷嘴高速喷入喉管内，此时在喉管下部喇叭口处，造成一个负压区，使高速水流将数倍于进水量的泥渣吸入混合室。水、混凝剂和回流的泥渣在混合室和喉管内快速、充分混合与反应。混合后的水进入第一反应室和第二反应室，进行接触絮凝。由于第二反应室的过水断面比第一反应室的大。因此水流速度减小，有利于絮凝颗粒进步长大。从第二反应室流出来的泥水混合液进入分离室，在此由于过水断面急剧增大，上升水流速度大幅度下降，有利于絮凝体分离。清水向上经集水系统汇集后流出池外，絮凝体在重力作用下沉降，大部分回流再循环，少部分进入泥渣浓缩室浓缩后排出池外或由池底排出池外。

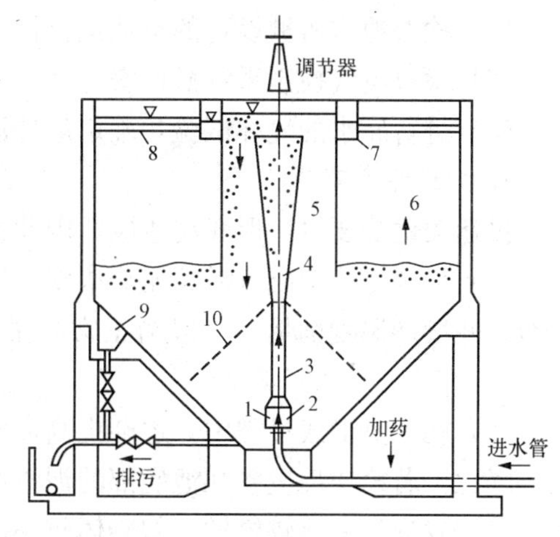

图 3-16　水力循环澄清池

1—混合室；2—喷嘴；3—喉管；4—第一反应室；5—第二反应室；6—分离室；7—环形集水槽；8—穿孔集水管；9—污泥斗；10—伞形罩

喷嘴是水力循环澄清池的关键部件，它关系到泥渣回流量的大小。泥渣回流量除与原水浊度、泥渣浓度有关外，还与进水压力、喷嘴内水的流速、喉管的大小等因素有关。运行中可通过调节喷嘴与喉管下部喇叭口的距离来调节回流量。调节方法一是利用池顶的升降机构使喉管和第一反应室一起上升或下降，二是利用检修期间更换喷嘴。

三、混凝剂投药系统

1. 混凝剂投药系统

混凝剂投药系统包括药品溶解、稀释、投加和剂量控制设备。

2. 混凝控制系统

混凝剂投药系统中关键技术是剂量控制设备，目前混凝剂剂量控制方法主要有以下三种。

（1）以水量作为信号，混凝剂投加量与处理水流量变化成正比。

这种方式的控制原理简单，系统比较可靠。但该系统的加药量与处理水量有关，当水质变化需要加药量增减时就无法适应。

（2）以出水浊度（或泥渣层浊度）为信号，当出水浊度变化时，混凝剂剂量随之变化。

这种方式的控制原理正确，但由于工业在线浊度测定的可靠性较差，维护工作量大，所以工业应用较少。

（3）以澄清池中泥渣的流动电流（位）信号，控制混凝剂剂量的增减。

由于流动电流与胶体 ζ 电位有正相关关系，混凝后胶体 ζ 变化反映了胶体脱稳程度，因此，混凝后流动电流变化也反映了胶体脱稳程度。测定胶体 ζ 电位不仅复杂而且不能连续测定，因而，难于用在工业上的在线连续测控。而采用流动电流检测器（简称 SCD）就克服了这一缺点，所以近年来这一新技术得以迅速推广应用。

四、澄清池的运行管理

（一）投运

1. 投运前的准备

投运前的准备工作包括下列几点：

（1）检查池内机械设备的空池运行情况。

（2）检查电气控制系统操作安全性、动作灵活性。

（3）进行原水的烧杯试验，确定最佳混凝剂和最佳投药量。

2. 投运注意事项

投运关键是要尽快形成泥渣层，因此投运时要注意以下几点：

（1）为了尽快形成所需的泥渣浓度，这时可减少进水量（一般调整为设计流量的1/2～2/3），并增加混凝剂量（一般为正常药量的1～2倍），减少第一反应室的提升水量，停止排泥。

（2）在泥渣形成过程中，逐渐提高泥渣回流量，加强搅拌措施，并经常取水样测定泥渣的沉降比，若第一反应室和池底部的泥渣浓度开始逐渐提高，则表明泥渣层在2～3h后即可形成。若发现泥渣比较松散，絮凝体较小或原水水温和浊度较低，可适当投加其他澄清池的泥渣或投加黏土，促使泥渣尽快形成。

（3）当泥渣形成后，出水浊度达到设计要求（小于10NTU），这时可适当减小混凝剂投加量，直到正常加药量，然后再逐渐增大进水量（每次增加水量不宜超过设计水量的20%，水量增加间隔不小于1h），直到设计值。

（4）当泥渣面达到规定高度时（通常为接近导流筒出口），应开始排泥，使泥渣层高度稳定，为使泥渣保持最佳活性，一般控制第二反应室的泥渣5min的沉降比在10%～20%。

（二）调试

调整试验主要是检查整池的水力学均匀性及澄清池的各项运行参数和特性，供运行控制使用。调整试验主要包括以下6方面内容。

1. 水力学均匀性检查

整池的水力学均匀性试验方法，是将池内进水中瞬间加入某种物质（如有色物质、Cl^-等），然后定时在池顶出水区不同部位取样，检查该物质最大浓度出现时间是否相同，如果出现时间有先有后，则说明该澄清池水力学均匀性不好，出现时间早的部位有偏流。

2. 回流缝开度与回流比关系、最佳回流比确定

本试验要检查该池的回流比、回流缝开度与回流比关系及在正常运行时最佳回流比。回流比是通过测量第二反应室的流量后计算而得。

3. 最佳加药点和最佳加药量试验

在澄清池投运、泥渣层形成、出水水质达到要求后，可变更加药点及加药量，以期确定最合适的加药位置和最少的加药量。

4. 最大出力和最小出力试验

最大出力试验是确定本池出水水质合格时可能达到的最大出力，最小出力试验是针对水力循环澄清池低出力时由于喷嘴处不能形成回流而无法运行。

5. 停止加药试验

澄清池由于存在泥渣层，短时间停止加药尚不致使出水水质恶化，停止加药试验就是确定停止加药多少时间内，出水水质仍合格，为运行控制提供一个技术参数。

6. 停止进水试验

机械搅拌澄清池在停止进水后，由于机械搅拌装置仍在运转，泥渣循环回流仍然在进

行，所以在短时间停止进水再次启动时，出水仍然能合格，本试验确定允许的停止进水最长时间。水力循环澄清池若停止进水，泥渣循环将会停止，泥渣全部沉降于池底，甚至被压实，所以无法进行停止进水试验。

（三）停运及停运后重新投运

机械搅拌澄清池可以允许短时间停运，停止进水，但机械搅拌装置仍需运转。停运后（小于24h），部分泥渣会沉于池底，所以重新投运后，应先开启底部放空阀门，排出底部少量泥渣，进水后要加大投药量，然后调整到设计出力的2/3左右运行，待出水水质稳定后，再逐渐减小药量和提高水量，直到设计值。

水力循环澄清池停止进水后，极易发生泥渣在池底堆集，所以一般在停运后即将池体放空，需运转时再重新启动。

（四）运行监督

为了使澄清池能够始终在良好的条件下工作，对其出水水质和澄清池各部分的工作情况都应进行监督。

出水水质监督项目，除了悬浮物含量或浊度以外，其他项目应根据澄清池的用途拟订，有时还需测定出水中有机物、残留铝及铁等含量。

澄清池工况监督项目有：泥渣层的高度以及泥渣层、反应室、泥渣浓缩室和池底等部分的悬浮泥渣的特征（如控制5min沉降比为10%～20%）。

目前，澄清池日常监控越来越多地采用流动电流监测器来监测水中微粒脱稳絮凝情况，及时、准确地调整澄清池的投药量等参数，以便获得最佳出水水质。

（五）运行中的故障处理

（1）当分离室清水区出现细小絮凝体；出水水质浑浊；第一反应室絮凝体细小；反应室泥渣浓度减小时，都可能是由于加药量不足或原水浊度（碱度）不足造成的，应随时调整加药量或投加助凝剂。

（2）当分离室泥渣层逐渐上升，出水水质恶化，反应室泥渣浓度增高，泥渣沉降比达到25%以上，或泥渣斗的泥渣沉降比超过80%以上时，都可能是由于排泥不足造成的，应缩短排泥周期，加大排泥量。

（3）在正常温度下，清水区中有大量气泡及大块漂浮物出现，可能是投加碱量过多，或池内泥渣回流不畅，沉积池底，日久腐化发酵，形成大块松散腐败物，并夹带气泡上漂池面。

（4）清水区出现絮凝体明显上升，甚至出现翻池现象，可能由以下几种原因造成：日光强烈照晒，造成池水对流；进水量超过设计值或配水不均匀造成短流；投药中断或排泥不适；进水温度突然上升。这时应根据不同原因进行相应调整。

第七节 气 浮 工 艺

气浮工艺是当今国内外积极研究和推广的一种水处理技术。目前，已在低温低浊水处理、含藻类或水源受到一定程度污染和高色度的给水处理及包括含油废水在内的有关废水处理中得到应用。

一、气浮的基本原理

气浮法是固液分离的一种技术。它是通过某种方法产生大量的微气泡，使其与原水中密度接近于水的固体颗粒黏附，形成密度小于水的气浮体（“气泡—颗粒”复合体），在浮力的作用下，上浮至水面形成浮渣，进行固液分离。

（一）实现气浮分离的必要条件

（1）必须向水中提供足够数量的微细气泡（气泡理想尺寸为15～30μm）。

（2）必须使悬浮物呈悬浮状态。

（3）必须使气泡与悬浮物产生黏附作用，从而附着于气泡上浮升。

（二）水中颗粒与气泡黏附

水中悬浮固体颗粒能否与气泡黏附主要取决于颗粒表面的性质。颗粒表面易被水湿润，该颗粒属亲水性，不易被气泡黏附；如不易被水湿润，该颗粒属疏水性，易被气泡黏附。

微细气泡与悬浮颗粒的黏附形式有气颗粒吸附、气泡顶托以及气泡裹夹等三种形式，如图3-17所示。

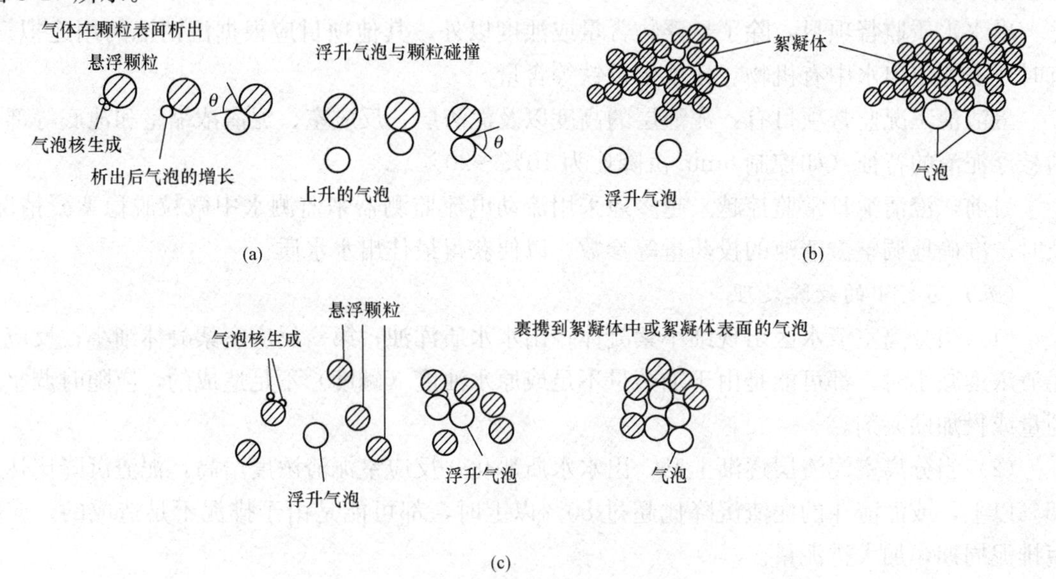

图3-17　微气泡与悬浮颗粒的三种黏附方式

（a）气颗粒吸附；（b）气泡顶托；（c）气泡裹夹

（三）化学药剂的投加对气浮效果的影响

疏水性很强的物质，不投加化学药剂即可获得满意的固—液分离效果。但一般的疏水性或亲水性的物质，均需要投加化学药剂，以改变颗粒的表面性质，增强气泡与颗粒间的吸附。这些化学药剂分为下列几类：

1. 混凝剂

各种无机或有机高分子混凝剂，它们不仅可以改变水中悬浮颗粒的亲水性，而且还能使水中的细小颗粒絮凝成大的絮状体以利吸附、截留气泡，加速颗粒的上浮。

2. 浮选剂

浮选剂大多由极性—非极性分子所组成。投加浮选剂之后能否使亲水性物质转化为疏水性物质，主要取决于浮选剂的极性基能否附着在亲水性悬浮颗粒的表面，而与气泡相黏附的强弱则决定于非极性基中碳链的长短，当浮选剂的极性基被吸附在亲水性悬浮颗粒的表面后，非极性基则朝向水中，这样就可以使亲水性物质转化为疏水性物质，从而能使其与微细气泡相黏。如图 3-18 所示，是亲水性悬浮颗粒在加入极性—非极性物质后转化为疏水性与微小气泡黏附的情形。

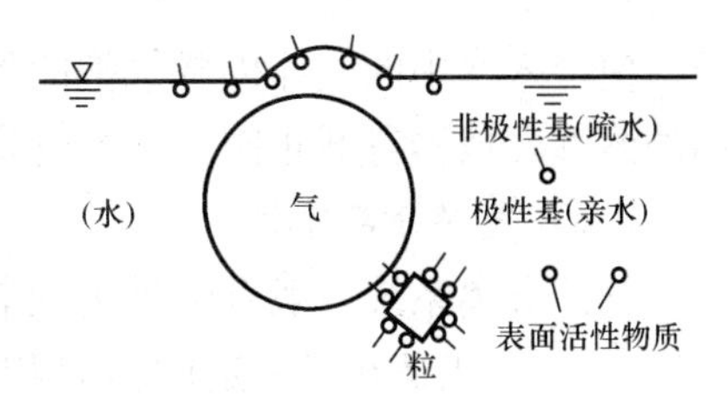

图 3-18　亲水性物质与气泡的黏附状况

浮选剂的种类很多，如松香油、表面活性剂，硬脂酸盐等。

3. 絮凝剂

絮凝剂的作用是提高悬浮颗粒表面的水密性，以提高颗粒的可浮性，如聚丙烯酰胺。

在水处理中，目前主要以添加混凝剂为主。

二、气浮工艺分类

水处理中气浮方法按水中产生气泡的方法不同可分为电解气浮、散气气浮及溶气气浮三类。目前常采用的是溶气气浮。

根据气泡析出时所处压力的不同，溶气气浮可分为：加压溶气气浮法和真空溶气气浮法两种类型。

1. 真空溶气气浮法

真空溶气气浮法是空气在常压或加压条件下溶入水中，而在负压（真空）条件下析出。

真空溶气气浮的主要优点是：空气溶解所需压力低，动力设备和电能消耗较少。但是，这种气浮方法的缺点是：由于空气溶解在常压或低压下进行，溶解度很低，气泡释放量很有限。此外为形成真空，处理设备需密闭，其运行和维修较困难。

2. 加压溶气气浮法

加压溶气气浮法是目前应用最广泛的一种气浮法。空气在加压的条件下，溶于水，然后通过将压力降至常压而使过饱和的空气以微气泡形式释放出来。

加压溶气气浮法与其他气浮法相比具有以下特点：

（1）水中的空气溶解度大，能提供足够的微气泡，可满足不同要求的固液分离，确保去除效果。

（2）经减压释放后产生的气泡粒径小（20～100μm）、粒径均匀，微气泡在气浮池中上升速度慢，对池扰动较小，特别适用于絮凝体松散、细小的固体分离。

（3）设备和流程都比较简单，维护管理方便。

三、加压溶气气浮系统

（一）压力溶气系统

压力溶气系统包括水泵、空气压缩机、压力溶气罐及其他附属设备。其中压力溶气罐是影响溶气效果的关键设备。空气压缩机供气溶气系统是目前应用最广泛的压力溶气系统。压力溶气罐有各种形式，一般采用喷淋式填料压力溶气罐。

（二）溶气释放系统

溶气释放系统由溶气释放器和溶气水管路组成。其功能是将压力溶气水通过消能、减压、使溶入水中的气体以微气泡的形式释放出来，并能迅速而均匀地与水中杂质相黏附。常用的溶气释放器有截止阀、穿孔管道和专用释放器。

（三）气浮分离系统

气浮分离系统一般有两种类型装置，即平流式气浮池（图 3-19）和竖流式气浮池（图 3-20）。其功能是确保一定的池容积与池表面积，使微气泡与水中絮凝体充分混合、接触、黏附，以及使带气絮凝体与清水分离。

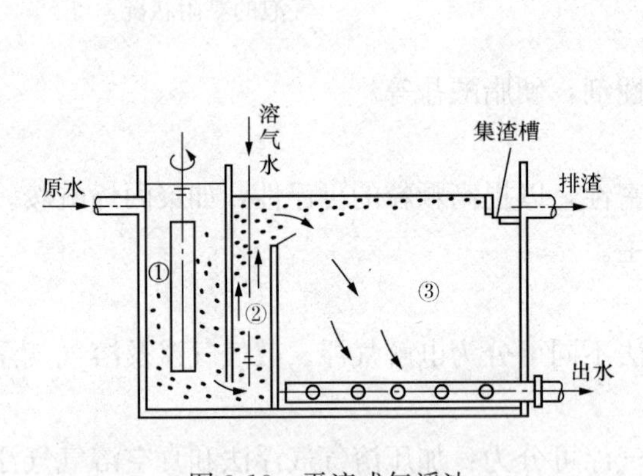

图 3-19　平流式气浮池

①—反应池；②—接触室；③—气浮池

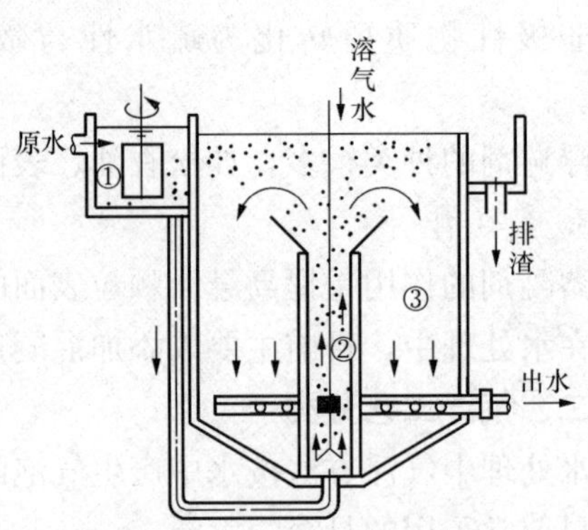

图 3-20　竖流式气浮池

①—反应池；②—接触室；③—分离室

加压溶气气浮工艺的基本流程有全溶气流程、部分溶气流程和回流加压溶气流程三种。

1. 全溶气流程

该流程是将全部原水进行加压溶气，再经减压释放装置进入气浮池进行固液分离。因不另加溶气水，气浮池容积小，但因全部进水加压溶气，其消耗高。

2. 部分溶气流程

该流程是将部分原水进行加压溶气，其余原水直接送入气浮池。该流程比全溶气流程省电，另外，因为部分原水经溶气罐，所以溶气罐的容积比较小。但因部分原水加压溶气所提供的空气量较少，因此，若想提供同样的空气量，必须加大溶气罐的压力。

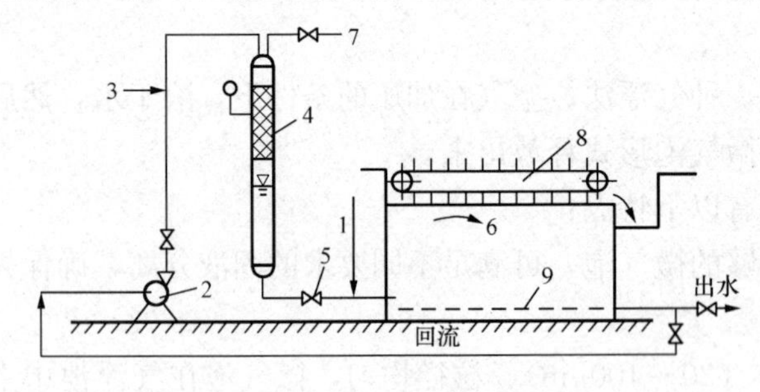

图 3-21　回流加压溶气方式流程

1—废水进入；2—加压泵；3—空气进入；4—压力溶气罐（含填料层）；5—减压阀；6—气浮池；7—放气阀；8—刮渣机；9—集水管及回流清水管

3. 回流加压溶气流程

回流加压溶气是目前常用的一种气浮工艺，该流程如图 3-21 所示，是将部分出水进行回流加压，原水直接送入气浮池。该法可避免释放器孔道堵塞及絮凝体易破碎的问题，但气浮池的容积较前两者大些。

第四章

水的过滤处理

天然水经过混凝澄清或沉淀处理后，水中的大部分悬浮物、胶体颗粒被去除。外观上变为清澈透明，但仍残留有少量细小的悬浮颗粒。此时水的浊度通常小于10NTU。这种水不能满足后续水处理设备的进水要求，也不能满足用户的要求，因此，还需要进一步去除残留在水中的细小悬浮颗粒，进一步去除悬浮杂质的常用方法是过滤处理，经过一般的过滤处理，水的浊度将降至2～5NTU以下。

用于工业用水处理中的过滤装置种类很多，按滤料的形态可分为粒状介质过滤、纤维状介质过滤和多孔介质过滤。

第一节　粒状介质过滤

清洁的井水是通过地层的过滤作用获得的，这一现象可能启发了人类用过滤方法来处理经过沉淀仍然浑浊的地表水。目前，工业用水处理用的过滤装置多为快滤装置，滤速一般在10m/h左右。

一、过滤过程

1. 过滤

含有悬浮杂质的水流经粒状过滤材料（滤料）时，水中大部分悬浮杂质被截留，滤出水的浊度降至最低，并维持这种优良水质一段时间，随后由于滤层截留污物太多，引起滤层阻力上升，滤出水流量下降，甚至滤出水的浊度又上升，不符合要求，这一过程即为过滤过程。

2. 反冲洗

在停止过滤后，用较强的水流自下而上对滤料进行冲洗，将积聚在滤料上的杂质冲洗下来，这一过程，称为反冲洗。反冲洗结束后，滤层的截污能力得到恢复，重新投运进行过滤。

二、过滤机理

给水处理用的过滤装置多为快滤装置，其过滤机理可归纳为以下三种主要作用，过滤过程可能是几种作用的综合。

1. 机械筛滤作用

当含有悬浮杂质的水由过滤装置上部进入滤层时，某些粒径大于滤料层孔隙的悬浮物由于吸附和机械筛除作用，被滤层表面截留下来。此时被截留的悬浮颗粒之间会发生彼此重叠和架桥作用，过了一段时间后，在滤层表面好像形成了一层附加的滤膜，在以后的过滤过程中，这层滤膜起主要的过滤作用，所以称为表层过滤（表面过滤）。

2. 惯性沉淀作用

堆积一定厚度的滤料层可以看作是层层叠起的多层沉淀池，它具有巨大的沉淀面积，因此，水中悬浮颗粒由于自身的重力作用或惯性作用，会脱离流线而被抛到滤料表面。

3. 接触絮凝作用

研究证明，接触絮凝在过滤过程中起了主要作用。当含有悬浮颗粒的水流经滤层孔道时，在水流状态和布朗运动等因素作用下，有非常多的机会与砂粒接触，在彼此间的范德华力、静电力及某些特别吸附力作用下相互吸引而黏附，恰如在滤料层中进行了深度的混凝过程。

三、影响过滤因素

影响过滤效率的因素很多，但对粒状滤料的过滤装置来说，主要是流速、滤料及滤层等的影响。

（一）滤速的影响

滤速是表示单位时间、单位面积上的过滤水量，以 m/h[或 $m^3/(m^2 \cdot h)$]计，即

$$v=\frac{Q}{A} \tag{4-1}$$

式中　v——过滤装置水流速度，m/h；

Q——过滤装置的过滤水量（或称出水），m^3/h；

A——过滤装置的过水断面面积，m^2。

过滤速度为“空塔流速”，水流在滤料孔隙中的实际流速远高于过滤速度。一般的单层砂滤装置的滤速为 8～12m/h，多层滤料过滤装置的滤速更高些。但滤速的提高是有限度的，因为滤速的提高，会出现水头损失增加，过滤周期缩短，出水浊度上升等问题。

（二）滤料的影响

在过滤装置中，滤料是水中颗粒杂质的载体。在选用滤料时，种类确定后，影响过滤的主要因素是滤料的粒径和级配。

1. 滤料种类的选择

过滤是一个大的概念，凡是水体经过滤床后引起水质改变的过程统称为过滤。因此滤料不同，去除水中杂质的功能也不同。例如：去除水中悬浮杂质一般采用石英砂和无烟煤作滤料；去除地下水中的铁和锰，采用锰砂作滤料；去除水中的有机物、颜色、异味及余氯等采用活性炭作滤料。

在滤料的选择上，首先应明确过滤目的，其次是对滤料的性能进行必要的试验和筛选。主要试验指标是滤料的机械强度和化学稳定性。

2. 粒径及其影响

滤料大都是由天然矿物经粉碎而制得的，其粒径不可能相同，它的颗粒大小情况不能用一个简单的指标表示。通常用“粒径”来表示滤料颗粒大小的概况，用“不均匀系数”表示一定数量的滤料中粒径大小级配（即不同粒径所占比例）情况，不同大小颗粒的分布也可用粒径分布曲线来表示。

粒径的表示方法有很多种，包括有效粒径 d_{10}，平均粒径 d_{50}，最大粒径 d_{max}，最小粒径 d_{min} 等。

（1）有效粒径 d_{10} 指 10%质量的滤料能通过的筛孔孔径。

（2）平均粒径 d_{50} 指 50%质量的滤料能通过的筛孔孔径。

（3）最大粒径 d_{max} 和最小粒径 d_{min} 共同给出了滤料大小的界线，表示所有滤料粒径均处于这一范围内。

过滤工况不同，对滤料粒径的要求也不同，在通常工况下，粒径要适中，不宜过大或过小。粒径过大，由于滤料间的孔隙增大，在过滤过程中细小的杂质颗粒容易穿透滤层，影响出水水质，而在反洗时，一般的反洗强度不能使滤层充分松动，从而影响反洗效果。反洗不彻底就会使泥渣残留在滤层中，严重时泥渣作为黏结剂与滤料结合成硬块。它不仅影响过滤时水流均匀性，而且一旦形成就难以彻底冲开，并越来越大，致使过水断面减小，水头损失增大，过滤周期缩短，出水水质恶化。粒径过小，滤料间的孔隙减小，这不仅影响到杂质颗粒在滤层中载送，而且也增加水流阻力，造成过滤时水头损失过快增长。以石英砂作滤料时，粒径通常在 0.5～1.2mm 范围内。

3. 不均匀系数及其影响

不均匀系数 K_{80} 表示 80%质量的滤料能通过的筛孔孔径（d_{80}）与有效粒径 d_{10} 的比值，即

$$K_{80}=\frac{d_{80}}{d_{10}} \tag{4-2}$$

式中 d_{80}——80%质量的滤料能通过的筛孔孔径，mm；

d_{10}——10%质量的滤料能通过的筛孔孔径，mm。

其中，d_{10} 反映细颗粒滤料尺寸，d_{80} 反映粗颗粒滤料尺寸。K_{80} 越大，表示粗细颗粒滤料尺寸相差越大，颗粒越不均匀，这对过滤和反冲洗都不利。因为 K_{80} 较大时，水力筛分作用越明显，滤料的级配就越不均匀，结果是滤层的表层集中了大量的细小颗粒滤料，致使过滤过程主要在表层进行，滤料截污能力下降，水头损失很快达到其允许值，过滤周期缩短，反冲洗过程中，反冲洗强度大时，细小滤料会被反洗水带出，反冲洗强度小时，不能松动滤层底部大颗粒滤料，致使反洗不彻底。K_{80} 越接近于 1，滤料越均匀，过滤与反冲洗效果越好，但滤料价格提高。

（三）滤层的影响

1. 滤层孔隙率的影响

滤层中滤料颗粒与颗粒之间的空间体积占滤层总体积的百分率，即为滤层孔隙率，孔隙率的大小与颗粒形状、大小及排列状态有关。

滤层的孔隙率与过滤装置的过滤效率有着密切的关系，孔隙率越大，杂质的穿透深度也随之增大，过滤水头损失增加缓慢，过滤周期可以延长，因此，滤层的截污能力得以提高。当然，滤层孔隙既是水流通道，又是截污空间。过大的孔隙率，悬浮杂质易穿透；过小的孔隙率，则截污空间小，水流阻力大，过滤周期短。滤层的截污能力通常用截污容量来表示，指单位过滤面积或单位滤料体积所能除去悬浮物的量，用 kg/m^3 或 kg/m^2 来表示。

一般所用石英砂滤料孔隙率在 0.42 左右。

2. 滤层组成的影响

普通单层滤料床在水流反洗水力筛分后，粒径小的滤料在上层，越往下层粒径越大，如图 4-1（a）所示。水流自上而下地在滤层孔隙间行进过程中，杂质首先接触到的是上层细滤料，大颗粒悬浮物最先被去除，剩下一些小颗粒悬浮物被输送到下一层。由于下层滤料比上一层要粗，其截留能力不如上一层，所以需要比较厚的一层滤料去拦截这些微小悬浮物，越往下层，这一现象越加明显。因此，由上而下的滤层的截污能力逐渐减小，上层最强，下层最弱。从整体上看，这种过滤方式是用表层细滤料去拦截水中最容易去除的小颗粒杂质，用底层粗滤料去拦截水中最难去除的小颗粒杂质，也就是说，沿水流方向滤料床截污能力由强到弱的变化与水中杂质先易后难的分级筛除很不适应。所以，该滤床水头损失增长快，过滤周期短，出水水质差。

从上面分析可知，单层滤料下向流过滤的固有缺陷是沿过滤水流方向滤料颗粒由小到大排列。消除这一缺陷，实现滤料颗粒由大到小这一理想排列方式（即通常称为“反粒度”过滤），有两种措施：一是改变过滤装置的水流方向，如从过滤装置的下部进水，上部出水，所谓上向流过滤，或从过滤装置的上、下两端进水，中间排水，即双向流过滤；二是改变滤层的组成，采用双层及多层滤料，这是目前国内外普遍重视的过滤技术。

双层滤料组成是：上层采用密度小，粒径大的滤料，下层采用密度大、粒径小的滤料。由于两种滤料存在密度差，在一定的反冲洗强度下，经水力筛分作用使轻质滤料分布在上层，重质滤料分布在下层，构成双层滤料过滤装置，如图 4-1（b）所示。虽然每层滤料的粒径仍由上而下递增，但就整个滤层而言，上层平均粒径大于下层平均粒径。当水流由上而下通过双层滤料床时，上部粗滤料去除水中较大尺寸的杂质，起粗滤作用，下部细滤料进一步去除细小的剩余杂质，起精滤作用。这样每层滤料发挥自己的特长，不同滤层的截污能力得到充分发挥。所以，双层滤料床截污容量大，过滤周期长，出水水质好，水头损失增长速度慢。

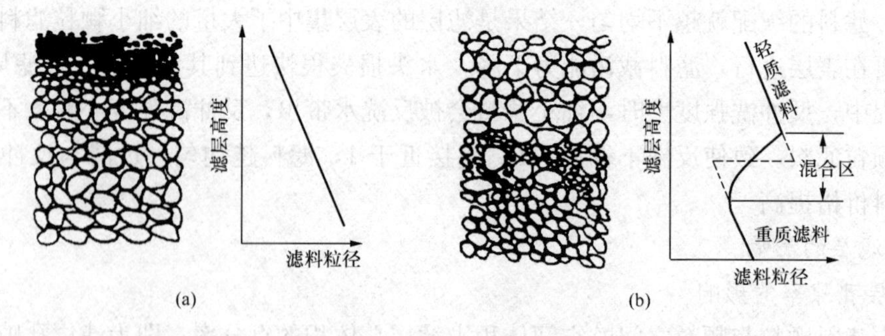

图 4-1　单层滤料及双层滤料反冲洗后滤层状态的示意图

（a）单层滤料滤层剖面；（b）双层滤料滤层剖面

目前，普遍采用的是无烟煤和石英砂双层滤料。根据煤、砂的密度差，选配恰当的粒径级配，可形成良好的上粗下细的分层状态。否则，将造成大量煤砂混杂，即失去双层滤料的作用。实践证明，最粗无烟煤和最细石英砂粒径之比在 3.5～4.0 之间时，可形成良好的分层状态，当然，交界面处有一定程度的混杂是难免的。

同理，也可由三种材质构成三层滤料，三层滤料通常是由无烟煤、石英砂和磁铁矿或其他重质矿石滤料所组成。各种滤料级配料选择基本相同于双层滤料。三层滤料组成滤层的过滤效率无疑是优于双层滤料的，但由于三层滤料过滤装置的实际效率相对于双层滤料过滤装置提高不多，而且又增加反洗困难，因此，三层滤料的应用很少。

四、滤层的清洗

过滤装置冲洗的目的是去除滤层中所截留的污物，使过滤装置恢复过滤能力。冲洗方法通常采用水流自下而上的反冲洗，简称反洗。目前常用的反冲洗方法有以下三种：一是高速水流反冲洗；二是先用空气搅动后再用高速水流反冲洗；三是表面水冲洗辅助的高速水流反冲洗。

（一）反冲洗原理

目前普遍认为，无论是水反冲洗或气、水联合的反冲洗，截留在滤层中的污物，主要是在水流剪切力和滤料颗粒间碰撞摩擦双重作用下，从滤料表面脱落下来，然后被冲洗水带出过滤装置。剪切力与冲洗流速和滤层膨胀率有关，冲洗流速过小，滤层孔隙中水流剪切力小，冲洗流速过大，滤层膨胀率过大，滤层孔隙中水流剪切力也会降低。另外，反冲洗时滤料颗粒间相互碰撞摩擦几率也与滤层膨胀率有关，膨胀率过大，由于滤料颗粒过于离散，碰撞摩擦几率会减少；膨胀率过小，水流紊动强度过小，同样也会导致碰撞摩擦几率的下降。因此，应控制合适的滤层膨胀，保证有足够大的水流剪切力和滤料颗粒间的碰撞摩擦几率，从而获得良好的反冲洗效果。

（二）反冲洗条件的控制

1. 滤料膨胀率（e）

反冲洗时，滤层膨胀后所增加的高度与膨胀前高度之比，称滤层膨胀率，常用百分率表示，即

$$e=\frac{L-L_0}{L_0}\times 100\% \tag{4-3}$$

式中　e——滤层膨胀率，%；

L_0——滤层膨胀前高度，cm；

L——滤层膨胀后高度，cm。

式（4-3）计算所得的膨胀率是整个滤层的总膨胀率。在一定的总膨胀率下，上层小粒径滤料和下层大粒径滤料的膨胀率相差很大。由于上层细滤料截留污物较多，因此，反冲洗时应尽量满足上层滤料对膨胀率的要求，即总膨胀率不宜过大。但为了兼顾下层粗滤料的清洗效果，必须使下层最大颗粒的滤料达到最小流化程度，即刚开始膨胀的程度。生产实践表明，一般单层石英砂滤料膨胀率采用45%左右，煤—砂双层滤料选用50%左右，可取得良好的反洗效果。

2. 反冲洗强度

反冲洗时，单位时间、单位过滤面积上反冲洗水量，称反冲洗强度，简称反洗强度，以$L/(m^2\cdot s)$[升/(米^2·秒)]计。以流速量纲表示的反冲洗强度，称反冲洗流速，以cm/s计。

前面已讨论过，必须控制合适的滤层膨胀和反洗强度，才能获得良好的清洗效果。当然反洗强度的大小与滤料的密度也有关，滤料的密度越大，则需要的反洗强度越大。例如，石英砂的反洗强度一般为12～15$L/(cm^2\cdot s)$，而密度较小的无烟煤的反洗强度为10～12

$L/(cm^2 \cdot s)$。

3. 反冲洗时间

当反冲洗强度或膨胀率符合要求，但如果反冲洗时间不足时，也不能充分洗净包裹在滤料表面上的污泥，同时冲洗下来的污物也因排除不尽而导致污泥重返滤层。长此下去，滤层表面将形成泥膜。因此，必须保证一定的反冲洗时间。

实际生产中，反冲洗强度、滤层膨胀率和反冲洗时间根据滤料层不同可按表4-1选择。

表4-1　反冲洗强度、膨胀率和反冲洗时间

滤　层	反冲洗强度 [$L/(m^2 \cdot s)$]	膨胀率 (%)	反冲洗时间 (min)
石英砂滤料	12～15	45	5～7
双层滤料	13～16	50	5～7
三层滤料	16～17	55	6～8

五、配水系统

配水系统的作用在于使反冲洗水在整个过滤装置平面上均匀分布，同时过滤时可均匀收集过滤出水。配水系统的配水均匀性对反冲洗效果的影响很大。配水不均匀会造成部分滤层膨胀不足，而另一部分滤层膨胀过量。膨胀不足区域，滤料冲洗不干净；膨胀过量区域，会导致"跑砂"。当承托层卵石发生移动时，造成"漏砂"现象。

目前，配水系统常有大阻力配水系统和小阻力配水系统两种基本形式。

1. 大阻力配水系统

快滤池中常用的是穿孔支母管大阻力配水系统，如图4-2所示。中间是一根干管（母管或干渠），干管两侧接出若干根相互平行的支管。支管下方开两排小孔，与中心线成45°角交错排列，见图4-3。反冲洗时，水流自干管起端进入后，流入各支管，由支管孔口流出，再经承托层和滤料层流入排入槽。

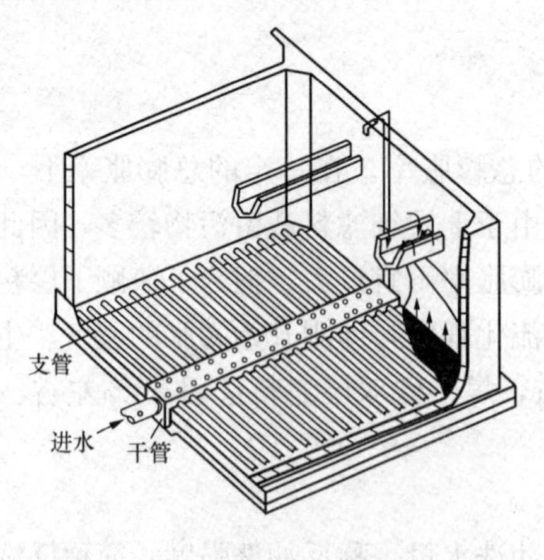

图4-2　穿孔大阻力配水系统

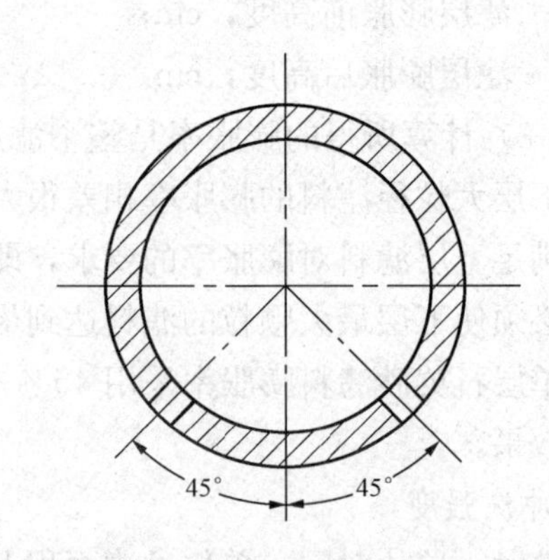

图4-3　穿孔支管孔口位置

大阻力配水系统在反冲洗时悬浮滤料层过水断面上阻力不均匀造成的影响被配水系统孔隙的大阻力消除，所以，大阻力配水系统的配水均匀性较好。大阻力配水系统水头损失一般大于3m。

2. 小阻力配水系统

大阻力配水系统的优点是配水均匀性较好，当滤层或其他部位运行中有阻力不均匀时，造成的水流不均匀也可减少到很低程度，但大阻力配水系统结构较复杂，孔口水头损失大，要求进水压头高。因此，对冲洗水头有限的无阀滤池和虹吸滤池等重力式滤池，大阻力配水系统不能采用。可以采用小阻力配水系统。

小阻力配水系统中水流流经配水系统的阻力小，水头损失一般在 0.5m 水柱以下。

小阻力配水系统的结构通常采用格栅式、尼龙网式和滤帽式等，常见的小阻力配水系统示意图如图 4-4 和图 4-5 所示。

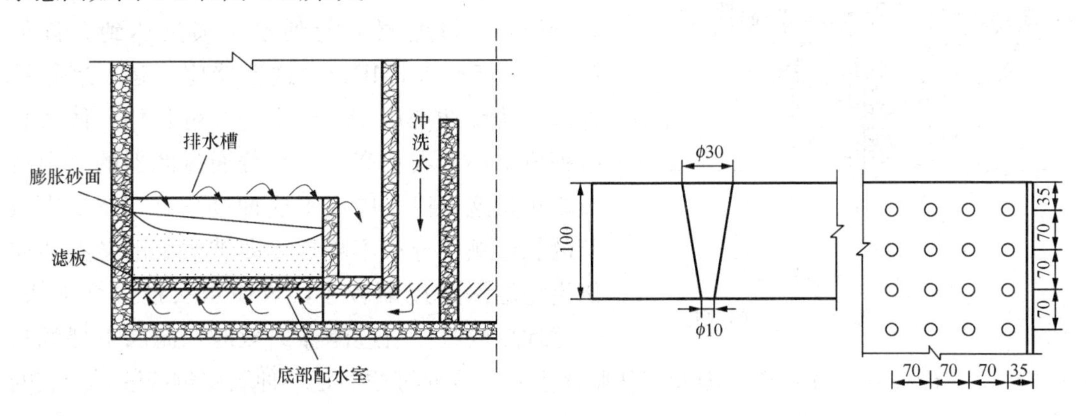

图 4-4　小阻力配水系统　　　　图 4-5　钢筋混凝土穿孔滤板

小阻力配水系统的主要缺点是配水均匀性不如大阻力配水系统，由于它的阻力较小，它对水流的控制能力较差，如配水系统压力稍有波动或滤层阻力稍有不均匀，就会影响水流分布的均匀性。

3. 承托层

承托层的作用是支承滤料，防止滤料从配水系统中流失，要求在反冲洗时保持稳定，并对均匀配水起协助作用。目前，承托层主要敷设于滤料层与配水系统之间的卵石层。

承托层通常由若干层卵石，或者经破碎的石块、重质矿石构成，并按上小下大的顺序排列，最常用的材料是卵石。

第二节　粒状介质过滤设备

粒状介质过滤设备类型众多，很难进行归纳分类，因此，我们只能按它们的某些特点作相对区分。例如，按滤层的组成可分为单层和多层滤料过滤设备；按工作压力可分为压力式和重力式两类过滤设备。

一、压力式过滤器

压力式过滤器指在一定压力下进行过滤，通常用泵将水输入过滤器过滤后，借助剩余压力将过滤水送到其后的用水装置。这种过滤器的上部装有进水装置及排空气管，下部装有配水系统，在钢制容器外配有必要的管道和阀门。压力式过滤器也称机械过滤器，分竖式和卧式，都有现成产品，直径一般不超过 3m，卧式过滤器长度可达 10m。目前，常用的压力式

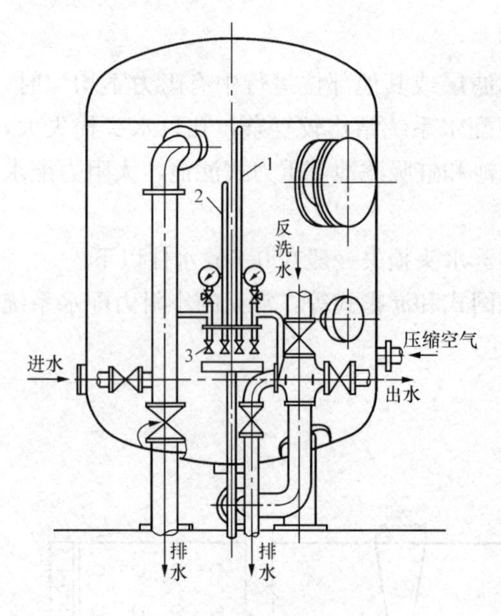

图 4-6　普通过滤器
1—空气管；2—监督管；3—采样阀

过滤器有：单层滤料过滤器和多层滤料过滤器。

1. 单层滤料过滤器

单层滤料过滤器是一种最简单的压力式过滤器，常称为普通过滤器，其结构如图 4-6 所示。滤料一般为石英砂或无烟煤（石英砂居多），滤层高度在 1.0m 左右，滤速为 8～12m/h。

过滤时，水经过进水装置均匀地流过滤料层，由配水装置收集后流入清水箱或直接送到后续水处理设备。过滤器运行到水头损失达到允许值（一般 0.05～0.1MPa），过滤器应停运，进行反冲洗。经反冲洗后，由于水力筛分作用，使滤料排列成上小下大状态，这是普通过滤器的一个特点，正是这一特点决定了这种过滤器在滤层中截留的悬浮颗粒分布不均匀，即被截留的悬浮颗粒量沿滤层深度逐渐减小，致使水头损失增加快，过滤周期较短。当过滤器失效时，滤层下部滤料的工作能力未能得到充分发挥，因此，从整体上看，普通过滤器是一种表层过滤装置，它的截污能力和滤料的有效利用率较低。

2. 多层滤料（多介质）过滤器

多层滤料过滤器的结构及运行方式与单层滤料过滤器基本相同，如图 4-7 所示为双层滤料过滤器结构示意图。由于这类过滤器的过滤方式基本上属于“反粒度过滤”，所以，滤层截污能力强，出水水质好，过滤周期长。当原水浊度较小时，可以直接利用这种过滤设备进行过滤，通常条件下，滤速可达 12～16m/h 左右。

使用多层滤料时，需注意选择不同滤料颗粒大小的级配和反冲洗强度，因为这影响到不同滤料的相互混杂，最终会影响到过滤效果。双层滤料的级配通常为粒径为 0.5～1.2mm 的石英砂，无烟煤为 0.8～1.8，水反冲洗强度为 13～16L/(m^2 · s)。铜陵电厂使用的是石英砂与无烟煤为滤料双介质过滤器。

3. 卧式过滤器

在水处理量大的场合可以将过滤装置设计为卧式过滤器。

为了减少水流不均匀危害，卧式过滤器通常制成多室，每一室相当于一个单流式过滤器，因此，它与多台单流式过滤器相比具有设备体积小，占地面积省，投资少的优点。

卧式过滤器运行方面有如下特点：

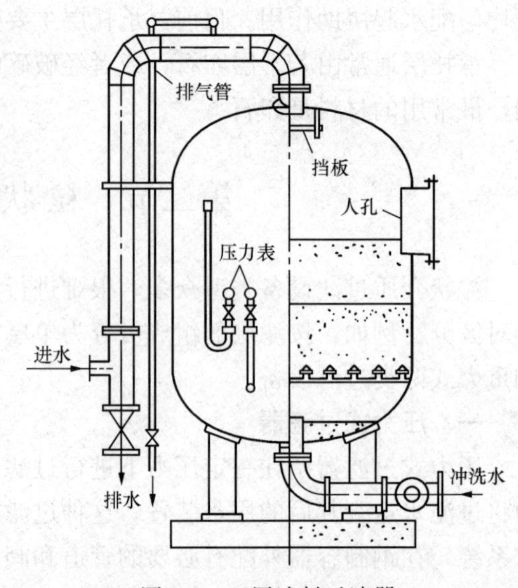

图 4-7　双层滤料过滤器

（1）单台设备出力大。

（2）由于滤层过滤面积上部大，下部小，因此是等流量变流速过滤，这与上部滤层截留污物多，下部滤层截留污物少的特点相对应。

（3）由于过滤面积大，反洗水量很大，往往难以同时供应反洗水，所以反洗时通常不是同时进行反洗，而是分室反洗。

二、重力式滤池

重力式滤池指依靠水自身重力进行过滤的过滤装置，它通常是用钢筋水泥制成的构筑物，所以滤池的造价比压力式过滤器低，而且宜做成较大的过滤设备。

1. 普通快滤池

普通快滤池通常有四个阀门，包括控制过滤进水和出水用的进水阀、出水阀，控制反洗进水和排水用的冲洗水阀、排水阀，因此，普通快滤池也称四阀滤池。

2. 无阀滤池

无阀滤池因没有阀门而得名，其特点是过滤和反冲洗自动地周而复始进行。重力式无阀滤池如图 4-8 所示。

无阀滤池过滤时，经混凝澄清处理后的水，由进水分配槽 1，经进水管 2，及配水挡扳 5 的消能和分散作用，比较均匀地分布在滤层的上部。水流通滤料层 6、承托层 7 和配水系统 8，进入集水空间 9，滤后水从集水空间经连通管 10 上升到冲洗水箱 11，当水箱水位上升达到出水管 12 喇叭口的上缘时，便开始向外送水至清水池，水流方向如图中箭头方向所示。

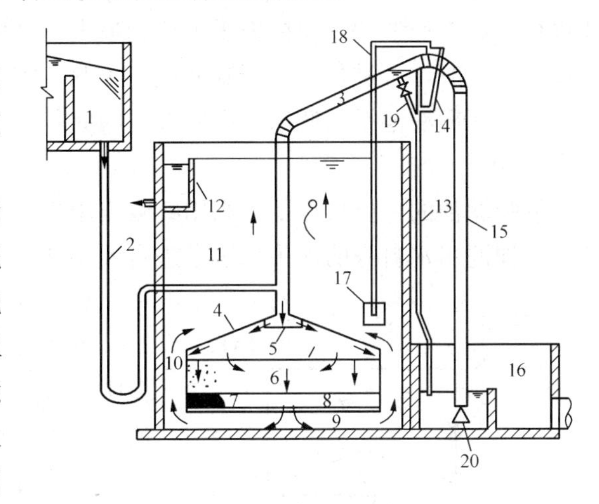

图 4-8　无阀滤池过滤过程

1—进水分配槽；2—进水管；3—虹吸上升管；4—伞形顶盖；5—挡板；6—滤料层；7—承托层；8—配水系统；9—集水空间；10—连通管；11—冲洗水箱；12—出水管；13—虹吸辅助管；14—抽气管；15—虹吸下降管；16—水封井；17—虹吸破坏斗；18—虹吸破坏管；19—强制冲洗管；20—冲洗强度调节器

过滤刚开始时，虹吸上升管 3 与冲洗箱中的水位的高差 H_0 为过滤起始水头损失，一般在 20cm 左右。随着过滤的进行，滤层截留杂质量的增加，水头损失也逐渐增加，但由于滤池的进水量不变，使虹吸上升管内的水位缓慢上升，因此，保证了过滤水量不变。当虹吸上升管内水位上升到虹吸辅助管 13 的管口时（这时的水头损失 H_T 称期终允许水头损失，一般为 1.5～2.0m），水便从虹吸辅助管中不断流进水封井内，当水流经过抽气管时，就把抽气管 14 及虹吸管中空气抽走，使虹吸上升管和虹吸下降管 15 中水位很快上升，当两股水流汇合后，便产生了虹吸作用，冲洗水箱的水便沿着与过滤相反的方向，通过连通管 10，从下而上地经过滤层，使滤层得到反冲洗，冲洗废水由虹吸管流入水封井溢流到排水井中排掉，就这样自动进行冲洗过程。

随着反冲洗过程的进行，冲洗水箱的水位逐渐下降，当水位降到虹吸破坏斗 17 以下时，虹吸破坏管 18 会将斗中的水吸光，使管口露出水面，空气便大量由破坏管进入虹吸管，虹吸被破坏，冲洗结束，过滤又重新开始。

无阀滤池设计运行中的主要问题：

(1) 由于冲洗水箱容积有限，冲洗过程中反洗强度变化的梯度较大，末期冲洗效率较差，为保证冲洗效率并避免滤池高度过高，设计中常采用两个滤池合用一个冲洗水箱，这种滤池称为双格滤池，无阀滤池一般均按一池二格设计。另外，在反冲洗过程中，滤池仍在不断进水，并随反冲洗水一起排出，造成浪费。解决此问题，可在进水管上安装阀门，改为单阀滤池，当反洗时停止进水。

(2) 进水分配槽的作用，是通过槽内堰顶溢流使二格滤池独立进水，并保持进水流量相等。

(3) 进水管U形存水弯的作用是防止滤池冲洗时，空气通过进水管进入虹吸管而破坏虹吸，U形存水弯底部标高要低于水封井的水面。

(4) 无阀滤池的自动反洗，只有在滤池的水头损失达到期末的允许水头损失值 H_T 时才能进行。如果滤池的水头损失还未达到最大允许值而因某些原因（如出水水质不符要求）需要提前反洗时，可进行人工强制冲洗。为此，需在无阀滤池中设置强制冲洗装置。

(5) 无阀滤池是用低水头反冲洗，因此，只能采用小阻力配水系统。

3. 虹吸滤池

虹吸滤池的主要特点是：利用虹吸作用来代替滤池的进水阀门和反冲洗排水阀门操作；依靠滤池滤出水自身的水头和水量进行反冲洗。

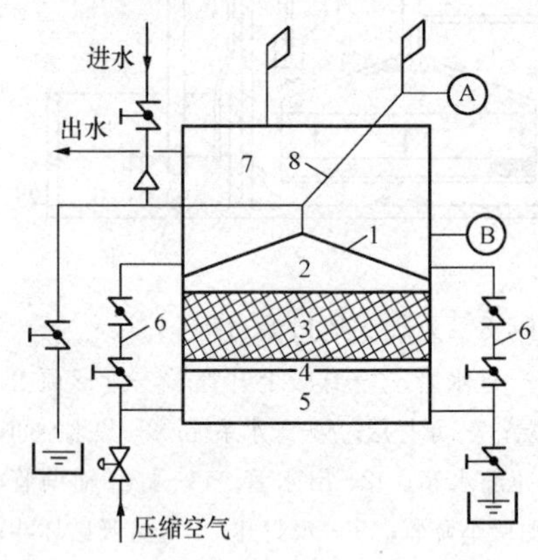

图 4-9　空气擦洗滤池

1—过滤室顶盖；2—反洗膨胀空间；3—滤料层；4—配水配气装置；5—集水室；6—连通管；7—冲洗水箱；8—水头损失计；A—高水位点；B—低水位点

4. 重力式空气擦洗滤池

重力式空气擦洗滤池的结构与无阀滤池相似，只是在所有管路上增设了控制阀门，将无阀滤池的水力自动反冲洗改为程序控制进行过滤、反洗操作，另外，增加了空气擦洗，以保证滤层反洗效果，克服了无阀滤池有时清洗不干净的问题。重力式空气擦洗滤池的构造如图4-9所示。

5. 变孔隙滤池

变孔隙滤池采用比通常滤料粒径更大的滤料和另一细粒滤料按一定比例混合而成的滤床，变孔隙深层滤池采用的滤料粒径及所占的比例相差较大。

变孔隙滤池主要使用的是粗滤料，它依靠整个滤层进行过滤，这样避免了普通滤池形成滤层的表面过滤，降低了滤层阻力，也避免了悬浮物颗粒的过早穿透，还可以提高滤速；细滤料的加入并在滤层中混匀极大地降低了粗滤料的局部孔隙率，提高了水中细小颗粒的絮凝作用，更有利于对细小颗粒的去除，也极大地提高了滤池的截污能力。铜陵发电厂变孔隙滤池滤料为石英砂（海砂），滤料层高1.65m，滤料粒度 ϕ 为1.2～2.8mm，清洗方式为空气擦洗，滤池进水处设有投加凝聚剂和杀菌剂加药点。

第三节 其他过滤工艺

一、纤维过滤

水的过滤技术普遍采用粒状介质作为过滤材料（如石英砂、无烟煤等）。用这类滤料的过滤装置都存在过滤速度、截污容量、出水水质等不能进一步提高的问题。为提高水的过滤效率，现在重视开发以合成纤维为滤料的过滤器。目前，纤维过滤器主要是纤维束式过滤器。

（一）纤维束过滤器的结构及运行

纤维束过滤目前已得到应用的有胶囊挤压式纤维过滤器［见图 4-10（a)］和浮动纤维水力调节密度过滤器［见图 4-10（b)］。它们的本体结构与普通过滤器基本相同，内部滤料是悬挂一定密度的合成纤维，水由下而上流过滤层进行过滤。

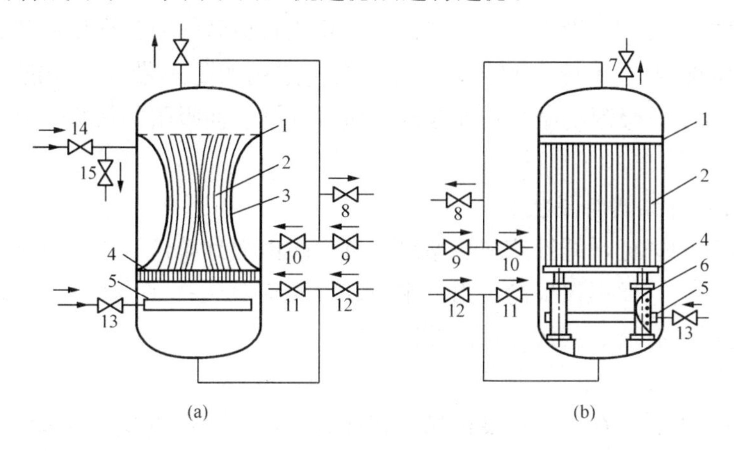

图 4-10 纤维束过滤器

（a）胶囊挤压式；（b）浮动式

1—上孔板；2—纤维束；3—胶囊；4—活动孔板（线坠）；5—配气管；6—控制器；7—排空气门；8—出水门；9—清洗水入口门；10—上向洗排水门；11—下向洗排水门；12—进水门；13—压缩空气进口门；14—胶囊充水进口门；15—胶囊排水门

目前，常用丙纶纤维作过滤材料，这是因为丙纶纤维具有高的抗张强度（40MPa 左右），化学稳定性好，吸水率低（0.1%），比表面积大，水流阻力小等优点。它的结构上无活性基团，因此，对水中悬浮杂质的吸附属于物理吸附。

胶囊挤压式纤维过滤器内上部为多孔板，板下悬挂丙纶长丝，在纤维束下悬挂活动孔板（线坠），活动孔板的作用是防止运行或清洗时纤维相互缠绕和乱层，另外，也起到均匀布水和配气作用，在纤维的周围或内部装有密封式胶囊，将过滤器分隔为加压室和过滤室。根据过滤器的直径不同，胶囊装置分为外囊式和内囊式两种，图 4-10（a）是外囊式过滤器。运行时，首先将一定体积的水充至胶囊内，使纤维形成压实层，该压层的纤维密度由充水量而定。过滤水自下而上通过纤维滤层，到达过滤终点后，将胶囊中的水排掉，此时，过滤室内的纤维又恢复到松散状态，然后在下向清洗的同时通入压缩空气，在水的冲洗和空气擦洗过程中，纤维不断摆动造成相互摩擦，从而将附着悬浮杂质的纤维表面清洗干净。

浮动纤维水力调节密度过滤器的内部结构与胶囊挤压式纤维过滤器的不同点在于没有胶囊加压装置，而设有控制下孔板的控制装置。下孔板与控制器相连，其作用是控制下孔板移动时的水平度和垂直度，并限制孔板的移动速度和上、下限。该过滤器是利用纤维的柔性及常温下纤维密度与水的密度基本相等，能稳定地悬浮在水中的特点运行的。在上升水流的驱动下，纤维层随之向上移动，由于上孔板的阻隔，纤维弯曲而被压缩，形成过水断面密度均匀的压实层，由于滤层纵向各点的水头损失逐渐变化，致使滤层的孔隙率由下而上呈递减状态，这就形成了理想的“反粒度过滤”装置。清洗时，清洗水由上而下流经滤层，将纤维拉直，再由下部通入压缩空气，利用气、水联合清洗，将纤维洗净。

（二）纤维束过滤器过滤特点分析

1. 纤维吸附悬浮物的性能

纤维滤料的直径仅几十微米左右，其比表面积比石英砂等粒状介质滤料大得多，这对悬浮物在纤维表面的吸着是十分有利的，另外，由于选用的是不带任何功能基团的高分子材料，以物理吸附为主，吸附的结合势能较弱，所以纤维表面吸附的污物，可用水和压缩空气擦洗的物理方法清除。

2. 过滤过程中纤维滤料层状态

随着过滤过程的进行，纤维滤料层始终保持空隙由大到小这一理想排列方式（即通常称为“反粒度过滤”），这样不仅提高了出水水质；而且充分发挥了全部纤维滤料的截污能力，这也是这种过滤器具有高的截污容量的原因。

3. 纤维滤层的过滤作用

过滤器内的纤维层存在不同密度区域。在松散区，主要发生接触凝聚作用，该区域截留较大的颗粒物；在紧密区，主要发生吸附架桥作用，该区域截留较小的颗粒物；在压实区，主要发生机械筛滤作用，相当于精密过滤。因此，该过滤器对微小杂质有较高的去除率。

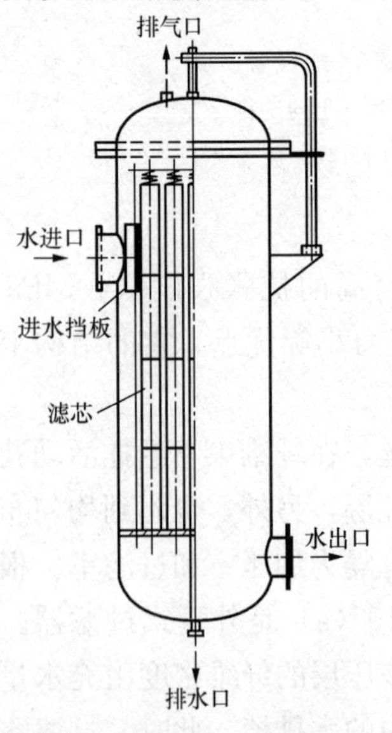

图 4-11　微孔介质过滤器

纤维束过滤器的出水水质浊度通常可达小于 1～2NTU，水头损失小，最大水头损失不超过 2m，运行滤速可达 30m/h 以上，截污容量为普通砂滤器的 3～5 倍，对水中胶体、大分子有机物、细菌等微小杂质也有显著的去除。

二、精密过滤

精密过滤是指利用过滤材料上的微孔截留残留在水中的微细颗粒杂质，通常能将水中颗粒状物质去除到微米级。目前已得到广泛应用的主要有微孔介质过滤器。

如图 4-11 所示，为微孔介质过滤器的结构示意图，在微孔介质过滤器中，一般将过滤材料做成管状，每一个过滤管为一个过滤单元，称为滤芯或滤元，滤芯通常有蜡烛式和悬挂式两种放置方式。过滤时水从滤芯的外侧通过滤芯上的微孔，进入滤芯中空管内，汇集后引出过滤器体外。当过滤器运行一段时间后，滤芯上的微孔严重堵塞，运行压降增加到最大允许值时，对滤芯进行反冲洗，然后重新投运。由于微孔介质过滤器通常设在普通过滤器之后，其进水杂质含量较低，运行周期较长，所以，在生产实践中，经常采用更换滤芯的方式来恢复过滤器的正常运行。

目前微孔介质过滤器中使用的滤芯种类很多，常用的有以下几种：滤网滤芯、滤布滤芯、烧结滤芯、绕线滤芯、PP熔喷滤芯和折叠滤芯等。

1. 滤布滤芯

滤布滤芯通常是用尼龙网或过氯乙烯超细纤维滤布包扎在多孔管上，组成滤芯。

2. 烧结滤芯

这一类常见的有高分子材料烧结滤芯和金属烧结滤芯，该过滤材料的烧结制备方法是将一定粒度的金属、无机物或高分子原料调匀后，加热至再结晶或软化温度，这样可使原料颗粒表面的分子发生扩散和相互作用，以至造成颗粒接触表面之间的局部黏结，从而形成一定强度、一定孔隙率的连续整体，常用的高分子材料有尼龙、聚乙烯、聚丙烯等。这种烧结滤芯通常能截留几微米到几十微米的悬浮颗粒。

3. 绕线滤芯

绕线滤芯是将聚丙烯纤维或脱脂棉纤维缠绕在多孔不锈钢管或多孔工程塑料管外而成的。控制滤芯的缠绕密度就能制得不同规格的滤芯。

4. PP熔喷滤芯

PP熔喷滤芯是采用无毒无味的聚丙烯粒子，经过加热熔融、喷丝、牵引、接受成形而制成的管状滤芯，如图4-12所示。

5. 折叠滤芯

折叠滤芯是超细聚丙烯纤维膜及无纺布或（丝网）内外支承层折叠而成，滤芯外壳中心杆及端盖采用热熔焊接技术加工成型，不含任何胶合剂，无泄露，无二次污染，如图4-13所示。折叠滤芯采用折叠式，膜过滤面积大，纳污量大，压差低，使用寿命长，滤芯整体为100%纯PP材质，具有广泛的化学相容量。

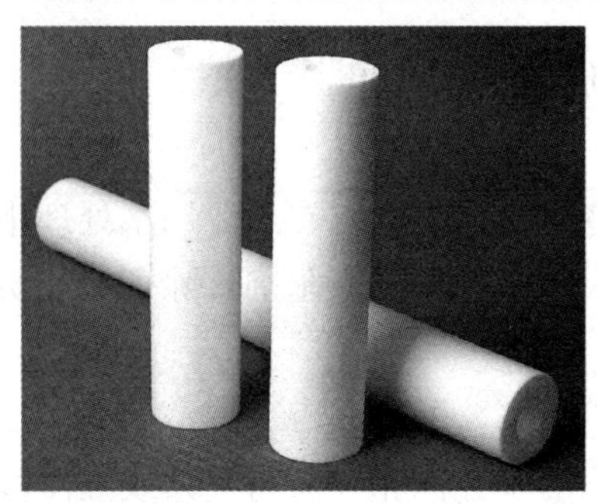

图4-12　PP熔喷滤芯

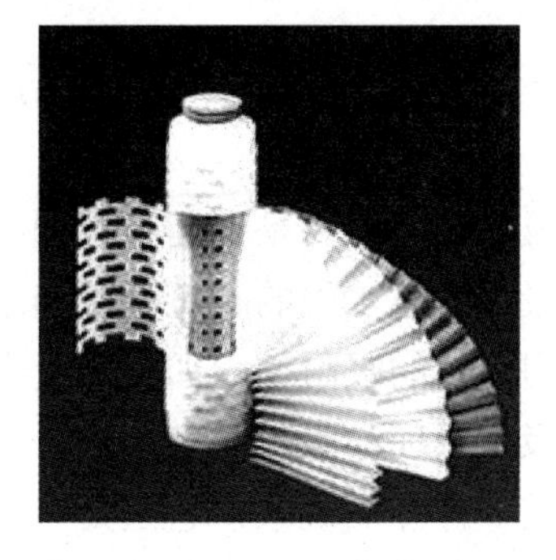

图4-13　折叠滤芯

1、5、10μ等滤芯就是指能滤去1、5、10μm以上的颗粒物。

三、直接过滤

在水处理系统中，为了去除天然水中悬浮杂质，通常在澄清池或沉淀池系统内进行混凝处理，然后用过滤设备进行过滤。但是，当原水浊度较低时采用上面的典型处理系统并不是很经济，此时，可以不设澄清池或沉淀设备，即在原水加入混凝剂，进行混凝反应后，直接引入过滤设备进行过滤，这种工艺称为直接过滤或称混凝过滤、直流混凝。

直接过滤机理是在粒状滤料表面进行接触混凝作用，再依靠深层（滤层）过滤滤除悬浮杂质，机械筛滤及沉淀作用不是主要作用。根据进入过滤装置前混凝程度不同，通常可分为两类：一是接触过滤，二是微絮凝直接过滤。

1. 接触过滤

接触过滤指在混凝剂加入水中混合后，将水引入到过滤设备中，即把混凝过程全部引入到滤层中进行的一种过滤方法。正因为混凝过程在滤层中进行，所以加药量很少。

2. 微絮凝直接过滤

微絮凝直接过滤指在过滤装置前设一简易的微絮凝池或在一定距离的进水管上设置一静态混合器（如图 4-14 所示），原水加药混合后先经微絮凝池，形成微絮粒后（粒径大致在 40μm 左右）即刻进入过滤设备进行过滤。形成的微絮凝体，容易渗入滤层，再在滤层中与滤料间进一步发生接触凝聚，获得良好的过滤效果。

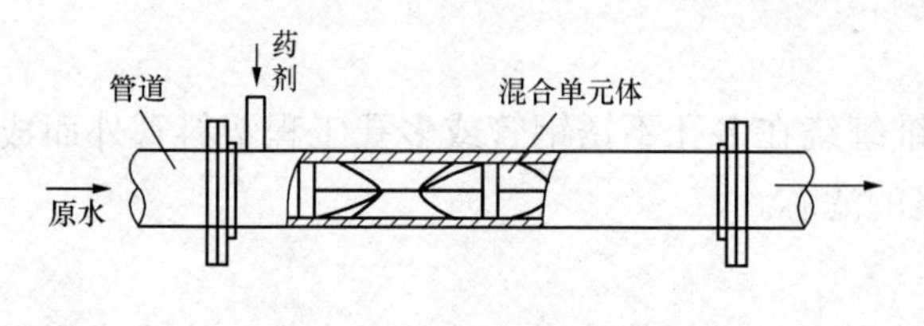

图 4-14　管式静态混合器

直接过滤工艺使用时的注意事项：

（1）原水浊度和色度较低且水质变化较小，一般要求原水浊度小于 50NTU。

（2）原水进入过滤装置前，无论是接触过滤还是微絮凝直接过滤，均不应形成大的絮凝体以免很快堵塞滤层表面孔隙。因此，加药量较小。为提高微絮粒强度和黏附力，有时需投加高分子助凝剂。

（3）为提高过滤效率，提高滤层截污容量及延长运行周期，通常采用双层、三层或均质滤料，滤料粒径和厚度适当增大（粒径为 0.5～2.0mm，厚可达 2m）。

（4）过滤速度依据原水水质决定，由于滤前无澄清及沉淀的缓冲作用，运行滤速应偏小些，一般在 8m/h 左右。过滤设备反洗应该加强，否则易造成滤料结块。

第四节　水的吸附处理

水的吸附处理主要是利用吸附剂吸附水中某些物质。目前，在工业用水处理中，主要是利用活性炭来吸附水中的有机物质和余氯。活性炭是最常用的吸附剂，除了活性炭之外，有时还会使用其他的吸附剂，如大孔吸附树脂等。

一、吸附原理和吸附类型

吸附是一种界面现象，它是具有很大比表面积的多孔固相物质与气体或液体接触时，气体或液体中一种或几种组分会转移到固体表面上，形成多孔的固相物质对气体或液体中某些组分的吸附。多孔的具有吸附功能的固体物质称为吸附剂，气相或液相中被吸附物质称为吸附质。在水处理中，活性炭是吸附剂，水中有机物质或余氯就是吸附质。

吸附之所以产生，是因为固体表面上的分子受力不平衡，固体内部的分子四面均受到力的作用，而固体表面分子则三面受力，这种力的不平衡，就促使固体表面有吸附外界分子到其表面的能力，这就是表面能。按照热力学第二定律，当液相（或气相）中吸附质被吸附到固体（吸附剂）的表面上时，固体表面的表面能会降低，因而吸附是一个自动进行的过程。

吸附剂对吸附质的吸附，根据吸附力的不同，可以分为三种类型：物理吸附、化学吸附和离子交换吸附。

物理吸附是指吸附剂和吸附质之间的吸附力是分子引力（范德华力）所产生，所以物理吸附也称范德华吸附。它的特征是：吸附过程伴随表面能和表面张力的降低，是一个放热过程（吸附热一般小于 41.8kJ/mol），而解析则是一个吸热过程，所以吸附可以在低温下进行。物理吸附可以是单分子层吸附，也可以是多分子层吸附。

化学吸附指吸附剂和吸附质之间发生化学反应，吸附力是由化学键产生，吸附质化学性质发生变化。离子交换吸附是吸附质的离子依靠静电引力吸附到吸附剂的带电荷质点上，然后再放出一个带电荷的离子。

活性炭吸附水中有机物主要是物理吸附，活性炭去除水中余氯还伴有化学吸附产生。

二、吸附容量和吸附等温线

吸附容量指单位吸附剂吸附的吸附质的量，单位是 mg/g。

由于吸附是在吸附剂表面上吸附单分子层或多分子层的吸附质，为了达到一定的吸附容量，吸附质必须是具有很大比表面积的多孔物质。所谓比表面积指单位质量的物质所具有的表面积，比如活性炭，它的比表面积可达 $1000m^2/g$，这样大的比表面积才使它具有比较高的吸附容量。

以物理吸附为主要的吸附过程（如活性炭吸附），吸附质和吸附剂之间不存在简单的化学剂量关系，影响吸附容量的因素很多，除了吸附剂和吸附质本身性质外，还与温度和平衡浓度有关。例如，利用活性炭来吸附水中有机物，当活性炭和水中有机物种类确定时，该活性炭吸附容量（q）仅与温度（t）和吸附平衡时水中有机物浓度（即平衡浓度 C_e）有关，可以写作

$$q = f(t, C_e)$$

当温度固定时，吸附容量仅随平衡浓度变化而变化，它们之间关系就称为吸附等温线。根据吸附等温线可以判断不同活性炭的吸附性能差异，也可以对吸附过程进行分析。

吸附等温线绘制是逐点测得不同平衡浓度时的吸附容量，然后绘制在吸附容量-平衡浓度坐标体系中。以活性炭为例，其测定方法为：先将试验的活性炭洗涤干燥，研磨至 200 目以下，在一系列磨口烧杯中放入同体积同浓度的吸附质（如有机物）溶液，然后加入不同数量的活性炭样品，在恒温情况下振荡，达到吸附平衡后，测定吸附后溶液中残余吸附质浓度，按下式计算吸附容量，即

$$q_e = \frac{V(C_0 - C_e)}{m} \tag{4-4}$$

式中　q_e——在平衡浓度为 C_e 时的吸附容量，mg/g；

V——吸附质溶液体积，L；

C_0——溶液中吸附质的初始质量浓度，mg/L；

C_e——活性炭吸附平衡时吸附质剩余质量浓度，mg/L；

m——活性炭样品质量，g。

将测得的一系列吸附容量值与其对应的平衡浓度在坐标系中作图，即得本温度下该活性

炭对该有机物的吸附等温线。比较不同活性炭对同一种有机物的吸附等温线可以比较活性炭对该有机物吸附性能的好坏，可用于活性炭筛选及性能评定。

三、吸附速度

吸附速度指单位质量吸附剂在单位时间内吸附的吸附质的量，单位为 mg/（g·min）。吸附速度也是吸附剂的一个重要性能指标。

以活性炭为例，在对不同活性炭进行选择时，除了比较其吸附容量外，还要比较其吸附速度。活性炭的吸附速度测定也与吸附容量测定相似，是在一定的吸附质溶液中加入一定量的活性炭，在充分振荡下让其吸附，每隔一段时间取样测定吸附质溶液中残余浓度，按下式进行计算，即

$$v = \frac{V(C_0 - C_t)}{mt} \tag{4-5}$$

式中　v——t 时间内平均吸附速度，mg/(g·min)；

t——取样时间，min；

V——试样体积，L；

C_t——t 时间取样测定的残余浓度，mg/L。

活性炭的吸附速度主要与活性炭颗粒大小、活性炭周围水流速度及湍流情况以及活性炭的孔结构和吸附质性质等因素有关。

四、吸附的影响因素

1. 吸附剂的性质

由于吸附剂的吸附主要在孔的内表面进行，所以影响吸附性能主要是吸附剂的比表面积和孔径分布。同一类吸附剂比表面积越大吸附性能越好，孔径分布主要指孔径与吸附质分子尺寸间的相对关系，吸附质分子尺寸很小时（如气体），可以进入吸附剂所有的孔隙，很容易被吸附，吸附量也大，如果吸附质分子较大时，在吸附剂孔中扩散阻力增大，甚至无法进入孔径很小的微孔，吸附量也大大下降。目前一般认为，当吸附质的分子直径约为吸附剂孔径 1/3～1/6 以下时，可以很快进入孔中被吸附，吸附质分子直径大于此值时，扩散速度减慢，吸附速度下降，吸附容量也降低。

2. 吸附质的性质

从吸附原理来看，吸附作用是降低吸附剂的表面能，越是能降低吸附剂表面能的物质越易被吸附，所以吸附质分子结构等性质会影响其被吸附性。具体到活性炭，有如下一些规律：

（1）吸附质憎水性越强，在水中溶解度越小，越容易被吸附。

（2）芳香族有机物比非芳香族有机物易于被吸附，如对苯、甲苯吸附容量比对丁醇大一倍，对吡啶、吗啉的吸附不及对芳香烃有机物吸附。

（3）分子量相近的有支侧链的有机物比直链有机物难被吸附。

（4）分子量相近时，含烯键有机物比不含烯键有机物更易被吸附。

（5）分子量大的有机物比分子量小的有机物易被吸附，如甲醇＜乙醇＜丙醇＜丁醇，甲酸＜乙酸＜丙酸。

（6）非极性的有机物比极性有机物易被吸附。

（7）不含无机元素（或基团）的有机物比含无机元素（或基团）的有机物易被吸附。

（8）分子量相近的一元醇比二元醇更易被吸附。

3. pH 值

pH 值对吸附剂的影响主要是由于在不同 pH 值时吸附质形态、大小会发生变化而引起的，有时 pH 值变化也会影响吸附剂形态及孔结构情况，当然也对吸附产生影响。例如，对含有酸性基团的有机物，最典型的是水中腐殖质类物质，pH 值降低，活性炭对它的吸附容量上升。

降低 pH 值可以提高活性炭对含酸性基团有机物吸附能力的原因，一般解释为高 pH 值时有机物酸性基团多解离为盐型化合物，溶解度大，分子体积大，不易被吸附，而低 pH 值时，它多为弱酸性化合物，解离很小，溶解度也下降。

对有机胺类化合物，降低 pH 值，则易形成盐型化合物，溶解度上升，活性炭对它的吸附容量下降。

4. 介质中杂质离子的影响

吸附质介质中，某些离子会对吸附过程产生影响，比如 Ca^{2+} 离子能提高活性炭对腐殖质类化合物吸附容量，Mg^{2+} 离子也能提高活性炭对腐殖质类化合物吸附容量，但提高程度仅为 Ca^{2+} 的 1/5。

5. 温度

物理吸附是一个放热过程，提高温度不利于吸附，相反降低温度可以促进吸附进行。加热可以促进吸附的物质发生解析，即吸附的反方向，比如加热可用于活性炭的再生。

6. 接触时间

吸附速度主要受扩散速度所控制，所以吸附剂与吸附质接触时间也直接影响吸附容量，但接触时间太长，工业设备又变得庞大，所以工业上不允许无限增大吸附剂与吸附质的接触时间。

五、活性炭吸附

（一）活性炭制取

活性炭是由含碳的材料制成的，比如木材、煤炭、石油（石油渣、沥青、柏油等）、果壳（椰子壳、杏核、山桃壳等）、塑料、旧轮胎、废纸、稻壳、秸秆等。首先，对其去除矿物质并干燥、脱水，在 500～600℃下隔绝空气进行碳化，碳化之后根据粒度要求进行粉碎和筛选，再进行活化。活化的目的是为了把活性炭内部的孔打通和扩大，增加活性炭比表面积，比如，活化前的活性炭比表面积仅有 200～400m^2/g，而通过活化后比表面积可能达到 1000m^2/g。

最终制成的活性炭按形状分有粉状和颗粒状两种，颗粒状活性炭（简称 GAC）又有不定形及柱形（或球形）两种。一般水处理用果壳炭是不定形活性炭。粉状活性炭（简称 PAC）是由煤粉、木屑等粉状原料制得。近年来随着需要增加，又有超细活性炭粉末（粒径 0.01～10μm）、活性炭纤维等。

（二）活性炭理化性能指标

对吸附用活性炭性能进行描述的常用技术指标有：

（1）外观。

（2）粒度和粒径分布。

（3）水分。

（4）表观密度，即充填密度（一般该值约为0.4～0.5g/cm^3）。

（5）强度。

（6）灰分。

（7）漂浮率。

（8）pH值。

（9）亚甲基蓝吸附值。

（10）碘吸附值。

（11）苯酚吸附值。

（12）四氯化碳吸附率。

（13）ABS值等。

（三）活性炭在水处理中的应用

在水处理中，活性炭用来降低水中有机物和去除水中余氯，有的场合以降低水中有机物为主，有的场合以去除水中余氯为主，但在实际应用中，往往是对两者均起作用。

1. 吸附水中有机物的活性炭的选用

活性炭种类繁多，以原料来分，有果壳炭、木质炭、煤质炭等，果壳炭中又有椰壳炭、杏核炭、桃核炭之分，即使对于同一种原料，不同产地由于地理环境及自然条件的不同，其性能也不一样，不同厂家的制造工艺差异又造成不同厂家产品性能上的差异，在水处理中正确地选择活性炭种类，在吸附处理中很重要。

活性炭的选用一般要从物理性能和吸附性能两方面进行考虑。

（1）物理性能主要包括：颗粒尺寸、水分、强度、灰分、充填密度、漂浮率等。

（2）吸附性能是活性炭的主要指标。选用吸附性能好的活性炭，不仅可以提高出水品质，还可延长活性炭的使用寿命，减少经济费用。

在活性炭一般性能指标中，有一些指标是用来表示活性炭吸附性能的，如比表面积、碘吸附值、苯酚吸附值、亚甲基蓝脱色力、ABS值等。由于这些一般吸附性能指标只能代表活性炭对相应的碘、苯酚、亚甲基蓝等单一化合物的吸附能力，与水处理活性炭吸附的天然有机物相比，因为这些化合物分子量较低，分子体积较小，所以不能完全代表活性炭对天然水中有机物的吸附能力。所以，正确选择水处理中吸附水中有机物性能好的活性炭，可以采用实际水样或天然水中典型有机物进行静态、动态吸附试验（吸附等温线和吸附速度、柱式吸附试验）。

2. 脱除水中余氯的活性炭处理

水处理中为防止水中细菌滋生，常向水中投入杀菌剂，最常用的是氯，并维持一定的过剩量，这就是余氯，余氯可分为游离性余氯和化合性余氯两种，这里所指的是游离性余氯。

在水处理中，去除水中余氯主要是后续处理装置的需要，后续的离子交换系统为防止离子交换树脂被氧化，要求进水中余氯含量小于0.1mg/L，后续的反渗透装置为防止反渗透膜被氧化，要求进水中余氯小于0.1mg/L，甚至为0（复合膜）。

去除水中余氯的方法目前有两种，一是向水中添加某些化学药品，如$NaHSO_3$，二是让水通过粒状活性炭过滤器，两种方法目前都有应用。

目前，一般认为活性炭脱除水中余氯的原理是吸附、催化和氯与炭反应的一个综合过程。对于吸附与前面讲述过的活性炭对水中有机物吸附相同，只是吸附质分子比有机物分子更小。氯与炭反应，指余氯在水中以次氯酸形式存在，它在炭表面进行化学反应，活性炭作为还原剂把次氯酸还原为氯离子。即

$$Cl_2 + H_2O \longrightarrow HOCl + HCl$$

在酸性或中性条件下，主要是以 HOCl 形式存在。HOCl 遇到活性炭会氧化活性炭，在活性炭表面生成氧化物（CO、CO_2），HOCl 被还原成 H^+ 和 Cl^-。

水通过活性炭滤床后，水中余氯可以彻底去除，出水余氯可以降为 0。

六、活性炭再生

利用活性炭吸附水中有机物或余氯时，有的运行周期可达数年，而有的仅几个月就饱和失效。当然，活性炭运行周期的长短主要取决于进水中吸附质含量的多少。因为活性炭价格昂贵，经济费用很高，因此，要求活性炭重复使用，即要求失效后的活性炭能够再生。

活性炭再生就是将失去吸附能力的失效活性炭经过特殊处理，使其重具活性，恢复大部分吸附能力，以利重新使用。

活性炭再生方法很多，如干式加热再生、热空气再生、水蒸气再生、微波再生、药剂再生、强制放电再生、生物再生等。虽然方法很多，但能将活性炭吸附能力完全恢复的方法并不多。

第五章

膜处理技术

膜分离技术是在20世纪初出现，20世纪60年代后迅速崛起的一门新型分离技术。膜分离技术是利用特殊的有机或无机材料制成的具有选择透过性能的薄膜（即有的物质可以通过薄膜，有的被截留），在外力推动下对混合物进行分离、提纯、浓缩的一种分离方法。这种推动力可以分为两类：一种是借助外界能量，物质发生由低位向高位的流动；另一种是以化学位差为推动力，物质发生由高位向低位的流动。一些主要膜分离过程的推动力见表5-1。

表5-1　　主要膜分离过程的推动力

推动力	膜过程
压力差	反渗透、超滤、微滤、气体分离
电位差	电渗析、电除盐
浓度差	透析、控制释放
浓度差（分压差）	渗透汽化
浓度差加化学反应	液膜、膜传感器

一、膜的定义

尽管各种膜过程分离物质时基于不同的分离原理或机理，但它们的共同点是均使用膜，膜构成了每个膜过程的核心，但膜至今还没有一个精确、完整的定义。一种最通用的广义定义是膜为两相之间的一个不连续区间，因而膜可为气相、液相和固相，或是它们的组合。定义中区间用以区别通常的相界面。简单地说，膜是分隔开两种流体的一个薄的阻挡层，这个阻挡层阻止了这两种流体间的水力学流动，因此，它们通过膜的传递是借助于吸着作用及扩散作用来进行的。

一般来说，聚合物薄膜（半透膜的一种）可以看作是具有结晶区与无定型区交叉相间的结构，其中具有规整结构的结晶区通常被认为是不透液体和气体的，但在无定型区中的聚合物链节可以有热运动，可以使分子挤向一边，空出地方以透过分子。

广义的膜指分隔两相界面的一个具有选择透过性的屏障，它以特定的形式限制和传递各种化学物质。它可以是均相的或非均相的；对称型的或非对称型的；固体的或液体的；中性的或荷电性的。一般膜很薄，其厚度可以从几微米到几毫米，而其长度和宽度要以米来计量。

二、膜分离技术特点

与传统的分离技术（蒸馏、吸附、萃取、深冷分离等）相比，膜分离技术有如下特点：

（1）膜分离通常是一个高效分离过程。在按物质颗粒大小分离的领域，以重力为基础的分离技术最小极限是微米，而膜分离却可以做到将分子质量为几百甚至几十的物质进行分离，相应的颗粒大小为纳米及以下。

（2）膜分离过程不发生相变，和其他方法比能耗低。

（3）膜分离过程是在常温下进行的，特别适用于热敏感物质的处理。

（4）膜分离法分离装置简单，且易操作、易控制。

三、膜分离技术的分类

1. 膜分离技术的分类

膜分离技术的分类方法一般有如下几种。

（1）按分离机理分。主要有反应膜、离子交换膜、渗透膜等。

（2）按膜材料性质分。主要有天然膜（生物膜）和合成膜（有机膜和无机膜）。

（3）按膜的形状分。主要有平板式（框板式与圆管式、螺旋卷式）、中空纤维式等。

（4）按膜的用途分。目前常见的几种是：微滤（micro filtration，MF）、超滤（ultra filtration，UF）、纳滤（nano filtration，NF）、反渗透（reverse osmosis，RO）、渗析（dialysis，D）、电渗析（electrodialysis，ED）、电除盐（electrodeionization，EDI）、气体分离（gas separation，GS）、渗透蒸发（pervaporation，PV）及液膜等（liquid membrane，LM），现将几种主要的膜分离法各自的特点和使用范围归纳如表 5-2 所示。

表 5-2　各种膜分离技术特点

过程	分离目的	透过组分	截留组分	推动力	传递机理	膜类型	进料和透过物的物态	简图
微滤（MF）	溶液脱粒子、气体脱粒子	溶液、气体	0.1～10μm 粒子	压力差约为 100kPa	筛分	多孔膜	液体或气体	进料；滤液（水）
超滤（UF）	溶液脱大分子、大分子溶液脱小分子、大分子分级	小分子溶液	1～50nm 大分子溶质	压力差 100～1000kPa	筛分	非对称膜	液体	浓缩液；进料；滤液
反渗透（RO）	溶剂脱溶质、含小分子溶质溶液浓缩	溶剂	0.1～1nm 小分子溶质	压力差 1000～10 000kPa	优先吸附，毛细管流动，溶解扩散	非对称膜或复合膜	液体	进料；浓缩液；溶剂（水）
渗析（D）	大分子溶质溶液脱小分子、小分子溶质溶液脱大分子	小分子溶质或较小的溶质	大于 0.02μm 截留、血液渗析中大于 0.005μm 截留	浓度差	筛分、微孔膜内的受阻扩散	非对称膜或离子交换膜	液体	进料；净化液；扩散液；接受液
电渗析（ED）	溶液脱离子、离子溶质的浓缩、离子的分级	小离子组分	离子和水	电位差	离子经离子交换膜的迁移	离子交换膜	液体	浓电解质；产品（溶剂）；+极；－极；阴离子交换膜；进料；阳离子交换膜

续表

过程	分离目的	透过组分	截留组分	推动力	传递机理	膜类型	进料和透过物的物态	简　图
气体分离（GS）	气体混合物分离、富集或特殊组分脱除	气体、较小组分或膜中易溶组分	较大组分（除非膜中溶解度高）	压力差为1000～10 000kPa、浓度差（分压差）	溶解扩散	均质膜、复合膜、非对称膜	气体	进气 渗余气 渗透气
渗透蒸发（PV）	挥发性液体混合物分离	膜内易溶解组分或易挥发组分	不易溶解组分或较难挥发物	分压差、浓度差	溶解扩散	均质膜、复合膜、非对称膜	料液为液体，透过物为气体	进料 溶质或溶剂 溶剂或溶质

2. 分离膜具备的条件

分离膜是膜分离的技术核心。工业上使用的分离膜应具有下列基本条件。

（1）分离性。分离膜必须对被分离的混合物具有选择透过（即具有分离）的能力。

（2）透过性。在达到所要求的分离率的前提下，分离膜的透量越大越好。

（3）物理、化学稳定性。

（4）经济性。

目前，用于电厂的膜分离技术主要有超滤（UF）、反渗透（RO）、电除盐（EDI），铜陵发电厂水处理系统中采用了超滤和反渗透，下面详细介绍这两种膜分离技术。

第一节　超　　滤

超滤（UF）是以孔径为1nm～0.05μm的不对称多孔性半透膜——超滤膜作为过滤介质，在0.1～1.0MPa的静压力推动下，溶液中的溶剂、溶解盐类和小分子溶质透过膜，而各种悬浮颗粒、胶体、蛋白质、微生物和大分子溶质等被截留，以达到分离纯化目的的一种膜分离技术，就其分离范围，它填充了反渗透（RO）、纳滤（NF）与普通过滤之间的空隙。

一、超滤的基本原理

在压力作用下，水从高压侧透过膜到低压侧，水中大分子及微粒组分被膜阻挡，水逐渐浓缩后以浓缩液排出。超滤膜具有选择透过性的表面层上有一定大小和开口的孔，它的分离机理主要是靠物理的筛分作用，如图5-1所示。

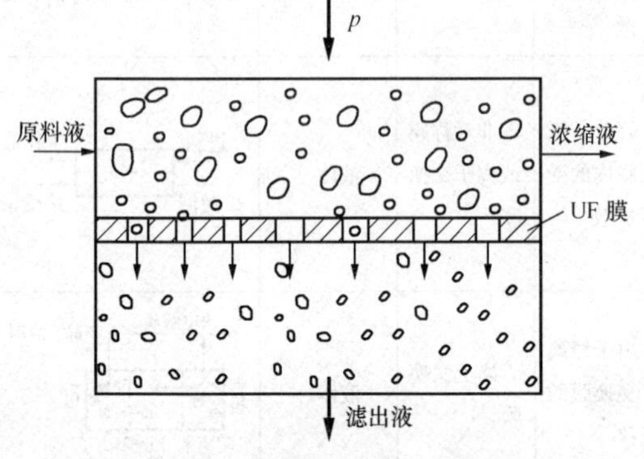

图5-1　超滤原理示意图

但是，有时却发现膜孔径既比溶液分子大，又比溶质分子大，而有明显的分离效果。因此，更全面的解释应该是膜的孔径大小和膜的表面化学特性等因素，分别起着不同的截留作用。超滤分离的原理可基本理解为筛分，但同时又受到粒子荷电性及荷电膜相互作用的影响。因此，实际上超滤膜对溶质的分离过程主要有：

（1）在膜表面及微孔内吸附（一次吸

附）。

（2）在孔中停留而被去除（阻塞）。

（3）在膜面的机械截留（筛分）。

当然理想的超滤筛分应尽量避免溶质在膜面和膜孔上的吸附和阻塞，所以超滤膜的选择除了要有适当的孔径外，必须选用与被分离溶质之间作用力弱的膜材质。

二、超滤膜的特性

超滤膜的分离特性是指膜的透水通量和截留率，这与膜的孔结构有关。膜的孔结构随测试方法和所用仪器不同，结果差异很大，因此，应该在提出数据时说明测试条件，当然最好应有标准化测试方法，这样才便于对比。关于透过通量的测定，应包括纯水透过通量和溶液透过通量两个值，纯水透过通量应通过计算或试验求得。膜的截留能力以截留分子量来表示，但截留分子量的定义和测定条件目前还不够严格。一般是在不易产生浓差极化的条件下测定截留率，将表现截留率 R_{obe} 为 90%～95%的溶质分子量定为截留分子量。

综合国外资料，膜截留分子量与平均孔径的对应值如表 5-3 所示。

表 5-3 膜截留分子量与平均孔径的近似关系

截留分子量	近似平均孔径(nm)	纯水透过通量[L/(m²·h)]	截留分子量	近似平均孔径(nm)	纯水透过能量[L/(m²·h)]
500	2.1	9	30 000	4.7	920
2000	2.4	15	50 000	6.6	305
5000	3.0	68	100 000	11.0	1000
10 000	3.8	60	300 000	48.0	600

三、超滤过程污染与控制对策

（一）污染机理

膜污染是一个复杂的过程，膜是否污染以及污染的程度归根于污染物与膜之间以及不同污染物之间的相互作用，其中最主要的是膜与污染物之间的静电作用和疏水作用。因此，静电作用与疏水作用之间相比大小决定了膜是否被污染。

1. 静电作用

因静电吸引或排斥，膜易被异号电荷杂质所污染。膜表面带电是由于膜表面极性基团在与溶液接触后发生了离解。天然水中，胶体、杂质颗粒和有机物一般带负电，而阳离子絮凝剂（铝盐）带正电荷，因此与膜之间的静电作用是不同的，吸引力越大，膜被污染程度越大。

2. 疏水作用

疏水性的膜易受疏水性的杂质污染，造成污染的原因是膜与污染物相互吸引，这种吸引作用源于分子间的范德华力。如果某种有机物含有一个电荷基团，且其碳原子数超过 12，而同时膜表面带一个单位同种电荷时，则该有机物与膜之间的疏水吸附能就大于静电排斥能，从而导致其在疏水性膜表面的吸附，即膜的污染。

（二）污染控制对策

1. 膜材料的选择

选择亲水性强、疏水性弱的抗污染超滤膜是控制膜污染的有效途径之一。膜的疏水性常用水在膜表面上的接触角来衡量。接触角越大，说明膜的疏水性越强，越易被水中疏水性的污染物所污染。常见超滤膜材料接触角由大到小的大致顺序为：聚丙烯→聚偏氟乙烯→聚醚砜→聚砜→陶瓷→纤维素→聚丙烯腈。

2. 膜组件的选择与合理设计

不同的组件和设计形式，抗污染性能不一样。如果原水中悬浮物较多，或容易促进形成凝胶层的溶质含量较高，可考虑选用容易清洗的板式或管式组件。

对于膜组件，应设计合理的流道结构，使截留物能及时被水带走，同时应减小流道截面积，以提高流速，促进液体湍动，增强携带能力。平板膜通常采用薄层流道；管式膜组件可设计成套管式；中空纤维膜可以用横向流代替切向流，即让原料液垂直于纤维膜流动。

3. 膜清洗技术

主要有两种清洗技术：物理清洗和化学清洗。常用物理清洗方法去除膜表面的污染物，物理清洗也分为：等压冲洗、负压冲洗、空气清洗、机械清洗，以及物理场清洗。化学清洗所用的清洗剂种类应根据污染物的类型和程度、膜的物理化学性能来确定。常见化学药剂见表5-4，清洗剂可单独使用，但更多情况下是复合使用。

表5-4　常见膜清洗化学药剂

分类	功能	常用清洗剂	去除的污染物类型
碱	亲水、溶解	NaOH	有机物
酸	溶解	柠檬酸、硝酸	垢类、金属氧化物
氧化/杀生剂	氧化、杀菌	NaClO、H_2O_2	微生物
螯合剂	螯合	柠檬酸、EDTA	垢类、金属氧化物
表面活性剂	乳化、分散和膜表面性质调节	十二烷基苯磺酸钠(SLS)、酶清洗剂	油类、蛋白质等

四、运行与维护

(一)运行条件

1. 流速

流速指料液对于膜表面的线速度。膜组件不同，流速不同，如中空纤维组件一般小于1m/s，管式组件可以达3～4 m/s。提高流速，一方面可以减小膜表面浓度边界层的厚度和增强湍动程度，有利于缓解浓差极化，增加透过通量；另一方面，水流阻力变大，水泵耗电量增加。

2. 操作压力与压力降

操作压力一般指料液在组件进口处的压力，常用0.1～1.0MPa。所处理的料液不同、超滤膜的切割分子量不同，操作压力也不同。选择操作压力时，除以膜及外壳耐压强度为依据外，必须考虑膜的压密性和耐污染能力。

压力降指原水进口压力与浓水出口压力的差值。压力降与进水量和浓水排放量有着密切的关系。特别对于内压型中空纤维或毛细管型超滤膜，沿着料液流动方向膜表面的流速及压力是逐渐变小的。

3. 温度

进水温度对透过通量有显著的影响，一般水温每升高1℃，透水速率约增加2.0%。商品超滤组件标称的纯水透过通量是在25℃条件下测试的。当水温随季节变化幅度较大时，应采取调温措施。

4. 回收率与浓水排放量

回收率是透过水量与进水量的比值。当进水流量一定时，降低浓水排放量，回收率上升，且膜面浓缩液流速变慢，容易导致膜污染。允许的回收率与膜组件形式和所处理的料液有关，中空纤维式组件与其他结构组件相比，可以获得较高的回收率(60%～90%)。

(二)清洗条件

清洗效果的好坏直接关系到超滤系统的稳定运行。影响清洗效果的主要因素有：运行周期、清洗压力、清洗流量、清洗时间、清洗液温度、清洗液浓度、清洗方式等。

1. 运行周期

超滤在两次清洗之间的使用时间成为运行周期。运行周期主要取决于进水水质，当进水中悬浮颗粒、有机物和微生物含量高时，应缩短运行周期，提高清洗频率。膜压差和透水通量的变化是膜污染的客观反映，所以，可以根据膜压差升高或透水量下降的程度决定是否需要清洗。

2. 压力控制

反冲洗时，必须将压力控制在膜厂商规定的值以下，以防膜受损。

3. 清洗流量

提高流量可以加大清洗水在膜表面的流速，提高除污效果。反冲洗时，反洗流量通常是正常运行时透过通量的2～4倍。

4. 清洗时间

每次清洗时间的长短应从清洗效果和经济性两方面来考虑。清洗时间长可以提高清洗效果，但耗水量增加，一些附着力强的污染物也不会因为清洗时间延长而改善清洗效果。通常，中空纤维膜制造商建议的反洗时间是30～60s。

5. 清洗液温度

温度可以改变清洗反应的化学平衡，提高化学反应的速率，增加污染物和反应产物的溶解度，所以，在组件允许的使用温度范围内，可以适当提高清洗液温度。

6. 清洗液浓度

适当提高清洗液浓度，可以改变清洗反应平衡，加快清洗反应速度，增加清洗液向污垢层内部的渗透力，获得较好的清洗效果。但是，过高浓度的清洗液会造成药品浪费，还可能伤害超滤设备。

7. 清洗方式

以中空纤维超滤膜的清洗为例，常用方式有：

(1)正洗。进水侧进行冲洗，通常采用超滤进水，周期为10～60min。

(2)反洗。从产水侧把等于或优于透过水质量的水输向进水侧，与过滤过程水流方向相反，通常周期为10～60min。

(3)气洗。无油压缩空气通过膜的进水侧表面，利用压缩空气和水混合震荡作用去除污物，通常周期为2～24h。

(4)分散化学清洗。在原水侧加入具有一定浓度和特殊效果的化学药剂，通过循环流动、浸泡等方式，来清洗污物，通常周期为2～24h。

(5)化学清洗。采用适当化学药剂对组件进行清洗，通常周期为1～6个月。

(三)故障与处理

当超滤系统出现产水量减少、膜压差增加或透过水质变差等现象时，首先应判断装置本身是否真的出现了故障。

1. 透过通量下降

新的膜组件在运行初期，透过通量不断下降，当膜表面形成一层稳定的凝胶层后，通量趋于一个稳定值。此后若再出现通量的下降，说明膜被压密或被污堵。若是压密，则可以试图停机松弛，但一般不易恢复；若是污染，则应清洗。

2. 膜压差增大

膜压差增大，多是由污染引起的。当膜压差超过初始值0.05MPa，或超过膜组件提供商的规定值时，可采用等压冲洗法清洗，如无效，则加入化学药剂强化清洗，必要时进行化学清洗。压差增加还可能是由于流速的增加，此时应减小浓水排水量。

3. 水质变差

水质变差有可能是浓差极化或膜污染引起的，此时应进行物理或化学清洗。但若出水水质急剧恶化，则可能是密封元件损坏或膜破损，此时应停机，将出水排空，拆下组件，更换元件或膜组件。

第二节　反　渗　透

我国的反渗透研究始于1965年，与国外的时间基本一致。但由于原材料、基础工业条件的限制以及生产规模小等原因，生产的膜组件性能不稳定、成本高。这期间微滤和超滤技术也得到相应的发展。

一、渗透和反渗透

一种只能透过溶剂而不能透过溶质的膜，一般称为理想的半透膜。将半透膜置于两种不同浓度溶液的中间，在等温条件下，溶剂将自然通过半透膜逐渐向化学势低的方面转移，这种现象叫做渗透。

若在浓溶液加上适当的压力，可使渗透停止达到渗透平衡。刚好使纯水向浓溶液的渗透停止时的压力，称为该浓溶液的渗透压，用符号π表示。

若在浓溶液一边加上比自然渗透压更高的压力时，可扭转自然渗透方向，将浓溶液中的溶剂(水)压到半透膜的另一边稀溶液中，这是和自然渗透过程相反的过程，称为反渗透。这种现象表明，当对盐水一侧施加的压力超过该盐水的渗透压时，可以利用半透膜装置从盐水中获得淡水，渗透和反渗透的原理如图5-2所示。

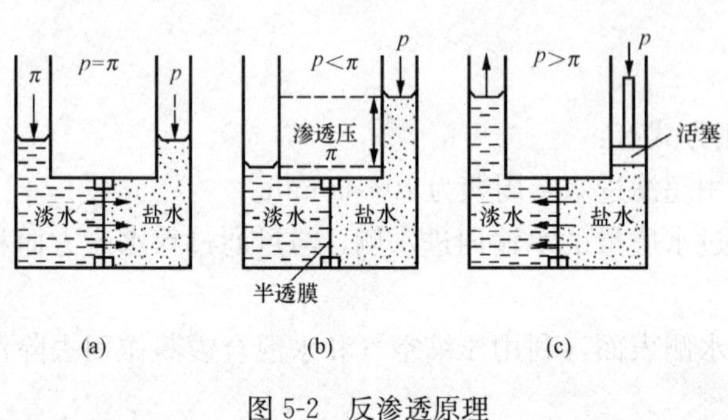

图5-2　反渗透原理

(a)渗透平衡；(b)正常渗透；(c)反渗透

因此，反渗透过程必须具备两个条件：一是必须有一种高选择性和高渗透性(一般指透水性)的选择性半透膜；二是操作压力必须高于溶液的渗透压。

溶液的渗透压取决于溶液的种类、浓度和温度。对于海水和苦咸水来说，反渗透系统采用的压力为平衡渗透压的4～20倍，对海水的操作压力约为10MPa，对苦咸水和废水的压力约4MPa。

二、反渗透膜的材料

反渗透的膜材料品种很多，包括各种有机高分子材料和无机材料。在不断发展的膜分离技术中，膜材料的研究是一个重要的课题。目前，在工业中应用的膜，主要是醋酸纤维素膜和芳香聚酰胺膜以及复合膜。

醋酸纤维素原料便宜、透水量大、除盐率高，但抗压密性差，不耐温、化学药品和细菌的侵蚀。主要用于制成平板、管式和螺旋卷式膜。芳香聚酰胺膜特点是原料价格较高，透水和除盐性能较好，尤其是机械强度高，适宜制成极细的中空纤维膜。由于具有相同的膜堆面积时中空纤维膜装载的体积最小，因此，在实际应用中可大大减少装置体积和占地面积。复合膜是用两种不同材料制成的膜，因而可以使性能达到最优化。

研究开发膜材料是用各种有机高分子材料制成膜，再进行对比试验，测定其含水率、水的扩散系数、食盐的分配系数和食盐的扩散系数等，同时要看它的物理性能、化学稳定性，以选择良好的膜材料、溶剂和添加剂，制成结构和机械强度都符合要求的反渗透膜。常用的反渗透膜品种和性能见表5-5。

表5-5　各种反渗透膜的透水和除盐性能表

品　　种	透水速度[$m^3/(m^2 \cdot d)$]	除盐率(%)
$CA_{2.8}$膜	0.8	＞90
CA_3复合膜	1.0	98
CA_3中空纤维膜	0.04	98
CA二、三醋酸混合膜	0.44	＞92
芳香聚酰胺膜	0.8	＞90
芳香聚酰胺中空纤维膜	0.02	90～99
聚酰胺、亚胺、呋喃等复合膜	0.5	99
ZrO_2-PAA动力膜	6.2	80～90
聚苯并咪唑膜	0.65	＞90
多孔玻璃膜	1.0	88
碘化聚苯醚膜	1.15	＞90

三、膜组件

将膜以某种形式组装在一个基本的单元设备中，可以在外界压力下实现对水中各组分分离的器件称为膜元件，有时也称膜组件。在膜分离的工业应用装置中，一般根据处理水量，可设置数个至数百个膜组件组成反渗透器。

(一)螺旋卷式反渗透膜组件

螺旋卷式膜组件是“双层结构”，在两层膜中间为多孔支撑材料。双层膜的三个边缘与多孔支撑材料密封形成一个膜袋(收集产水)，二个膜袋之间再铺上一层隔网(盐水隔网)，然后

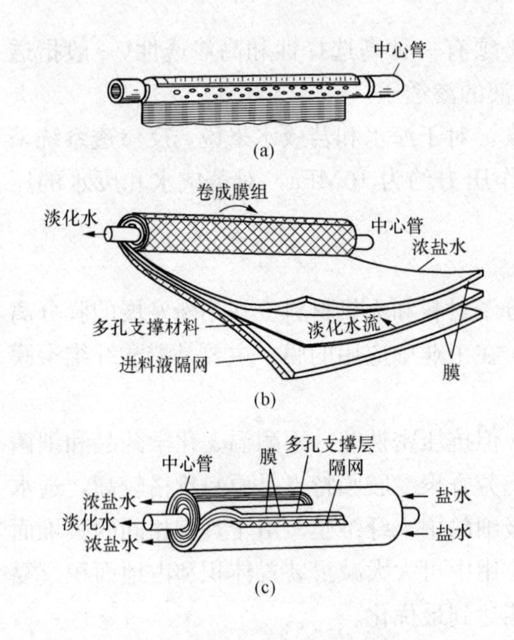

图 5-3　螺旋式反渗透组件

(a)多孔中心管；(b)螺旋式卷绕；(c)螺旋式膜组件

插入中间冲孔的塑料管(中心管)，插入边缘处密封后沿中心管卷绕这种多层材料(膜＋多孔支撑材料＋膜＋进水隔网)，就形成一个螺旋式反渗透组件，如图 5-3 所示。图 5-3(a)为多孔中心管起绕端，图 5-3(b)为螺旋式卷绕过程，图 5-3(c)为卷好的螺旋式组件。

在使用中是将 1～6 个卷好的螺旋式组件串接起来，放入一个压力容器中，构成一个反渗透器(有时又称为压力容器)。其中进水与中心管平行流动，被浓缩后从另一端排出，而通过膜的淡水(产水)则由多孔支撑材料收集起来，由中心管排出，如图 5-4 所示。

支撑材料的主要作用有两点；一方面是为了支撑膜；另一方面是为产水提供多孔及较小压力降的流通道路。

运行时高压操作不仅会使产水量增大，而且随着压力升高，会压实膜和它的多孔支撑材料，导致支撑材料变形，严重时会影响产水的流通。因此，必须确定一个压力上限，同时选择理想的多孔支撑材料。

螺旋卷式膜组件是目前应用最广的一种反渗透膜组件，主要优点是单位体积内膜面积大，结构紧凑，占地面积小，易于大规模生产。缺点是当进水中有悬浮物时比较容易堵塞，此外产水侧的支撑材料要求高，不易密封。

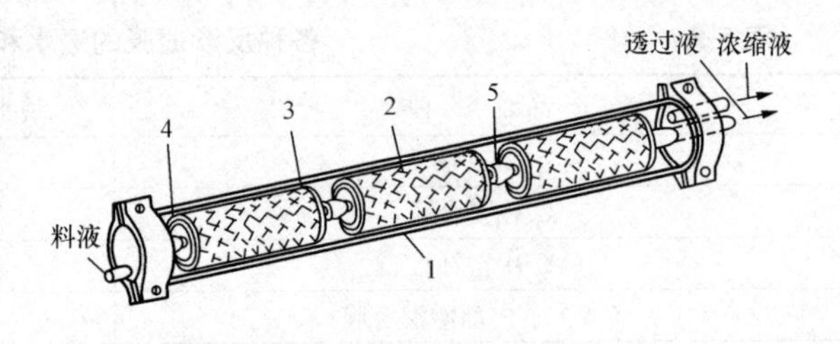

图 5-4　螺旋式反渗透器

1—管式压力容器；2—螺旋式膜组件；3—密封圈；4—密封端帽；5—密封连接

(二)中空纤维式反渗透膜组件

中空纤维式反渗透膜是一种极细的空心膜管(外径为 50～200μm、内径为 25～42μm)，其特点是高压下不易变形。这种装置类似于一端封死的热交换器，把大量的中空纤维管束，一端敞开，另一端用环氧树脂封死，放入一种圆筒形耐压容器中，或者如图 5-5 所示，将中空纤维弯曲成 U 形装入耐压容器中，纤维的开口端用环氧树脂浇铸成管板，纤维束的中心部位安装一根进水分布管，使水流均匀。纤维束的外部用网布包裹以固定纤维束并促进进水的湍流状态。淡水透过纤维管壁后在纤维的中空内腔，经管板流出；而浓水则在容器的另一端排掉。

高压进水在中空纤维的外部流动的好处有：①纤维壁能承受的向内的压力要比向外抗张力大；②原液在纤维外部流动时，如果纤维的强度不够，只能被压瘪，以致中空内腔被堵死，但不会造成破裂，这样防止了产水被进水污染。反之，如果把进水引入如此细的纤维内腔，就很难避免这种由于破裂而造成的危害；③由于纤维内孔很小，如果进水在内孔流动，

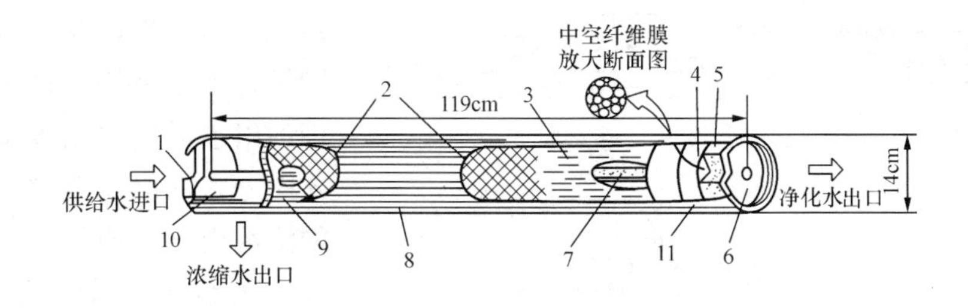

图 5-5 中空纤维式反渗透器结构

1，11—O 形环密封；2—流动网格；3，9—中空纤维膜；4—环氧树脂管板；
5—支撑管；6，10—端板；7—供给水分布管；8—壳

进水中微粒极易把内孔堵塞，一旦发生此种现象，清洗将会变得很困难。但随着膜质量的提高和某些分离过程的需要，有时也会采用进水走纤维内腔(即内压型)的方式。

中空纤维膜组件壳体现多采用不锈钢或缠绕玻璃纤维的环氧增强树脂。中空纤维装置的主要优点是：单位体积内有效膜堆表面积大，结构紧凑，是一种效率高、成本低、体积小、质量轻的膜分离装置。缺点是中空纤维膜的制作技术复杂，膜面去污困难，进水需经严格的处理。

四、反渗透装置及其基本流程

如图 5-6 所示，水处理系统中反渗透通常由给水前处理、反渗透装置本体及其后处理三部分组成。反渗透装置本体部分包括能去除水中 5～20μm 颗粒的保安过滤器、高压泵、反渗透器和有关仪表控制设备。

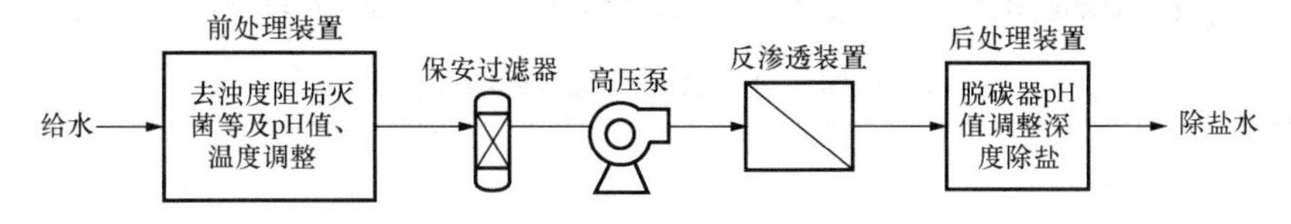

图 5-6 反渗透装置的基本系统

实际使用中反渗透的流程有很多，具体形式要根据不同的进水水质和最终要求的出水水质以及水回收率而决定。常见的主要形式如图 5-7 所示。

1. 一级流程

指在有效膜面积保持不变时，原水一次通过反渗透器便能达到要求的流程。此流程操作简单、耗能少。

2. 一级多段流程

在反渗透处理水时，如果一次处理水回收率达不到要求，可采用多段的方法。由于有产水流出，第二段、第三段等给水量逐级递减，所以此流程中有效膜截面积也逐段递减。

3. 二级流程

当一级流程出水水质达不到要求时，可采用二级流程的方式。把一级流程得到的产水，作为二级的进水，进行再次淡化。

由此可见，反渗透中级指水通过反渗透膜处理的次数，当进水一次通过膜，称为一级处理，一级处理出水再经过膜处理一次，称为二级处理，在工业用水处理中，很少有三级或三

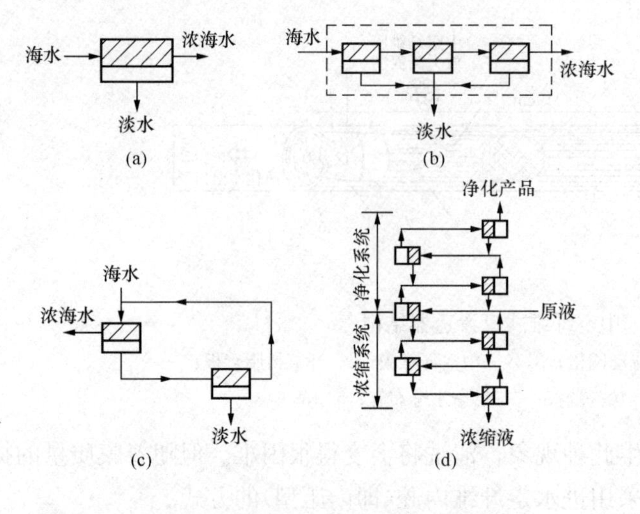

图 5-7　反渗透工艺流程示意图

(a)一级；(b)一级多段；(c)二级；(d)多级多段

级以上的处理，在废水处理中，个别场合可以采用三级处理。一级处理的出水需用水箱收集后用泵升压才能进入二级反渗透，二级反渗透的浓水由于水质很好，可以回收进入一级给水，以提高水的回收率，减少水的浪费。反渗透中的多段处理是提高水回收率的有效手段，一段反渗透处理的浓水(排水)再经过一次反渗透，就是第二段反渗透处理，同理，也可以设置第三段反渗透，第三段进水是第二段的浓水，水中含盐量也很高，水的渗透压也高，反渗透所需的工作压力也高，有时需增设升压泵及必要的水软化装置(减少结垢)。

现以卷式膜为例，介绍常见的反渗透组合方式。

卷式膜按直径有 2、4、8 寸三种。工业上常用的是 8 寸膜组件(直径 ϕ 为 203.2mm，长为 1016mm)，在压力容器中可以装入 1、2、4、6、7 个膜组成一个反渗透器，多个反渗透器按级、段方式进行组合构成反渗透装置本体。

压力容器中装入的膜组件个数与所需的水回收率有关(见表 5-6)。

表 5-6　　　　水通过膜组件个数与其最大回收率关系

水通过的膜组件个数	1	2	4	6	8	12	18
水的回收率(%)	16	29	40	50	64	75(78.4)	87.5

大型反渗透水处理装置常在一个压力容器内装 6 个膜组件，当处理水量小时，可仅用一个压力容器，见图 5-8(a)，若处理水量大时，可用多个压力容器并联见图 5-8(b)，此即一级一段反渗透装置，水的回收率约为 50%。所需的膜组件总数可用所需的产水水量除以每个膜组件在该进水水质下允许透水量计算而得。

若要提高水的回收率，可以采用一级二段反渗透器，如图 5-9 所示。每个压力容器内装

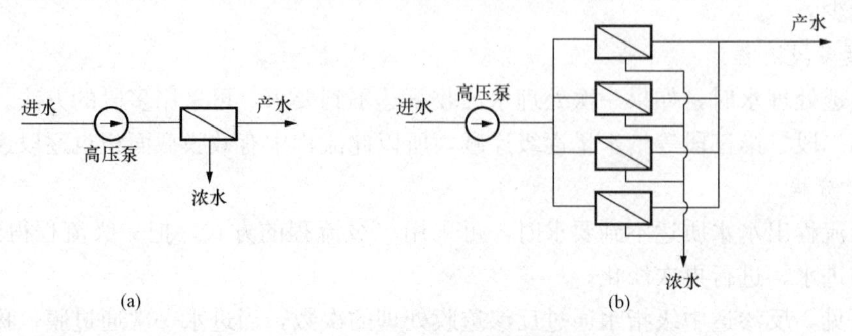

图 5-8　一级一段反渗透装置

(a)一个膜压力容器；(b)多个膜压力容器

6个膜组件，它的水回收率可达75%。要求第一段反渗透膜组件和第二段反渗透膜组件中的浓水流量相似且不低于规定值，以防止浓差极化。按此原则可以设计每一段中压力容器个数。简单的估算方法如下：若第一段反渗透进水流量为100%，第一段产水为50%，浓水为50%(6个膜水回收率为50%)，第二段进水流量为50%，浓水为25%，要保证每个压力容器末端膜组件中浓水流量相似，则第一段与第二段压力容器个数比应为50%∶25%=2∶1，也即是所有的膜组件(压力容器)，2/3放在第一段，1/3放在第二段。

同样道理，若每个压力容器中装4个膜组件，水的回收率达到75%时，必须设计为三段反渗透装置，每段中压力容器个数比为5.102∶3.061∶1.837(近似为5∶3∶2)，见图5-10。

注：图5-8～图5-10中每个⧅代表一个压力容器，内装4个(图5-10)及6个(图5-8、图5-9)卷式膜构成的反渗透器装置本体。

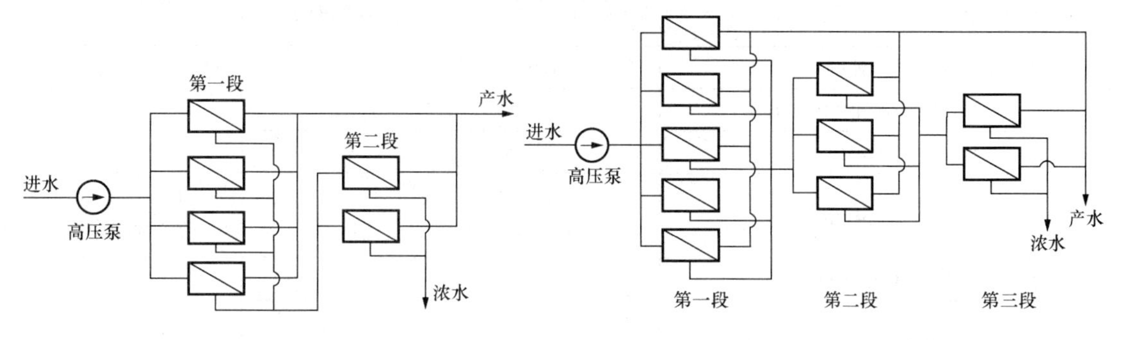

图5-9 一级二段反渗透装置

图5-10 一级三段反渗透装置

二级反渗透可以设计为二级二段或二级三段。第一级的第一段和第二段膜组件个数及分配比例的设计原则仍与以前相同，稍有不同的是第二级，由于第二级进水为第一级出水，水质好，单支膜的水的回收率比第一级高(可达30%)，允许的透水量也高，所以第二级仅按每个膜组件允许的透水量来计算所需的膜组件数，并按一段方式排列(如图5-11所示)。

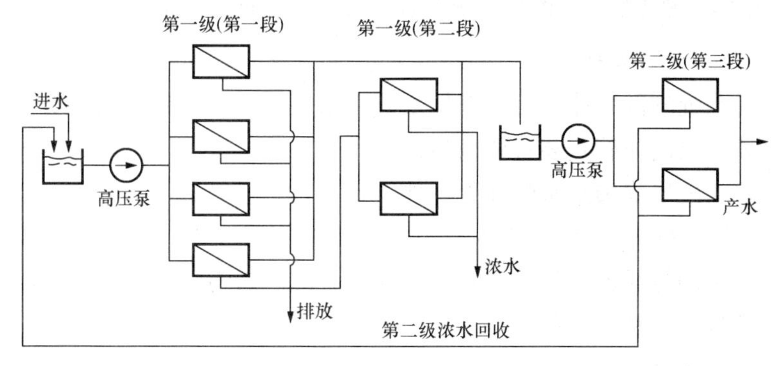

图5-11 水的回收率为75%时的二级三段反渗透装置

五、反渗透给水的前处理和产水的后处理

由于膜是一种精密度很高的分离介质，对进水有较高的要求。反渗透装置高脱盐和透水能力的维持，除了改进膜本体的性能外，很关键的问题是保持膜表面的清洁。大量的实践经验证明，凡是给水前处理系统设计合理的，在运行中给水水质满足反渗透膜的基本要求，反渗透装置就运行得可靠，膜的寿命可以达到或超过膜制造商规定的使用寿命，而若给水前处

理不完善，给水水质不合格，则膜会很快被污染，造成运行中膜的压差增大，被迫进行频繁清洗，甚至使膜的寿命大大减少，更换膜元件。

所以，具备完善的给水前处理系统，确保反渗透进水水质符合要求，是一件非常重要的事情。

(一)反渗透给水水质指标

对反渗透进水水质，膜制造商都在膜使用说明书中有详细规定，反渗透给水前处理的设计和运行控制都应严格遵守这些规定，反渗透给水水质标准见表 5-7。

表 5-7　　反渗透给水水质标准

序号	项目 \ 膜的品种与形式	醋酸纤维素膜	中空纤维式（芳香聚酰胺）	卷式复合膜
1	浊度	＜1.0		＜1.0
2	淤泥密度指数(SDI_{15})	＜5	＜3	＜5
3	水温(℃)	5～40	5～35	5～45
4	pH 值	4～6(运行) 3～7(清洗)		4～11(运行) 2.5～11(清洗)
5	COD_{Mn}(mg O_2/L)	＜3		＜3
6	游离氯(以 Cl_2 计)(mg/L)	0.2～1 (控制为 0.3)	＜0.1 (控制为 0)	＜0.1 (控制为 0)
7	含铁量(以 Fe 计)(mg/L)	＜0.05	＜0.05	＜0.05
8	朗格谬尔指数	浓水＜0.5	浓水＜0.5	浓水＜0.5
9	$[SO_4^{2-}]\cdot[Ca^{2+}]$	浓水＜19×10^{-5}		
10	沉淀物质 Ba、Sr、SiO_2 等	浓水不发生沉淀		

注　表中的水质标准，严格地讲，指反渗透装置保安过滤器的进水应达到上述标准。

(二) 反渗透给水的前处理

反渗透给水的前处理的具体过程要根据水源水水质、膜组件的形式作出合理的选择。中空纤维膜组件的要求最高而管式装置要求最低。

工业上经常采用的反渗透给水的前处理如下：

1. 彻底去除进水中悬浮颗粒及胶体

对反渗透进水中的悬浮颗粒和胶体必须彻底地去除。因为只有水分子能顺利通过反渗透膜，所以水中其他的物质都被截留。

(1) 淤泥密度指数（*SDI*）或污染指数（*FI*）。

淤泥密度指数（*SDI*）或污染指数（*FI*）是表征水中微粒和胶体颗粒危害的一种指标。在一定压力下，被测水通过 0.45μm 的微孔滤膜，根据膜的淤塞速度来测定。测试装置如图 5-12 所示。

测定方法：将被测水压力升至 207kPa（2.1kg/cm²），让水通过直径为 47mm、孔径为 0.45μm 的膜过滤器，记录过滤 500mL 水所需的时间 t_0，再继续过滤 15min，再记录过滤 500mL 水所需的时间 t_1，按式（5-1）进行计算，得到 SDI_{15}，即

$$SDI_{15}(FI_{15})=\frac{(1-t_0/t_1)\times 100}{15} \tag{5-1}$$

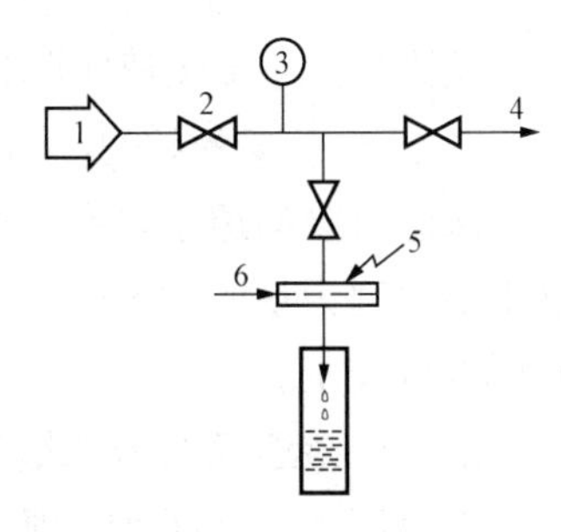

图 5-12 游泥密度指数 *SDI* 的测定装置

1—进水；2—阀门；3—压力表；4—放气；5—过滤器；6—微孔滤膜

SDI_{15}测定值在 0～6.67 之间，有时简写为 *SDI*。不同的水源，推荐的反渗透进水 *SDI* 值不同，膜的允许产水量也不同，一般 *SDI* 值高，允许产水量就小。

(2) 前处理中去除水中悬浮颗粒及胶体的方法。

反渗透给水的前处理中用于去除水中悬浮颗粒和胶体的方法与具体使用的水源水质有关。

对于地表水，含有较多悬浮物和胶体，进入工业用水处理系统中第一步要进行混凝一澄清一过滤的预处理，将水的浊度降至 5NTU（或 2 NTU）以下，但此时 *SDI* 仍不合格，需进一步处理。

对于使用城市自来水为反渗透进水时，若自来水的水源水为地表水，也同样是经过混凝一澄清一过滤处理，它也需进一步处理。

上述两种地表水为水源的水，经过混凝一澄清一过滤的预处理后，必须通过前处理进一步彻底去除悬浮物和胶体，一般方法有：

1）二次混凝。指在常规的混凝澄清预处理后再次投加混凝剂。二次混凝一般不再单设专用设备，只在进水管道上添加混凝剂，在管内生成絮凝体，完成混凝过程，进入后续过滤设备，此过程即直流混凝。

2）细砂过滤。指滤料的颗粒度比常规预处理中的更细小。一般工业用水预处理中石英砂滤料粒径为 0.5～1.2mm，细砂过滤滤料粒径为 0.3～0.5mm。滤速较一般过滤器低，为 6～8m/h。

3）超滤。由于超滤膜可以非常有效地去除水中的悬浮物、胶体和大分子有机物，确保反渗透进水的 *SDI* 合格，所以近几年已有用超滤作为反渗透的前处理。本工艺应注意的问题是超滤膜本身的污染，必须定期进行清洗。

4）微滤。可以对反渗透进水进行微滤处理，如采用滤芯式过滤器来降低 *SDI*。滤芯常用聚丙烯绕线蜂房式滤芯或褶页式滤芯，其过滤的微孔大小为 0.45～30μm 不等，可有效降低水中浊度和 *SDI*。

对于地下水主要是除铁、除锰和除硫。水中铁锰含量较高时可用曝气—锰砂过滤的方法来去除。但当水中含铁锰较少时，如小于 0.1mg/L，可以不处理；在 0.1～0.5mg/L 之间时，可加酸将水的 pH 值调至 5.5，防止生成铁锰氧化物对膜的污染。对于含硫的地下水，需采用除硫技术将硫磺过滤除去。为防止管道或泵的腐蚀产物污染膜面，要注意系统严密性，防止空气的进入。

2. pH 值的控制

水的 pH 值对膜的水解和老化影响很大。膜的水解不仅会造成产水量下降，而且会造成膜对盐的脱除能力持续性下降，严重时将膜彻底损坏。不同膜材料对 pH 值的要求不同。醋酸纤维膜运行时，宜偏酸性，pH 值控制范围为 4～7，最佳值为 5～6。对于聚酰胺膜，pH 值的控制范围为 3～11，对于复合膜，pH 值的控制范围更宽，为 2～11。

反渗透进水 pH 值实际控制值偏酸性，对防止膜面结垢有利。

3. 给水温度的控制

水温对膜的透水量有影响，多数反渗透膜操作温度每增加 1℃，透水量可增加 3%左右，这主要是因为水的黏度降低造成的。商品膜的透水量指给水温度为 25℃时的值，其他温度时可进行校正。

虽然反渗透膜的透水量随着温度的提高而上升，但膜的水解速度也随着温度的提高而加快。当温度大于 30℃时，膜的强度下降，膜性能不稳定。所以对于膜的使用一般都有温度的限制，醋酸纤素维膜的运行与保管的最高温度为 40℃，复合膜最高温度为 40～45℃。在实际使用中水温度的低限是 5～8℃，此时膜的渗滤速度已很慢，透水量很低。夏天忌在阳光的直射下保存。

醋酸纤维膜的水解速度与 pH 值、温度的关系见表 5-8（以给水温度为 20℃，pH 值为 5 时的水解速度为基准 1）。从表中可见，提高水温以增加透水量的同时，会使膜的水解速度增加，使用寿命缩短。可以采用各种加热器（如蒸汽加热等）调节给水温度。

表 5-8　　pH 值、温度与醋酸纤维膜的水解速度关系

水温（℃）	10	15	20	25	30	35
pH=5	0.96	0.97	1.00	1.00	1.09	1.17
pH=6	1.53	1.58	1.67	1.80	2.03	2.47
pH=7	4.55	5.42	7.22	11.63	23.91	50.99

4. 防止微生物和氧化性物质的破坏

水中有机物质，严格地讲应该是生化需氧量（BOD），对醋酸纤维素膜影响较大，它促进细菌生长，细菌会侵害醋酸纤维素膜，并使膜的羟基度减少，除盐率大大下降。所以，使用醋酸纤维素膜时，反渗透设备内应保持适量的余氯（0.2～1.0mg/L），但过高的余氯又会使膜的性能降低。虽然复合膜和聚酰胺膜比醋酸纤维素膜能耐微生物侵袭，但微生物聚积繁殖也会使组件内部通道堵塞，所以复合膜和聚酰胺膜给水也需杀菌，并周期性地用甲醛消毒。

防止生物生长的方法是在给水前处理中添加杀菌剂。目前，常用的是次氯酸钠，控制一定的余氯量，另外，为了降低水的 COD_{Mn}，减少生物滋生条件，也可在反渗透给水的前处理系统中设置活性炭床。

对于复合膜和芳香聚酰胺膜，由于它们抗氧化性很差（尤其是复合膜），运行中加氯处理后需脱去余氯，以免复合膜和聚酰胺膜被活性氯氧化而受损伤。

一般脱氯法是用活性炭过滤器，但活性炭价格较高，而且活性炭颗粒与氧化性的进水接触后，容易使颗粒粉碎成细末，一样可以成为膜表面形成沉淀的污染源。另外，如果在通向活性炭过滤器的水中不含余氯，则活性炭床内的细菌会聚集繁殖，出水中也会含有细菌（颗粒状悬浮物）。余氯还可通过加一些化学还原剂来除去，如硫代硫酸钠（$Na_2S_2O_3$）、亚硫酸氢钠和亚硫酸钠，其中以亚硫酸氢钠的脱氯最为经济有效。

5. 防止垢的析出

因为在反渗透工艺中给水的盐类被浓缩，比如在回收率为 75%时，水被浓缩 4 倍，以致使浓水中某些盐浓度可能超过它们的溶解度，沉积可能会发生。

具体地讲，对防止碳酸钙结垢通常采用加酸、钠离子软化、添加阻垢剂等方法来解决。对于二氧化硅结垢通常采用降低反渗透进水中二氧化硅浓度，以及适当提高给水温度的方法（当给水温度为40℃时，二氧化硅的溶解度可达160mg/L）和采用控制水的回收率的方法来解决。因为二氧化硅一旦在膜面上析出缺少有效的清除方法。为了安全的运行，应控制浓水二氧化硅浓度，通常以100mg/L作为控制标准。

对于膜面上已经发生的上述各类物质的沉积，采用低压冲洗和化学药品清洗是十分必要和有效的。

用于海水淡化的反渗透由于水的回收率低（30%～45%），浓缩倍率小，所以相对于苦咸水处理（回收率75%），碳酸钙的结垢趋势不会很严重。

6. 保证反渗透给水的一定压力

根据反渗透的原理，只有当给水压力大于渗透压时，反渗透才能制取淡水。

渗透压力与给水中的含盐量和水温成正比，与膜无关。反渗透系统的进水压力要求比渗透压力大几十倍。提高进水压力，膜会被压密实，盐的透过率会减小；与此同时，水的透过率就可成比例的增加，从而保证了要求的水回收率。但是，进水压力超过一定极限会产生膜的衰老，压实变形加剧，从而加速膜的透水能力衰退。例如，当进水压力从2.75MPa提高至4.12MPa时，水的回收率提高40%，但膜的寿命约缩短一年。

（三）反渗透的后处理

反渗透产水的后处理方式主要取决于反渗透产水水质及用户对水质的要求。一般来讲，反渗透产水的水质，电导率在10～50μS/cm（指处理自来水或苦咸水，若处理海水，产水溶固达350～500mg/L），主要成分是Na^+、Cl^-、HCO_3^-及CO_2。在CO_2含量高时，由于它100%透过膜，因此产水pH值低，呈酸性，有一定的腐蚀倾向。设置二级反渗透，在一级反渗透出水中添加NaOH，提高pH值，将CO_2中和为$NaHCO_3$，有助于降低二级反渗透出水电导率。

从用户对水质要求来看，若处理的水是用作高参数锅炉的补给水，反渗透的产水水质不能满足要求，必须在反渗透之后，设置进一步处理装置，比如离子交换或电除盐（EDI）。设置离子交换时，可以设置阳床-阴床-混床或者只设置混床，但其中阴树脂比例要适当提高，因为反渗透出水中CO_2含量多，相应的阴树脂负担重。

六、反渗透膜的清洗

一旦料液与膜接触，膜污染即开始；也就是说，从溶质与膜之间相互作用而产生吸附的同时，膜特性就开始改变。因此，反渗透装置的给水前处理完善，膜组件的清洗和化学清洗就可减少，但要完全保证膜组件不被污染是不可能的。不同膜抗污染性能差异较大。对于超滤和反渗透膜，若膜材料选择不合适，此影响很大，与初始纯水透水率相比，可降低20%～40%。但对以溶质粒子聚集与堵孔为主的微滤膜影响不十分明显。

在任何膜分离技术应用中，尽管选择了较合适的膜和适宜的操作条件，在长期运行中，膜的透水量会随运行时间增长而下降，即膜污染问题必然产生，因此，必须采取一定的清洗方法，使膜面或膜孔内污染物去除，达到透水量恢复，延长膜寿命的目的。所以膜清洗方法研究是国内外膜应用研究中的一个热点。

（一）RO膜清洗的条件

一般认为膜过程中出现以下情况中任一种，建议进行清洗。

（1）当进水参数一定时，透过液电导率明显增加。

（2）进水温度一定，高压泵出口压力增加8%～10%以上才能保证膜通量不变。

（3）进料的流速和温度一定时，RO装置的进出口压差增加25%～50%。

（4）在恶劣进水条件运转3个月，在正常进水条件下运转6个月需进行常规清洗。

此外，在RO系统停运时，必须定期对膜进行清洗，既不能使RO膜变干又要防止微生物的繁殖生长。

（二）RO膜的清洗前要考虑的因素

1. 膜的物化特性

指耐酸、碱性，耐温性，耐氧化性和耐化学试剂特性，它们对选择化学清洗剂类型、浓度、清洗液温度等极为重要。一般来讲对其产品化学特性均给出简单说明，当要使用超出说明书的化学清洗剂时，一定要慎重，先做小实验检测，看是否可能给膜带来危害。

2. 污染物特性

指在不同pH值、不同种类盐及浓度溶液中，不同温度下的溶解性、荷电性、可氧化性及可酶解性等。可有的放矢地选择合适的化学清洗剂，达到最佳清洗效果。

（三）清洗方法

膜的清洗方法可分三类：物理、化学、物理—化学法。

物理清洗用机械方法从膜面上脱除污染物，它们的特点是简单易行，这些方法如下。

（1）正方向冲洗：将RO产水用高压泵打入进水侧，将膜面上污染物冲下来。

（2）变方向冲洗：透过液的冲洗方向是改变的，正方向（进水口—浓水口）冲洗几秒钟再反方向（浓水口—进水口）冲洗几秒钟。

（3）反压冲洗（见图5-13）：将淡水侧水加压，反向压入膜进水侧，同时进水侧继续进水到浓水排放，以带走膜面上脱落下来的污染物。

（4）振动：在膜组件的压力容器上装空气锤，使膜组件振动，同时，进行进水—浓水的冲洗，以将膜面上振松的污染物排走。

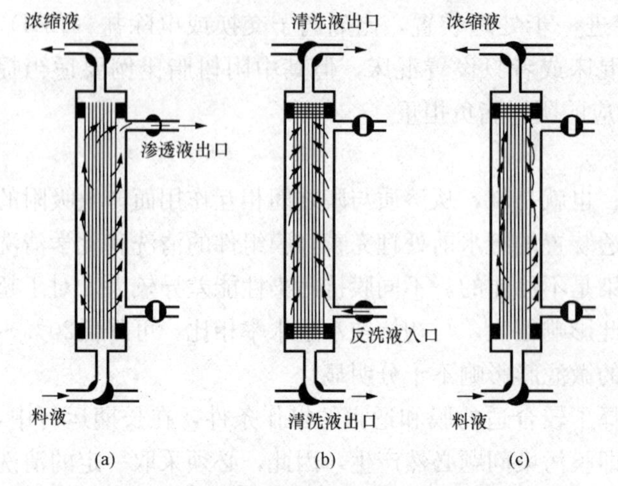

图5-13　中空纤维膜组件操作与清洗方式示意图

（a）操作；（b）反洗；（c）循环清洗

（5）排气充水法：用空气将进水侧水强行吹出，迅速排气，并重新充以新鲜水。清洗作用主要是水排出、引入时气/水界面上的湍动作用所致。

（6）空气喷射：在RO产水进入组件进行正方向冲洗前，周期喷射进空气，空气扰动纤维，使纤维壁上污染层变疏松（此法适用于中空纤维膜）。

（7）CO_2反渗透：CO_2气体从淡水出口管线进入，透过膜，清洗液将落下的污染物带出膜组件。

（8）自动海绵球清洗：把聚氨基甲酸酯或其他材料做成的海绵球送入管式膜组件几秒钟，用它洗去膜表面的污染物。

对上面几种清洗方法进行了比较，认为变向流清洗最有效。

此外，降低操作压力，提高膜面流速和湍流程度，降低浓度边界层的影响，可从膜面上冲洗掉一些软的沉淀。应用超声波和流体涌动结合可对膜进行有效的原位清洗。

化学清洗通常是用化学清洗剂，如稀碱、稀酸、酶、表面活性剂，络合剂和氧化剂等。使用的化学清洗剂必须与膜材料相容，并严格按膜生产厂提出的条件（压力、温度和流速）进行清洗，以防膜产生不可逆损伤。选用酸类清洗剂，可以溶解除去矿物质及 DNA，柠檬酸、EDTA（乙二胺四乙酸）之类化学试剂广泛用于除垢和酸性污染物的脱除，表面活性剂可有效去除生物污染。聚乙烯基甲基醚和丹宁酸对脱盐用聚酰胺膜的清洗是有效的。而采用 NaOH 水溶液可有效地脱除蛋白质污染；对于蛋白质污染严重的膜，用含 0.5%胃蛋白酶的 0.01mol/L NaOH 溶液清洗 30min 可有效地恢复透水量。在某些应用中，如多糖等，温水浸泡清洗即可基本恢复初始透水率。

将物理和化学清洗方法结合可以有效提高清洗效果，如在清洗液中加入表面活性剂可使物理清洗的效果提高 55%。

三种清洗方法中，化学清洗在 RO 膜的清洗中使用最广泛，但化学清洗的效果取决于许多因素，如清洗液的 pH 值、温度、流速和循环时间，一种清洗剂在某些体系清洗中取得成功，并不保证在其他体系都能成功。

物理和物理—化学清洗法在 RO 工业中尚未被广泛应用，仅在使用一种以上化学清洗剂时，在二次化学清洗间用透过水进行正方向清洗。

第三节 电渗析和电除盐

一、电渗析

电渗析（简称 ED）是一种利用电能的膜分离技术。它以直流电为推动力，利用阴、阳离子交换膜对水中阴、阳离子的选择透过性，使一个水体中的离子通过膜转移到另一水体中的物质分离过程。这是一项能使溶液淡化、浓缩、纯化或精制的化工单元操作技术。

1940 年迈耶（K. H. Meyer）和斯特劳斯（W. Strauss）提出了多隔室的电渗析器，1950 年朱达（W. Juda）试制出具有高度选择透过性的阴离子交换膜和阳离子交换膜，奠定了工业化发展电渗析技术的基础。1954 年，美国和英国的电渗析器制造达到商品化程度，用于从苦咸水制取工业用水和饮用水。此后，电渗析在世界范围逐步推广。在 20 世纪 70 年代，一种频繁倒极电渗析（简称 EDR）新装置由美国艾安力公司（Ionics Co.）开发，使电渗析的运行更加方便和稳定。

（一）电渗析的基本原理

电渗析器主要部件是阴、阳离子交换膜，浓、淡水隔板，正、负电极，电极框，导水板和夹紧装置（或压紧装置）。用夹紧装置把上述各部件压紧，即形成电渗析装置。在这样的装置中水流分三路进出。当先通水再通入直流电流后，在直流电场的作用下，阴离子向阳极方向移动，阳离子向阴极方向移动，如图 5-14 所示。凡是阳极侧是阴膜，阴极侧是阳膜的隔室中，水中的正、负离子向室外迁移，水中的离子减少了，这种隔室称为淡水室。同理，在阳极侧是阳膜，阴极侧是阴膜的隔室，室中的正、负离子由于膜的选择透过性，它们迁移不出来，而相邻隔室的离子会迁入，使室内的离子浓度增加，这种隔室称为浓水室。

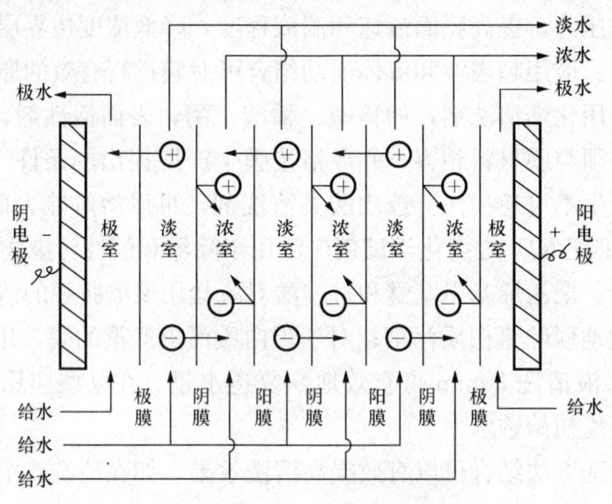

图 5-14　电渗析作用原理示意图

直接和电极相接触的隔室称为极水室；在极水室中发生电化学反应，阳极上产生初生态氧和初生态氯，有氧气和氯气逸出，水溶液呈酸性；阴极上产生氢气，水溶液呈碱性，有硬度离子时，此室易生成水垢。临近极室的第一张膜一般用阳膜或特制的耐氧化较强的膜，常称为极膜。

（二）电渗析的应用

1. 电渗析的进水水质指标

电渗析的进水水质不良会造成结垢或膜受污染。因此，要保证电渗析器的稳定运行和具有较高的工作效率，必须控制好电渗析器的进水水质，对进水水质要求如下：

（1）浊度：0.5～0.9mm 隔板，浊度小于 1NTU；1.5～2mm 隔板，浊度小于 3NTU。

（2）COD_{Mn}：＜3mg/L。

（3）游离余氯：＜0.1mg/L。

（4）铁：＜0.3 mg/L。

（5）锰：＜0.1 mg/L。

（6）水温：5～43℃。

2. 电渗析器工艺系统

在各种水处理中电渗析可单独使用，也可与其他水处理技术联用。如下是常用的三种电渗析除盐工艺系统：

（1）原水—预处理—电渗析。

（2）原水—预处理—电渗析—离子交换除盐。

（3）原水—预处理—电渗析—软化。

另外，还有和蒸馏、反渗透联用的各种工艺系统。

二、电除盐

电除盐或电去离子（简称 EDI），也称连续去离子，是电渗析和离子交换技术的结合，性能又优于两者的一种新型的膜分离技术。这种新装置实际上是在电渗析器中填装了离子交换树脂。用来替代制取超纯水系统的终端处理的混床。其特点是：

（1）利用水解离产生的 H^+ 和 OH^- 自动再生填充在电渗析器淡室中的离子交换树脂，因而不需使用酸碱，实现清洁生产。

（2）设备运行的同时就自行再生，因此，相当于连续获得再生的离子交换柱，从而实现了对水连续深度脱盐。

（3）产水水质好，日常运行管理方便。

（一）电除盐的工作原理

EDI 是以电渗析装置为基本结构，在其中装填强酸阳离子交换树脂和强碱阴离子交换树脂（颗粒、纤维或编织物）。按树脂的装填方式 EDI 分为下列几种形式：

（1）只在电渗析淡水室的阴膜和阳膜之间充填混合离子交换树脂。

（2）在电渗析淡水室和浓水室中间都充填混合离子交换树脂。

（3）在电渗析淡水室中放置由强碱阴离子交换树脂层和强酸阳离子交换树脂层组成的双极膜，称为双极膜三隔室填充床电渗析。

目前，在工业上广泛应用的主要是第一种形式。现以此形式为例来分析 EDI 的原理。如图 5-15 所示，在电渗析淡水室的阴膜和阳膜之间填充离子交换树脂，水中离子首先因交换作用而吸着于树脂颗粒上，然后在电场作用下经由树脂颗粒构成的离子传输通道迁移到膜表面并透过离子交换膜进入浓室。由于交换树脂不断发生交换作用与再生作用，形成离子通道。淡水室中离子交换树脂的导电能力比所接触的水要高 2～3 个数量级，使淡水室体系的电导率大大增加，提高了电渗析的极限电流。EDI 装置在极化状态下运行，膜和离子交换树脂的界面层会发生极化，它使水解离，产生 OH^- 和 H^+，这些离子除部分参与负载电流外，大多数对树脂起再生作用，使淡水室中的阴、阳离子交换树脂再生，保持其交换能力。这样 EDI 装置就可以连续生产高纯水。

在 EDI 中，离子交换只是手段，不是目的。在直流电场作用下，使阴、阳离子分别作定向迁移，分别透过阴膜和阳膜，使淡水室离子得到分离。在流道内，电流的传导不再单靠阴、阳离子在溶液中的运动，也包括了离子的交换和离子通过离子交换树脂的运动，因而提高了离子在流道内的迁移速度，加快了离子的分离。离子交换、离子迁移和离子交换树脂的再生这三个过程同时进行，相互促进。当进水离子浓度一定时，在一定电场的作用下，离子交换、离子迁移和离子交换树脂的再生达到某种程度的动态平衡，使离子得到分离，实现连续去除离子的效果。

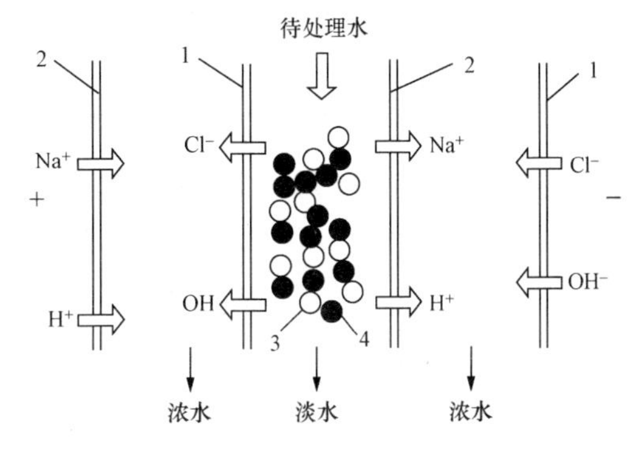

图 5-15 EDI 工作原理

1—阴离子交换膜；2—阳离子交换膜；3—阴离子交换树脂；4—阳离子交换树脂

（二）EDI的应用

纯水的制备，过去的几十年中一直以离子交换法为主，随着膜技术的发展，膜法配合离子交换法制取纯水应用很广泛。EDI技术的开发成功，则是纯水制备的又一项变革，它开创了采用三膜处理（UF+RO+EDI）来制取纯水的新技术。与传统的离子交换相比，三膜处理则不需要大量酸碱，运行费用低，无环境污染等优点。

EDI作为电渗析和离子交换结合而产生的技术，主要用于以下场合：

（1）在膜脱盐之后替代复床或混合床制取纯水。

（2）在离子交换系统中替代混床。

（3）在原水含盐量低的场合，与其他方法结合可作预脱盐。

（4）用作半导体等行业冲洗水的回收处理。

EDI技术与混床、ED、RO相比，可连续生产，产水品质好，制水成本低，无废水、化学污染物排放，有利于节水和环保，是一项对环境无害的水处理工艺。但EDI要求进水水质要好（电导率低，无悬浮物及胶体），最佳的应用方式是与RO匹配，对RO出水作进一步纯化。当EDI用于离子交换（或其他类似处理方式）后，即使进水电导率低，EDI初期出水水质很好，但由于进水中胶体物质没有彻底除净，EDI极易受悬浮物及胶体污染造成水流通道堵塞，产水量减少，出水水质下降。

火力发电厂水处理系统中，EDI一般代替混床作为深度除盐设备，从而获得纯水或超纯水，多采用全膜处理工艺（UF+RO+EDI），不仅能保证出水水质，还能保证出水水量。

第六章　水的离子交换处理

去除水中溶解盐类杂质，目前有三种常用方法：离子交换法，膜分离法和蒸馏法。在工业水处理领域中以离子交换法最为普遍，采用离子交换法可制得软化水、除盐水（纯水通常指电导率<10μS/cm的水）和超纯水（通常指电导率<0.1μS/cm的水）。

离子交换指某些物质遇水溶液时，能从水溶液中吸着某种（类）离子，而把本身具有的另外一种同类电荷的离子等摩尔量地交换到溶液中去的现象。这些物质称为离子交换剂。

离子交换现象虽然是在19世纪中叶发现，但由于天然的离子交换材料性能上存在许多明显的缺点，不能被广泛应用，到20世纪40年代，由于有机合成离子交换树脂的产生，才使离子交换技术得以广泛应用。目前，离子交换技术已广泛应用于工业、医学、国防和环境保护等领域，特别是在工业用水处理领域占有非常重要的地位。

离子交换剂的种类很多，有天然和合成、无机和有机、酸性和碱性等之分，常见离子交换剂的分类如表6-1所示。

表6-1　常见离子交换剂的分类

名称	无机		有机					
	天然	合成	人造	合成				
	海绿沙	合成沸石	磺化煤	阳离子交换树脂		阴离子交换树脂		
				强酸性	弱酸性	强碱性		弱碱性
活性基团	Na交换	Na交换	阳离子交换	磺酸基 $-SO_3H$	羧酸基 $-COOH$	Ⅰ型 三甲基胺基 $-N(CH_3)_3$	Ⅱ型 二甲基乙醇胺基 $-N-(CH_3)_2$ C_2H_4OH	伯胺基 $-NH_2$ 仲胺基$=NH$ 叔胺基$\equiv N$

有机合成离子交换剂是目前用的最广泛的一类离子交换材料，这类交换剂外形像松树分泌出来的树脂，故常称为树脂。

第一节　离子交换树脂的基本知识

一、离子交换树脂的结构

离子交换树脂是一类带有活性基团的网状结构高分子化合物。其分子结构可以人为的分为两个部分：一部分称为离子交换树脂的骨架，它是由高分子化合物所组成的基体，具有庞大的空间结构；另一部分是带有可交换离子的活性基团，它通过化学键结合在高分子骨架上，起提供可交换离子的作用。活性基团也由两部分组成：一是固定部分，与骨架牢固结合，不能自由移动，所以称为固定离子；二是活动部分，遇水可以离解，并能在一定范围内自由移动，可与周围水中的其他带有同种电荷的离子进行交换反应，所以称为可交换离子。

二、离子交换树脂的分类

（一）按活性基团的性质分类

依据离子交换树脂所带活性基团的性质，离子交换树脂可分为阳离子交换树脂和阴离子交换树脂两大类，能与水中阳离子进行交换反应的称为阳离子交换树脂；能与水中阴离子进行交换反应的称阴离子交换树脂。根据活性基团上 H^+ 和 OH^- 电离的强弱程度，又可分为强酸性阳离子交换树脂和弱酸性阳离子交换树脂；强碱性阴离子交换树脂和弱碱性阴离子交换树脂。

此外，按活性基团性质还可分为螯合、两性和氧化还原性等树脂。

（二）按树脂单体种类分类

按合成离子交换树脂的单体种类不同，离子交换树脂可分为苯乙烯系、丙烯酸系等，如苯乙烯系离子交换树脂是由苯乙烯聚合成球状聚苯乙烯后，再带交换基团而成。

（三）按离子交换树脂孔结构和外状分类

1. 凝胶型树脂

这种树脂呈透明或半透明的凝胶状结构，所以称为凝胶型树脂。凝胶型树脂的网孔通常很小，平均孔径为1～2nm，且大小不一，在干的状态下，这些网孔并不存在，只有当浸入水中时才显现出来。

2. 大孔型树脂

由于在整个树脂内部无论干或湿、收缩或溶胀状态都存在着比凝胶型树脂更多、更大的孔（孔径一般在20～100nm以上），所以称为大孔型树脂。

正是由于大孔型树脂中的网孔孔径较大，所以具有较好的抗有机物污染能力，即一旦有机物被截留在树脂内部网孔中，也容易在再生过程中被洗脱下来。另外，由于大孔型树脂的孔隙占据了一定的空间，离子交换基团的含量相应减少，所以其交换容量比凝胶型树脂小些。

3. 均孔型树脂

离子交换树脂，特别是阴树脂的有机物污染的原因之一是由于交联不均匀，致使树脂中网孔大小不一。但是，当用二乙烯苯作交联剂时，差异聚合引起的交联不均匀性是不可避免的。所以，在均孔型树脂制备过程中，不用二乙烯苯作交联剂，而是在引入氯甲基时，利用傅氏反应的副反应，使树脂骨架上的氯甲基和邻近的苯环间生成次甲基桥，这种次甲基交联不会集扰在一起，网孔就较均匀，孔径约为数十纳米，所以称为均孔型树脂。这种结构的强碱性阴树脂不易被有机物所污染，在交换容量和再生性能方面也有改善。

如图6-1所示为凝胶型、大孔型和均孔型三种树脂的结构示意图。

三、离子交换树脂的命名

离子交换树脂产品的型号是根据国家标准GB/T 1631—2008《离子交换树脂、命名系统和基本规范》而制定的，简介如下：

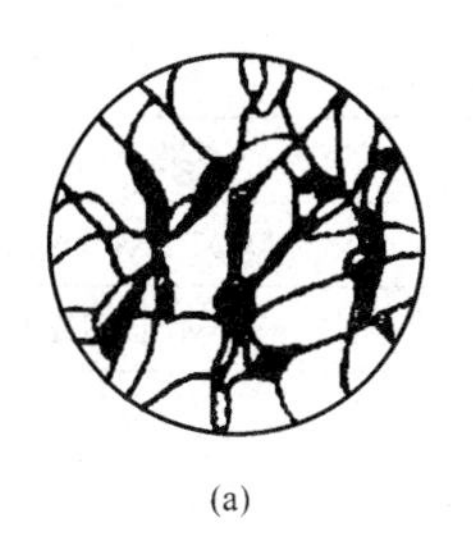
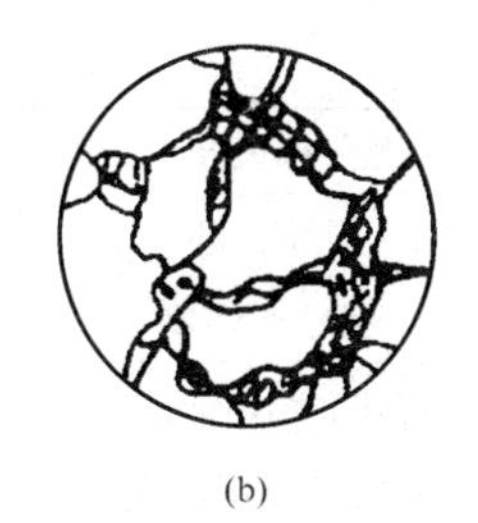
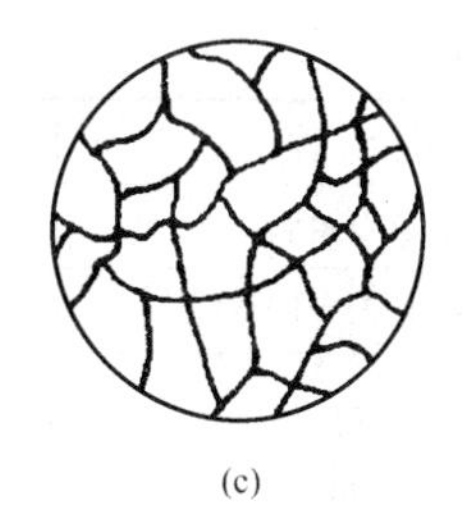

(a)　(b)　(c)

图 6-1　树脂的结构

(a) 凝胶型；(b) 大孔型；(c) 均孔型

1. 全称

离子交换树脂的全称由分类名称、骨架名称、基本名称依次排列组成。基本名称为离子交换树脂。大孔型树脂在全称前加“大孔”两字。分类属酸性的在基本名称前加“阳”字；分类属碱性的在基本名称前加“阴”字。

2. 型号

离子交换树脂产品的型号由三位阿拉伯数字组成。第一位数字代表产品分类，第二位数字代表骨架组成，第三位数字为顺序号，用以区别活性基团或交联剂的差异。代号数字的意义见表 6-2 和表 6-3。

表 6-2　分类代号（第一位数字）

代号	0	1	2	3	4	5	6
分类名称	强酸性	弱酸性	强碱性	弱碱性	螯合性	两性	氧化还原性

表 6-3　骨架代号位数（第二位数字）

代号	0	1	2	3	4	5	6
骨架名称	苯乙烯系	丙烯酸系	酚醛系	环氧系	乙烯吡啶系	脲醛系	氯乙烯系

凡属大孔型树脂，在型号前加“大”字的汉语拼音首位字母“D”；凡属凝胶型树脂，在型号前不加任何字母。交联度值可在型号后用“×”符号连接阿拉伯数字表示。

根据国际命名原则，水处理中目前常用的四种离子交换树脂全称和型号分别为：强酸性苯乙烯系阳离子交换树脂，型号为 001×7；强碱性苯乙烯系阴离子交换树脂，型号为 201×7；大孔型弱酸性丙烯酸系阳离子交换树脂，型号为 D111、D113；大孔型弱碱性苯乙烯系阴离子交换树脂，型号为 D301、D302。

在水处理中，有时为了区分不同用途的专用树脂，在上述命名方法中再加上特定的符号标记，见表 6-4。

表 6-4　水处理中专用树脂的标记符号

专用树脂名称	型号标记方法	举　例
双层床专用树脂	型号+SC	D001SC；201×7SC
浮动床专用树脂	型号+FC	001×7FC；D001FC；201×7FC
混合床专用树脂	型号+MB	001×7MB；201×7MB

续表

专用树脂名称	型号标记方法	举 例
三层床专用树脂	型号＋TR	D001TR；D201TR
凝结水处理混床专用树脂	型号＋MBP	D001MBP；D201MBP
惰性树脂	FB（浮床白球） YB（压脂层白球） S－TR（三层床隔离层惰性树脂）	

第二节 离子交换树脂性能

离子交换树脂属于反应性高分子化合物，在其制造过程中，如果单体原料的配方不同或聚合工艺条件不同，所得产品的分子结构和性能就可能有较大的差异。因此，需要用一系列的指标来评判它们。

一、物理性能

（一）外观

离子交换树脂一般制成小球状，呈透明、半透明和不透明，这主要与树脂结构中孔隙大小有关，通常，凝胶型树脂是透明或半透明的，大孔型树脂是不透明的。离子交换树脂的颜色有白色、黄色、棕褐色及黑色等，颜色主要与树脂的组成及其杂质种类有关。通常，凝胶型苯乙烯系树脂大都呈淡黄色；大孔型苯乙烯阳树脂一般呈淡灰褐色，大孔型苯乙烯系阴树脂呈白色或淡黄褐色；丙烯酸系树脂呈白色或乳白色。此外，也可应用户要求制成某种特定颜色的树脂或变色树脂。树脂在使用过程中，由于转型或受到杂质污染时，其颜色也会发生相应变化。

（二）水溶性溶出物

将新树脂样品浸泡在水中，经过一定时间以后，浸泡树脂的水就呈黄色，浸泡时间越长颜色越深，水的颜色常由树脂中水溶性溶出物的溶出型成，其来源主要有三方面：一是残留在树脂内的化工原料；二是树脂结构中的低分子聚合物；三是树脂分解产物。

（三）粒度

离子交换树脂粒度应分布均匀。若树脂颗粒太大，则交换速度慢；若树脂颗粒太小，则水流阻力大。如果树脂颗粒大小不均匀时，一方面由于小颗粒树脂夹在大颗粒树脂之间，使水流阻力增加，另一方面会使反洗时反洗强度难以控制，因为反洗强度过小，不能松动大颗粒树脂，反洗强度大时，则会冲走小颗粒树脂。

（四）孔分布

树脂孔径分布通常从孔径、孔度、孔容及比表面积等角度来描述。孔径是用来表示树脂中微孔的大小；孔度指单位体积树脂内部孔的容积，单位为 mL/mL；孔容指单位质量树脂内部孔的容积，单位为 mL/g；比表面积指单位质量的树脂具有的表面积，单位为 m^2/g。

（五）密度

离子交换树脂的密度是指单位体积树脂所具有的质量，常用 g/mL 表示。因为离子交换树脂是多孔的粒状材料，所以有真密度和视密度之分，所谓真密度是相对树脂的真体积而言的，视密度是相对树脂的堆积体积而言的。由于树脂常在湿状态下使用，所以又有“干”、“湿”之分。所以，树脂的密度有干真密度、湿真密度和湿视密度多种表示方法。

（六）含水率

离子交换树脂在保存和使用中都应含有水分，失水的树脂强度会降低，遇水易破裂，因此，树脂都是湿态保存。离子交换树脂中的水分，一部分是与活性基团相结合的化合水，另一部分是吸附在树脂外表面或滞留在孔隙中的游离水。

（七）溶胀性和转型体积改变率

当干的离子交换树脂浸入水中时，其体积会膨胀，这种现象称溶胀。溶胀是高分子材料在某些溶剂中常表现出的现象。离子交换树脂有两种不同的溶胀现象，一种是不可逆的，即新树脂经溶胀后，如重新干燥，它不再恢复到原来的大小；另一种是可逆的，即当树脂浸入水中时会溶胀，干燥时又会复原，如此反复地溶胀和收缩。

强酸阳树脂和强碱阴树脂在不同离子型态时溶胀率大小的顺序为：

强酸阳树脂：$H^+ > Na^+ > NH_4{}^+ > K^+ > Ag^+$

强碱阴树脂：$OH^- > HCO_3{}^- \approx CO_3{}^{2-} > SO_4{}^{2-} > Cl^-$

很显然，当树脂由一种离子型态转为另一种离子型态时，其体积会发生改变，此时树脂体积改变的百分数称为树脂转型体积改变率。

强酸001×7阳树脂由Na型转为H型时，其体积约增加5%～8%；由Ca型转为H型时，其体积约增加12%～13%。强碱201×7阴树脂由Cl型转为OH型时，其体积约增加15%～20%。

弱型树脂转型体积改变更明显，特别是弱酸树脂，由H型转为Na型时，体积最大可增加70%～80%；由H型转为Ca型时，其体积可增加10%～30%。

（八）机械强度

树脂在使用过程中，由于相互摩擦、挤压及周期性的转型使其体积胀缩等，都可能导致树脂颗粒的破裂，影响树脂的正常使用。因此，离子交换树脂必须具有良好的机械强度。

目前，我国主要采用国家标准方法——磨后圆球率和渗磨圆球率法来评价树脂的机械强度。此方法是按规定称取一定量的干树脂，放入装有瓷球的滚筒中滚磨，磨后的树脂圆球颗粒占样品总量的质量百分数即为树脂磨后圆球率。若将树脂用酸、碱反复交替转型，然后用前述方法测得树脂的磨后圆球率，称为树脂的渗磨圆球率，该指标表示树脂的耐渗透压能力，一般用此来评价大孔型树脂的机械强度。此外，用来表示机械强度的方法还有压脂法及循环法，压脂法是取三颗直径相似的树脂颗粒放在一块玻璃下面，成三点支撑，然后在玻璃上加砝码，至树脂颗粒被压碎时的砝码质量即压脂强度；循环法是将树脂经多次酸、碱反复交替转型处理后，检查树脂破碎程度。一般树脂因机械强度而发生的年损耗率不应大于3%～7%。

（九）耐热性

离子交换树脂的耐热性表示树脂在受热时保持其理化性能的能力。各种树脂都有其允许使用温度极限，超过此极限温度，树脂的热分解就很严重，其理化性能迅速变差。常见树脂的热稳定性一般规律是：阳树脂比阴树脂耐热性强，盐型树脂要比游离酸或碱型树脂耐热性强，I型强碱树脂比II型耐热性强，弱碱基团比强碱基团耐热性强，苯乙烯系强碱树脂比丙烯酸系强碱树脂耐热性强。

通常情况下，阳树脂可耐100℃或更高的温度，如Na型苯乙烯系磺酸型阳树脂最高使用温度为150℃，而H型最高使用温度为100～120℃。对苯乙烯阴树脂，强碱性的使用温度不应超过40℃，弱碱性的使用温度不能超过80℃；丙烯酸系强碱阴树脂最高使用温度不应超过38℃。

（十）导电性

干燥的离子交换树脂不导电，湿树脂因有解离的离子可以导电，阳树脂的电导率比阴树脂大，这一点可用在混合树脂分离的监测上。树脂的导电性在离子交换膜的应用上也很重要。

二、化学性能

（一）交换反应的可逆性

离子交换反应是可逆的，但这种可逆反应并不是在均相溶液中进行的，而是在非均相的固一液相中进行的。例如，用含有Ca^{2+}的水通过Na型阳树脂，其交换反应为

$$2R\mathrm{Na}+\mathrm{Ca}^{2+}\longrightarrow R_2\mathrm{Ca}+2\mathrm{Na}^{+} \quad (6\text{-}1)$$

当反应进行到离子交换树脂大都转为Ca型，以致不能再继续将水中Ca^{2+}交换成Na^+时，可以用NaCl溶液通过此Ca型树脂，利用上式的逆反应，使树脂重新恢复成Na型。其交换反应为

$$R_2\mathrm{Ca}+2\mathrm{Na}^{+}\longrightarrow 2R\mathrm{Na}+\mathrm{Ca}^{2+} \quad (6\text{-}2)$$

上述两个反应实质上就是下面的可逆离子交换反应式的平衡移动，即

$$2R\mathrm{Na}+\mathrm{Ca}^{2+}\rightleftharpoons R_2\mathrm{Ca}+2\mathrm{Na}^{+} \quad (6\text{-}3)$$

离子交换反应的可逆性是离子交换树脂可以反复使用的重要性质。

（二）酸、碱性和中性盐分解能力

H型阳树脂和OH型阴树脂，类似于相应的酸和碱，在水中可以电离出H^+和OH^-离子，这种性能被称为树脂的酸碱性。水处理中常用的树脂有：

（1）磺酸型强酸性阳离子交换树脂——$R-SO_3H$。

（2）羧酸型弱酸性阳离子交换树脂——$R-COOH$。

（3）季铵型强碱性阴离子交换树脂——$R\equiv NOH$。

（4）叔、仲、伯型弱碱性阴离子交换树脂——$R\equiv NHOH$、$R=NH_2OH$、$R-NH_3OH$。

离子交换树脂酸性或碱性的强弱直接影响到离子交换反应的难易程度。强酸H型阳树脂或强碱OH型阴树脂在水中电离出H^+或OH^-的能力较大，因此，它们能很容易和水中的阳离子或阴离子进行交换反应，pH值影响小，强酸H型阳树脂在pH值为1～14范围内都可以交换，强碱OH型阴树脂在pH值为1～12范围内也都可以交换。而弱酸H型阳树脂或弱碱OH型阴树脂在水中电离出H^+或OH^-的能力较小，或者说它们对H^+或OH^-的结合力较强，所以当水中存在一定量的H^+或OH^-时，交换反应就难以进行下去，弱酸H型阳树脂在酸性介质中不能交换，只能在中性或碱性（pH值为5～14）介质中才可以交换。弱碱OH型阴树脂在碱性介质中不能交换，只能在酸性和中性（pH值为0～7）介质中才可

以交换。现以中性盐 NaCl 为例，讨论各种类型树脂与中性盐 NaCl 的交换反应式如下

$$R-SO_3H+NaCl \longrightarrow R-SO_3Na+HCl \quad (6\text{-}4)$$

$$R\equiv NOH+NaCl \longrightarrow R\equiv NCl+NaOH \quad (6\text{-}5)$$

$$R-COOH+NaCl \longrightarrow R-COONa+HCl \quad (6\text{-}6)$$

$$R-NH_3OH+NaCl \longrightarrow R-NH_3Cl+NaOH \quad (6\text{-}7)$$

上述各种离子交换树脂与中性盐进行离子交换反应的能力，也即在溶液中生成游离酸或游离碱的能力，通常称为树脂的中性盐分解能力。显然，强酸性阳树脂和强碱性阴树脂由于在酸性和碱性介质中都可以进行交换，所以具有较高的中性盐分解能力（或中性盐分解容量），而弱酸性阳树脂和弱碱性阴树脂与中性盐反应生成相应的酸和碱，使交换反应无法进行下去，所以这类树脂基本无中性盐分解能力（或中性盐分解容量）。因此，可用树脂中性盐分解容量的大小来判断树脂酸碱性强弱。

（三）中和与水解

在离子交换过程中可以发生类似于电解质水溶液的中和反应。例如

$$R-SO_3H+NaOH \longrightarrow R-SO_3Na+H_2O \quad (6\text{-}8)$$

$$R-COOH+NaOH \longrightarrow R-COONa+H_2O \quad (6\text{-}9)$$

$$R\equiv NOH+HCl \longrightarrow R\equiv NCl+H_2O \quad (6\text{-}10)$$

$$R\equiv NOH+H_2CO_3 \longrightarrow R\equiv NHCO_3+H_2O \quad (6\text{-}11)$$

$$R\equiv NOH+H_2SiO_3 \longrightarrow R\equiv NHSiO_3+H_2O \quad (6\text{-}12)$$

$$R-NH_3OH+HCl \longrightarrow R-NH_3Cl+H_2O \quad (6\text{-}13)$$

对 H 型阳树脂，除可以和强碱进行中和反应外，在水处理中，还常遇到下述与弱酸强碱盐的中和反应，即

$$R-SO_3H+NaHCO_3 \longrightarrow R-SO_3Na+CO_2+H_2O \quad (6\text{-}14)$$

$$2R-SO_3H+Ca(HCO_3)_2 \longrightarrow (R-SO_3)_2Ca+CO_2+H_2O \quad (6\text{-}15)$$

$$2R-COOH+Ca(HCO_3)_2 \longrightarrow (R-COO)_2Ca+CO_2+H_2O \quad (6\text{-}16)$$

具有弱酸性基团和弱碱性基团的离子交换树脂盐型容易发生水解反应，即

$$R-COONa+H_2O \longrightarrow R-COOH+NaOH \quad (6\text{-}17)$$

$$R-NH_3Cl+H_2O \longrightarrow R-NH_3OH+HCl \quad (6\text{-}18)$$

结合有弱酸阴离子，如 HCO_3^-、$HSiO_3^-$ 等的盐型强碱性阴树脂也可发生水解反应，即

$$R\equiv NHCO_3+H_2O \longrightarrow R\equiv NOH+H_2CO_3 \quad (6\text{-}19)$$

$$R\equiv NHSiO_3+H_2O \longrightarrow R\equiv NOH+H_2SiO_3 \quad (6\text{-}20)$$

（四）离子交换树脂的选择性

离子交换树脂吸着各种离子的能力不同，有些离子易被树脂吸着，但吸着后将它置换下来较困难；而另一些离子较难被树脂吸着，但却比较容易被置换下来，这种性能就是离子交换树脂的选择性。在离子交换水处理中，离子交换的选择性对树脂的交换和再生过程有着重大影响。

树脂在常温、稀溶液中对常见离子的选择性顺序如下：

（1）强酸性阳离子交换树脂：

$$Fe^{3+} > Al^{3+} > Ca^{2+} > Mg^{2+} > K^{+} \approx NH_4^{+} > Na^{+} > H^{+}$$

（2）弱酸性阳离子交换树脂：

$$H^{+} > Fe^{3+} > Al^{3+} > Ca^{2+} > Mg^{2+} > K^{+} \approx NH_4^{+} > Na^{+}$$

（3）强碱性阴离子交换树脂：

$$SO_4^{2-} > NO_3^{-} > Cl^{-} > OH^{-} > HCO_3^{-} > HSiO_3^{-}$$

（4）弱碱性阴离子交换树脂：

$$OH^{-} > SO_4^{2-} > NO_3^{-} > Cl^{-} > HCO_3^{-} \text{（对 } HSiO_3^{-} \text{ 几乎不交换）}$$

在浓溶液中，由于离子间的干扰较大，且水合离子半径的大小顺序与在稀溶液中有些差别，其结果使得在浓溶液中各离子间的选择性差别较小，有时甚至会出现相反的顺序。

（五）交换容量

交换容量是表示离子交换树脂交换能力大小的一项性能指标，指单位质量或体积的离子交换树脂所具有的（或发挥作用的）离子交换基团数量。其单位有两种表示方法：一是质量表示法，通常用 mmol/g 表示；另一种是体积表示法：通常用 mmol/L 或 mol/m^3 表示，这里的体积指湿状态下树脂的堆积体积。

1. 全交换容量

表示树脂中所有活性基团上可交换离子的总量，单位可用质量表示法，也可用体积表示法，两者之间的关系如下

$$q_V = q_m(1-\text{含水率}) \times \text{湿视密度} \tag{6-21}$$

式中　q_V——单位体积树脂的全交换容量，mmol/mL（湿树脂）；

q_m——单位质量树脂的全交换容量，mmol/g（干树脂）。

2. 平衡交换容量

表示交换反应达平衡时，单位质量或单位体积的树脂中参与反应的交换基团数量，此指标表示在给定条件下（通常是一定浓度的被交换离子），该树脂可能发挥的最大交换容量。平衡交换容量和平衡条件有关，所以它不是一个恒定值。

3. 工作交换容量

表示树脂在给定的工作条件下，实际发挥的交换容量，单位用 mmol/L 或 mol/m^3 表示。工作条件一般指在柱式交换中，一定浓度溶液以一定速度通过一定高度的树脂层，至流出液中被去除离子泄漏量得到一定值时，树脂所表现出来的交换能力。所以工作交换容量是一种工艺指标。

树脂工作交换容量除了与树脂本身性能有关外，还与工作条件有关，工作条件通常包括进水水质、终点控制标准、树脂层高、再生剂种类、再生剂用量、再生方式等。

第三节　离子交换树脂的应用常识

一、离子交换树脂变质、污染和复苏

在离子交换水处理系统的运行过程中，各种离子交换树脂常常会渐渐改变其性能。一是树脂的本质改变了，即其化学结构受到破坏或发生机械损坏；二是受到外来杂质的污染。前

一原因造成的树脂性能的改变是无法恢复的，而后一原因所造成的树脂性能的改变，则可以采取适当的措施，消除这些污物，从而使树脂性能复原或有所恢复。

（一）树脂氧化

1. 阳树脂

阳树脂在应用中变质的主要原因是由于水中有氧化剂。当温度高时，树脂受氧化剂的侵蚀更为严重。若水中有重金属离子，因其能起催化作用，使树脂加速变质。

阳树脂氧化后发生的现象为：颜色变浅，树脂体积变大，因此易碎，体积交换容量降低，但质量交换容量变换不大。

树脂氧化后是不能恢复的。为了防止氧化，应控制阳床进水活性氯离子量，使其低于0.1mg/L。

2. 阴树脂

阴树脂的化学稳定性比阳树脂要差，所以它对氧化剂和高温的抵抗力也更差。除盐系统中，阴离子交换器一般布置在阳离子交换器之后，一般只是溶于水中的氧对阴树脂起破坏作用。

运行时提高水温会使树脂的氧化速度加快。

防止阴树脂氧化可采用真空除碳器，它在除去CO_2的同时，也除掉了氧气。

（二）树脂的破损

在运行中，如果树脂颗粒破损，会产生许多碎末，碎末的增多会加大树脂的阻力，引起水流不均匀，进一步使树脂破裂。破裂的树脂在反洗时会冲走，使树脂的损耗率增大。

（三）树脂的污堵

离子交换树脂受水中杂质的污堵是影响其长期可靠运行的严重问题。污堵有许多原因，现分述如下：

1. 悬浮物污堵

原水中的悬浮物会堵塞在树脂层的孔隙中，从而增大水流阻力，也会覆盖在树脂颗粒的表面，阻塞颗粒中微孔的通道，从而降低其工作交换容量。

防止污堵，主要是加强生水的预处理，以减少水中悬浮物的含量；为了清除树脂层中的悬浮物，还必须做好交换器的反洗工作，必要时，采用空气擦洗法。

2. 铁化合物的污染

在阳床中，易于发生离子性污染，这是因为阳树脂对Fe^{3+}的亲和力强，当他吸取了Fe^{3+}后不易再生，变成不可逆的交换。

在阴床中，易于发生胶态或悬浮态$Fe(OH)_3$的污堵，因为再生阴树脂用的碱常含有铁的化合物，在阴床的工作条件下，他们形成了$Fe(OH)_3$沉淀物。

铁化合物在树脂层中的积累，会降低其交换容量，也会污染出水水质。

清除铁化合物的方法通常是用加有抑制剂的高浓度盐酸长时间与树脂接触，也可用柠檬酸、氨基三乙酸、EDTA络合剂等处理。

3. 硅化合物污染

硅化合物污染发生在强碱性阴离子交换器中，其现象是：树脂中硅含量增大，用碱液再生时，这些硅不易脱下来，结果导致阴离子交换器的除硅效果下降。

发生这种污染的原因是再生不充分，或树脂失效后没有及时再生。

4. 油污堵

如有油漏入交换器，会使树脂的交换容量迅速下降且水质变坏。一旦发生油污染，可发现树脂抱团，水流阻力加大，树脂的浮力增加，反洗时树脂的损失加大。

可采用38%～40%的NaOH溶液进行清洗，或用适当的溶剂或表面活性剂清洗。

（四）树脂的有机物污染

有机污染物指离子交换树脂吸附了有机物后，再生和清洗是不能将它们解吸下来的，以致树脂中的有机物量越积越多，树脂的工作交换容量降低。被污染的树脂常常颜色发暗，原先透明的球体变成不透明，并可以嗅到一种污染的气味。

防止有机物污染的基本措施是将进入除盐系统水中的有机物除去。其具体措施是：采用抗有机物污染的树脂，加设弱碱性阴交换器，加设有机物清除器等。

（五）复苏

离子交换树脂被有机物污染后，可用适当的方法加以处理，使它恢复原有的性能，我们称此为复苏。常用的复苏法为：用1%～4%的NaOH和5%～12%的NaCl的混合水溶液慢慢地通过或浸泡树脂层。此法的原理是用NaCl中的Cl^-置换有机酸根，因为浓溶液中的Cl^-与阴树脂的亲和力较强；加NaOH的目的是降低树脂基体对有机物的吸引力及增大有机物的溶解度。

二、离子交换树脂的鉴别

在树脂的使用过程中，有时会遇到需要鉴别离子交换树脂的类型的情况，鉴别的方法可按如下方式进行：

（1）取少量树脂样品，置于10mL量筒内，加入2滴管1mol/L HCl，摇动1min后倾去上层清液。

（2）加入除盐水，摇动后倾去上层清液，再重复操作2次，以去除过剩HCl。

（3）加入2滴管已酸化的10%$CaSO_4$（其中含1%H_2SO_4），摇动1min后倾去上层清液，然后用除盐水清洗。

（4）经上述处理后，若树脂未变色，则为阴树脂，按下一步进行处理；若树脂呈绿色，则可判断为阳树脂，再加2滴管5mol/L $NH_3 \cdot H_2O$，摇动1min后，倾去上层清液，再用除盐水清洗，如树脂转变为深蓝色的为强酸性阳树脂，颜色不变的为弱酸性阳树脂。

（5）将上述处理后未变颜色的树脂，加入2滴管1mol/L NaOH，摇动1min后倾去上层清液，然后用除盐水清洗。加入2滴酚酞指示剂，摇动1min后用除盐水清洗，如树脂呈红色，则可判断为强碱性阴树脂，不变色的可能为弱碱性阴树脂，要确定不变色的树脂是否为弱碱性阴树脂，则可加入1mol/L HCl，摇动1min，用除盐水清洗，如树脂呈桃红色，则为弱碱性阴树脂，如不变色则为无交换能力的树脂。

三、离子交换树脂的储存

树脂在储存期间应采取适当措施，防止树脂失水、受热和受冻以及微生物的滋生。

1. 防止树脂失水

离子交换树脂在运输和储存过程中应密封，防止树脂失水，如发现树脂失水变干，应先用饱和食盐水浸泡，然后再逐渐稀释，以免树脂因急剧溶胀而破碎。

2. 防止树脂受热、受冻

树脂在储存过程中的温度不宜过高或过低，一般最高不应超过 40℃，最低不得低于 0℃，以免冻裂。如冬季无条件保温时，可将树脂储存在食盐水中，以达防冻的目的，食盐水浓度根据气温条件而定，食盐溶液的浓度和冰点的关系如表 6-5 所示。

表 6-5　　食盐溶液的浓度与冰点关系

食盐浓度（%）	5	10	15	20	23.5
冰点（℃）	−3	−7	−10.8	−16.3	−21.2

3. 防止微生物滋生

长期停运而放置于交换器中的树脂，容易滋生微生物，而使树脂受到污染，因此，必须定期冲洗或换水。

四、新树脂使用前的预处理

新树脂常含有生产过程中过剩的原料，反应不完的有机低聚物及其他一些无机杂质，在使用过程中会逐渐溶解释放出来，影响出水水质。因此，新树脂在使用前必须进行适当的预处理，以除去树脂中这些杂质。常用的预处理方法如下：

（一）反冲洗

用清水反冲洗，以除去树脂中的机械杂质、细碎树脂以及溶于水的物质，冲洗到排水清澈为止。

（二）酸、碱交替处理

1. 阳树脂的处理

将水洗后的阳树脂用 2%～4%NaOH 溶液浸泡 4～8h，然后排去碱液再用清水洗至排出液近中性为止；再用 5%HCl 溶液浸泡 4～8h，排去酸液，再用清水洗至排出液近中性为止。

2. 阴树脂的处理

将水洗后的阴树脂用 5%HCl 溶液浸泡 4～8h，然后排去酸液，再用除盐水洗至排出液近中性为止；再用 2%～4%NaOH 溶液浸泡 4～8h，排去酸液，再用除盐水洗至排出液近中性为止。

预处理后的新树脂，在第一次再生时应适当增加再生剂量，一般为正常再生时的 1～2 倍，以保证树脂获得充分的再生。

阴树脂的冲洗用水及配碱液的水，必须为除盐水（至少应为无硬度的水），阳树脂的冲洗用水及配酸液的水可用清水。

第四节　一级除盐系统离子交换原理

在离子交换除盐系统中，最简单的是一级除盐。一级除盐系统如图 6-2 所示，它是由一个强酸性阳离子交换器、一个除 CO_2 器和一个强碱性阴离子交换组成。在该系统中，原水在强酸 H 交换器中经离子交换后，除去了水中所有的阳离子，被交换下来的 H^+ 与水中的阴离子结合成相应的酸，其中与 HCO_3^- 结合生成的 CO_2 连同水中原有的 CO_2 在除碳器中被脱除，水进入强碱 OH 交换器后，以酸形式存在的阴离子与强碱阴树脂进行交换反应，除去水中所有的阴离子。所以，水通过一级除盐系统后，水中各种阴、阳离子已全部去除，H^+ 与 OH^- 结合获得了除盐水。

这种阴、阳离子交换树脂分别装在不同的交换器中称为复床。水一次性通过阴、阳交换器称为一级除盐，其出水水质是：硬度=0，电导率≤5μS/cm，SiO_2 含量小于 100μg/L，含钠量小于 100μg/L。

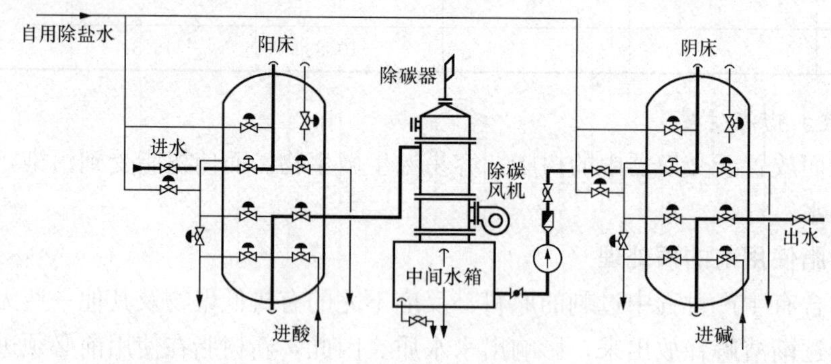

图 6-2　一级除盐系统示意图

一、阳树脂离子交换

（一）强酸性氢型阳树脂的离子交换

当用强酸性氢型阳树脂处理水时，由于它的 $-SO_3H$ 基团酸性很强，所以对水中所有阳离子均有较强的交换能力。

经强酸性氢型阳树脂后，水中各种溶解盐类都转变成相应的酸，包括强酸（HCl、H_2SO_4 等）和弱酸（H_2CO_3、H_2SiO_3 等），出水呈强酸性。酸性大小通常用强酸酸度来表示，又简称酸度。

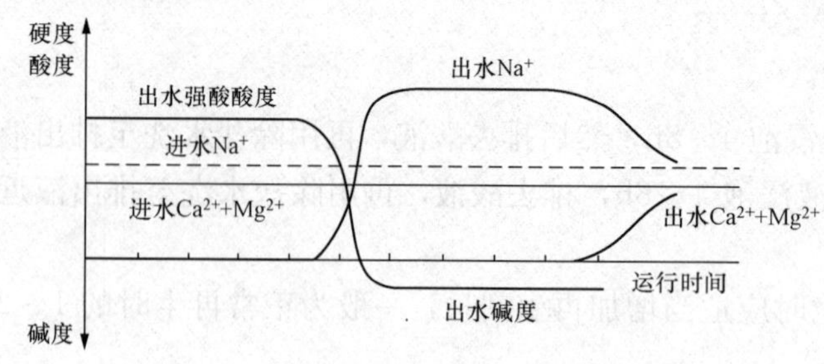

图 6-3　强酸性氢离子交换器运行曲线图

在一个运行周期中，强酸性氢离子交换器出水的酸度和其他离子变化情况如图 6-3 所示。从图上可见，正常运行时，氢离子交换器的出水酸度等于进水中强酸阴离子（Cl^-、SO_4^{2-}、NO_3^- 等）浓度之和；当出水开始漏 Na^+ 时，酸度开始下降；当出水中 Na^+ 浓度等于进水中强酸阴离子浓度时，出水酸度降为 0，并开始出现碱度；当出水中 Na^+ 浓度等于进水中总阳离子浓度时，出水碱度与进水碱度相等。

从图 6-3 中还可以看出，强酸性氢离子交换器运行终点有两个：一个是漏 Na^+、一个是漏硬度。在 Na 离子交换中，使用漏硬度作为运行终点，此时，在一个运行周期中，出水中 Na^+ 和酸度均是变化的；在离子交换除盐系统中，以漏 Na^+ 为运行终点，在此运行周期中，出水 Na^+、硬度接近 0，出水酸度稳定不变。

在离子交换除盐系统中，也可以用氢离子交换器出水酸度下降（例如下降 0.1mmol/L）

来判断氢离子交换器漏钠失效情况。

强酸性氢离子交换器正常运行时树脂中离子分布规律如图 6-4 所示。

（二）弱酸性阳树脂的离子交换

弱酸性阳树脂含有羧酸基团（—COOH），有时还含有酚基(—OH)，它们对水中碳酸盐硬度有较强的交换能力。但弱酸性阳树脂对水中 $NaHCO_3$ 的交换能力较差，表现出工作层厚度较大，出水中残留碱度较高。弱酸性阳树脂对水中的中性盐基本上无交换能力，这是因为交换反应产生的强酸抑制了弱酸性树脂上可交换离子的电离。但某些酸性稍强些的弱酸性阳树脂，例如 D113 丙烯酸系弱酸阳树脂也具有少量中性盐分解能力。因此，当水通过氢型 D113 树脂时，除了与 $Ca(HCO_3)_2$、$Mg(HCO_3)_2$ 和 $NaHCO_3$ 起交换反应外，还与中性盐发生微弱的交换反应，使出水有微量酸性。

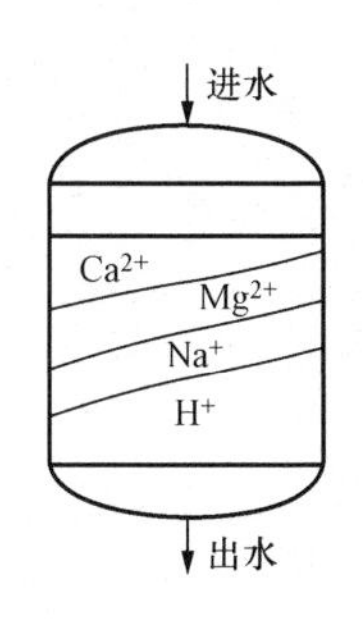

图 6-4　运行中强酸性氢离子交换器树脂中离子分布

因此，通常用中性盐分解容量来表示弱酸性阳树脂酸性的强弱。目前常见的弱酸性阳树脂有三种，它们的酸性大小及交换情况见表 6-6。

表 6-6　目前常见的三种弱酸性阳树脂性能

树　　脂	中性盐分解容量	出水酸度	与 $NaHCO_3$ 交换作用
甲基丙烯酸系	～0	无	无
丙烯酸系	稍有	开始阶段有	只部分交换
苯酚甲醛系	小	稍长时间有	可交换

从表 6-6 中可见，三种弱酸性阳树脂中甲基丙烯酸系酸性最弱，它的中性盐分解容量为 0，这种树脂对 H^+ 亲和力最强，再生也最容易，甚至可用 CO_2 再生。

目前工业上广泛使用的是丙烯酸系弱酸性阳树脂，它具有如下交换特征：

(1) 丙烯酸系弱酸性阳树脂对水中物质的交换顺序为：$Ca(HCO_3)_2$、$Mg(HCO_3)_2$ > $NaHCO_3$ > $CaCl_2$、$MgCl_2$ > $NaCl$、Na_2SO_4，对这些物质交换能力大约为 45∶15∶2.5∶1。所以它在交换水中碳酸盐硬度的同时，降低了水的碱度，还使出水带有少量酸度，既能对水进行软化，又能对水进行除碱。

(2) 丙烯酸系弱酸性阳树脂运行特性与进水水质组成关系很大，主要是指水的硬度/碱度之比。当进水硬度/碱度之比大于 1，既水中有非碳酸盐硬度时，出水中酸度较高，且出现时间较长，大约运行 2/3 周期后，出水酸度才消失，出现碱度，它是以出水碱度达到进水碱度的 1/10 作为失效点。运行曲线如图 6-5 所示。

当进水硬度/碱度之比小于 1，既水中有过剩碱度时，出水中的酸度较低，时间也短，如果仍用出水碱度达到进水碱度的 1/10 作为失效点（如图 6-6 所示 *a* 点），则运行时间短，工作交换容量低，但可同时起到软化与除碱作用；如果运行至出水硬度占原水硬度 1/10 时作为失效点（如图 6-6 所示 *b* 点），则运行周期大大延长，工作交换容量也高，但此时出水碱度也高，除碱作用不彻底，仅起软化作用。

(3) 工作交换容量远高于强酸阳树脂，可达 1500～1800mol/m^3 以上，但影响工作交换容量的因素也比强酸阳树脂显著，除了前述的原水水质及失效控制点外，运行流速、水温、树脂层高都会对工作交换容量产生显著影响。例如某丙烯酸系弱酸性阳树脂流速为 40m/h、

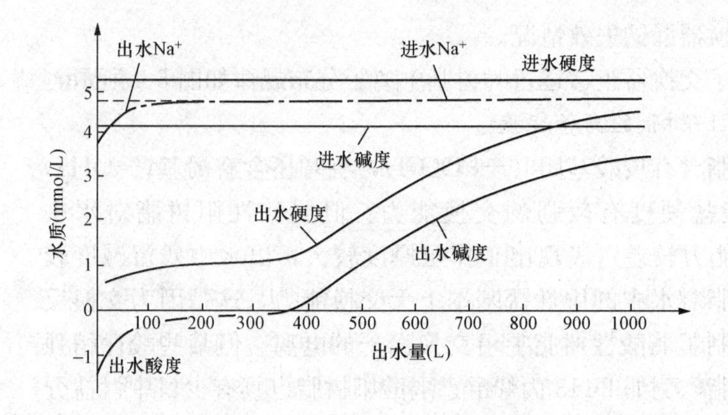

图 6-5　进水硬度/碱度之比大于 1 时，弱酸性阳树脂运行曲线

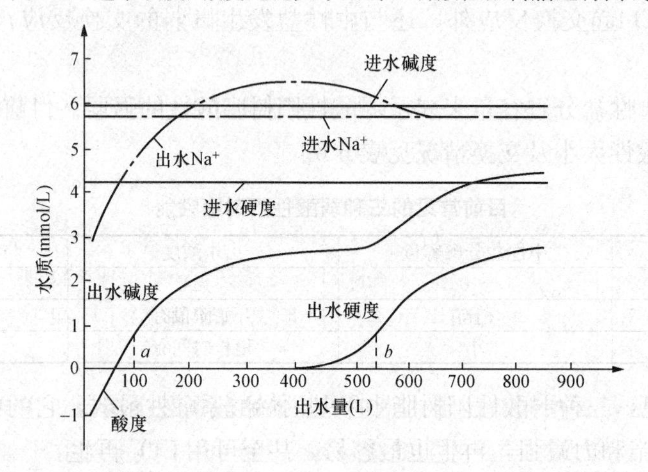

图 6-6　进水硬度/碱度之比小于 1 时，弱酸性阳树脂运行曲线

树脂层高 1.92m 时的工作交换容量与流速为 20m/h、树脂层高 0.85m 时的一样。

（4）弱酸性阳树脂对 H^+ 的选择性最强，因而很容易再生，可用废酸进行再生，再生比耗低，且不论采用何种方式再生，都能取得比较好的再生效果。

（三）阳离子交换树脂运行中问题及处理对策

1. 重金属污染

水中铁、铝等重金属离子会对树脂产生污染，但目前最常见的是铁污染。

阳树脂遭到铁污染时，被污染树脂的外观变为深棕色，严重时可以变为黑色。一般情况下，每 100g 树脂中的含铁量超过 150mg 时，就应进行处理。

阳树脂使用中，原水带入的铁离子大部分以 Fe^{2+} 存在，它们被树脂吸收以后，部分被氧化为 Fe^{3+}，再生时不能完全被 H^+ 交换出来，因而滞留于树脂中造成铁的污染。使用铁盐作为混凝剂时，部分矾花被带入阳床，过滤作用使之积聚在树脂层内，阳离子交换产生的酸性水溶解了矾花，使之成为 Fe^{3+}，被阳树脂吸收，造成铁的污染。工业盐酸中的大量 Fe^{3+}，也会对树脂造成一定的铁污染。

防止树脂发生铁污染的措施有：

（1）减少阳床进水的含铁量。对含铁量高的地下水应先经过曝气处理及锰砂过滤除铁。对地表水在使用铁盐作为混凝剂时，采用改善混凝条件、降低澄清及过滤设备出水浊度、选

用 Fe^{2+} 含量低的混凝剂等措施，防止铁离子带入阳床。

(2) 对输水的管道、储存槽及酸系统应考虑采取必要的防腐措施，以减少铁腐蚀产物对阳树脂的污染。

(3) 选用含铁量低的工业盐酸再生阳树脂。

(4) 当树脂的含铁量超过 150mg/g 时，应进行酸洗。酸洗可用浓盐酸（10%～15%）长时间浸泡，也可适当加热。

2. 油脂类对树脂的污染

常见的阳树脂油脂污染是由于水中带油及酸系统的液体石蜡进入阳树脂中。矿物油对树脂的污染主要是吸附于骨架上或被覆于树脂颗粒的表面，造成树脂微孔的污染，严重时会使树脂结块，树脂交换容量降低，周期制水量明显减少，树脂比重变轻，反洗时跑树脂等。被油脂污染的树脂放在试管内加水，水面有油膜，呈“彩虹”现象。

化学除盐设备进水中含油量为 0.5mg/L 时，几个月内即可出现树脂被油污染的现象。

处理油污染树脂的方法：首先应迅速查明油的来源，排除故障，防止油的继续漏入。必要时，应清理设备内积存的油污。污染的树脂，应通过小型试验，选择适当的除油处理方法，一般可采用 NaOH 溶液循环清洗及表面活性剂清洗等。

3. 阳树脂氧化降解

树脂的化学稳定性可以用其耐氧化剂作用的能力来表示。阳树脂处于离子交换除盐系统的前部，首先接触水中的游离氯，极易被氧化。阳树脂被氧化后主要发生骨架的断链。

(1) 阳树脂的氧化。阳树脂被氧化后主要表现为骨架断链，生成低分子的磺酸化合物，有时还会产生羧酸基团。

阳树脂遇到的氧化剂主要是游离氯与水反应生成的氧，原水中的游离氯主要来自于水的消毒。近年来，由于天然水中有机物含量和细菌的增多，在混凝、澄清之前也需要加氯，以达到灭菌和降低 COD 的作用，这样，过剩的氯（游离氯）就会对阳树脂造成损害。在再生过程中，如果使用含有游离氯的工业盐酸或有氧化性的副产品盐酸，其中含有的氧化剂也会对阳树脂造成损害。一般要求进入化学除盐设备的水中，游离氯的含量应小于 0.1mg/L。

阳树脂被氧化后，由于发生断链，使树脂膨胀，含水率增大，树脂颗粒变大或破碎，树脂颜色变浅，对钠交换能力下降，出水 Na^+ 含量上升，正洗时间延长，运行周期缩短，周期制水量下降，出水（或正洗排水）有泡沫（由于断链产物 RSO_3H 有表面活性）。

(2) 防止阳树脂氧化的方法。由于阳树脂氧化断链是不可逆的过程，已被氧化的阳树脂是无法使其性能恢复的，所以对阳树脂氧化降解重在预防，其方法有：

1) 在阳树脂床前设置活性炭过滤器，它可以有效的去除水中的游离氯。

2) 严格监督工业盐酸的氧化性，选用不含游离氯的工业盐酸；也可添加还原剂亚硫酸氢钠。

3) 选用高交联度的阳树脂。随着树脂交联度的增大，其抗氧化性能增强。

4. 树脂的破碎

在树脂的储存、运输和使用中都可能造成树脂颗粒的破碎。常见的原因有：

(1) 制造质量差。树脂在制造过程中，由于工艺参数维持不当，会造成部分或大量树脂颗粒发生裂纹或破碎现象，表现为树脂颗粒的压碎强度低和磨后圆球率低。

（2）冰冻。树脂颗粒内部含有大量的水分，在零度以下温度储存或运输时，这些水分会结冰，体积膨胀，造成树脂颗粒的崩裂。冰冻过的树脂在显微镜下可见大量裂纹，使用后短期内就会出现严重的破碎现象。为了防止树脂受冻，树脂应在室温（5～40℃）下保存及运输。

（3）干燥。树脂颗粒暴露在空气中，会逐渐失去其内部水分，树脂颗粒收缩变小。干树脂浸在水中时，会迅速吸收水分，粒径胀大，从而造成树脂的裂纹和破碎。为此，在储存和运输过程中树脂要保持密封，防止干燥，对已经干燥的树脂，应先将它浸入饱和食盐水中，利用溶液中高浓度的离子，抑制树脂颗粒的膨胀，再逐渐用水稀释，以减少树脂的裂纹和破碎。

（4）渗透压的影响。正常运行状态下的树脂，在运行过程中，树脂颗粒会产生膨胀或收缩的内应力。树脂在长期的使用中，多次反复膨胀和收缩，是造成树脂颗粒发生裂纹和破碎的主要原因。树脂膨胀与收缩的速度决定于树脂转型的速度，而转型的速度又取决于进水的盐类浓度和流速。树脂渗透压试验的结果见表6-7。该试验是将树脂反复用酸、碱转型，强化了渗透压变化对树脂裂纹的影响，从试验结果中看出，反复转型是树脂破碎的主要原因。树脂在再生过程中，因溶液浓度较高，离子的压力使树脂颗粒的体积变化减小，渗透压的影响降低，因此一般不会造成树脂颗粒的破碎。

表6-7　树脂反复转型后的裂纹率　（%）

树脂类型	凝胶型树脂	大孔型树脂
新树脂	6.9	0
用酸、碱反复转型100次后的树脂	80.5	0.3

二、除碳器

水经H^+交换后，原水中的HCO_3^-都变成了游离CO_2，连同原水中含有的CO_2一起很容易的由除碳器除掉，这就是设置除碳器的目的。如果在氢离子交换后不立即将水中CO_2去除，CO_2进入阴离子交换器，将会使阴离子交换器负担加重，再生用碱量增多，还会影响阴离子交换器出水SiO_2的含量。

（一）除CO_2器原理

水中碳酸化合物存在下式的平衡关系，即

$$H^+ + HCO_3^- \longrightarrow H_2CO_3 \longrightarrow CO_2 + H_2O$$

从上式可知，水中H^+浓度越大，水中碳酸越不稳定，平衡越易向右移动。经H型离子交换后的出水呈强酸性，因此，水中碳酸化合物全部以游离CO_2形式存在。

水经H离子交换器后，水中HCO_3^-转变为H_2CO_3，连同水中原有的CO_2，其溶解量远远超出与空气中CO_2含量平衡时的溶解度，因此，根据亨利定律，在一定温度下气体在溶液中的溶解度与液面上该气体的分压力成正比，当液体中该气体溶解量超过它的溶解度时，它会从水中逸出，根据工业条件，水中CO_2逸出速度与下列条件有关：一是水与空气的接触面积越大，逸出速度越快；二是水温与其逸出条件下的沸点越接近，逸出速度越快；三是水的pH值越低，逸出速度越快。所以只要降低与水相接触的气体中CO_2的分压，溶解于水中的游离CO_2便会从水中解吸出来，从而将水中游离CO_2除去。除碳器就是根据这一原理设计的。

降低CO_2气体分压，提高水中CO_2逸出速度的方法为：一是增大水与空气的接触面积，在除碳器中送入空气让水中CO_2尽快与空气中CO_2达到平衡，即大气式除碳器；另一方法是让水温与水沸点接近，目前常用的是除碳器上部抽真空的方法，降低水的沸点，即为真空式除碳器。

（二）大气式除碳器

1. 除碳器结构

大气式除碳器的结构如图6-7所示。其本体是一个圆柱形不承压容器，用钢板内衬胶或塑料制成；上部有配水装置，下部有风室；柱内装的填料可以是瓷环（也称拉西环）、鲍尔环、阶梯环或塑料多面空心球等，过去常用瓷环，近年来逐渐改用塑料多面空心球、塑料波纹板等，主要因为塑料填料质轻、强度高、不易破碎、装卸方便，其工业性能与瓷环相同，除CO_2的效果也同瓷环相近。除碳器风机一般采用高效离心式风机。

2. 工作过程

除碳器工作时，水从上部进入，经配水装置淋下，通过填料层后，从下部排入水箱；用来除CO_2的空气由鼓风机送入此柱体的底部，通过填料层后由顶部排出。

在除碳器中，由于填料的阻挡作用，从上面流下来的水流被分散成许多小股水流、水滴或水膜，增大水与空气的接触面积。由于空气中CO_2含量很低，它的分压约为大气压的0.03%～0.04%，所以当空气和水接触时，水中的CO_2便会析出并能很快地被空气带走，排至大气。

在20℃时，当水中CO_2和空气中CO_2达到平衡时，水中CO_2浓度约为0.44mg/L，但在实际设备中，由于接触时间不够，它们尚未达到平衡，所以通过大气式除碳器后，一般可将水中的CO_2含量降至5 mg/L以下。

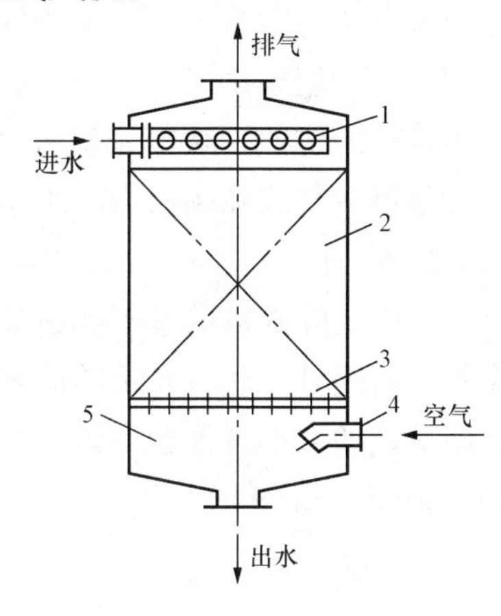

图6-7　大气式除碳器结构示意图
1—配水装置；2—填料层；3—填料支撑；4—风机接口；5—风室

3. 影响除CO_2效果的工艺条件

当处理水量、原水中碳酸化合物含量和出水中CO_2含量要求一定时，影响除CO_2效果的工艺条件有：

（1）水温。除CO_2效果与水温有关，水温越高，水面CO_2分压力越小，CO_2在水中的溶解度越小，因此，除去的效果也就越好。

（2）水和空气的接触面积。比表面积大的填料能有效地将进水分散成线状、膜状或水滴状，从而增大了水和空气的接触面积，也缩短了CO_2从水中逸出的路程和降低了阻力，使CO_2能在较短时间内从水中逸出，取得较好的去除效果。常用填料的比表面积等性能参数见表6-8。

（3）喷淋密度。指除碳器单位截面积处理的水量，如果该水量大，则负荷高，处理效果差。目前大气式除碳器喷淋密度小于或等于$60m^3/(m^2 \cdot h)$。

（4）风量和风压。风机的风量和风压与处理水量、填料类型等因素有关。通常，当用25mm×25mm×3mm(高度×外径×壁厚)瓷环作填料时，其喷淋密度为$60m^3/(m^2 \cdot h)$，处理 1m^3 水需空气量为 20～30m^3。

表 6-8　　常用填料的性能参数

名　称	规格（mm）	填料充填体积（个/m^3）	比表面积（m^2/m^3）
拉西瓷环		52 300	204
鲍尔环	ϕ25	53 500	194
	ϕ38	15 800	155
	ϕ50	7000	106.4
塑料多面空心球	ϕ25	85 000	460
	ϕ50	11 500	236

（三）真空式除碳器

真空式除碳器是利用真空泵或喷射器（以蒸汽做工作介质）从除碳器上部抽真空，使水达到沸点从而除去溶于水中的气体。这种方法不仅能除去水中的 CO_2，而且能除去溶于水中的 O_2 和其他气体，因此，这对防止后面阴离子交换树脂的氧化和减少除盐水系统（管道、设备等）的腐蚀，减少除盐水带铁，减轻除盐水系统生物滋生也是很有利的。

通过真空式除碳器后，水中 CO_2 可降至 5mg/L 以下，残余 O_2 低于 0.3mg/L。

1. 结构

真空式除碳器的基本构造如图 6-8 所示。由于除碳器是在负压下工作的，所以对其外壳除要求密闭外，还应有足够的强度和稳定性。壳体下部设存水区，其存水部分的大小应根据处理水量的大小及停留时间决定。真空式除碳器所用填料与大气式的相同，其喷淋密度为 40～60m^3/(m^2·h)。

2. 系统

该系统由真空式除碳器及真空系统组成。

真空设备有水射器、蒸汽喷射器或真空机组（水环式、机械旋片式等）。三级蒸汽喷射器真空系统如图 6-9 所示，真空机组的真空系统如图 6-10 所示。

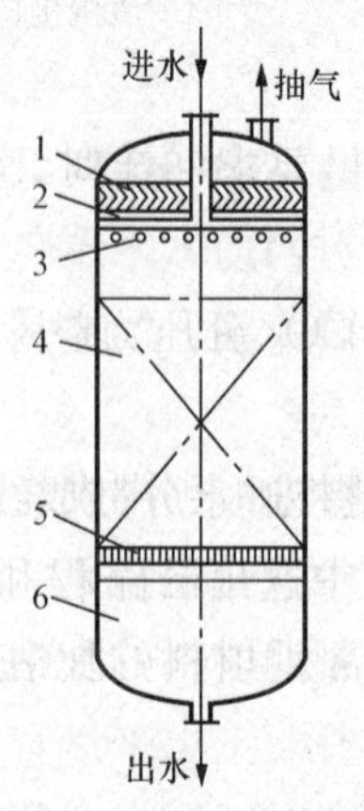

图 6-8　真空式除碳器结构示意图

1—收水器；2—布水管；3—喷嘴；4—填料层；5—填料支撑；6—存水区

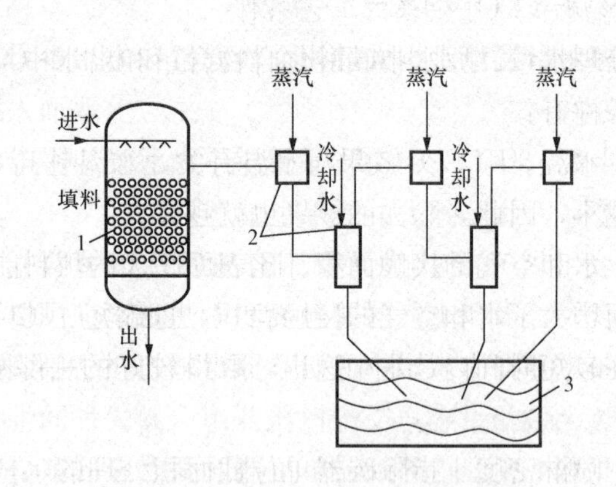

图 6-9　三级蒸汽喷射器真空系统

1—除碳器；2—真空抽气装置；3—真空脱气热水箱

真空除碳器内的真空度使输出水泵吸水困难，为保证水泵的正常工作条件，一般设计成高位式布置。高位式布置系统即提高真空除碳器的标高（如一般在地面 10m 以上），增大除碳器内水面与水泵轴标高的高度差，以满足输出水泵吸水所需的正水头。

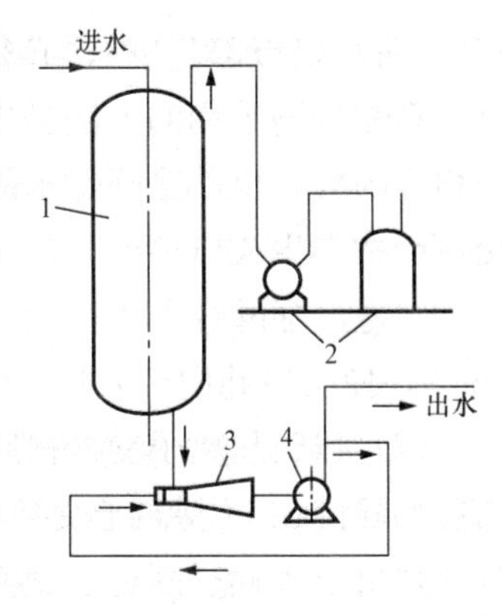

图 6-10 真空机组的真空系统
1—除碳器；2—真空机组；
3—水射器；4—输出水泵

3. 影响真空除碳器除 CO_2 效果的影响因素

真空除碳器一般运行时设备内压力在 1.07kPa 以下（真空度可达 750mm 汞柱以上），借助高真空，使常温下水沸腾来去除水中 CO_2，所以真空度的高低直接影响真空除碳器的运行效果。

由于水沸点随水面压力增大而上升，如表 6-9 所示，所以适当提高水温将会有利于水中 CO_2 的脱除。特别是当真空式除碳器运行真空达不到要求时，提高水温是非常有益的。

表 6-9 水沸点与压力关系

压力（kPa）	水沸点（℃）	压力（kPa）	水沸点（℃）
0.613	0	2.333	20
0.933	6	4.240	30
1.227	10	7.373	40
1.813	16	12.332	50

除此以外，影响大气式除 CO_2 器运行效果的因素，如填料的比表面积、喷淋密度、水气比等，对真空式除 CO_2 器同样存在影响。

三、阴树脂离子交换

（一）强碱阴树脂工艺特性

水通过阳离子交换设备及除碳器后，水中阳离子全部转换为 H^+，水中 CO_2 也大部分去除。这时水中残存的是各种酸，包括强酸如 HCl、H_2SO_4 及弱酸如 H_2CO_3、H_2SiO_3，强碱阴树脂与这些酸都可以发生交换。

强碱性 OH 型离子交换树脂可以用来和水中各种阴离子进行交换，在稀溶液中它对各种阴离子的选择性为 $SO_4^{2-} > NO_3^- > Cl^- > OH^- > F^- > HCO_3^- > HSiO_3^-$。

由此可见，它对于强酸阴离子的交换能力很强，对于弱酸阴离子交换能力则较弱。对于很弱的硅酸，它虽然能交换其 $HSiO_3^-$，但交换能力很差。

在某些工业用水中，硅酸化合物危害很大，比如锅炉用水，由于硅酸化合物直接溶解在蒸汽中，所以必须彻底去除。强碱阴离子交换树脂的交换特性，主要是看其除硅特性。强碱阴离子交换树脂的除硅特性有以下几个方面：

（1）强碱阴树脂必须在酸性水中才能彻底除硅，也就是说，强碱阴离子交换必须在强酸阳离子交换之后。这是因为，强碱阴树脂如果和水中硅酸盐（$NaSiO_3$）反应，生成物中有碱（NaOH）。

此时，由于出水中有大量反离子 OH^-，交换反应就不可能彻底进行，所以除硅往往不完全。在水处理工艺中，必须设法排除 OH^- 的干扰，创造有利于交换 $HSiO_3^-$ 的条件。为此，现在普遍采用的方法是先将水通过强酸性 H 型离子交换树脂，使水中各种盐类都转变为相应的酸，也就是降低水的 pH 值。这样，在用强碱性 OH 型离子交换树脂处理时，由于交换产物中生成电离度非常小的 H_2O，就可防止水中 OH^- 的干扰。

水通过强酸性 H 型离子交换树脂后，产生的 H^+ 消除了强碱（NaOH）所产生的反离子 OH^-，使反应趋向于右边，即除硅彻底。

（2）强碱阴离子交换树脂进水中 Na^+ 含量必须很小。虽然工业除盐系统中的阴离子交换器大都设在 H 型离子交换器之后，但当 H 离子交换进行得不彻底，以至于有漏 Na^+ 现象时，则由于水通过阴离子交换器后显碱性，仍有除硅效果恶化的可能。

如图 6-11 所示为 H 型离子交换器漏 Na^+ 对强碱性阴离子交换树脂除硅的影响。从图中可以看出，H 型离子交换器漏 Na^+ 量上升，出水硅酸化合物含量也上升，这就是由于反离子影响所致。这种影响对Ⅱ型树脂除硅来说尤为显著。这是由于Ⅱ型树脂比Ⅰ型树脂碱性弱，在 H 型离子交换器漏 Na^+ 时，反离子（OH^-）影响大。

在运行中，为使阴离子交换器除硅彻底，必须尽量减少 H 型离子交换器的漏 Na^+ 量，运行终点为漏钠控制。

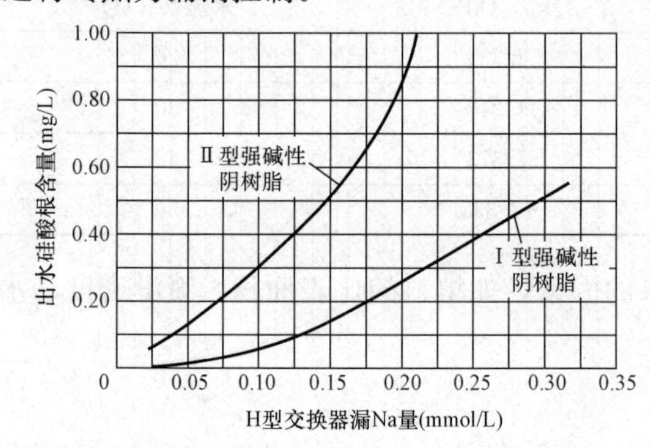

图 6-11　H 型离子交换器的漏 Na^+ 量对强碱性阴离子交换树脂除硅的影响

（3）强碱阴树脂必须彻底再生，有足够的再生度。这主要是因为 *R*OH 型阴树脂与水中 H_2SiO_3 交换较为彻底，而失效态 *R*Cl 型阴树脂对水中 H_2SiO_3 交换能力很弱，会造成大量 H_2SiO_3 穿透树脂层，引起出水含硅量上升。

要使强碱阴树脂获得彻底再生，在再生工艺上必须满足以下几点：

1）采用强碱（NaOH）进行再生，不能使用弱碱如 NH_4OH、Na_2CO_3 再生。

2）再生剂纯度要高，再生剂纯度直接与强碱阴树脂出水中 SiO_2 含量相联系。工业碱中的杂质，大部分是氯化物和铁的化合物。强碱阴树脂对 Cl^- 有较大的亲合力（比对 OH^- 大 15～25 倍），所以，当用含 NaCl 较高的工业碱来再生时，树脂再生度会降低，并会使树脂的工作交换容量降低，运行周期缩短，对硅的交换能力下降，除盐水水质下降。

3）要有足够的再生剂用量。再生强碱阴树脂时，增加再生剂的用量，可以提高树脂的再生度，适当提高其工作交换容量，而且对除硅效果也有好处，出水 SiO_2 也可以下降。但再生剂用量也不需要无限制地提高，当再生剂用量达到一定数量后，再增加对除硅效果提高不大。所以，阴树脂再生时，再生剂用量必须达到一定数值，才能保证有较好除硅效果。如图 6-12 所示为强碱性阴树脂的再生剂（NaOH）耗量与其对硅酸交换容量之间的关系。

图 6-12 中 *R* 表示进水中硅酸根的摩尔浓度占全部阴离子摩尔浓度的百分率，称硅酸比。由图 6-12 可知，不管 *R* 为何值，提高再生剂耗量都可增大其除硅交换容量。

4）再生剂保证一定的浓度，对 NaOH 一般为 1.5%～4%，当然也有采用先浓（2%～

3%）后稀（0.2%～0.3%）的方法。

5）再生剂要有一定温度。提高温度可以提高阴树脂交换离子的洗脱率。特别是对 SiO_2 洗脱率的提高，有利于再次进行交换。如图 6-13 所示。

从图中可以看出，提高再生剂的温度可以改善对硅酸的再生效果和缩短其再生时间。但温度不能太高，温度的上限主要取决于树脂的耐热能力，温度太高会使树脂分解，寿命缩短。实践证明，再生和清洗的最优温度：对于Ⅰ型强碱性阴树脂为 40℃，Ⅱ型强碱性阴树脂为（35+3）℃。

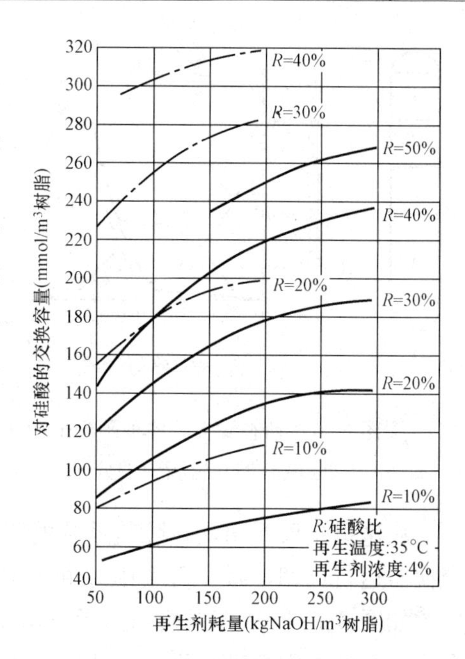

图 6-12 强碱性阴树脂的再生剂耗量与其除硅容量的关系

6）要有足够的再生时间。阴树脂再生时，增加树脂与再生剂的接触时间，无疑可以提高再生度，改善树脂的除硅效果，再生时间对阴树脂影响比阳树脂显著。但在工业上，无限制增加再生时间是不允许的。从图 6-13 的再生时间和洗脱率的关系可以看出，SO_4^{2-} 和 HCO_3^-（即图上的 CO_3^{2-}）能很快地从强碱性阴树脂中置换出来，Cl^- 要难一些；至于 $HSiO_3^-$（即图上的 SiO_2）则反应迟缓，需要较长的时间才能置换出来。

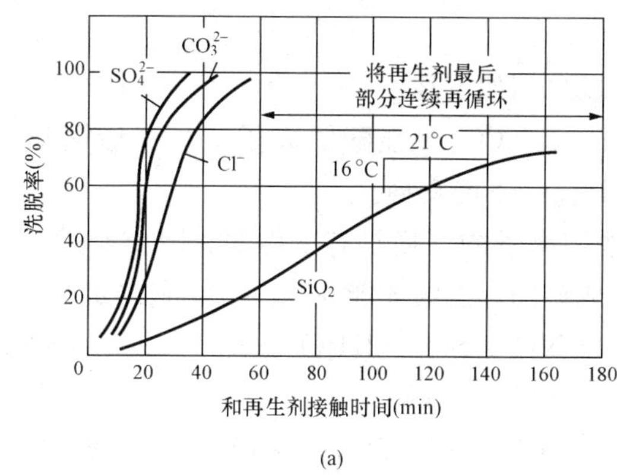

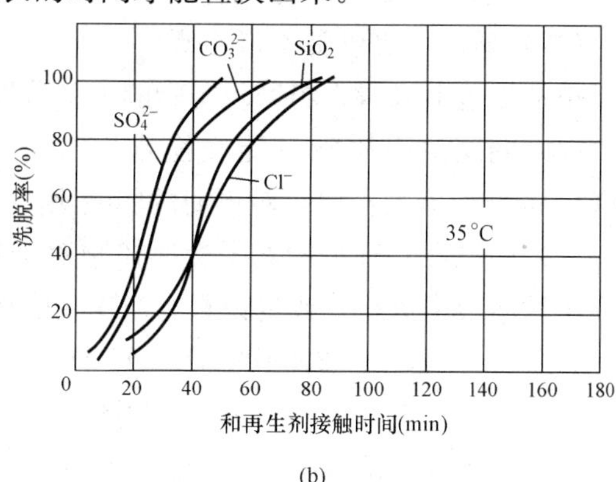

图 6-13 强碱阴树脂在不同温度时的再生情况

（a）Ⅰ型强碱性阴树脂；（b）Ⅱ型强碱性阴树脂

（4）阴离子交换树脂进水中其他阴离子含量，对阴树脂交换 SiO_2 有影响，其中以 CO_2 影响最大。

曾有人进行试验，对失效的强碱阴树脂交换柱，分析各种阴离子在不同树脂层高度中的分布情况，结果见图 6-14，各种离子在树脂层中从上至下的分布情况和树脂的选择性一致，即选择性最强的 $SO_4{}^{2-}$ 主要分布在上层，Cl^- 主要在中层，选择性最差的弱酸根 $HCO_3{}^-$ 和 $HSiO_3{}^-$ 主要在下层。

如图 6-14 所示，在动态柱式交换的上层（1 层次）中，SO_4^{2-} 最多，中层（2 层和 3 层）中则以 Cl^- 和 SO_4^{2-} 居多，说明在运行初期，若进水中 SiO_2 被上层树脂交换，将会很快被

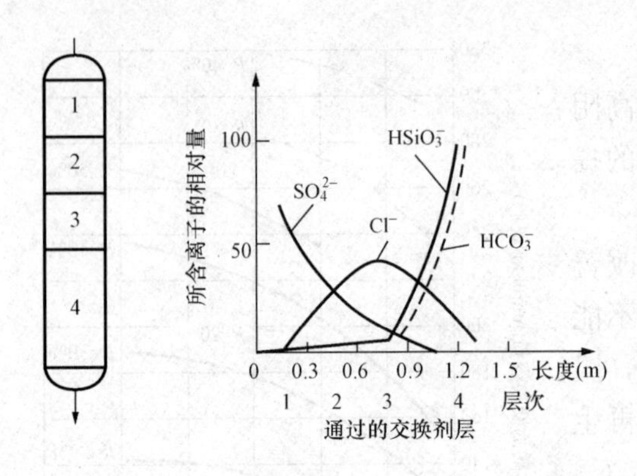

图 6-14　动态交换后各种阴离子在（强碱Ⅱ型）树脂中的分布

SO_4^{2-}、Cl^-再次交换出来并移至下层，所以阴离子交换柱失效时首先是 SiO_2 漏出，其次才是 HCO_3^-、Cl^- 和 SO_4^{2-}。因此，应该用出水中 SiO_2 含量作为阴离子交换柱的运行终点控制。

由于阴树脂对 SiO_2 交换层与对 HCO_3^- 交换层相近，几乎重叠，所以进水中 CO_2 含量也直接影响树脂对 SiO_2 的交换。换句话说，进水 CO_2 含量多，出水 SiO_2 含量会高，因此，严格监督阴离子交换器进水 CO_2 含量（即监督除 CO_2 器运行效果），有利于阴离子交换器的正常运行。从这里也可看出，在除盐系统的阴离子交换器前设置除 CO_2 器，不但可以延长阴离子交换器运行周期，减少再生用碱量，还可以改善阴离子交换器出水水质。

如图 6-14 所示，强酸阴离子 SO_4^{2-}、Cl^- 和弱酸阴离子 HCO_3^-、$HSiO_3^-$ 的交换带基本上是分开的，重叠部分不多，所以应当区分阴离子交换树脂工作交换容量和除硅容量两个概念。工作交换容量中很大部分是对 SO_4^{2-}、Cl^- 的交换容量，当进水中 SO_4^{2-}、Cl^- 浓度增大时，工作交换容量会明显上升，而阴离子交换树脂除硅容量是比较小的；而当进水中 SO_4^{2-}、Cl^-、CO_2 含量上升时，除硅容量会下降。

（二）弱碱性阴树脂工艺特性

单从工艺上来看，弱碱阴树脂的工艺特性可以总结如下几点：

（1）弱碱性阴树脂只能交换水中 SO_4^{2-}、Cl^-、NO_3^- 等强酸阴离子，对弱酸阴离子 HCO_3^- 的交换能力很弱，对更弱的弱酸阴离子 $HSiO_3^-$ 不能交换。

（2）弱碱性 OH 型阴离子交换树脂对于这些阴离子的交换是有条件的。即交换过程只能在酸性溶液中进行，或者说只有当这些阴离子成酸的形态时才能被交换。反应式如下

$$2RNH_3OH + H_2SO_4 \longrightarrow (RNH_3)_2SO_4 + 2H_2O \tag{6-22}$$

$$2RNH_3OH + HCl \longrightarrow RNH_3Cl + H_2O \tag{6-23}$$

至于在中性盐溶液中，由于交换反应结果产生 OH^-，而弱碱性阴树脂对 OH^- 选择性特别强，所以实际上弱碱性 OH 型阴离子交换树脂就不能和它们进行交换。即弱碱性阴离子交换树脂中性盐分解能力很弱。

（3）弱碱性阴离子交换树脂极易用碱再生。因为它对 OH^- 选择性最强，所以即使用废碱（如强碱阴离子交换树脂的再生废液）再生都可以，而且不需要过量的药剂，用顺流式再生时，一般再生剂的比耗仅为 1.2～1.5。这对于降低离子交换除盐系统运行中的碱耗，特别是当原水中含有强酸阴离子的量较多时，具有很大意义。

（4）弱碱性阴离子交换树脂的工作交换容量大。目前一般可达 800～1000mol/m³，明显大于强碱阴树脂的 250～300mol/m³ 工作交换容量。

（5）弱碱性阴树脂对有机物的吸附可逆性比强碱阴树脂好，可以在再生时被洗脱出来。这主要是因为弱碱性阴树脂的交联度低，孔隙大，而一般凝胶型强碱性阴树脂交联度高，孔隙小。利用这一点，可以用弱碱性阴树脂对强碱性阴树脂进行防止有机物污染的保护。在系

统上，将弱碱性阴树脂放在强碱性阴树脂前面，在运行时，要保证弱碱性阴树脂在失效前即停运再生。这是因为弱碱性阴树脂吸收的有机物在失效时会放出。

（三）阴离子交换树脂运行中问题及处理对策

1. 重金属及硬度盐类的污染

阴离子交换树脂在运行中经常受到带入的重金属离子，如铁、铜化合物的污染，其中最重要的污染是铁的化合物，它主要来自于再生碱液，中间水箱、除碳器等与酸性水接触的管道，设备的腐蚀产物。这些金属离子一旦遇到碱性介质，就会产生沉淀，沉积在树脂上，降低了树脂的交换容量。

阴树脂一般是不会接触有硬度的水，但若阳床失效控制不当，或其他原因带入一些有硬度的水，甚至包括大气式除碳器鼓风机引入的灰尘硬度，它们在与碱性的阴离子交换树脂接触后，就会生成氢氧化钙、氢氧化镁沉淀，包围在阴树脂上，使其交换容量降低。

阴树脂受到重金属及硬度盐类的污染后的处理方法是用5%～15%的 HCl 对树脂进行长时间浸泡（12h 以上）；也可以在用酸浸泡之前将树脂充分反洗，先洗去树脂表面一些污染物，然后再用酸处理，以便提高盐酸处理的效果。

由于用盐酸处理时，树脂充分失效，所以阴树脂再生时，第一次应加大再生用碱量，获得较高的再生度。

2. 有机物污染

（1）污染原因。天然水中存在许多有机物，遇到阴树脂时，会被树脂吸附。对某些种类的有机物，特别是水中高分子的腐殖酸和富里酸，这种吸附具有明显的不可逆性，使得运行之后的树脂中，充满了被吸附的高分子有机物，再生时不容易再生下来，树脂的孔隙被堵，工作交换容量等一系列工艺特性都会发生变化。

水中有机物的来源一部分是由原水，以及水处理过程中采用的水处理药剂（如 PAM 等）和各种泵使用的油脂、有机材料溶解等带入；水及树脂床内有机物生长，也会排泄出有机物质，污染树脂；阳树脂的降解产物（有些是含磺酸基的苯乙烯聚合物），也会污染阴树脂。水中存在的各种有机物都会给阴树脂的运行带来各种各样的影响。

（2）污染特征。阴树脂受到有机物污染后，其表现特征是：树脂的全交换容量或工作交换容量下降，树脂颜色常常变深；除盐系统的出水水质变坏，出水的电导率上升、pH 值下降；出水带色（黄），特别是在正洗时，正洗排水色泽很深，正洗时间延长。

这是因为凝胶型强碱阴树脂的高分子骨架是苯乙烯系的，呈憎水性，而水中高分子的有机物如腐殖酸和富里酸，也呈憎水性，因此两着之间的分子吸引力很强。所以腐殖酸和富里酸一旦被阴树脂吸附，就很难在用碱液再生时将其解吸出来。由于腐殖酸和富里酸的分子很大，因此移动比较缓慢，一旦进入阴树脂中，很容易被卡在里面出不来。随着时间的延长，在阴树脂中积累的有机物会越来越多，这些有机物一方面占据了阴树脂的交换位置，使得阴树脂的工作交换容量降低；另一方面，有机物分子上的弱酸基团－COOH 又起到了阳离子交换树脂的作用，即在用碱再生阴树脂时，会发生以下交换反应

$$R'COOH+NaOH \longrightarrow R'COONa+H_2O \tag{6-24}$$

但在正洗的过程中，又会发生以下的水解反应

$$R'COONa+H_2O \longrightarrow R'COOH+NaOH \tag{6-25}$$

这样会造成正洗时间的延长，同样也会使阴树脂的工作交换容量降低。

阴离子交换树脂受有机物污染的程度，还可采用下列方法来判断：取 50mL 运行中的树脂，用纯水洗涤 3～4 次，以去除树脂表面的污物，接着再加入 10%NaCl 溶液，剧烈摇动 5～10min，然后观察水的颜色，根据溶液色泽来判断树脂受到污染的程度。NaCl 溶液色泽与树脂污染程度的大致关系如表 6-10 所示。

表 6-10　NaCl 溶液色泽与树脂污染程度的大致关系

色泽	无色透明	淡草黄色	琥珀色	棕色	深棕或黑色
污染程度	不污染	轻度污染	中度污染	重度污染	严重污染

(3) 受污染树脂的复苏。目前常用 NaCl—NaOH 的混合溶液来处理污染树脂，可部分释放吸附的有机物，部分恢复树脂的交换能力，这就称为阴树脂的复苏。

混合溶液的浓度大约是：NaCl 为 10%～15%，NaOH 为 1%～4%（具体浓度可先通过小型试验来确定），复苏处理时最好加温，但Ⅱ型阴树脂不宜加热至 40℃以上。将污染树脂在复苏液中浸泡一段时间，然后再用水冲洗至 pH 值为 7～8。

有人向混合液内加入氧化剂，如 NaOCl，它可将大分子的有机物氧化成为小分子的有机物而容易解析，所以复苏效果较好，但是它会把树脂一起氧化，加速树脂的降解，所以不宜提倡该方法。近年来又出现在复苏液中加入表面活性剂的办法来提高复苏效果的方法。总的来说，对阴树脂进行复苏处理，可以起到解析一部分有机物，使工艺性能有一定恢复的作用，但总是恢复不到原来状况，效果不是很理想。因此，目前多是定期对阴树脂进行复苏处理，这样比阴树脂受到严重污染后再进行处理效果要好些。

(4) 污染的防止。防止阴树脂受到有机物的污染，主要应从两方面着手：一是减少进水中有机物的含量；二是从树脂本身方面着手，改善树脂对有机物的吸附可逆性。

1) 减少进水中有机物的含量。选用较好的混凝剂对水进行混凝澄清处理，目前澄清阶段去除有机物大约为 40%，个别达 60%，也有的在 20%左右；在预处理阶段，采用其他方法，如加氯、臭氧氧化、紫外线（UV+H_2O_2）等，也能氧化降解一部分高分子有机物，对改善阴树脂污染有好处；在预处理阶段进行石灰处理，对去除有机物也是有利的；对水进行曝气处理，还可去除水中挥发性的有机物；在离子交换器前加装活性炭床，是去除水中有机物的有效措施；采用滤除法，如超滤、反渗透，也可去除水中的有机物。

2) 改善树脂对有机物的吸附可逆性。凝胶型树脂由于内部孔隙较小，有机物一旦进入就不容易排出，相对来讲，大孔型树脂的内部孔隙较大，这样在对树脂进行再生时，排出的有机物就要多些，所以大孔型树脂抗有机物污染的能力要强些，因此可以选用大孔型树脂替代凝胶型树脂。

弱碱阴树脂，特别是大孔弱碱阴树脂，对有机物的吸附可逆性好，因此在强碱阴床前加弱碱阴床，对减少强碱阴树脂的污染有好处。

还有的采用吸附树脂，专门处理有机物，一般放在阴床前面。

采用丙烯酸系树脂。因为丙烯酸系树脂对有机物的吸附可逆性比苯乙烯系树脂要好，因而抗有机物污染的能力强。这主要是因为丙烯酸类是亲水的，而苯乙烯类与腐殖酸类一样，都是憎水的，所以丙烯酸系树脂对腐殖酸的吸力弱，容易可逆解析。

3. 胶体硅污染

当天然水通过强碱阴树脂后，水中胶体硅的含量会明显减少，这可能是树脂的一种过滤或阻留作用；但当树脂每次再生不彻底时，都会使得树脂中硅含量升高，积累的硅量逐渐增多，例如，某厂的强碱阴树脂中硅酸达 68mg/g 干树脂，而新树脂中硅酸只有 0.304mg/g 干树脂；强碱阴树脂失效后如不立即再生，以失效形态备用，则可以使得硅酸盐在以后的再生中不易置换出来，即留在树脂上的胶体硅含量增加，树脂含硅量较高。

上面三种情况说明树脂中有硅的积累，采用一般的再生工艺无法将其去除，这样就会使得强碱阴树脂对硅酸的交换容量下降，出水 SiO_2 会升高，这就称阴树脂受到胶体硅污染。

为了防止阴树脂受到胶体硅污染，阴树脂每次再生用碱量都要足够；阴树脂失效后应立即再生，尽量不要以失效态备用；在水的预处理中采用混凝方法提高胶体硅的去除率。

4. 强碱阴树脂降解

强碱阴树脂的稳定性（如热稳定性、抗氧化的化学稳定性等）比阳树脂要差，但由于它布置在阳床之后，因此遭受氧化剂氧化的可能性比阳树脂要小，一般只有水中的溶解氧或是再生剂中的 ClO_3^- 对树脂起破坏作用。

运行时由于水温高，还会加快阴树脂的氧化降解。其中Ⅱ型强碱阴树脂比Ⅰ型强碱阴树脂更易发生氧化降解。

强碱阴树脂降解的特征是全交换容量下降、工作交换容量下降；中性盐分解容量下降，强碱基团减少，弱碱基团增多，出水 SiO_2 上升，除硅能力继续下降。

防止强碱阴树脂降解的方法是：使用真空脱碳器，减少阴床进水中的含氧量；采用隔膜法制造的烧碱，降低碱液中的 $NaClO_3$ 含量；控制再生剂的温度等。

四、再生的离子交换原理

（一）阳树脂再生反应

一般采用盐酸或硫酸再生，再生的反应式如下

$$2H^+ + \begin{cases} R_2Ca \\ R_2Mg \\ 2RNa \\ 2RK \end{cases} \longrightarrow 2RH + \begin{cases} Ca^{2+} \\ Mg^{2+} \\ 2Na^+ \\ 2K^+ \end{cases} \qquad (6\text{-}26)$$

当采用硫酸再生时，反应产物中有易沉淀的 $CaSO_4$，需采用高流速、低浓度或分步再生等措施，以防 $CaSO_4$ 在树脂颗粒表面上析出。如果发生 $CaSO_4$ 在树脂层中析出，就会妨碍再生和制水运行中的离子交换，还会堵塞树脂颗粒间的缝隙，大大增加水流阻力，严重时会将树脂颗粒相互联结成块状，造成反洗困难。

盐酸与硫酸作再生剂的比较见表 6-11。

表 6-11　盐酸与硫酸作再生剂的比较

序　号	盐　酸	硫　酸
1	价格高	价格便宜
2	再生效果好	再生效果差，有生 $CaSO_4$ 沉淀的可能
3	腐蚀性强，对防腐要求高	较易于采取防腐措施
4	具有挥发性，运输和储存比较困难	不能消除树脂的铁污染，需定期用盐酸清洗树脂

（二）阴树脂再生反应

一般都用氢氧化钠再生，其反应式如下

$$R_2\begin{cases}SO_4^{2-}\\2Cl^-\\2HCO_3^-\\2HSiO_3^-\end{cases}+2OH^-\longrightarrow 2ROH+\begin{cases}SO_4^{2-}\\2Cl^-\\2HCO_3^-\\2HSiO_3^-\end{cases}\tag{6-27}$$

五、阴离子交换器在系统中的位置

在一级除盐系统中，RH 和 ROH 型交换器的位置是不可能互换的。因为假若 ROH 型交换器放在 RH 型交换器前面，就会出现以下问题：

（一）在树脂层中析出 $CaCO_3$、$Mg(OH)_2$ 沉淀

经澄清过滤的清水进入 ROH 型树脂层后，选择性强的 Cl^- 和 SO_4^{2-} 首先进行交换。其反应式为

$$2ROH+\begin{cases}SO_4^{2-}\\2Cl^-\\2HCO_3^-\\2HSiO_3^-\end{cases}\longrightarrow\begin{cases}R_2SO_4^{2-}\\2RCl^-\\2RHCO_3^-\\2RHSiO_3^-\end{cases}+2OH^-\tag{6-28}$$

生成的 OH^- 会立刻与水中其他离子发生沉淀反应，其反应式为

$$Mg^{2+}+2OH^-\longrightarrow Mg(OH)_2\downarrow\tag{6-29}$$

$$Ca^{2+}+HCO_3^-+OH^-\longrightarrow CaCO_3\downarrow+H_2O\tag{6-30}$$

$Mg(OH)_2$ 和 $CaCO_3$ 溶解度很小，会沉淀在树脂表面，形成一个阻碍水与树脂接触的垢层，从而使离子交换难于进行，树脂的交换容量也不能得以充分发挥，在再生时也会造成再生剂与树脂进行交换进行反应的困难。

（二）除硅困难

阴离子交换反应所生成的 OH^-，可使水中 H_2SiO_3 转变成 $HSiO_3^-$，其反应式为

$$H_2SiO_3+OH^-\longrightarrow HSiO_3^-+H_2O\tag{6-31}$$

含有 $HSiO_3^-$ 的水继续流经强碱性 OH 型树脂时，可发生以下交换，即

$$ROH+HSiO_3^-\longrightarrow RHSiO_3+OH^-\tag{6-32}$$

由于水中本来就含有较多的 OH^-，$HSiO_3^-$ 的选择性又比 OH^- 弱，所以上式除硅的反应很难彻底的向右进行，因而也就达不到比较地彻底去除水中二氧化硅的目的。

（三）阴树脂负担大

碱性 OH 型交换器放在 H 型交换器前面时，它必须承担除去水中全部的 HCO_3^- 的任务，而这些 HCO_3^- 在如图 6-1 所示的系统中，经过 H^+ 交换后变成 CO_2，其大部分可以通过除碳器除去。强碱性阴树脂的工作容量比强酸型阳树脂的工作交换容量低，这样会造成强碱 OH 型交换器再生频繁，而再生剂 NaOH 价格又较贵，所以在实际生产中这是不经济的。

此外，若阴离子交换器放在除盐系统最前面，首先接触含有悬浮物、胶态物质即可溶性盐类等的水，而强碱性阴树脂的抗污染能力又比强酸性阳树脂差，这必然会影响强碱性阴树脂的工作交换容量和周期制水量及出水水质。

六、一级除盐系统的组合方式

对一个企业的水处理系统来讲，由于其阴、阳离子交换器不只一台，那么它们之间的连接方式就成了值得研究的问题，这时既要考虑运行调度方便，又要考虑提高设备的利用率及便于自动控制。目前，复床除盐系统组合方式一般分为单元制系统（串联系统）和母管制系统（并联系统）。

（一）单元制系统

单元制系统（串联系统）是指一台 H 型阳离子交换器、一台脱 CO_2 器、一台 OH 型阴离子交换器所构成的系统，如图 6-15 所示，该系统一起投运、一起失效、一起再生。所以这种系统的设计要求是阳离子交换器和阴离子交换器的运行周期基本相同（一般设计阴离子交换器的运行周期比阳离子交换器的运行周期大 10%～20%左右）。单元制系统的优点是调度方便；控制仪表简单，只需在阴离子交换器的出口设一只电导率表（辅以 SiO_2 表）即可；便于实现自动化控制。其缺点是设备不能充分利用，阴树脂交换容量有一定浪费；并且要求进水水质稳定，当进水水质有较大波动时，会导致运行偏离设计状况。因此，单元制系统适用于原水水质变化不大，交换器台数较少的情况。

（二）母管制系统

母管制系统（并联系统）不是整套系统失效及投运，而是各个交换器独立运行、独立失效、独立再生，系统如图 6-16 所示，该系统对阴、阳离子交换器运行周期无要求。母管制系统的优点是设备利用率高，运行调度比较灵活。其缺点是监督仪表多，每一个阳、阴离子交换器的出口都必须设监督仪表；操作调度复杂，实现自动化控制比较难。因此，母管制系统适用于原水水质变化大，交换器台数较多的情况。

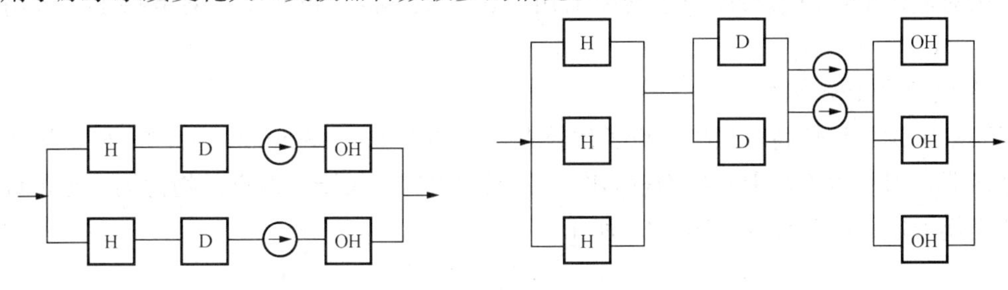

图 6-15　单元制串联系统　　　　图 6-16　母管制并联系统

单元制系统的强碱阴离子交换器出水水质变化曲线如图 6-17 所示，而母管制系统的阳

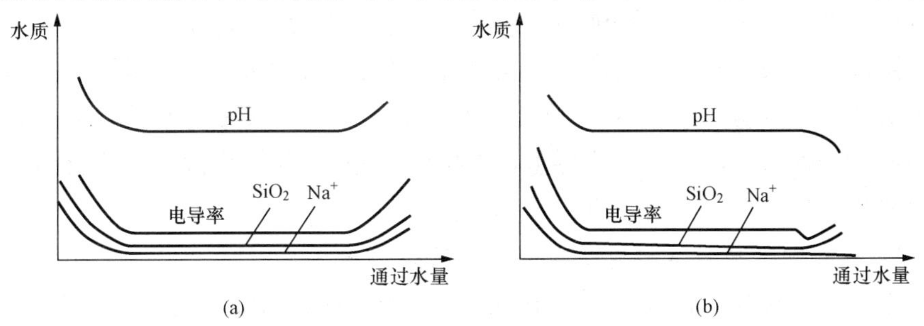

图 6-17　强碱阴离子交换器运行出水水质变化曲线图

（a）强酸 H 交换器先失效；（b）强碱 OH 交换器先失效

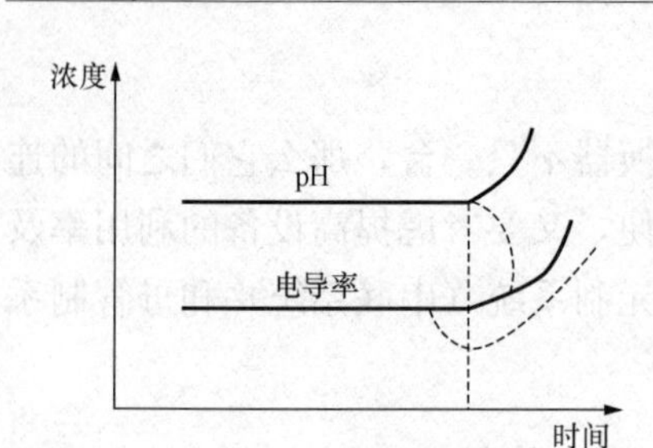

图 6-18　母管制系统的阳床失效及阴床失效时出水水质变化曲线 [pH 值向上变化（实线）为阳床失效，向下变化（虚线）为阴床失效]

床失效及阴床失效时出水水质变化曲线如图 6-18 所示。

七、带有弱型树脂交换器的一级复床除盐系统

由于弱型树脂工作交换容量大，再生剂比耗低，因此，若在某些地方原水水质比较差的情况下，可以增加使用弱型树脂，能够取得比较好的经济效果。

（一）系统与适用水质

1. 弱酸树脂阳离子交换器

当原水含盐量很高，碳酸盐硬度较大，比如水中碳酸盐占 4mmol/L 以上，硬碱比为 1～2，或碳酸盐硬度占水中总阳离子浓度的 1/2 以上，此时选用弱酸树脂很经济。它的系统如图 6-19 所示：

原水⟶ [H_W] ⟶ [H] ⟶ [D] ⟶ [OH] ⟶除盐水

图 6-19　带有弱酸阳树脂的一级复床除盐系统

[H_W]—弱酸 H 交换器；[H]—强酸 H 交换器；[D]—除碳器；[OH]—强碱 OH 交换器

该系统中弱酸阳离子交换器和强酸阳离子交换器可以为复床（如图 6-19），也可为双层床（在一个交换器内装有弱、强两种树脂），还可为双室双层床。

弱酸阳离子交换器和强酸阳离子交换器是串联运行、串联再生，即运行时水先通过弱酸阳离子交换器，再经过强酸阳离子交换器；而再生时酸液则先经过强酸阳离子交换器，然后再经过弱酸阳离子交换器，由于是利用废液进行再生，所以经济性较好。强酸阳离子交换器可以采用对流再生，而弱酸阳离子交换器由于再生效率高，没必要用对流再生，可用顺流再生。

2. 弱碱阴离子交换器

当原水中含盐量较高，强酸阴离子比较多（比如大于 2～3mmol/L）时，可采用弱碱阴离子交换器；当有时原水中有机物较多时，为保护强碱阴树脂免遭有机物污染，也可设弱碱阴离子交换器。它的系统为如图 6-20 所示。

原水⟶ [H] ⟶ [D] ⟶ [OH_W] ⟶ [OH] ⟶除盐水

图 6-20　带有弱碱阴树脂的一级复床除盐系统

[H]—强酸 H 交换器；[D]—除碳器；[OH]—强碱 OH 交换器；[OH_W]—强碱 OH 交换器

该系统中弱碱阴离子交换器和强碱阴离子交换器可以为复床，还可以为双层床或双室双层床。弱碱阴离子交换器和强碱阴离子交换器是串联运行、串联再生，即再生时碱液先通过强碱阴离子交换器后再进入弱碱阴离子交换器，由于是利用废液进行再生，所以经济性较好。强碱阴离子交换器可以采用对流再生，再生效果好，而弱碱阴离子交换器不必采用对流再生，只要顺流再生即可，因为它再生效率高。

3. 带有弱酸阳树脂和弱碱阴树脂的一级复床除盐系统

当原水中含盐量较高，符合上述使用弱酸阳离子交换器情况，也符合上述使用弱碱阴离子交换器情况（比如含盐量大于 500mg/L，总阳离子含量或总阴离子含量大于 7mmol/L），此时，可以使用弱酸及弱碱树脂，系统如图 6-21 所示。

原水→ Hw → H → D → OHw → OH →除盐水

图 6-21　带有弱酸阳树脂及弱碱阴树脂的一级复床除盐系统

弱酸阳离子交换器和强酸阳离子交换器、弱碱阴离子交换器和强碱阴离子交换器同样可以为复床，也可为双层床，还可为双室双层床。其运行方式也是串联运行、串联再生，与上述单独使用情况相同。

（二）串联再生时强型、弱型树脂分配比例

串联再生基本要求是强型、弱型树脂同时再生，也即要求弱型树脂和强型树脂同时失效，换句话说，就是要根据水质和强型、弱型树脂的交换能力来选择树脂体积，这对复床、双层床、双室双层床都是一样的，保证其同时失效。

1. 弱酸和强酸树脂比例

弱酸 H 交换器的工作交换容量按式（6-33）计算，即

$$V_{弱} \times E_{弱} = Q \times (A - A_C) \tag{6-33}$$

强酸 H 交换器的工作交换容量按式（6-34）计算，即

$$V_{强} \times E_{强} = Q \times (C_K - A + A_C) \tag{6-34}$$

式中　$E_{弱}$——弱酸树脂工作交换容量，mol/m^3；

$E_{强}$——强酸树脂工作交换容量，mol/m^3；

$V_{弱}$——弱酸树脂体积，m^3；

$V_{强}$——强酸树脂体积，m^3；

Q——周期制水量，m^3；

C_K——水中总阳离子浓度，mmol/L；

A——原水碱度，mmol/L；

A_C——弱型树脂出水残余碱度，mmol/L。

对式（6-33）和式（6-34）进行变化得式（6-35），即

$$\frac{V_{强}}{V_{弱}} = \frac{E_{弱} \times (C_K - A + A_C)}{E_{强} \times (A - A_C)} \tag{6-35}$$

在阳离子交换器中，弱酸阳树脂高度不应低于 0.8m，强酸阳树脂高度也不应低于 0.8m，以便对出水水质有所保证。强型树脂还应富裕 10%～20%，以便充分利用弱酸阳树脂。

对上式中的 A_C 取值如表 6-12 所示。

表 6-12　　不同情况下的 A_C 取值

进水水质	硬度/碱度	1.0～1.4		1.5～2.0	
	碱度 A（mmol/L）	<2	>2	<3	>3
A_C 值（mmol/L）		0.15～0.20	0.20～0.30	0.10～0.20	0.30～0.40

2. 弱碱和强碱树脂比例

弱碱 OH 交换器的工作交换容量按式（6-36）计算，即

$$V_{弱} \times E_{弱} = Q \times C_{强} \tag{6-36}$$

强碱 OH 交换器的工作交换容量按式（6-37）计算，即

$$V_{强} \times E_{强} = Q \times C_{弱} \tag{6-37}$$

式中　$C_{强}$——水中强酸阴离子浓度，mmol/L；

$C_{弱}$——水中弱酸阴离子浓度，mmol/L。

对式（6-36）和式（6-37）进行变化得式（6-38），即

$$\frac{V_{强}}{V_{弱}} = \frac{E_{弱} \times C_{弱}}{E_{强} \times C_{强}} \tag{6-38}$$

同样，在阴离子交换器中，强碱阴树脂层厚度不应低于0.8m，弱碱阴树脂层厚度也不应低于0.8m，以便对出水水质有所保证。如果从考虑去除有机物，保护强碱阴树脂出发，弱碱阴树脂体积应放宽10%～20%，即保证强碱阴树脂先失效，以免弱碱阴树脂因先失效释放有机物而污染强碱阴树脂；如不考虑有机物的保护作用，则强碱阴树脂应富裕10%～20%，以便保证出水水质。

3. 带有弱型树脂除盐系统运行中的几个问题

在带有弱型树脂除盐系统运行中，应注意以下事项：

（1）对于双层床，由于其树脂分层是靠密度差，所以树脂的湿真密度差应大于0.04～0.05，应考虑树脂在不同型态时的密度差值。

（2）由于弱型树脂设计是根据水质计算而得，所以希望运行中水质变化要小，如果在运行中水质变化较大，则设计中的匹配关系要被破坏。

（3）阳双层床最好采用HCl再生，若用 H_2SO_4 再生时，要考虑防止 $CaSO_4$ 析出，此时可采用二步法或三步法再生。

（4）阴双层床再生，要防止胶体硅在弱碱阴树脂中析出，这主要是因为再生剂先通过强碱阴树脂，而再生刚开始排出的再生废液中 SiO_2 很多，进入弱碱阴树脂后，其 OH^- 被大量吸收，浓度很低，pH值下降，此时硅酸会析出。一旦发生这种情况，清洗困难，并会影响出水水质和周期制水量。

防止胶体硅析出的方法是：可采用变浓度再生，先用1%浓度的碱液，以较快流速(7～10m/h）使弱碱阴树脂得到初步再生，然后再用2.5%～3%浓度的碱液，以较慢流速(3～5m/h）彻底再生强碱、弱碱阴树脂，碱液均可加热，这样再生效果更好；或者强碱阴树脂再生初期废液排放一部分，把大批 SiO_2 排掉，中、后期再生废碱液再通过弱碱阴树脂。

第五节　离子交换装置及运行操作

1. 逆流再生固定床的结构

进交换器的再生剂不是从上而下，而是与水流方向相反，从下向上通过树脂层，这样底层树脂首先接触新鲜的、杂质少的再生剂，其再生度会提高很多。这时树脂层上部再生度低，但由于运行时水流从上而下，上层接触杂质较多的水，仍可进行比较彻底的交换，而下部再生度高的树脂接触杂质少的水，仍可进行交换，这样就使得出水质量明显提高。同时可减少再生剂用量，再生剂效率也高。

由于逆流再生工艺中再生剂及置换清洗水都是从下向上流动，如果不采取措施，流速稍大时，就会发生使树脂乱层的现象，这样就必然失去逆流再生的优点。因此，逆流再生工艺

从设备结构到运行操作都要注意防止液体上流时发生树脂乱层的现象。

逆流再生离子交换器的结构如图 6-22 所示。它和顺流再生的主要区别是在树脂层表面处设有中间排液装置，以及在树脂层上面加有压脂层。

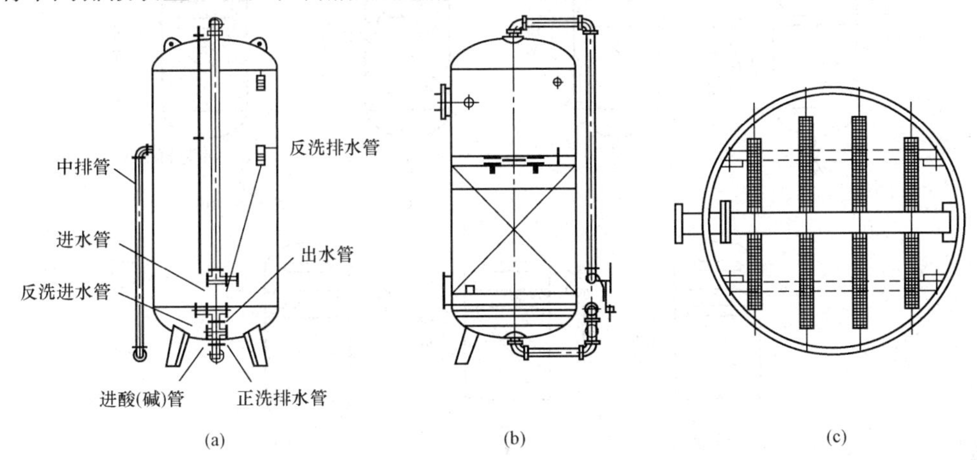

图 6-22　逆流再生离子交换器及中间排液装置

(a) 逆流再生离子交换器管道图；(b) 逆流再生离子交换器结构图；(c) 中间排液装置

(1) 进水装置。其作用是均匀配水和消除进水对交换剂表层的冲击。

(2) 中间排液装置。中间排液装置对逆流再生离子交换器的运行效果有很大影响，该装置的作用主要是使向上流动的再生剂和清洗水能均匀地从此装置排走，不会因为有水流流向树脂层上面的空间而扰动树脂层，同时它还应有足够的强度。其次它还兼作小反洗的进水装置和小正洗的排水装置。

(3) 排水装置。其作用是均匀收集交换后的水，以阻留交换剂，防止交换剂漏到水中，反洗时能均匀配水，充分清洗交换剂。

(4) 压脂层。压脂层的作用是过滤掉水中的悬浮物及机械杂质，以免污染树脂层，同时在再生时可使顶压空气（或水）通过压脂层均匀的作用于整个床层表面，起到防止树脂层向上移动或松动的作用。

2. 逆流再生固定的运行

在逆流再生离子交换器的运行操作中，其制水过程和顺流式没有区别。而且再生操作随防止乱层措施的不同而有所不同，下面以采用压缩空气顶压的方法为例说明其再生操作。如图 6-23 所示为逆流再生操作过程示意图。

(1) 小反洗［见图 6-23 (a)］。为了保持树脂层不乱，再生前只对中间排液管上面的压脂层进行反洗，以冲洗掉运行时积聚在压脂层中的污物。反洗用水，一般采用该级离子交换器的进口水，反洗流速按压脂层膨胀 50%～60%控制，反洗一直到排水澄清为止。系统中的第一个交换器，一般为 15～20min，串联其后的交换器一般为 5～10min。

(2) 放水［见图 6-23 (b)］。小反洗结束，待树脂颗粒沉降下来以后，打开中排放水门，放掉中间排液装置以上的水，使压脂层处于无水状态，以便进空气顶压。

(3) 顶压［见图 6-23 (c)］。从交换器顶部送入压缩空气，使气压维持在 0.03～

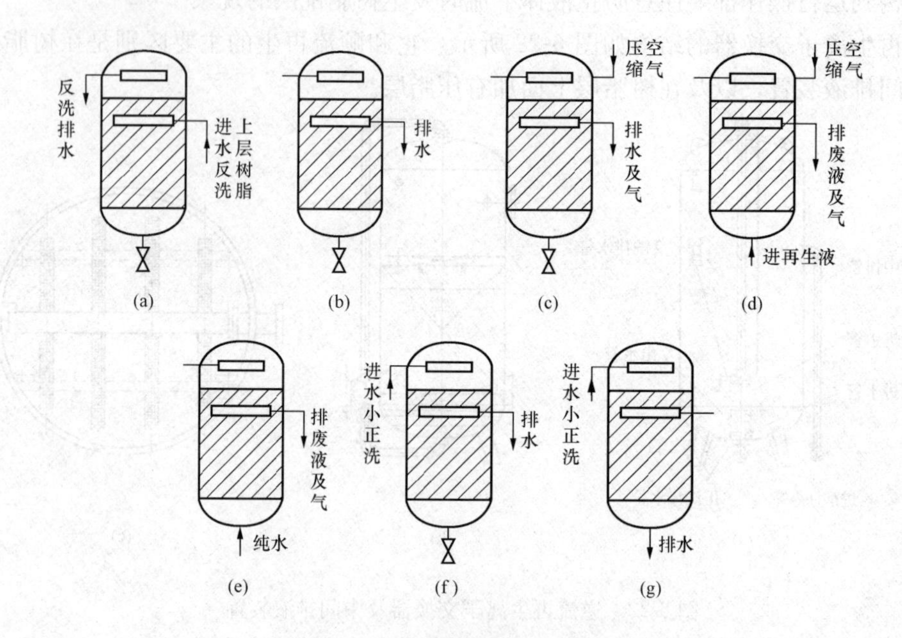

图 6-23　逆流再生操作示意图

(a) 小反洗；(b) 放水；(c) 顶压；(d) 进再生剂；

(e) 逆流置换；(f) 小正洗；(g) 正洗

0.05MPa，以防树脂乱层。对用来顶压的空气应经除油净化。

(4) 进再生剂［见图 6-23 (d)］。在顶压的情况下，将再生剂引入交换器内。为了得到良好的再生效果，应严格控制再生剂浓度和流速。再生用水为除盐水，再生流速小于或等于5m/h。提高再生剂的温度有利于阳树脂除铁、阴树脂除硅，并缩短再生时间。但再生剂温度太高，易使树脂分解，影响其交换容量和使用寿命。

(5) 逆流置换［见图 6-23 (e)］。再生剂进完后，关闭再生剂计量箱出口门，按再生剂的流速和流量继续用稀释再生剂的水进行置换。置换时间一般为 30～40min，置换水量约为树脂体积的 1.5～2 倍。

逆流置换结束后，应先关闭进水阀门停止进水，然后再停止顶压，防止树脂乱层。在逆流置换过程中，应使气压稳定。

(6) 小正洗［见图 6-23 (f)］。再生后压脂层中往往有部分残留的再生废液，如不清洗干净，将影响运行时的出水水质。小正洗时，水从上部进入，从中间排液管排出，流速一般阳树脂为 10～15m/h，阴树脂为 7～10m/h，只需清洗 5～10min。小正洗用水可为运行时进口水，也可为除盐水。此步也可以用小反洗的方式进行。

(7) 正洗［图 6-23 (g)］最后用运行时的进水或除盐水从上而下进行正洗，流速 10～15 m/h，直到出水水质合格，即可投入制水运行。

交换器经过许多周期运行后，下部树脂层也会受到一定程度的污染，因此，必须定期地对整个树脂层进行大反洗。由于大反洗扰乱了树脂层，所以大反洗后再生时，再生剂用量应比平时增加 50%～100%。大反洗的周期间隔，应视进水的浊度而定，一般为 10 个周期左右。大反洗的用水一般为运行时的进口水。

大反洗前应首先进行小反洗，以松动压脂层和去除其中的悬浮物。进行大反洗的流量应由小到大，逐步增加，以防中间排液装置损坏。

水顶压法就是用压力水代替压缩空气，使树脂层处于压实状态。再生时将水自交换器顶部引入，维持体内压力为0.05MPa，水通过压脂层后，与再生废液一起由中间排液管排出。水顶压法的操作与气顶压法基本相同。

3. 技术效果

（1）出水水质好，适应性强。

（2）再生剂用量少，排废液碱量也少。

（3）自用水率低。

第六节　混合离子交换器

经过一级复床除盐处理过的水，虽然水质已经很好，但通常还达不到非常纯的程度，还不能满足许多情况下的用水要求，其主要原因是位于系统首位的H离子交换器的出水中有强酸，离子交换的逆反应倾向比较显著，以至于出水中仍残留少量Na^+。为了获得更好的水质，可在一级复床除盐之后，再加一级，即构成二级除盐。二级除盐有两种方法：①—H—OH，即再加一个阳离子交换器和一个阴离子交换器；②加H/OH，即加一个阳/阴混合离子交换器。相比之下，前者增加了设备的台数和系统的复杂性，运行操作比较麻烦，而且出水水质比不上后一个系统，所以目前多采用混合床作第二级除盐。前一个系统只在原水水质很差，一级除盐出水标准要降低的情况下才使用。

一、原理

混合离子交换器是把H型阳树脂和OH型阴树脂置于同一台交换器中混合均匀的交换器，可以被看作是由许许多多H型交换器和OH型交换器交错排列的多级式复床。

在混合离子交换器中，由于阴、阳树脂是相互混匀的，水的阳离子交换和阴离子交换是多次交错进行的，则经H离子交换所生产的H^+和经OH离子交换所生产的OH^-能及时地反应生成电离度很小的H_2O，基本消除了逆反应的影响，这就使交换反应进行得十分彻底，因而出水水质很好。

其反应可用下式表达，即

$$2R\mathrm{H}+2R\mathrm{OH}+\begin{cases}\mathrm{SO_4^{2-}}\\ 2\mathrm{Cl^-}\\ 2\mathrm{HCO_3^-}\\ 2\mathrm{HSiO_3^-}\end{cases}+\begin{cases}\mathrm{Ca^{2+}}\\ \mathrm{Mg^{2+}}\\ 2\mathrm{Na^+}\\ 2\mathrm{K^+}\end{cases}\longrightarrow 2\mathrm{H_2O}+\begin{cases}R_2\mathrm{Ca}\\ R_2\mathrm{Mg}\\ 2R\mathrm{Na}\\ 2R\mathrm{K}\end{cases}+\begin{cases}R_2\mathrm{SO_4^{2-}}\\ 2R\mathrm{Cl^-}\\ 2R\mathrm{HCO_3^-}\\ 2R\mathrm{HSiO_3^-}\end{cases}\tag{6-39}$$

混合离子交换器失效后，先用水自下而上进行反冲洗，利用阴、阳树脂的湿真密度不同而使两种树脂分离，然后分别进酸、碱再生。再生完成后，再将两种树脂混合均匀，又可投入制水运行。

二、设备结构

混合离子交换器的壳体和逆流再生阴、阳离子交换器的壳体相同，都是圆柱形密闭容器。壳体装有上部进水装置、下部配水装置、中间排水装置，还设有加酸、加碱的装置。其结构如图 6-24 所示。

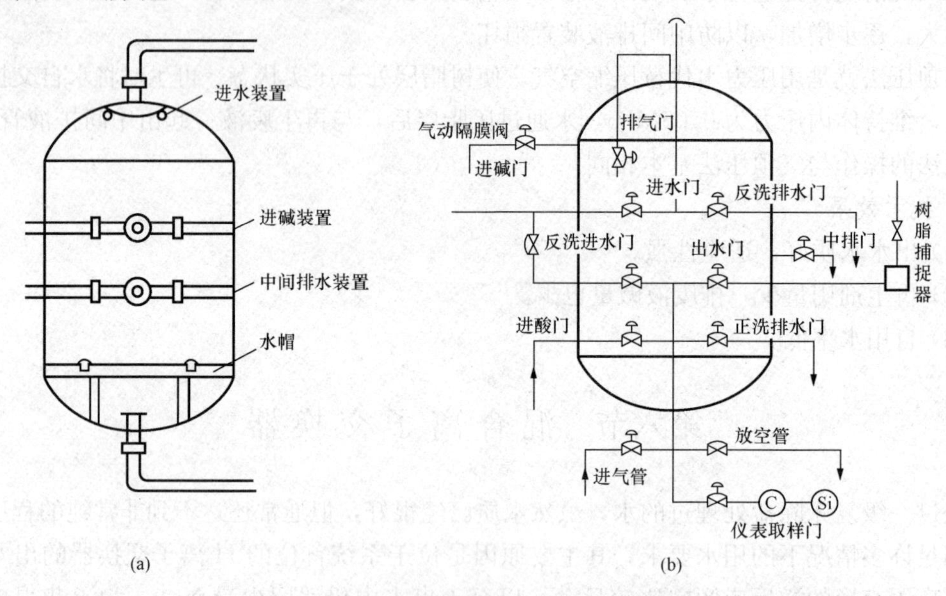

图 6-24　混合离子交换器的结构

(a) 离子交换器管系布置图；(b) 离子交换器阀门布置图

1. 进水装置

进水装置采用的形式是穹形多孔板。

2. 进酸、碱装置及中间排水装置

装置均为支母管式。支管外包有尼龙网罩，以防树脂流失。进酸、碱装置应能保证再生剂能均匀地分布在交换剂层中。

3. 出水装置

出水装置采用的是多孔板水帽式的结构。其特点是布水均匀性好，水帽结构紧密，可防树脂流失。

4. 树脂捕捉器

捕捉器用于交换器的出口，防止因设备出水装置故障而引起的树脂泄漏，也可以截留破碎树脂，防止锅炉给水水质因树脂的混入而恶化。

树脂捕捉器是靠滤元起截留树脂的作用，滤元为不锈钢筛管结构。

三、树脂

为了便于混合床中阴、阳树脂分离，两种树脂的湿真密度差应大于 15%，为了适应高流速运行的需要，混合床使用的阴、阳树脂应该机械强度高且颗粒大小均匀。

确定混合床中阴、阳树脂比例的原则是根据进水水质条件和对出水水质要求的差异以及树脂的工作交换容量来决定，让两种树脂同时失效，以获得树脂交换容量的最大利用率。

一般来讲，混合床中阳树脂的工作交换容量为阴树脂的 2～3 倍。因此，如果单独采用混合床除盐，则阴、阳树脂的体积比应为（2～3）∶1；若用于一级复床之后，因其进水 pH 值在 7～8 之间，所以阳树脂的比例应比单独混床时高些，目前，国内采用的强碱阴树脂与强酸阳树脂的体积比通常为 2∶1。

阴、阳离子交换树脂的配比不合适时，对出水水质一般无影响，只是整个交换器的工作交换量会减小。

四、运行

由于混床是将阴、阳树脂装在同一个交换器中运行的，所以在运行上有其特殊的地方。下面讲述混床运行一周期中的各步操作。

1. 反洗分层

树脂的再生效果直接受到树脂分层效果的影响，因此，如何将失效的阴、阳树脂分开，以便分别通入再生剂进行再生，是混合床除盐装置运行操作中的关键问题之一。目前大都是采用水力筛分法对阴、阳树脂进行分层，这种方法就是用水将树脂反冲，使树脂层达到一定的膨胀率（>50%），利用阴、阳树脂的湿真密度差，而造成树脂下沉速度不同，让树脂自由沉降，而达到树脂分层的目的。由于阴树脂的密度较阳树脂的小，所以分层后阴树脂在上，阳树脂在下。因此只要控制得当，可以做到两层树脂之间有一明显的分界面。

反洗开始时，流速宜小，待树脂层松动后，逐渐加大流速到 10m/h 左右，使整个树脂层的膨胀率在 50%～70%，维持 10～15min，一般即可达到较好的分离效果。

两种树脂是否能分层明显，除与阴、阳树脂的湿真密度差、反洗水流速有关外，还与树脂的失效程度有关，树脂失效程度大的容易分层，否则就比较困难，这是由于树脂在吸着不同离子后，密度不同，沉降速度不同所致。

对于阳树脂，不同离子型的密度排列顺序为：$H^+ < NH_4^+ < Ca^{2+} < Na^+ < K^+$。

对于阴树脂，不同离子型的密度排列顺序为：$OH^- < Cl^- < CO_3^{2-} < HCO_3^- < NO_3^- < SO_4^{2-}$。

由上述排列顺序可知，反洗分层应当选择密度相差较大的型态进行，效果就比较好。也就是说失效程度大者容易分层，反之困难。

此外，有一种称做三层混床的，可以改善分离效果。即加入一种湿真密度介于阴、阳树脂之间的惰性树脂，只要粒度和密度合适，就可做到反洗后惰性树脂正好处于阴、阳树脂之间的中排管位置处，这样就可以避免再生时阴、阳树脂因接触对方的再生剂而造成的交叉污染，以提高混床的出水水质。

H 型和 OH 型树脂虽然也有一定密度差，但有时易发生抱团现象（即互相黏结成团），也使分层困难。因此，为了使分层分得好，可让树脂充分失效（反洗时加 NaCl 也可），Na 型与 Cl 型之间密度差较大，分层效果好；也可在分层前先通入 NaOH 溶液以破坏抱团现象，同时还可使阳树脂转变为 Na 型，将阴树脂再生成 OH 型，从而加大阳、阴树脂的湿真密度差，这对提高阳、阴树脂的分层效果也有利。

2. 再生

通常电厂采用的是体内再生两步法。所谓两步法是指酸、碱再生剂不是同时而是先后进入交换器，由中间排水装置排出再生剂。

这种方法是在反洗分层后，放水至树脂表面上约 100mm 处，从上部送入碱液再生阴树脂，废液从阴、阳树脂分界处的中排管排出，接着按同样的流程清洗阴树脂，直至排水的 OH^- 降至 0.5mmol/L 以下。在上述过程中，也可以用少量水自下部通过阳树脂层，以减轻碱液对阳树脂的污染。然后，由底部进酸再生阳树脂，废液也由中排管排出。同时，为防止酸液进入已再生好的阴树脂层中，需继续自上部通以小流量的水清洗阴树脂。阳树脂的清洗流程也和再生时相同，清洗至排水的酸度降到 0.5mmol/L 以下为止。最后进行整体正洗，即从上部进水底部排水，直至出水电导率小于 1.5μS/cm 为止。在正洗过程中，有时为了提高正洗效果，可以进行一次 2～3min 的短时间反洗，以消除死角残液，松动树脂层。

3. 阴、阳树脂的混合

树脂经再生和洗涤后，再投入运行前必须将分层的树脂重新混合均匀。通常用从底部通入压缩空气的办法搅拌混合。这里所用的压缩空气应经净化处理，以防压缩空气中有油类等杂质污染树脂。压缩空气压力一般采用为 0.1～0.15MPa，流量为 2.0～3.0m^3/(m^2·s)。混合时间，主要视树脂是否混合均匀为准，一般为 0.5～1min，时间过长易磨损树脂。

为了获得较好的混合效果，混合前应把交换器中的水位下降到树脂层表面上 100～150mm 处。如果水位太高，混合时效果不好，还易跑树脂。要使树脂能混合均匀，除了必须通入适当的压缩空气，并保持一定的时间外，还需足够大的排水速度，迫使树脂迅速降落，避免树脂重新分离。树脂下降时，采用顶部进水，这样对加速其沉降有一定的效果。树脂混合后应迅速关闭空气入口门，全开底部排水门并打开顶部进水门，使树脂迅速落下，以免再次分层。

4. 正洗

混合后的树脂层，还要用除盐水以 10～20m/h 的流速进行正洗，直至出水合格后（如 SiO_2 含量小于 20μg/L，电导率小于 0.2μS/cm），方可投入运行。正洗初期，由于排出水浑浊，可将其排入地沟，待排水变清后，可回收利用。

5. 制水

混床的离子交换与普通固定床相同，只是它可以采用更高的流速。通常对凝胶型树脂可取 40～60m/h，如用大孔树脂可高达 100m/h 以上。运行流速过低时，树脂颗粒表面的边界水膜较厚，离子扩散速度慢，影响总的离子交换速度，同时还会携带树脂内的杂质而使水质降低；流速过快，能加快离子膜扩散速度，但阻力增加太大，而且水中的离子与树脂接触时间过短来不及进行交换就被水流带出，从而使出水水质下降，同时保护层高度也增加，树脂的工作交换容量也要降低。

五、混床的工作特性

由于混床运行方式的特殊性，混床和复床相比有下列特点：

（1）出水水质优良。制得除盐水电导率小于 0.2μS/cm，SiO_2 含量 20μg/L。

（2）出水水质稳定。在工作条件有变化时，对其出水水质影响不大。

（3）间断运行对出水水质影响较小。无论是混床还是复床，当停止工作后再投入运行时，开始出水的水质都会下降，要经短时间运行后才恢复正常。这是由于离子交换设备本身及管道材料对水质污染的结果。恢复正常所需的时间，混床比复床短。

（4）混床的运行流速应经调试确定。若过慢，会携带树脂内杂质而使水质下降；若过快，水与树脂接触时间短，离子来不及交换，从而影响出水水质。

（5）交换终点明显。由混床出水特性曲线（如图 6-25 所示）可以看出，混床在交换末期，出水电导率上升很快，有利于监督，而且有利于实现自动控制。

（6）混床设备比复床少，布置集中。

混床存在的主要缺点：再生操作复杂，再生时间长，树脂耗损率大，树脂的再生度较低，树脂交换容量的利用率低。

混床经过再生清洗开始制水时，出水电导率下降很快，这是由于残留在树脂中的再生剂和再生产物，立即被混合后的树脂所交换。正常运行中，出水残留含盐量在1.0mg/L以下，电导率在0.2μS/cm（25℃），SiO_2含量在20μg/L以下，pH值为7左右。

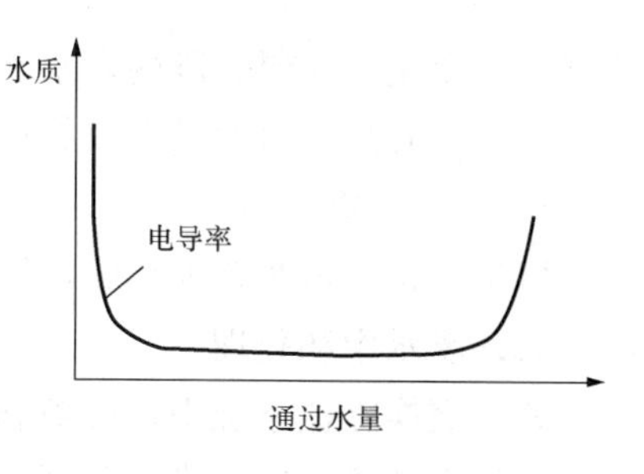

图6-25　混床出水特性曲线

第七节　再生系统

一、再生系统组成

离子交换除盐系统的再生剂是酸和碱。用酸和碱进行除盐再生时，必须有一套用来储存、输送、计量和投加酸、碱的再生系统。酸和碱对设备和人身有侵蚀性，因此，必须采取妥善的防腐措施并在运行中注意防止灼伤。

1. 储存

盐酸、烧碱通常用密闭卧式储存槽储存。酸、碱储存槽的壳体用碳钢制作，整体内壁防腐采用钢衬胶。

由于酸槽储存的是挥发性极强的浓盐酸，需设置酸雾吸收器来吸收酸储存槽里的酸雾。酸雾对设备、建筑物能产生严重腐蚀，并危害人体健康。酸雾吸收器就是将酸储存槽和酸计量箱的排气引入，通过水喷淋填料后加以吸收，达到防止环境污染的目的。

在此系统中车里的酸（碱）液依靠通过卸酸（碱）泵将酸（碱）液送至布置于高位的酸（碱）储存槽中，储存槽中的酸（碱）依靠重力自动流入酸（碱）计量箱。

2. 计量

酸、碱的计量采用计量箱，计量箱壳体材料为碳钢，内壁防腐采用钢衬胶。计量箱设有液位计，以实现自动控制与高低液位报警。

3. 再生剂的配制与输送

再生剂的配制与输送采用喷射器输送法。其系统如图6-26所示。

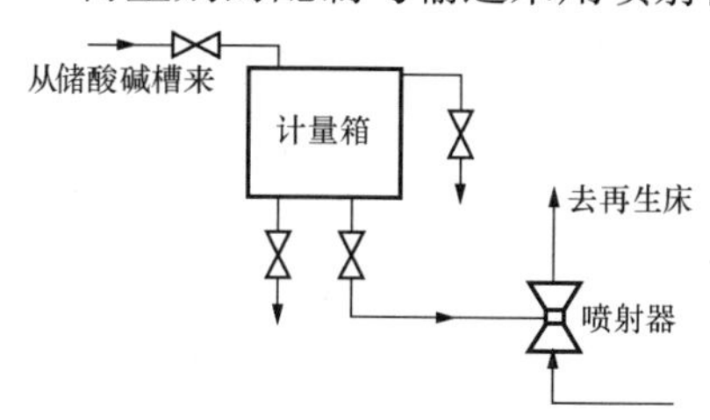

图6-26　再生剂的配制与输送

稀释水以一定的稳定压力和流量通过喷射器，将酸、碱再生剂抽吸输送至交换器中，适当调整计量箱的出口门（喷射器再生剂入口门），就可配制成所需浓度的再生剂。此种方法具有设备简单、调节灵敏、能耗小、可连续输送、不需润滑、操作管理方便、工作可靠等优点。但也存在运行不稳定、抽吸部位易出现异常、出口压力较小、需采用压力水源等缺点。

喷射器是输送和稀释再生药液的典型设备，其工作原理如下：

高压原水通过管道阀门进入喷射器的渐缩段，将静压头转换成动能，在喷嘴处形成高速射流，使混合室形成微真空状态。将高浓度的再生药液吸入混合室，并使再生药剂的压力和速度发生变化。在混合段内，水和药液得到充分地混合，然后流经扩散段，使再生剂降低流速、静压头升高，再通过出口管道及阀门将稀释了的再生剂送至交换器本体中。

4．再生水箱

再生水箱中可布置加热管，用蒸汽加热再生水箱中的水。

二、废水中和处理

离子交换除盐系统中，废液和废水的排放量很大，一般约相当于其处理量的10%。为了防止污染环境，应使排放废液的pH值在6～9的范围。

将酸、碱废液排放至再生废水池后，用再生废水泵打到废水集中处理区处理。在池内进行酸碱中和反应，采用机械搅拌器进行搅拌，同时启动中和水泵进行循环搅拌，使酸、碱废液的中和反应完全，同时根据池内的废液的pH值，决定是否需要向池内加酸或加碱。当池内废液pH值达到排放标准后，方可进行排放。

第七章

凝结水处理

随着热力机组参数的提高，对锅炉给水水质的要求更为严格，发电厂锅炉给水由汽轮机凝结水、化学补给水、热力系统中的多种疏水组成，机组正常运行时化学补给水量很少，给水水质的好坏在很大程度上取决于凝结水的水质。因此凝结水处理已成为电厂水处理的一个极为重要的环节。凝结水处理，通常指的是汽轮机凝结水的处理。

第一节　凝结水的污染

凝结水是由水蒸气凝结而成的，水质应该很纯。但是由于下述原因，凝结水往往会受到一定程度的污染。

一、凝汽器的渗漏和泄漏

冷却水从汽轮机凝汽器不严密的地方进入汽轮机的凝结水中，是凝结水中含有盐类物质和硅化合物的主要原因，也是这类杂质进入给水的主要途径之一。

冷却水从凝汽器不严密处进入凝结水中，使凝结水中盐类物质与硅化合物的含量升高，这种情况称为凝汽器渗漏；当凝汽器的管子因制造或安装有缺陷，或因腐蚀而出现裂纹、穿孔和破损，以及焊接处的严密性遭到破坏时，进入凝结水中的冷却水量将比正常时高得多，这种情况称为凝汽器泄漏。凝汽器泄漏时，凝结水被污染的程度要比渗漏时大得多。

进入凝汽器的蒸汽是汽轮机组的排气，其中杂质的含量非常少，所以凝结水中的杂质含量主要决定于漏入的冷却水量及其中杂质的含量。在冷却水水质已定的条件下，给水水质要求越高，允许的凝汽器漏水量就越低，对凝汽器严密性的要求就越高。实践证明，当凝结水不进行处理时，凝汽器的泄漏往往是引起热力设备结垢、积盐和腐蚀的一个主要原因。

二、金属腐蚀产物的污染

锅炉产生的蒸汽是非常纯净的，凝结成水时，水中含盐量也非常少，这种纯净的水其pH值缓冲性也非常低，若外界有少量的其他物质混入，将使其pH值急剧波动，在工业上最常见的其他物质是CO_2。进锅炉的水往往含有少量碳酸氢根，它进入锅炉后受热发生下列分解，即

$$2NaHCO_3 \xrightarrow[\Delta]{} CO_2 + Na_2CO_3 + H_2O \tag{7-1}$$

$$Na_2CO_3 + H_2O \xrightarrow[\Delta]{} CO_2 + 2NaOH \tag{7-2}$$

产生的CO_2会随着蒸汽一起送出，在蒸汽凝结成水后，部分CO_2溶解在水中，产生H_2CO_3，使凝结水pH值急剧下降，严重时，生产返回水的pH值仅有5～6。

$$CO_2 + H_2O \longrightarrow H_2CO_3 \longrightarrow H^+ + HCO_3^-$$

这种低pH值的弱酸性水与钢材接触时，会对钢材造成强烈的腐蚀。工业供热的蒸汽管道很长，生产返回水的管道也很长（有的可长达十几公里），而且管道内部没有任何防腐措施，所以这种腐蚀是很严重的。生产返回水中带有的金属腐蚀产物很多，最多时含铁可达150mg/L。

另外，由于检修或其他原因造成设备停运时，所有的管道、设备全部暴露在大气中，在极为潮湿，且温度较高的条件下，钢材表面会产生严重的锈蚀。设备重新启动时，这些锈蚀产物被水流冲刷进入水中，致使凝结水中带有金属腐蚀产物，其中主要是铁和铜的氧化物，其含量大大超过各种水汽质量标准的要求。

三、热电厂返回水夹带的杂质的污染

从热电用户返回的凝结水中通常含有很多杂质。生产用汽的凝结水一般含有较多的油类物质和铁的腐蚀产物，返回后需要进一步处理来满足机组对水质的要求。

四、锅炉补给水的污染

锅炉补给水一般从凝汽器补入热力系统，当锅炉补给水水质不良时，就可能对凝结水造成污染。

超超临界高参数机组，对给水水质要求很高，不仅需要对锅炉补给水进行净化除盐处理，还需对凝结水进行净化处理，彻底除去凝结水中的各种盐分、胶体、金属氧化物及悬浮物等杂质，以保证锅炉的给水水质和机组的安全稳定运行。

五、蒸汽携带杂质

蒸汽携带杂质主要有下列两种情况：

（1）机械携带。锅炉中炉水在沸腾时产生蒸汽，蒸汽是从炉水中以气泡形式逸出，在逸出过程中会夹带少量炉水水滴，随蒸汽流带走。由于炉水中含有盐，就相当于蒸汽中也带有盐，在蒸汽冷凝成凝结水时，这些盐就会溶解在凝结水中，对于各种低压锅炉，这是蒸汽带盐的主要原因。

（2）溶解携带。对高参数蒸汽锅炉，炉水中的某些盐会直接溶解在蒸汽中，被蒸汽带走，此现象称为溶解携带。蒸汽对各种盐的溶解能力随压力的升高而增加，中压参数(3.8～5.8 MPa)的蒸汽对硅酸盐有明显的溶解能力，当蒸汽参数(压力、温度)再升高时，各种钠盐(NaCl、NaOH、Na_2SO_4等)也会溶解在蒸汽中。这些蒸汽中溶解的盐在蒸汽冷凝成水时，直接进入凝结水中。

第二节　凝结水的过滤

凝结水净化系统的组成可分为三个部分：①前置过滤；②除盐；③后置过滤。前置过滤用来除去凝结水中的悬浮物质及油类等杂质，以保护除盐设备的树脂不受污染。后置过滤用来截留除盐设备漏出的树脂或树脂碎粒等杂质，防止它们随给水进入锅炉，保证锅炉给水水质。

凝结水精处理系统在机组启动初期，凝结水含铁量在2000～3000μg/L时，仅投入前置过滤器，迅速降低系统中的铁悬浮物含量，使机组尽早回收凝结水，减少排水。前置过滤器进口母管设100%旁路，两台前置过滤器中间设50%旁路。当前置过滤器进出口母管压差大于0.10MPa时，前置过滤器母管进出阀门关闭，100%大旁路自动打开。当某台前置过滤器发生压降过高，表明截留了大量固体，则自动开启50%旁路，并使失效过滤器退出运行，用水和压缩空气进行反洗，反洗完毕，自动并入凝结水处理系统。前置过滤器的进出口压差超过规定值或周期制水量达到设定值时，备用过滤器投入运行，失效过滤器自动进行反洗。前置过滤器的正常运行周期应不低于10天，滤元的正常使用寿命不低于两年（或反洗次数不低于100次）。

这三个组成部分并不是每个凝结水净化系统都必须具备，在有些系统中不设前置和后置过滤设备。这时，离子交换除盐设备本身也起过滤作用。

一、覆盖过滤器

覆盖过滤器是在滤元上涂一层纸粉作为滤层，起过滤作用，它可以很有效的滤除水中微米级以上的微粒，去除凝结水中金属腐蚀产物可达80%～90%，但设备占地面积大，操作复杂，运行费用高，还有将纸粉漏入水中的可能。以前应用很普遍，近年来新设计的较少，在一些老企业还在使用。

二、管式微孔过滤器

这是近年来开始采用的一种精密过滤设备，用在凝结水处理中的过滤精度为1～20μm。

管式微孔过滤器也是一种钢制压力容器，内装滤元，滤元由多个蜂房式管状滤芯组成，滤元一般长1～2m，直径为ϕ25～ϕ75mm，滤元骨架为不锈钢管上开孔（例如ϕ2mm），外绕聚丙烯纤维，绕线空隙度为1、5、10、15、20、30、50、75、100μm等规格，构造见图7-1。管式微孔过滤器运行水是从下部进入，遇到滤元上的聚丙烯纤维后，水中悬浮颗粒被截留，水进入滤元骨架不锈钢管内，向上流经封头（出水口）流出，随着被截留的物质增多，阻力上升，过滤器进出口压差上升，当压差上升到0.08MPa时停止运行，进行反洗。

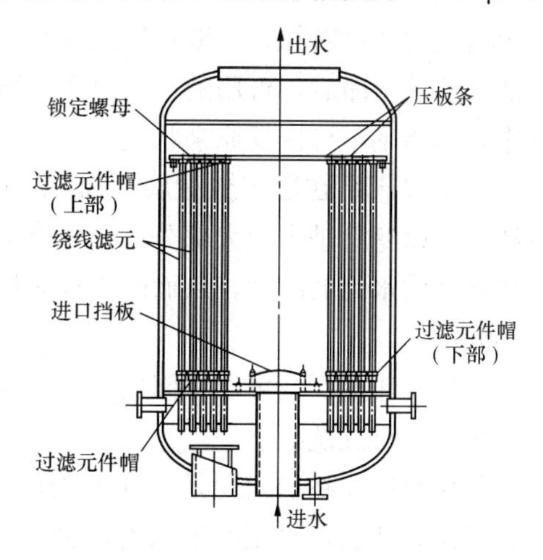

图7-1　管式微孔过滤器及滤元

反洗操作如下：放水；从上部出水区送入压缩空气进行吹洗；从上部出水区送入反洗水进行反洗，至反洗清洁后即可投入运行。

例如，某厂管式微孔过滤器直径为ϕ1800mm，高为2650mm，内装ϕ63mm、长1760mm滤元245根，滤元骨架为ϕ35mm不锈钢管，上开ϕ3mm孔，外绕聚丙烯纤维后外径为ϕ63mm，总过滤面积为86m^2，可处理水量750t/h，过滤流速为8.7m/h [5～10（m/h)]，反洗时先用压缩空气进行吹洗，压缩空气流量为1600标m^3/h [5～10标L/（m^2·s)]，吹洗时间60s（5次），水反洗流量为500 m^3/h [1～2L/（m^2·s)]，水反洗时间45s，反洗一次总共耗时14min。

三、氢型阳离子交换器

离子交换树脂颗粒很小（0.3～1.2mm），可以起到很好的过滤作用，这主要是利用氢型阳离子交换器中阳树脂对凝结水进行过滤。它在凝结水过滤处理的应用中有两种形式：

（1）单独以氢型阳床形式来过滤处理凝结水。

（2）在凝结水除盐用的混床上面再加一层氢型阳树脂起过滤作用，又称为阳层混床。

氢型阳床中阳树脂层高可选用600～1000mm，运行流速最高可达90～120m/h，以便与除盐用混床相匹配，如单独设计，运行流速也可略低（50～80 m/h）。它对凝结水中铁的去除率可达80%（进水40～1000μg/L，出水可降为5～40μg/L）。

氢型阳床中阳树脂是以*R*-H形式进行运行，它在起过滤作用滤除水中颗粒状物质的同时，又可对水中阳离子（Na^+、NH_4^+）进行交换，所以它可以使水中Na^+浓度降低，还可以去除凝结水中NH_4^+，使后续的除盐用混床运行周期大大延长。

虽然一般工业凝结水pH值最高可达9左右，但氢型阳床出水pH值为中性至弱酸性，有一定腐蚀性，所以在凝结水处理中单独使用氢型阳床时，应在其出水口中加入碱性物质（如氨），以提高pH值。若氢型阳床是和除盐用混床串联运行时，氢型阳床出水低pH值不但可以使混床运行周期延长，而且还大大改善混床工作条件，可使混床出水Cl^-、SiO_2大大下降，这时，加氨提高pH值的位置应后移至混床出口。

氢型阳床运行终点可按出水铁含量上升或床层运行阻力加大来判断，但在与混床串联运行时，应以阳床出水中Na^+或NH_4^+浓度上升作为运行终点。失效时，树脂层中已夹杂大量金属腐蚀产物颗粒，一般水反洗很难洗净，可以采用空气擦洗和水反洗相结合的方法进行清洗，清洗干净后，再用酸进行再生。酸也能去除一部分铁。经过这种方式处理后，氢型阳床中阳树脂基本可恢复原来状况。

阳层混床是在混床树脂层上加一层厚约300～600mm的氢型阳树脂，这一层阳树脂在运行中可以滤除进水中大部分（90%以上）固体颗粒，可以去除进水中氨，使达到混床中阴阳树脂处的水为弱酸性，从而改善混床树脂工作条件，提高出水品质，这与氢型阳床的作用是相同的。

阳层混床的反洗可以将阳层树脂与混床树脂一起进行空气擦洗和水反洗，也可以单独对阳层树脂进行反洗。

阳层混床存在的问题是表面的阳层树脂厚度不易铺均匀，运行中受水流冲击又会形成坑，其结果使运行水流产生偏流，起不到阳层树脂的理想作用。

四、空气擦洗高速混床

凝结水除盐用的混床，若没有前置过滤器，混床树脂也起过滤作用，凝结水中金属腐蚀产物的颗粒会被混床树脂所截留，黏附于树脂表面，难以清除，使混床运行压降增大，甚至出水含铁量上升。因此，一般的混床是不能兼作过滤作用的。

要兼作过滤除铁的混床必须能彻底清除树脂上黏附的金属氧化物，由于金属氧化物相对密度较大（氧化铁达5.2g/cm^3），反洗时很难冲洗出去，可以采用空气强力擦洗，使树脂表面黏附的金属氧化物脱落。金属氧化物密度大，易沉在底部，再用水从上向下淋洗，将金属氧化物从下部排走，此即为空气擦洗高速混床的清洗工作原理。

空气擦洗—水洗的次数必须多次进行，机组启动时运行的混床需20～40次，正常运行时的混床也需10～20次才能清洗干净（见图7-2）。这种方法去除树脂上氧化铁颗粒可达90%以上，可以满足长期运行的需要。

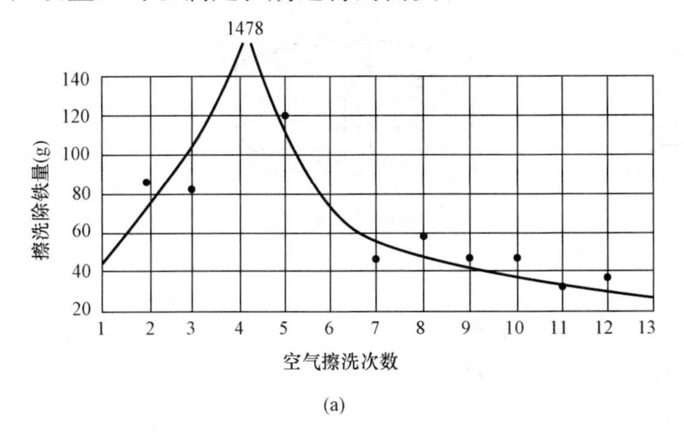

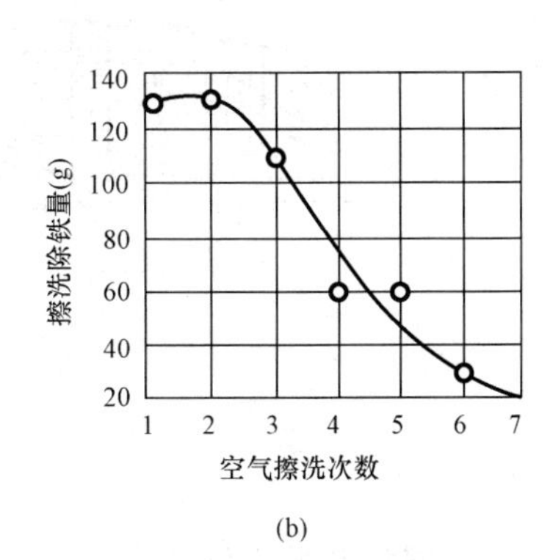

图7-2 空气擦洗高速混床擦洗效果

(a) 机组启动时工况；(b) 机组正常运行工况

第三节 凝结水的除盐

凝结水除盐处理的特点是被处理的水含盐量很低，要求处理后水的纯度更高。这个特点决定使用混床进行凝结水除盐。

混床按再生方式可分为体内再生混床和体外再生混床，由于凝结水处理要求的出水纯度高，树脂必须再生彻底，以及凝结水处理水量大等特点，凝结水处理用混床多为体外再生混床，所谓体外再生混床就是运行制水时树脂在混床内，再生时将树脂移出混床体外，在专用再生设备中进行再生。

凝结水具有流量大、含盐量低的特点，所以混床采用高速运行的混床（称之为高速混床）。

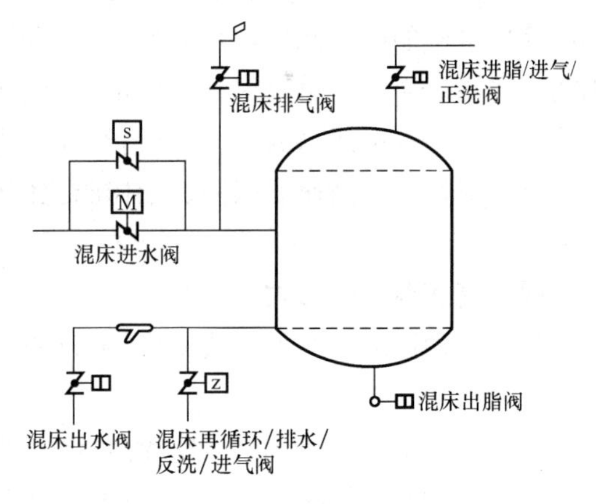

图7-3 高速混床的结构

一、高速混床的结构

高速混床的结构见图7-3。

高速混床的进水分配器、底部集水器均采用双速水嘴的形式，双速水嘴的构造及出水形式如图7-4所示。

二、高速混床的特点

(1) 运行流速高，正常流速为100m/h，最大流速可达120m/h。

(2) 采用体外再生，简化了混床内部结构。

(3) 处理水量大，能有效除去水中离子及悬浮杂质。

(4) 对树脂的要求较严格。

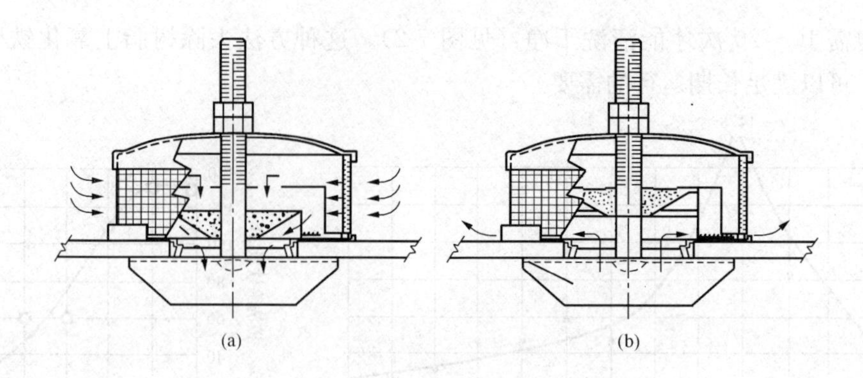

图 7-4　双速水嘴

(a) 运行时；(b) 反洗及再生时

三、对树脂的性能要求

高速混床树脂的选择要求较严格，一般应符合下列原则：

(1) 必须选用机械强度高的树脂。因为混床运行流速高，压力大（中压运行），树脂污染后，要利用高速空气擦洗，所以选用的树脂必须具有很好的机械强度，否则会造成严重的磨损和破碎。

(2) 必须选用粒度较大且均匀的树脂。因为粒度大，可以减少运行时的压降。但粒度过大，树脂容易破碎和出现裂纹。

(3) 必须选用强酸性、强碱性树脂。因为弱型树脂都有一定的水解度，而且弱碱性树脂不能除掉水中的硅，此外，羧酸型弱酸性树脂交换速度慢，而床体的运行流速高，因此不能用弱型树脂。否则，难以保证高质量的出水要求。

(4) 必须选择适当的阴、阳树脂比例。阴、阳树脂比例应根据凝结水水质污染状况及机组运行工况选择。高速混床阴、阳树脂比例可为 2∶3 或 2.7∶2（根据运行模式不同，树脂比例可调）。

四、高速混床的形式

目前这种混床有两种形式：H—OH 型混床和 NH_4—OH 型混床（氨化混床）。

1. H—OH 型混床

由于凝结水采用加氨处理，致使水中的 NH_4^+ 和 OH^- 含量增大。当含有浓度较高的 NH_4^+ 和 OH^- 的凝结水通过 H—OH 型混床时，水中的 NH_4^+ 就和 H 型阳离子交换树脂进行了交换反应。而凝结水中 NH_4OH 的量往往比其他杂质大，H—OH 混床的交换容量大都被它消耗掉了，致使混床中 H 型阳离子交换树脂较快的被 NH_4^+ 所饱和，此时混床将发生氨漏过现象，使混床出口水的电导率升高，Na^+ 含量也会有所增加。因此，H—OH 型混床运行周期短，再生次数频繁，酸、碱耗也大。此外，H—OH 型混床去除了为减轻热力设备的腐蚀而加入的 NH_4^+，不利于热力设备的防腐保护，而且随后在给水系统中又需补充 NH_3，很不经济。

H—OH 型混床的出水水质很高，电导率可在 0.1μS/cm 以下，Na^+ 浓度小于 2μg/L，SiO_2 浓度小于 5μg/L。

尽管 H—OH 型混床的出水水质很好，但它除去了凝结水除盐处理中不需除去的

NH_4^+。事实证明，当混床中有 NH_4^+ 穿透时，Na^+ 也跟着漏出来，所以在 H—OH 型混床运行到有 NH_4^+ 泄露时，当作 NH_4—OH 混床而继续运行是行不通的。

2. NH_4—OH 型混床

NH_4—OH 型混床与 H—OH 型混床相比，在化学平衡方面有较大的差异。下面以净化 NaCl 为例来说明。

当采用 H—OH 型混床时，离子交换反应可表示为

$$RH+ROH+NaCl \rightleftharpoons RNa+RCl+H_2O \tag{7-3}$$

此反应的产物中有很弱的电解质 H_2O，所以容易进行得很安全，而且强酸性 H 型树脂对水中 Na^+、NH_4^+、Fe^{3+} 和 Cu^{2+} 有较大的吸着力，这些有利于反应的完成。

当采用 NH_4－OH 型混床时，离子交换反应可表示为

$$RNH_4+ROH+NaCl \rightleftharpoons RNa+RCl+NH_4OH \tag{7-4}$$

此反应不像上反应式那样容易完成。因为 NH_4OH 的稳定性比 H_2O 要差的多，容易发生电离。所以逆向反应倾向比较大，除盐水中容易有 Na^+ 和 Cl^- 漏过。

解决 NH_4—OH 型混床泄露量不超过某一数值的措施是提高混床中阳、阴树脂的再生度，即尽量地减少再生后残余的 Na 型阳树脂和 Cl 型阴树脂。实践证明，当阳树脂的再生度在 99.5%以上，阴树脂的再生度在 95%以上时，NH_4—OH 型混床可以在氨漏过时继续运行而钠含量不超标。这样可以延长其运行周期，但增大了酸、碱耗。

第四节 树脂的再生

高速混床失效后应停止运行进行再生。树脂的再生采用体外再生。

一、体外再生

体外再生的特点有：

(1) 离子交换和树脂的再生在不同的设备中分别进行，简化了高速混床内部的结构，有利于离子交换采用较高的流速。此外，体外再生系统中的分离罐可做成细长形的，以便阴、阳树脂的分离。

(2) 树脂在专用的再生器中进行再生，有利于提高再生效率。在混床本体上无需设置酸、碱的管道，可以避免因偶然发生的事故而使酸或碱混入凝结水系统，从而保证正常运行。

(3) 设置再生后树脂的储存器，使再生时设备停运的时间减少到最低限度。

(4) 由于高速混床的运行周期很长，两台机组共用一套体外再生设备。

(5) 体外再生存在着管道长、树脂流失及磨损率较大等缺陷。

二、再生系统

体外再生系统由树脂分离塔（SPT）、阴树脂再生塔（ART）、阳树脂再生兼树脂储存塔（CRT）以及有关泵、风机等组成。其流程如图 7-5 所示。

(一) 树脂分离塔（SPT）

1. 分离塔的结构

分离塔的结构如图 7-6 所示。

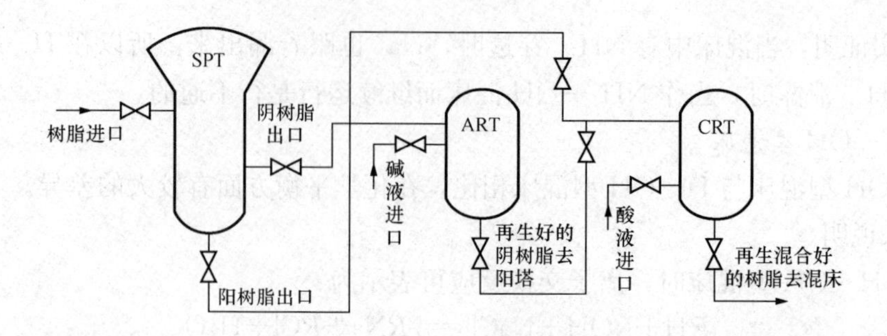

图 7-5　主要再生系统及流程

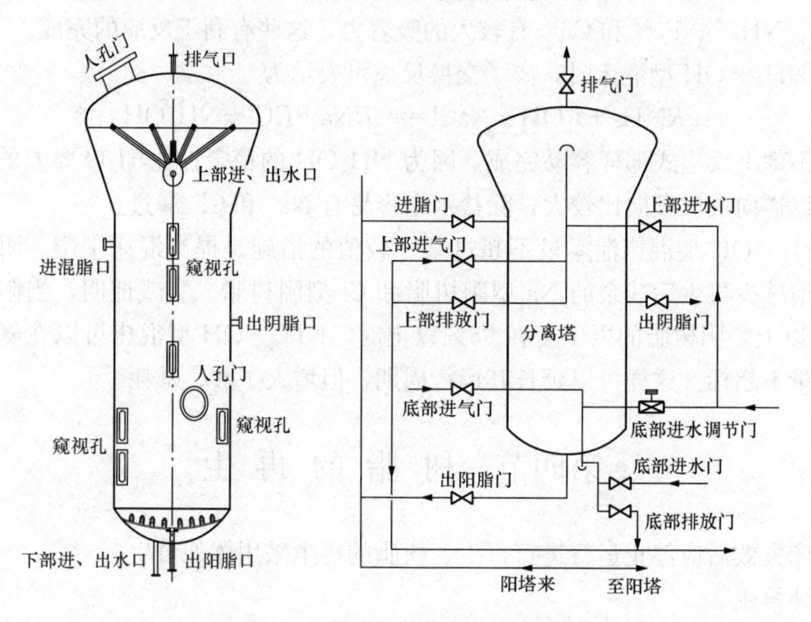

图 7-6　分离塔结构图和管道连接图

高速混床失效树脂输入分离塔后，通过底部进气擦洗松动树脂，使悬浮杂质和金属腐蚀产物从树脂中脱离，通过底部进水反洗直至出水清澈。然后通过不同流量的水反洗使阴、阳树脂分离直至出现一层界面。阴树脂从上部输至阴塔，阳树脂从下部输至阳塔，阴、阳树脂分别在阴、阳塔再生。剩下的界面树脂为混脂层，留到下一次再生参与分离。

其顶部进水装置采用支母管式，底部出水装置采用不锈钢双速水嘴。

分离塔的上部是一个锥形筒体，上大下小；下部是一个较长且直的筒体。其结构特点如下：

（1）反洗时水能均匀地形成柱状流动，不使内部形成大的扰动。

（2）无中集管，在反洗、沉降、输送树脂时，内部扰动可达最小程度。

（3）截面积小，树脂交叉污染区域小。

（4）分离塔上设有多个窥视孔，便于观察树脂的分离情况及树脂的多少。

（5）底部主进水阀、辅助进水阀设置多个不同流量，提供不同的反洗强度水流，有利于树脂的分离。

（6）分离塔上部水位调整阀对树脂层以上水位进行调整，SPT 顶部椭圆具有一定的空间，便于分离。

2. 分离原理

为了提高高速混床出水水质和延长其运行周期，必须保证阴、阳树脂很高的再生度。影响树脂再生度的一个极为重要的因素是混床失效树脂再生前能否彻底分离。当树脂分离不完全时，混在阳树脂中的阴树脂被再生成 Cl 型，混在阴树脂中的阳树脂再生成 Na 型，这样在运行中势必影响出水水质。

树脂分离采用美国的“完全分离”（PULLSEP）技术，该工艺根据水利分层原理，利用阴、阳树脂不同颗粒度、均匀度和不同密度，通过反洗流量的调整，形成树脂的不同沉降速度，从而达到树脂分离的目的。

3. 分离过程

树脂分离前，必须要对树脂进行清洗。因为高速混床具有过滤功能，树脂层中截留了大量的污物，如不清洗掉，会发生混床阻力增大、树脂破碎及阴、阳树脂再生前分离困难等问题。

树脂清洗最常用的方法是空气擦洗法。在装有失效树脂的分离塔中重复性地通入空气，然后正洗的一种操作方法。擦洗的次数视树脂层污染程度而定，至出水清洁时为止。通入空气的目的是松动树脂层和使污物脱落，正洗是使脱落下来的污物随水流自底部排走。

空气擦洗还可减少静电，防止树脂抱团，减少反洗时间和反洗流量，此外，还可将粉末状树脂从树脂表面冲走，减少运行压降。

空气擦洗也可在分离后对阴、阳树脂分别进行再生时和再生后进行。在再生后进行擦洗，能除掉被酸、碱再生剂所松脱的金属氧化物。

反洗分层时，先用较高的反洗流速，然后慢慢降低反洗流速。

首先，使反洗流速降低到阳离子树脂的终端沉降速度，维持一段时间，使阳树脂积聚在上部锥形和下部圆柱的分离界面以下，形成阳树脂层，然后再缓慢降低反洗流速使阳离子树脂慢慢地、整齐地沉降下来。阳树脂沉降的同时，阴树脂也要开始沉降，当反洗流速降低到阴树脂终端沉降速度时，仍以此流速维持一段时间使得阴树脂积聚在上部锥形和下部圆柱的分界面以上，形成阴树脂层，然后再缓慢降低反洗流速一直到零。

通过水力分层后，可使阴树脂在阳树脂内和阳树脂在阴树脂内的含量（交叉污染）均低于 0.1%，达到彻底分离的目的。

（二）阴树脂再生塔（ART）

树脂在 SPT 塔分离后，将上部的阴树脂输送到阴树脂再生塔进行擦洗再生。

阴树脂再生塔的结构如图 7-7 所示。

1. 作用

对阴树脂进行空气擦洗、反洗及再生。

2. 结构及工作原理

阴树脂再生塔上部配水装置为挡板式，底部配水装置为不锈钢碟形多孔板和双速水帽，既保证了设备运行时能均匀配水和配气，又使得树脂输出设备时彻底洁净。进碱分配装置为 T 形绕丝支母管结构，其缝隙既可使再生碱液均匀分布又可使完整颗粒的树脂不漏过，且可使细碎树脂和空气擦洗下来的污物去除。

分离塔中阴树脂送进阴塔后，通过底部进气擦洗和底部进水反洗阴树脂，直至出水清澈。然后从树脂上部进碱再生、置换、漂洗。

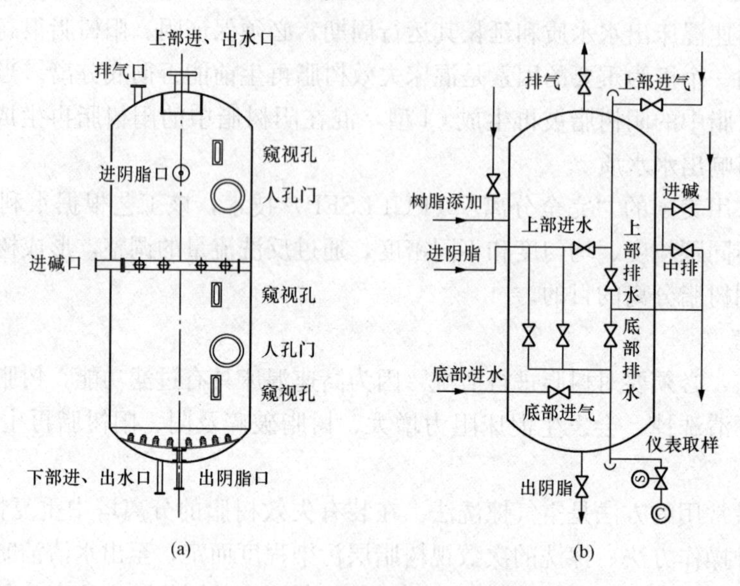

图 7-7　阴树脂再生塔结构图和管道连接图

(a) 结构图；(b) 管道连接图

（三）阳树脂再生塔（CRT）

阳树脂再生塔的结构与阴树脂再生塔类似，如图 7-8 所示。

1. 作用

对阳树脂进行空气擦洗及再生；阴、阳树脂混合；储存已经混合好的备用树脂。

2. 结构及工作原理

阳树脂再生塔结构组成与上述阴树脂再生塔的类似。

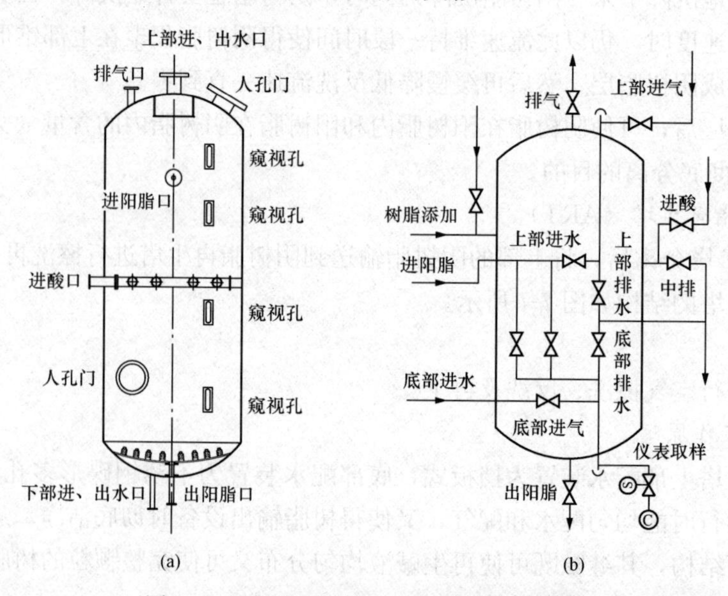

图 7-8　阳树脂再生塔结构图和管道连接图

(a) 结构图；(b) 管道连接图

分离塔中阳树脂送进阳树脂再生塔后，通过底部进气擦洗和底部进水反洗阳树脂，直至出水清澈。然后从树脂上部进酸再生、置换、漂洗后，阴树脂再生塔树脂再生合格后，阴树脂送入阳树脂再生塔中与阳树脂混合，成为备用树脂。

三、阴、阳树脂的再生

阴、阳树脂在各自的再生塔中分别进行再生。再生前要进行空气擦洗，再生的过程和要求同阴、阳逆流再生床的再生相似。这里不再作进一步的阐述。

四、影响再生效果的因素

1. 混床再生时阴阳树脂的分离程度

体外再生混床再生前将树脂送入专门的分离设备进行分离，比体内再生混床分离效果好，但仍未达到完全分离的状况。目前一般采用的水力分层法，先将树脂反洗膨胀，再利用阴阳树脂湿真密度的不同，自然沉降分层，密度大的阳树脂（湿真密度为1.18～1.23g/cm^3）沉在下部，密度小的阴树脂（湿真密度为1.05～1.11g/cm^3）沉在树脂层上部，但阴、阳树脂分界处仍有混杂，少量阳树脂混入阴树脂中及少量阴树脂混入阳树脂中，即混脂，混杂的树脂量在整个树脂中总比率即混脂率。目前，一般的混床树脂分离时混脂率在1%～8%。随着树脂使用时间的延长，树脂有所破碎，破碎的阳树脂颗粒直径减少，沉降速度降低（沉降速度与颗粒直径平方成正比），这样破碎的阳树脂更容易混入阴树脂中，使混脂率上升。

混杂的树脂在阴阳树脂分别再生时，会以失效型存在于再生好的树脂中，降低了树脂再生度，比如：在阳树脂中混入的阴树脂，在与阳树脂再生用的盐酸接触时，转变为RCl型，即阴树脂失效型，使阴树脂再生度降低；在阴树脂中混入的阳树脂，在与阴树脂再生用的NaOH接触时，转变为RNa型，即阳树脂失效型，使阳树脂再生度降低，此即交叉污染。

2. 再生后阴、阳树脂混合均匀程度

混床中阴、阳树脂应均匀混合，才能保证出水水质。混合通常是在水中用压缩空气搅拌混合。在过分追求加大阴、阳树脂在水中沉降速度差值，以达到阴、阳树脂彻底分离，减少交叉污染时，又会带来再生后混合不好的现象。

混合不好的特征是上层阴树脂比例多，下层阳树脂比例多，会出现混床出水中带有微量酸以及周期制水量下降等现象。

3. 再生剂中杂质的含量

主要指再生用盐酸中Na^+含量，碱中Cl^-的含量，以及配制再生剂稀释用水中Na^+和Cl^-的含量。目前，再生用盐酸多为工业合成盐酸，是由氯气和氢气燃烧生成氯化氢后用水吸收，所以盐酸中钠含量不高，配制稀酸用水中钠含量对再生有一定影响。而工业碱是在电解NaCl后将NaCl—NaOH混合液浓缩结晶析出NaCl而得，碱中NaCl含量较大，对树脂再生度有较大影响。

4. 混床进水pH值

混床中阳树脂再生度比较高，阴树脂再生度受碱质量影响很大。当混床中阴树脂再生度不高时，高pH值进水会使混床出水含Cl^-量比进水含Cl^-量还高。

由于混床进水水质很好，水中杂质很少，高pH值进水使水中OH^-所占份额增大。高

pH 值凝结水多是为防止腐蚀，人为的向水中加入 NH_4OH 所致，假设凝结水中 Cl^- 为 7.1μg/L，在凝结水不同 pH 值时，水中 Cl^- 和 OH^- 在阴离子中的份额（X_{Cl} 和 X_{OH}）值如表 7-1 所示。

表 7-1　　不同 pH 值凝结水的 X_{OH} 值和 X_{Cl} 值（假设 Cl^- 为 7.1μg/L）

pH 值	$[OH^-]$ mol/L	X_{Cl}	X_{OH}	pH 值	$[OH^-]$ mol/L	X_{Cl}	X_{OH}
7.0	1×10^{-7}	0.667	0.333	9.2	16×10^{-6}	0.0123	0.9877
8.8	6.3×10^{-6}	0.0308	0.9692	9.4	25×10^{-6}	0.0079	0.9921
9.0	10×10^{-6}	0.0196	0.9804	9.6	40×10^{-6}	0.005	0.9950

从表 7-1 中看出，当凝结水 pH 值在 8.8 以上时，水中 OH^- 在水中阴离子中的份额（X_{OH}）均超过 95%，也就是说，相当于一个极稀的高纯度碱液与混床中阴树脂接触，按离子交换平衡概念，当树脂中 *R*Cl 份额较多时（即再生度低时），高 pH 值水与树脂接触相当于对树脂进行再生，而使出水中含 Cl^- 量增加。

混床中阴、阳树脂上下部分布不均，也会加剧进水 pH 值对出水水质的影响。混床中树脂由于密度与颗粒配比不当，以及阴树脂破碎等因素，往往沿床层高度阴、阳树脂分布不均，上层阴树脂多，阳树脂少。高 pH 值进水中 NH_4^+ 会使上层阳树脂很快失效，失效后水的 pH 值上升，并使上层阴树脂处于高 pH 值介质中，释放 Cl^-，这些 Cl^- 到达下层树脂时，下层树脂中阴树脂少，阴树脂中 *R*Cl 比例增加很快，很快降低去除 Cl^- 的能力，使出水含 Cl^- 量上升。

五、提高混床树脂再生度的方法

（一）提高混床阴、阳树脂分离程度

混床树脂再生前的分离程度高，混脂率低，无疑可以减少失效型树脂量，提高树脂再生度，减少交叉污染。所以，目前很多研究都集中在提高阴、阳树脂分离程度，研发了很多新的技术和设备。这些方法有：

1. 中间抽出法

当混床失效的树脂进行水力分层时，在阴、阳树脂交界处，会有一个混脂层。中间抽出法是将该混脂层取出，放入一个专门的界层树脂塔中，不参加本次再生，参加下一次再生时树脂的分离，从而可保证阴树脂送出时不携带阳树脂，也使阳树脂层上不留有阴树脂，减少混脂率，提高再生度。

中间抽出法是在三塔系统基础上再增加一个界层树脂塔。

该系统运行方式是：混床树脂失效后，将树脂送入阳树脂再生塔（上一次再生好储存在储存塔中树脂立即送回混床，混床投入运行），在其中进行擦洗、反洗、分层，然后将上部阴树脂送入阴树脂再生塔，中间界层树脂送入界层树脂塔，阳树脂留在阳树脂再生塔。分别对阴、阳树脂进行再生、正洗，再生好之后，阴树脂送回阳树脂再生塔，与阳树脂混合、正洗并转入储存塔备用。

界层树脂塔中树脂在下次再生前转入阳树脂再生塔，参加下次再生时的失效树脂反洗分层。界层树脂塔中有时还装有筛网，可以筛去碎树脂。

该系统混床出水电导率可以达到0.07～0.09μS/cm。

2. 高塔分离法

这是Filter公司推出的一种再生方法，其特点是树脂分离塔（SPT）的特殊结构。该分离塔是一特殊的高塔，上部直径扩大为一锥体，保证阳树脂充分膨胀（100%）。混床失效树脂送入后，进行反洗分层，由于分离塔结构特殊，分层时反洗流量非常均匀，并让反洗流量缓慢降至0，使树脂均匀整齐地分离沉降，分离后将阴树脂送入阴树脂再生塔，留下的阳树脂再进行一次反洗分层，然后将阳树脂送入阳树脂再生塔再生，阳树脂层表面的混层树脂留在分离塔内，待下次再生时参与分离。

国内已投运的该系统，混床出水水质为：$Na^+<2\mu g/L$，电导率小于0.1μS/cm，$SiO_2<1\mu g/L$。该系统缺点是操作比较麻烦。

3. 锥体分离法

锥体分离法是将混床失效树脂送入一锥形分离塔（兼阴树脂再生塔）后进行反洗分层，从锥形分离塔底部送出阳树脂，送出时阴、阳树脂交界面沿锥体平稳下降，随着锥体截面积不断缩小，分界处混合树脂的体积也不断缩小，可减少交叉污染。这种分离方法混脂率可降至0.3%。

为进一步改善分离效果，系统中设有一小型混脂罐，阳树脂送出后的混脂送入该混脂罐中。

该技术还有一个关键是在树脂转移管上装一个电导率仪和光学检测装置。由于阳树脂电导率远远大于阴树脂电导率（外加2mg/L CO_2 时，这个差值更大），在树脂输送过程中若发现电导率下降，则说明阳树脂已送完，此时迅速关闭阳树脂再生塔树脂进口阀，并将混脂（包括管道中混脂）送入混层树脂罐，待下次再生时参与下次树脂分离。分离塔内留下的阴树脂在塔内进行再生。

4. 惰性树脂法（三层混床）

惰性树脂法是在混床树脂中加入一层惰性树脂（高约200mm），其密度为1.15g/cm^{3}左右，刚好界于阴、阳树脂之间，这样在反洗分层时，由于密度及颗粒尺寸的选择使惰性树脂刚好介于阴、阳树脂分界面处，减少了阴、阳树脂相互之间的混杂，而变为阳树脂与惰性树脂及惰性树脂与阴树脂之间的混杂，因此，减少了交叉污染，提高了再生度，改善了出水水质。三层混床出水可以达到$Na^+<0.1\mu g/L$，$Cl^-<0.1\mu g/L$。

三层混床目前在体内再生混床中用得较多，体外再生混床中也有使用。长期运行表明，惰性树脂并没有达到很理想的分离阴、阳树脂的目的，这是因为长期运行后，树脂密度会有所改变。另外，因为惰性树脂表面的憎水性，会吸附水中的气泡及油珠，所以其密度发生改变，达不到预期效果。即使这样，它仍是减少交叉污染的一种方法。另外，惰性树脂会减少混床中阴、阳树脂的体积，使混床的工作周期缩短。

5. 三床式和三室床

三床式是将混床改为单床，即阳—阴—阳。三室床是将三个单床放在一个容器内，分上、中、下三室，上下装阳树脂，中装阴树脂。由于阴、阳树脂完全分开，所以消除了混脂，把交叉污染降为零。

这种系统中第二级阳离子交换主要为了去除阴树脂再生时残留的碱在运行中带出造成的

水质污染，因此，可以大大降低出水含 Na^+ 量，降低出水电导率，提高出水品质，通常称为“氢型精处理器”，也有的称为氢离子交换净化器，其运行的基本条件是彻底再生，它再生可与第一级阳床串联进行。这种系统出水 $Na^+ < 0.1\mu g/L$，电导率可达 $0.064\mu S/cm$。该系统的缺点是系统复杂、投资高，运行阻力大。

6. 二次分离法

混床失效树脂在阳树脂再生塔中反洗分层后，将阴树脂及混脂送入阴树脂再生塔中进行再生，混入阴树脂中的阳树脂在再生时变为 RNa，它与 ROH 树脂密度差较大，所以可以再进行一次分离，且分离效果好。

第二次分离是在阴树脂再生塔中进行的。当阴树脂再生、正洗结束后进行分离，分离后的阴树脂送回阳树脂再生塔进行混合，分离后残存在阴树脂再生塔底部的少量阳树脂待下一次树脂再生时，送入阳树脂再生塔，参加下一次再生操作。

7. 浓碱分离法

浓碱分离法是用 14%～16%的 NaOH 进行树脂分离，其密度为 $1.17g/cm^3$，刚好在阴、阳树脂湿真密度之间，所以分离混脂时将阴树脂浮起，阳树脂沉下，达到完全分离的目的。该方法是在阳树脂再生塔中用水分离树脂，并将阴树脂及混脂送入阴树脂再生塔，向其内送入 14%～16%的浓碱，一方面使阴树脂再生，另一方面使混入阴树脂中阳树脂沉下，上浮的阴树脂送入树脂储存塔内进行清洗，再与阳树脂混合、正洗、备用。分离出来在阴树脂再生塔底部的少量阳树脂待下一次再生时送入阳树脂再生塔，参加下一次分离。

（二）将分离后混杂的树脂变为无害树脂

由于采用分离的方法很难达到阴、阳树脂 100%的分离，总是多少存在一些混脂层，所以有人提出不要追求越来越高的分离效率工艺，而是设法将混杂的树脂变为无害树脂，这一类方法中比较好的是钙化法和氨循环法。

钙化法是在阴、阳树脂再生结束后，用 10 倍树脂体积的 $0.1\%Ca(OH)_2$ 溶液以 6m/h 速度通过阴树脂，由于阳树脂对 Ca^{2+} 的选择性比对 Na^+ 高得多，所以使混杂在阴树脂中的阳树脂转变为 RCa 型。在混床运行中，进水中微量钠不可能将钙置换出来。这相当于把混杂的阳树脂完全封闭起来，因此，出水中 Na^+ 含量较低。

氨循环法是在混床树脂分层后，阴树脂和混脂送入阴树脂再生塔，先再生阴树脂，再生后用氨水对阴树脂进行氨循环。

氨水通过再生好的阴树脂时，阴树脂中混入的钠型阳树脂与氨发生交换，钠进入氨水中，即

$$RNa + NH_4OH \longrightarrow RNH_4 + NaOH \tag{7-5}$$

当含钠的氨水进入尚未再生的阳树脂再生塔时，由于此时塔中阳树脂基本上为 RNH_4 型，它会交换氨液中钠，使氨液得到净化，即

$$RNH_4 + NaOH \longrightarrow RNa + NH_4OH \tag{7-6}$$

净化后氨水再次进入阴树脂再生塔，如此不断循环，直至阴树脂中混入的阳树脂（RNa 型）全部转变为 RNH_4 为止。再对阳树脂再生塔中阳树脂用酸进行再生。

此方法的缺点是氨循环需用较长的时间（多至几十小时）才能完成。

（三）完善再生工艺

包括提高再生剂纯度、调整再生剂用量及改进某些再生操作（比如碱液加热）等，以提高树脂再生度。其中再生剂纯度对再生度的影响是十分显著的，再生剂纯度包括再生用酸、碱的纯度及配制再生剂用水的纯度，因此，在凝结水处理工艺中，要选用高质量的酸和碱，再生用水一定要用纯水。

第八章

循环冷却水处理

在工业生产过程中，往往会有大量热量产生，使生产设备或产品的温度升高，必须及时冷却，以免影响生产的安全、正常进行和产品的质量。而水是吸收和传递热量的良好介质，工业上常用水来冷却生产设备和产品。所以在工业企业中（例如电力、石油、化工、钢铁企业等），冷却用水的比例很大，冷却水基本上占总用水量的90%～95%以上。

天然水中含有许多无机物和有机物，如不经过专门处理，冷却水在循环利用过程中，不仅温度升高，且由于盐类浓缩等作用，会产生腐蚀、结垢和微生物生长等问题。如不对水质进行处理，将难以保证系统的安全运行。

第一节　冷却水系统和设备

一、冷却水系统

用水来冷却工艺介质的系统称作冷却水系统。冷却水系统通常有两种：直流冷却水系统和循环冷却水系统。

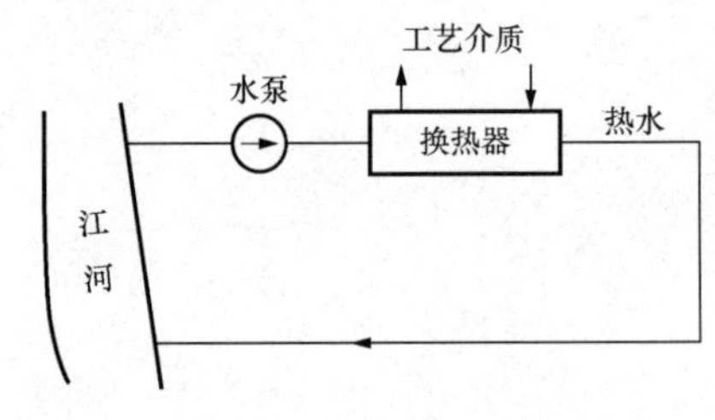

图 8-1　直流冷却水系统图

（一）直流冷却水系统

在直流冷却水系统中，冷却水仅仅通过换热设备（如凝汽器）一次就排放，不循环利用。其工艺流程如图8-1所示。该系统的特点是设备简单，不需要冷却构筑物，操作比较方便，但用水量大，冷却水经一次使用后即返回天然水体，因而排出水的温升较小，水中各种矿物质和离子含量基本上变化不大，水质引起的结垢、腐蚀问题相对来说较轻，所以一般对水质不再进行处理，只是为了防止水中的悬浮物质、水生生物堵塞泵及热交换器管子，在泵吸入口处设置机械阻挡装置（如隔栅）或者投加杀生剂（如氯气等）。

这种冷却水系统一般都在附近有很充足水源（如河流、湖泊、海水）的工厂使用。而许多企业往往不具备这种条件，所以不能采用这种冷却方式。

（二）循环冷却水系统

循环冷却水系统分为密闭式循环冷却水系统和敞开式循环冷却水系统两种。

1. 密闭式循环冷却水系统

密闭式循环冷却水系统工艺流程如图8-2所示。该系统指冷却水本身在一个完全密闭的系统中不断循环运行，冷却水不与空气接触，水的冷却是由另外一个敞开式冷却水（或空气）系统的换热设备来完成的。所以这种系统的特点是：

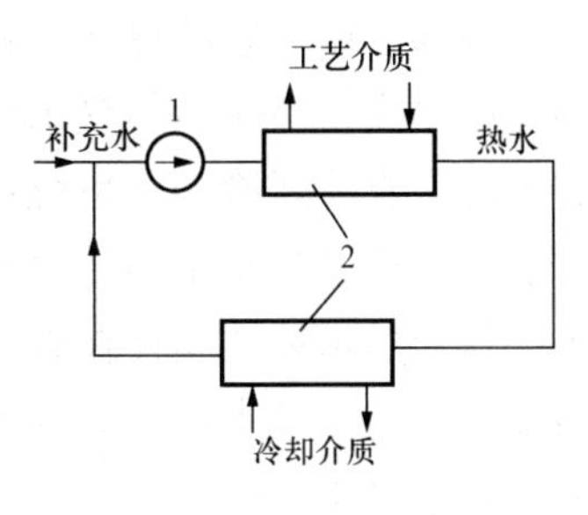

图 8-2　密闭式循环冷却水系统
1—水泵；2—换热器

（1）水不蒸发、不排放，补充水量小，因此通常采用软化水或除盐水作补充水。

（2）因水不与空气相接触，所以不容易产生由微生物引起的各种危害。

（3）因为没有盐类浓缩的问题，所以水中产生结垢的可能性较小。

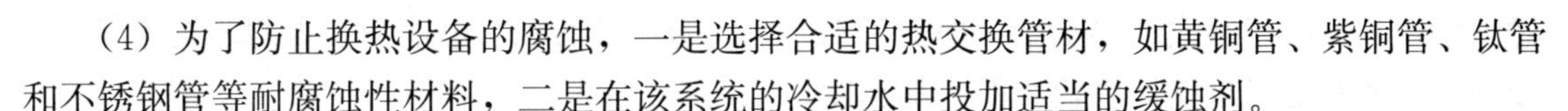

（4）为了防止换热设备的腐蚀，一是选择合适的热交换管材，如黄铜管、紫铜管、钛管和不锈钢管等耐腐蚀性材料，二是在该系统的冷却水中投加适当的缓蚀剂。

密闭式循环冷却水系统一般只是在传热量较小及有特殊要求的设备上使用，例如，水内冷发电机的冷却水系统，某些大型转动设备的轴承冷却水等。

2. 敞开式循环冷却水系统

敞开式循环冷却水系统是工业生产中应用很普遍的一种冷却水系统，其工艺流程如图 8-3 所示。该系统指冷却水由循环水泵送入热交换器内进行热交换，升温后的冷却水经冷却塔降温后，再由循环水泵送入热交换器内循环利用，这种循环利用的冷却水称循环冷却水。这种系统的特点是：

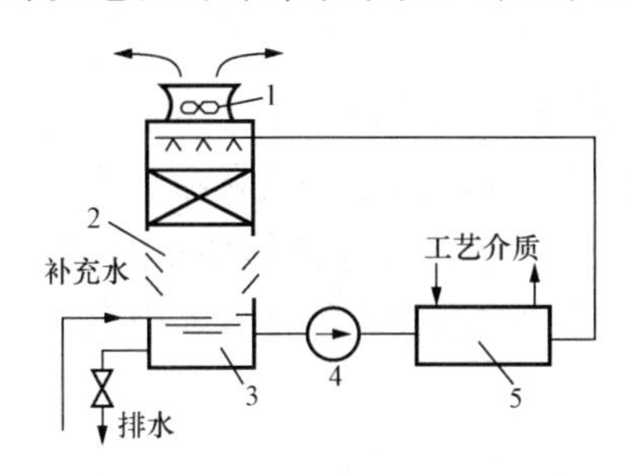

图 8-3　敞开式循环冷却水系统
1—风机；2—冷却塔；3—水池；
4—水泵；5—换热器

（1）由于水中有 CO_2 散失和盐类浓缩现象，在热交换器铜管内或冷却塔的填料上有结垢问题。

（2）由于温度适宜、阳光充足、营养丰富，有微生物的滋长问题。

（3）由于冷却水在塔内对空气洗涤，有生成污垢的可能。

（4）由于循环冷却水与空气接触，水中溶解氧是饱和的，所以还有换热器材料的腐蚀问题。

从该系统的特点可知，由于循环冷却水的水质比补充水水质明显恶化，给冷却水系统带来了一系列问题，所以对循环冷却水进行水质控制处理是非常必要的。后面叙述的水质控制主要是针对敞开式循环冷却水系统而言，当然，对其他冷却水系统也可作为参考。

所谓循环冷却水处理，主要就是研究这种敞开式循环冷却水系统的结垢、微生物生长和腐蚀等方面的原理和防止方法。

二、冷却构筑物

在循环冷却水系统中，用来降低水温（从热交换器排出的热水）的构筑物或设备称为冷却构筑物和冷却设备。按热水与空气接触的方式不同，可分为水面天然冷却池、喷水冷却池和冷却塔等。

（一）天然冷却池

天然冷却池是利用现成的水库、湖泊、河段、海湾或人工水池等天然水体对循环冷却水进行冷却。因为它的冷却过程是通过水体的水面向大气散发热量来进行的，因而又称水面冷却。经热交换器排出的热水由排出口排入天然水体，在缓慢地流向下游取水口的过程中（它的流向与直流式冷却水系统刚好相反，取水口在下游，排水口在上游，以适应河流流量满足不了直流式冷却水量的情况）与空气接触，借助自然对流蒸发作用散发热量使水冷却。由于热水与天然水体之间存在着一定的温度差，所以可在水体内形成温差异重流。热水在上面成为高温水区，冷水在下面成为低温水区，两层水流相对流动，有利于传热。下游取水口多插入低温水区中。

（二）喷水冷却池

喷水冷却池是利用人工或天然水池（池塘），池中布置配水管，管上装设喷嘴，循环水经喷嘴在空气中喷散成细小水滴，增加了水与空气的接触面积，也增加了水的蒸发速度，在使用较小的水池时也能提供较快的冷却速度。

喷水冷却池适用于冷却水量较小的企业，并且要有足够的场地或有现成的池洼坑可供使用。

（三）冷却塔

冷却塔是一种塔形构筑物，它用来冷却换热器中排出的热水。在冷却塔中，热水从塔顶由上向下喷散成水滴或水膜状，空气则由下向上与水滴或水膜成逆流运动，或者在水平方向与水滴或水膜成交流（横流）运动，使水与空气接触，进行热交换，来降低循环水的温度。冷却塔具有占地面积小，冷却效果好，水量损失小，处理水量的幅度较宽等优点，因此，在各行各业应用很广泛。

冷却塔按塔的构造以及空气流动的控制情况，可分为自然通风冷却塔和机械通风冷却塔两大类。

1. 自然通风冷却塔

这种冷却塔具有特殊形状的通风筒，以提供循环水冷却所需要的空气流量，如图 8-4 所示。它的水是从上部喷下，由于塔内空气与塔外空气温度差而形成的密度差，通风筒具有很强的抽风能力，使新鲜空气从塔下进入，与水发生热量交换，湿蒸汽从塔顶排出，循环水得到冷却，其冷却效果较为稳定。塔内装有填料，以增加水与空气的接触面积，大型塔内还装有收水装置，以减少风吹损失。

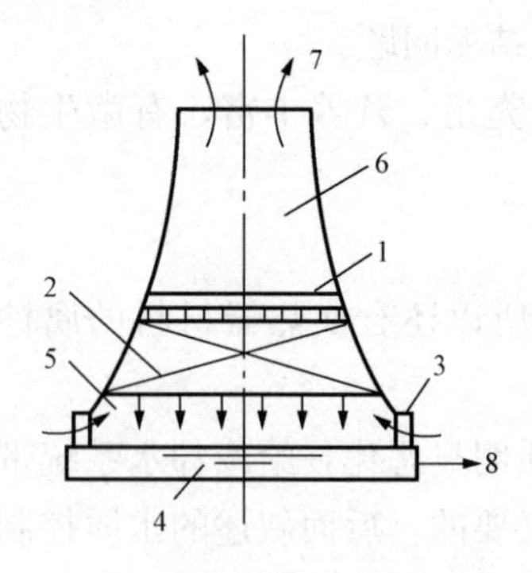

图 8-4　自然通风冷却塔图
1—配水系统；2—填料；3—百叶窗；4—集水池；5—空气分配区；6—风筒；7—热空气和水蒸气；8—冷水

自然通风冷却塔的冷却效果取决于塔高，塔越高则抽力越大，冷却效果也越好。大型自然通风冷却塔可以高达 100～200m，并且设计成双曲线形，使塔内空气动力学形态较好，有利于空气流动和水的冷却，这种冷却塔又称为双曲线形冷却塔。该类型冷却塔不需动力设备，因此，节省动力，冷却效果也好，设备维护简单，但投资较高。目前，大型火力发电厂多采用自然通风冷却塔。

2. 机械通风冷却塔

机械通风冷却塔中，为完成循环水冷却所需的空气流量是由风机供给的，因此，通风量稳定，冷却效率较高，占地面积较小，投资少，在相同条件下，冷却后的水温比自然通风冷却塔要低 3～5℃。但是，由于需要风机通风，运行耗电量大，维护工作量大，在大型和特大型冷却塔中，风机的制造和运行都存在很多问题，往往被双曲线形冷却塔所取代。但机械通风冷却塔在中小型冷却水系统中应用较多，其结构见图 8-5。

目前，市场上出售的一种玻璃钢冷却塔，如图 8-6 所示。其作用原理与机械通风冷却塔相似，所不同的是塔体外壳全部采用玻璃钢（一种玻璃布与树脂组成的复合材料）预制成块状部件，运输到现场后再拼装而成。填料通常为聚氯乙烯材料压制成波纹板式或板式，根据需要还可采用铝合金。

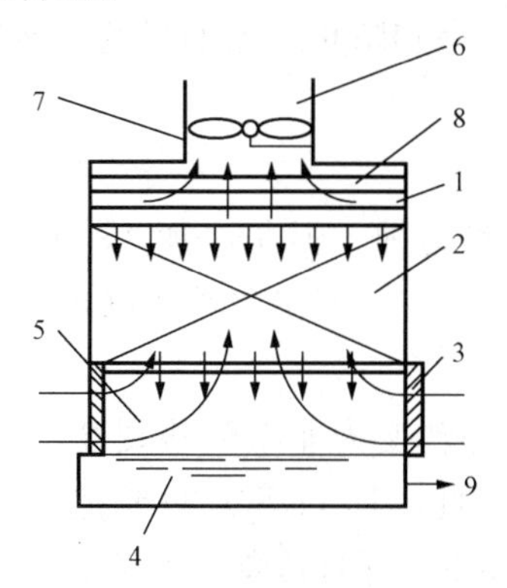

图 8-5　机械通风冷却塔

1—配水系统；2—填料；3—百叶窗；4—集水池；5—空气分配区；6—风机；7—风筒；8—热空气和水蒸气；9—冷水

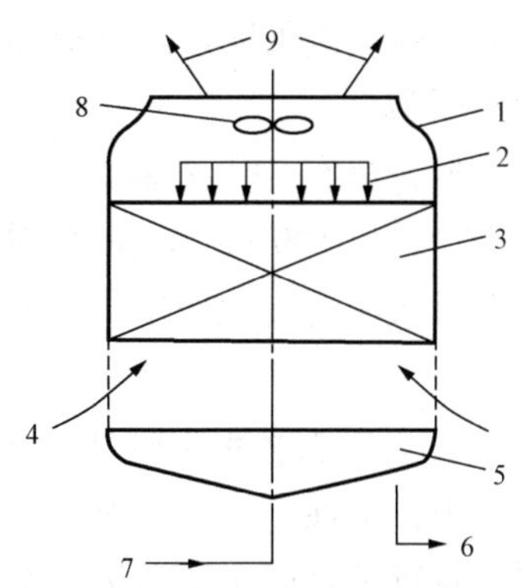

图 8-6　玻璃钢冷却塔

1—玻璃钢塔体；2—淋水装置；3—填料；4—空气；5—接水盘；6—冷却水；7—热水；8—排风扇；9—热空气和水蒸气

由于玻璃钢冷却塔生产已系列化，规格齐全，而且体重轻，占地少，排列灵活，可以拆迁，运输方便，造价相对来说也较低，因此，常为一些中小型化工厂、化肥厂、制药厂、超市、宾馆等单位改建、扩建或新建循环冷却水系统时选用。但其缺点是强度和使用寿命都不如钢筋混凝土所构成的冷却塔。

第二节　循环冷却水系统的防垢处理

这里所讲的防垢处理，主要是指碳酸盐垢的防止。在工业上碳酸盐垢的防止方法很简单，但是在循环冷却水系统中，由于冷却水量较大，必须采用一些特殊的方法，在技术上能做到防垢，而经济费用又不太大。

目前，采用的防垢方法有两类：一是外部处理，即在补充水进入冷却水系统之前，就将其结垢物质去除或降低，如排污法、石灰沉淀法、离子交换法等；二是内部处理，即向循环冷却水中加入某种药品，使水中的结垢物质转化为不结垢物质，或者使水中的结垢物质变形、分散，稳定在水中，如加酸法、加水质稳定剂法等。

一、石灰——加酸处理

对水进行石灰处理可以降低水中的重碳酸盐硬度，因而可以起到防垢的作用。石灰处理后出水残余碱度一般为 1mmol/L，其中 OH^- 为 0.2～0.3mmol/L，CO_3^{2-} 为 0.7～0.8mmol/L，所以处理后的水中重碳酸盐硬度大大下降，可以允许循环冷却水在较高浓缩倍率下使用而不结垢。

但是，由于石灰处理后的水 pH 值在 9.5～10.3，而且又是 $CaCO_3$ 过饱和溶液，因此，还会有结垢现象发生。在具体使用时，要将石灰处理后的水再加酸，将 pH 值降至 7.4～7.8，把 CO_3^{2-} 转变为 HCO_3^-，不再析出 $CaCO_3$ 沉淀，这即是石灰—加酸处理。

二、加酸法

向补充水（或循环冷却水）中加酸，会降低水的碱度，使水中碳酸盐硬度变为非碳酸盐硬度，从而降低水中碳酸盐硬度，达到提高浓缩倍率和防止结垢的目的。所用酸为 H_2SO_4，而不是 HCl，主要因为：

（1）HCl 浓度低，只有 31%左右。

（2）HCl 会增加水中的 Cl^-，加剧对设备的腐蚀。但是，加 H_2SO_4 会增加水中的 SO_4^{2-}，而 SO_4^{2-} 会对水泥有侵蚀作用，一般认为 SO_4^{2-} 浓度在 200～400mg/L 以下不会对水泥产生侵蚀作用。

H_2SO_4 的加入并不要求将水中碳酸盐硬度全部转变为非碳酸盐硬度，因为这样加药会太多，而且易使水失去中性，从而具有腐蚀性。因此，加 H_2SO_4 只要把一部分碳酸盐硬度变成非碳酸盐硬度就行了，以保证在运行浓缩倍率下，循环冷却水的碳酸盐硬度小于极限碳酸盐硬度。

三、离子交换法

一般是采用弱酸阳离子交换树脂，也有采用钠型树脂处理（钠离子交换或氢钠离子交换）。

弱酸性阳离子交换树脂可与水中的碳酸盐硬度发生交换反应，反应结果是：不仅去除了水中的碳酸盐硬度，同时也去除了水中的碱度。交换反应中产生的 CO_2 会在冷却塔中自然逸出，所以一般不必再设除碳器。弱酸阳树脂具有交换容量高、再生酸耗低的优点，用于降低循环冷却水碳酸盐硬度和碱度，是一个防止循环冷却水系统结垢的较好方法。弱酸阳离子交换可以看作为加酸法的改进。加酸法是向循环水中加酸，虽然去除了水中的碳酸盐硬度，但又增加了水的含盐量，对循环冷却水系统的运行是不利的。但是若采用该酸来再生弱酸性阳树脂，利用弱酸阳树脂来去除水中的碳酸盐硬度，同样也能达到降低水中碳酸盐硬度的效果，并且不会增加循环冷却水的含盐量，所以对循环冷却水系统的运行是有利的。

使用弱酸阳离子交换树脂处理的前期投资费用较高，这是该方法的缺点。在具体应用时，不必将补充水全部进行弱酸阳离子交换处理，而只需要处理一部分补充水，使总的循环冷却水的碳酸盐硬度达不到极限碳酸盐硬度。

由于弱酸阳离子交换可以大幅度降低水的碳酸盐硬度，所以可用于高浓缩倍率运行的循环冷却水处理及零排放系统。

四、炉烟法

在某些工业企业内，有大型锅炉设备，炉烟是锅炉排放的废气，其中含有 SO_2、CO_2 等酸性物质。可将炉烟作为一种水处理剂，用来处理循环冷却水，这样不仅能废物利用，节约运行费用，而且还能减轻炉烟对周围环境的污染，满足环境保护的要求。

五、阻垢剂法

阻垢剂法是近年来开始采用的方法。国内在20世纪70年代中期从国外引进十几套大型化肥设备，同时也引进了关于循环冷却水防垢的阻垢剂，接着对其配方进行剖析、生产，目前，国内阻垢剂的生产和使用已经相当普遍，化工系统首先采用，发电厂近年来使用也较多。但发电厂与化工系统不尽相同，主要表现在pH值、材质、剂量、对缓蚀剂要求等，所以两者不能套用，各有其自己的特性。

在循环冷却水中，加入少量某种化学药剂，就可以将其极限碳酸盐硬度提高，起到防止结垢的作用，这种药剂就称为阻垢剂。早期使用的阻垢剂大都是天然的或改性的有机化合物，如丹宁、磺化木质素、纤维素等。目前，在循环冷却水处理系统中使用的阻垢剂有以下几类：

1. 聚合磷酸盐

聚合磷酸盐是一种在分子内由两个以上的P原子、碱金属或碱土金属原子和氧原子结合的物质总称。

按其结构可分为偏磷酸盐、直链聚磷酸盐、超聚磷酸盐。目前，在循环冷却水处理中使用的主要是三聚磷酸钠（$Na_5P_3O_{10}$）和六偏磷酸钠（$NaPO_3$）$_6$。

向循环冷却水中加入1～5mg/L的聚磷酸盐，就能使极限磷酸盐硬度上升，起到阻垢作用，加药量与阻垢的关系如图8-7所示。

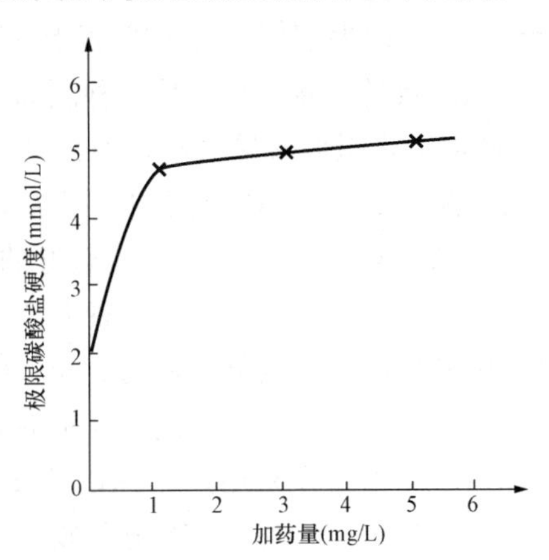

图8-7　三聚磷酸钠加药量与其稳定能力之间的关系

2. 有机膦酸盐

有机膦酸盐是于20世纪70年代中期开始在循环冷却水系统上大规模应用。它与聚合磷酸盐相比，具有化学稳定性好、不易水解和降解、加药量低、阻垢性能好、耐高温及易与其他类型阻垢剂产生协同效应等优点。

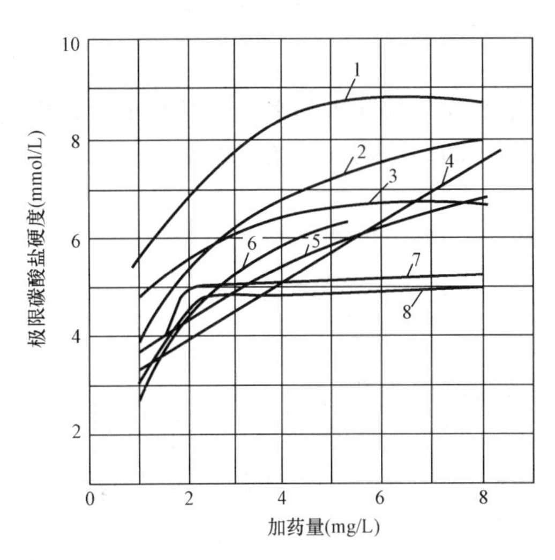

图8-8　常用药剂的处理效果

1—ATMP；2—EDTMP；3—HEDP；4—聚丙烯酸；5—聚丙烯酸钠；6—聚马来酸；7—三聚磷酸钠；8—六偏磷酸钠

有机膦酸盐可以看作是磷酸分子中羟基被烷基取代后的化合物，其中在循环冷却水系统中常使用的有机膦酸盐有：ATMP（氨基三甲叉磷酸盐）、EDTMP（乙二胺四甲叉磷酸盐）、HEDP（1-羟基2-乙川-1，1二膦酸）、PBTCA（2-膦酸基丁烷-1，2，4-三膦酸）。

这类化合物化学稳定性较好，不易被酸碱破坏，也不易水解成正磷酸盐，而且能耐较高温度，对一些氧化剂也有耐氧化能力。

有机膦酸盐在溶液中能解离出H^+，解离后的负离子可以和金属离子形成稳定的络合物，从而提高对$CaCO_3$的稳定作用。其阻垢能力如图8-8所示。

从图 8-8 中可以看出，有机膦酸盐加入水中后，极限碳酸盐硬度的升高值比加入聚磷酸盐要高，一般加药量在 2～4mg/L 时，极限碳酸盐硬度就可达到 6～7mg/L，再增加加药量，极限碳酸盐硬度提高不多。

3. 聚羧酸类阻垢剂

常见的主要有以下几种：

(1) 聚丙烯酸及其衍生物。聚丙烯酸、聚丙烯酸钠、聚甲基丙烯酸。

研究认为，这类物质当聚合物分子量在 800～1000 时，其阻垢效果最好。该类物质在水中使用后，会解离留下一个阴离子，所以又称为阴离子型阻垢剂，它在强酸、强碱的条件下是稳定的，但在高温和光照的情况下会发生再聚合。它的加药量为 2～8mg/L，一般在 4mg/L，其阻垢率就可达 80%以上。若与有机膦酸盐复合使用，效果更好。

(2) 聚马来酸。它也是一种阴离子型阻垢剂，阻垢性能也与聚合度有关，一般分子量在 10000 以下，阻垢效果最好。加药量为 2～3mg/L，但单独使用阻垢效果较差，常和 Zn^{2+}、有机膦酸盐等一起复合使用，阻垢效果较好。从阻垢机理上讲，它不但能抑制 $CaCO_3$、$CaSO_4$ 而且对 $Ca_3(PO_4)_2$ 也有较好的分散性，而且耐热。

(3) 聚丙烯酰胺。它是一种非离子型阻垢剂，它的性能与分子量有很大关系，作为阻垢剂使用的聚丙烯酰胺分子量为 10^5～10^6，但很少作为主要阻垢剂使用，常作为配合污泥剥离时使用的阻垢剂。这类药剂在原水混凝处理中的应用通常要比在冷却水系统中多。

(4) 几种新型阻垢剂。除以上使用的阻垢剂以外，新近开发使用的阻垢剂还有丙烯酸类共聚物、马来酸共聚物、磺酸共聚物、聚天冬氨酸（PASP）、聚环氧琥珀酸（PESA）等。

第三节　循环冷却水系统中污泥、微生物和腐蚀的控制

一、循环冷却水系统中的污泥

在敞开式循环冷却水系统中，水中悬浮物的含量不仅与补充水的水质、排污水量、浓缩倍率有关，而且还与冷却塔周围空气中的含尘量有关。循环冷却水中的污泥来源（即引入的悬浮物）有下面四种：

(1) 由补充水带入的。

(2) 循环水在冷却塔洗涤空气中由灰尘带入的。

(3) 循环水中生长的浮游生物（细菌生物体）。

(4) 在循环冷却水系统中生成的固体沉淀物和金属腐蚀产物。

由于冷却塔相当于一个空气洗涤器，所以当循环水与空气接触时，空气中的灰尘、微生物等会大量进入循环水中。假设冷却 1kg 水大约需要 1m³ 空气，空气中的含尘量（悬浮物）为 10mg/m³，循环水量为 22 000t/h，则每天带入循环水中的尘埃达 5280kg/d。这些被循环水洗下来的灰尘，一部分在管道与热交换器内沉积，即形成污垢，影响传热，加剧设备腐蚀；一部分悬浮于水中，增加了循环水中悬浮物含量，增加了水流阻力，降低了阻垢剂的阻垢效果；还有一部分会沉降于冷却塔的池底，可通过排污排走。所以循环冷却水系统要进行污泥防制，否则会影响系统的安全性。

二、循环冷却水系统中污泥的控制

（一）补充水的预处理

如果补充水中的悬浮物含量较高，就会使循环水系统遭受污染，给运行带来一系列问题，必须进行处理，这包括对循环冷却水的补充水进行混凝、澄清处理（或沉淀处理）及过滤处理。

（二）旁流过滤

旁流过滤指从循环冷却水系统中分流出一部分流量进行过滤处理，以维持循环水中悬浮物在一定范围之内。该工艺比采用混凝、澄清处理补充水（或投加药剂）更为经济、可靠。

（三）投加药剂

投加药剂有四类：

1. 杀菌剂及灭藻剂

主要是用于杀死微生物和藻类，或者抑制其生长，使水中微生物黏液降低，以减少微生物污泥。如 Cl_2、ClO_2、有机氮-硫化物、胺化物等。

2. 分散剂和渗透剂

可以改变污泥的内聚力和黏着性，或者使成片污泥分割开来分散在溶液中，或者渗入金属与污泥分界面，降低金属与污泥间黏结能力，使其从金属表面上剥离下来，最后通过排污或旁流过滤去除，所以又称为污泥剥离剂（sludge stripping agent）如季胺盐、溴化物、氯化物、过氧化物、胺化物、聚丙烯酸酯等。

3. 絮凝剂

可以把黏附在金属表面的污泥粒子黏附在一起，重新分散在水中，最后排除系统，因此又可称为再分散剂。如聚丙烯酰胺、聚酰胺等。

4. 乳化剂

当系统中油污较多时，也可采用乳化剂来消除油污，不至于影响旁流过滤。

这几种药剂即可以单独加，又可以混合加入，也可以有针对性的对个别污泥严重部位（如加热器）投加某种药剂。例如，把杀菌剂和污泥剥离剂（渗透剂）混合投加，其效果更显著，因为加入渗透剂，可以把杀菌剂渗透进入污泥内部杀死细菌。

（四）其他机械清除污泥方法

当热交换器内结有污泥时，也可采用机械清除方法来去除。但一般不宜采用钢丝刷、腐蚀性药剂等方法来去除，因为这样会损伤金属表面的保护膜。现在一般采用的机械清除污泥法有用高压水冲洗、压缩空气吹洗及橡胶塑料球清洗等。

三、循环冷却水系统中的微生物及危害

循环冷却水系统中的微生物分为动物和植物两大类。动物又分为后生物（如蜗牛、贝类等软体动物）和原生动物（如纤毛虫，鞭毛虫等）两类；植物包含藻类、细菌和真菌等。但其中数量较多、危害最大的是植物类的微生物。

循环冷却水系统中微生物会造成以下危害：

（一）形成黏泥，加速污泥沉积

在循环冷却水系统中，除了微生物分泌出来的黏液使悬浮物黏连和沉降外，一部分细菌（如铁细菌和硫细菌）还可以在金属上附着、生长和繁殖，产生生物膜，逐渐形成一层厚厚

的黏泥。

（二）微生物附着于管壁，加速腐蚀

微生物本身很少作为一种独立的腐蚀原因，而是由于微生物促进污泥沉积，使得污泥下面的金属表面为贫氧区，形成氧的浓差极化电池而使金属遭受局部腐蚀。

（三）某些动物残骸可能堵塞管道

循环冷却水中若存在某些动物残骸，可能会堵塞管道，破坏冷却水的循环，影响传热，会给设备带来危害。

四、循环冷却水系统中微生物的控制

在循环冷却水系统中主要是投加某种化学药剂来控制微生物的污染。控制水中微生物的药剂分为杀死生物药剂和抑制生物繁殖药剂两类。

杀死生物药剂的作用是杀死微生物，又可分为杀菌剂、杀真菌剂和杀藻类剂等；抑制生物繁殖药剂的作用是抑制微生物的繁殖，又可分为抑菌剂和抑真菌剂等。杀死生物药剂如果按杀生机理来分，又可分为氧化型杀生剂和非氧化型杀生剂两大类。氧化型杀生剂大都是很强的氧化剂，能氧化微生物体中的酶而杀死微生物，如 Cl_2、NaOCl、ClO_2、O_3、漂白粉等；非氧化型杀生剂因药剂不同而杀生机理也有所不同，有的是破坏生物代谢过程，有的是破坏细胞膜，有的是破坏生物体内酶，如季胺盐、氯酚等。在目前的循环冷却水处理中，由于杀生剂的杀生效果受到诸多因素的影响，因此，适合于循环冷却水系统使用的药剂并不是很多，通常把这些药剂都统称为杀菌剂。

另外，因为循环冷却水系统中的微生物种类和数量都很繁多，使用单一杀生剂往往难以取得比较理想的效果。而且，若是长时间使用同一种杀生剂，会使循环冷却水中的微生物体产生抗药性，降低药剂的杀生效果。因此，现场应根据循环冷却水的实际杀生效果，不断地调整药剂的剂量和种类，以取得最佳的杀菌效果。

1. 氯系杀生剂

氯系杀生剂的作用是加入循环冷却水中后，可以杀死和抑制水中的微生物。常用的有 Cl_2、NaOCl、$CaOCl_2$、$Ca(OCl)_2$、ClO_2 等。卤族元素中的氯、溴、碘也可作为杀菌剂，但由于 Cl_2 便宜，所以使用较多。Cl_2 杀菌主要由于它是一种强氧化剂，加入水中后，会生成 HOCl 和 HCl，起杀生作用的主要是 HOCl。

2. ClO_2

ClO_2 过去长期以来主要用于饮用水中消除藻类和锰等，以控制水的滋味和气味。近年来开始使用在工业冷却水中，是控制微生物生长的一种氧化型杀生剂。

ClO_2 是一种橙色到黄绿色气体，有氯的刺激味，ClO_2 气体或液体（沸点 11℃）都不稳定，具有爆炸性，因此一般在现场制造后再使用。用于循环冷却水处理时，常通过亚氯酸钠与氯（或与盐酸、次氯酸）的溶液反应来产生 ClO_2。

与 Cl_2 相比，ClO_2 杀菌有如下优点：

（1）杀菌作用与 Cl_2 相同，但用作杀伤孢子药剂和病毒药剂时，比 Cl_2 更有效。

（2）ClO_2 杀菌作用与 pH 值无关，在高 pH 值时使用比 Cl_2 效果好。

（3）ClO_2 不像 Cl_2 那样，会与氨或胺起反应，即使有氨存在时，也能保持其杀菌能力，这对某些循环冷却水处理是有利的。

(4) ClO_2 杀生作用持续时间较长，当 ClO_2 剩余 0.5mg/L 时，在 12h 内，对异氧菌杀死率仍达 99%以上。

(5) 由于 ClO_2 杀菌效果好，所以比 Cl_2 使用更经济。

(6) 由于提高了 ClO_2 的杀生效果，因此，大大减少了生物黏泥和藻类发生的臭味，改善了环境；同时排污水中没有余氯存在，所以也不存在污染河流的问题。

3. 臭氧 (O_3)

O_3 是空气在高压静放电而产生的，它是一种强氧化剂，和 Cl_2 一样，可以杀死水中生物体，多用于纯水消毒及饮用水消毒，而且兼有脱色、除嗅、去味的功能。

在循环冷却水系统中使用 O_3，有下列优点：

(1) 不会增加水中无机物含量，反应后不产生污物。

(2) 不会使水产生气味和颜色。

(3) 杀菌能力较强，对水生物无害。

(4) 当 O_3 分解为 O_2 时，不会带来任何环境污染问题。

(5) 当 O_3 用于饮用水消毒时，不会产生卤代烷类致癌物质。

但是由于 O_3 制造复杂（通常由高压放电产生），而且产率较低，水的吸收率也低，而且能耗较大，所以使用费用很高。

4. 氯酚

氯酚是非氧化型杀生剂，常用的是五氯酚钠和三氯酚钠，一般都是易溶且稳定的化合物，很少与循环冷却水中的无机或有机化合物起反应。

该杀生剂的杀菌机理是它能与蛋白质作用，形成沉淀。

三氯酚钠与五氯酚钠复合使用，杀菌效果增强，药剂的有效浓度可减少 1/2。

氯酚与表面活性剂联合使用，可增强杀菌效果，因为表面活性剂有助于氯酚穿透细胞壁。但五氯酚钠等对环境污染和人体健康影响较大，所以需慎用。

5. 季胺盐类杀生剂

季胺盐类杀生剂是一种非氧化型杀生剂，常用的有十二烷基三甲基氯化胺、十二烷基二甲基苄基氯化胺、十六烷基吡啶等三类。

季胺盐杀生剂中最常用的两种药剂是洁尔灭，即 1227 [十二烷基二甲基苄基氯化胺 (LDBC)] 和新洁尔灭 [十二烷基二甲基苄基溴化胺 (LDBB)]，两者都具有杀生能力强、使用方便、毒性小和成本低的优点；对异氧菌的杀生效果较好；对霉菌的杀生效果则较差；灭藻的效率比杀菌的效果更好。

五、循环冷却水系统中的金属腐蚀

循环冷却水系统中经常遇到的金属有碳钢、不锈钢、铜及铜合金，以及铝钛等金属。这些金属在冷却水系统中都会或多或少地遭受到冷却水的腐蚀，其腐蚀机理也各不相同。

碳钢在冷却水中的腐蚀形态分为两大类，即均匀腐蚀和局部腐蚀。而局部腐蚀中又包含点蚀（又称孔蚀）、斑点腐蚀、垢下腐蚀（又称缝隙腐蚀）、选择性腐蚀、晶间腐蚀、磨损腐蚀（也称浸蚀）、微生物腐蚀、应力腐蚀等形态。

不锈钢在冷却水中则会发生点蚀、缝隙腐蚀、奥氏体不锈钢的应力腐蚀等形态。

发电厂常采用的凝汽器铜管水侧则常发生均匀腐蚀、栓状脱锌腐蚀、坑点腐蚀、冲击腐蚀、晶间腐蚀、应力腐蚀破裂和腐蚀疲劳等形态。

钛管则由于钛金属在水中易于钝化，在水中有氯离子存在时，钝钛也不易破坏，因而耐氯化物腐蚀、海水腐蚀、点蚀和空泡腐蚀、高温腐蚀、强浓无机酸和部分有机酸腐蚀，但价格昂贵。

六、循环冷却水系统中金属腐蚀的控制

防止循环冷却水系统金属腐蚀的方法有很多，但在冷却水系统中，最常用的是在冷却水中投加缓蚀剂。除此以外，在冷却水系统中，还采用过电化学保护法、涂料覆盖法、硫酸亚铁镀膜等方法。

1. 投加缓蚀剂法

在循环冷却水系统中，投加少许药剂（一般在mg/L级）便在金属表面形成一层保护膜，将金属表面覆盖起来，从而与腐蚀介质隔绝，能使金属腐蚀速率大大降低，这种药剂称为缓蚀剂。目前，国内外大多数循环冷却水系统都采用这种投加缓蚀剂的处理方法。

用在循环冷却水系统中的缓蚀剂种类繁多，大致有下面几种：

（1）氧化膜型缓蚀剂。如铬酸盐、亚硝酸盐、钼酸盐、钨酸盐等。

（2）金属离子沉淀膜型缓蚀剂。如MBT，BTA等。

（3）水中离子沉淀膜型缓蚀剂。如聚磷酸盐、锌盐、有机磷酸盐、硅酸盐等。

（4）吸附膜型缓蚀剂。如有机胺等。

各种缓蚀剂其缓蚀机理也有多种说法，从电化学角度出发，认为缓蚀剂抑制了阳极过程或阴极过程，使腐蚀电流减少，达到缓蚀的作用；从成膜理论出发，认为缓蚀剂在金属表面形成了一层难溶的保护膜，阻止了冷却水中O_2的扩散和金属的溶解，从而起到缓蚀的效果。

一般单一品种的缓蚀剂效果往往不够理想，因此，现场常常把两种或两种以上的药剂组合成复合缓蚀剂使用，以便能取长补短，利用其协同效应提高缓蚀效果。

由于环保的要求越来越高，因此，开发环保型、高效、低毒、价廉的冷却水缓蚀剂已成为今后的发展方向。

2. 电化学保护法

电化学保护法是把要保护的金属设备通以电流使之极化。在导电介质中将被保护的金属设备连接在直流电源的负极上，通以电流进行阴极极化，称为阴极保护；将被保护的金属设备连接在直流电源的正极上，通以电流进行阳极极化，称为阳极保护。由于阳极保护只对那些在氧化性介质中可能发生钝化的金属才有效，因此，应用受到一定限制，而阴极保护不受此限制。循环冷却水系统中的电化学保护常采用阴极保护法。目前，采用的阴极保护法有两种：牺牲阳极法（又称护屏保护）和外加电流保护法。

3. 涂料覆盖法

根据国外引进装置的经验，对碳钢换热器也可以采用涂料覆盖的方法，隔绝冷却水与碳钢表面的直接接触，达到防止腐蚀的目的。所使用的涂料是由604环氧树脂和氨基树脂混合反应而得的环氧氨基树脂，加入磷酸锌、铬酸锌做颜料，以及铅粉、三氧化二铝、偏硼酸钡等作添加剂配制而成。

在热交换器管上，用涂料防腐时，必须要考虑涂料的导热性，不要对传热有较大的影响。

4. 表面处理法

在发电厂，为了防止凝汽器铜管遭受冷却水的侵蚀，常采用某些化学药剂对铜管表面进行造膜处理。目前，采用的表面处理药剂有两种：一种是用硫酸亚铁造膜，另一种是用铜试剂造膜。

（1）硫酸亚铁造膜。该种表面处理就是将硫酸亚铁的水溶液通过凝汽器铜管，使其在铜管内表面生成一层含有铁化合物的保护膜，从而达到防止凝汽器铜管腐蚀的目的。

硫酸亚铁的造膜方法有两种：一种是一次造膜法，就是在凝汽器停止运行的情况下，将一定浓度的 $FeSO_4$ 溶液通过凝汽器，进行专门的造膜处理；另一种是运行中造膜法，就是每隔 24h 或 12h 往冷却水中连续加 1h 的 $FeSO_4$ 溶液，使冷却水中的 Fe^{2+} 不低于 0.5～1.0mg/L。

（2）铜试剂或 BTA 造膜。该种表面处理就是将一定浓度的铜试剂二乙氨基二硫代甲酸钠[$(C_2H_5)_2NCSSNa$]溶液，通过凝汽器铜管进行循环，以形成保护膜，防止铜管腐蚀。

第四节 循环冷却水系统运行及管理

一、碳钢热交换器的循环冷却水系统运行及管理

1. 清洗

循环冷却水系统在进行水质稳定处理前，应对其系统的碳钢热交换器和管道等预先进行清洗，以除去油污、碎屑、泥沙和浮锈等杂质，达到净化金属表面的目的。清洗是循环冷却水系统运行中很重要的一项处理过程，因为它直接关系到金属表面预膜效果的好坏和今后的正常操作。碳钢热交换器的清洗方法包括物理清洗（人工清洗、机械清洗和超声波清洗等）和加入药剂使污垢溶解、剥离的化学清洗两大类。

2. 预膜

循环冷却水系统在进行清洗之后，尤其是酸洗之后的金属设备在投入正常运行之前，需要进行预膜处理。预膜的目的是让清洗后处于活化状态下的新鲜金属表面或其保护膜受到损伤的金属表面预先生成一层完整耐蚀的保护膜。即预先在金属表面形成一层保护膜，防止金属腐蚀。通常在循环冷却水系统运行初期投加较高浓度的缓蚀剂，待金属表面形成保护膜之后，再降低缓蚀剂浓度以维持补膜，即所谓正常处理。

3. 运行监督与控制

循环冷却水系统在经过清洗、预膜等步骤结束后即转入正常运行，此时应严格按照设计和药剂的要求进行监控，使各项操作指标在允许范围内波动，一旦发现异常值，应及时采取措施，以保证系统能长周期安全运行。

为了使循环冷却水系统长期、高效、经济的运行，操作管理是关键。有时即使筛选了合理的水质稳定剂配方，也确定了较好的工艺参数，但由于运行管理不善往往达不到预期的处理效果。

运行管理内容是综合性的，牵涉的工作很多。例如，要严格执行工艺条件、控制循环水质、评价循环冷却水系统处理效果，就必须经常监测水质，科学加药，定期维护设备等。这就需要制定科学的操作规程，并严格执行；而且要长期积累运行资料并认真加以研究，从而

掌握循环冷却水系统运行规律，提高管理水平和效果。

循环冷却水系统在水质管理方面，主要控制指标是浓缩倍率和 pH 值。

循环冷却水系统在加药管理方面，应根据水质正确使用水质稳定剂和将水中药剂浓度控制在要求的范围内，并选取合适的加药方式和加药地点。

循环冷却水系统中的腐蚀、结垢和微生物生长都与冷却水的水质有着密切的关系。循环冷却水系统在正常运行时使用的水质稳定剂是否能发挥最佳的作用，也与冷却水的水质关系密切，而且循环冷却水的水质又经常处于变化之中。因此，为了保证循环冷却水系统正常运行，防止发生事故，在日常运行中需要对循环冷却水系统的水质（包括补充水和循环水）进行监测和控制。监测项目和分析方法应执行国家标准和原化学工业部标准中有关工业循环冷却水的水质分析方法。敞开式循环冷却水系统运行管理的水质分析项目和分析次数见表 8-1。

表 8-1　　敞开式循环冷却水系统运行管理的水质分析项目和分析次数

分析项目	分析次数	
	补充水	循环水
浊度(度)	1次/周	1次/周
pH 值(25℃)	1次/周	1次/d
电导率(μS/cm)	1次/周	1次/d
M 碱度(mg$CaCO_3$/L)	1次/周	1次/周
钙硬度(mg$CaCO_3$/L)	1次/周	1次/周
氯离子(Cl^-)(mg/L)	1次/周	1次/周
二氧化硅(SiO_2)(mg/L)	1次/周	1次/周
总铁量(Fe)(mg/L)	1次/周	1次/周
余氯(Cl_2)/(mg/L)		1次/d
COD_{Mn}(mg/L)	1次/月	1次/月
水稳剂浓度		1次/d

为了及时收集循环冷却水系统运行的有关信息，推断和考察运行状况，随时修正控制参数，防止系统故障，日常的现场监测工作必不可少。循环冷却水系统的现场监测主要是通过在系统中安装旁路挂片（管）、小型换热器、腐蚀测定仪、污垢监测仪以及微生物的监测等，直接观察循环冷却水系统的腐蚀和结垢情况、生物黏泥形成情况，从而判断采用的水质稳定剂处理方案是否正确，复合水质稳定剂是否需要调整。没有严格、科学的监测工作就没有良好的水质稳定剂处理效果。

二、其他金属材料热交换器的循环冷却水系统运行管理

在火力发电厂的循环冷却水系统中，所使用的热交换器就是凝汽器，凝汽器所用的管材有铜合金、不锈钢和钛，其中采用历史最久，应用最为广泛的是铜合金。

循环冷却水的水质对凝汽器铜管的选择有着直接的影响。在正确选用各种型号铜材的前提下，对铜管质量的检查、对凝汽器铜管的维护管理以及定期观测、清洗沉积物所采用的措施、凝汽器的启停方式等，都对防止凝汽器铜管的腐蚀很重要。表 8-2 列出了凝汽器铜管选

用的一些技术规定。

表 8-2　　　　　　　　　　**我国凝汽器管材选用的技术规定**

管　材	冷却水质		允许最高流速（m/s）	其他条件
	溶解固形物（mg/L）	Cl^-浓度（mg/L）		
H68A	<300	<50	2.0	
	短期<500	短期<100		
HSn70-1A	<1000	<150	2.0～2.2	采用硫酸亚铁处理时，允许溶解固形物<1500mg/L，Cl^-<200mg/L
	短期<2500	短期<400		
HAl77-2A	1500～海水		2.0	
B30	海水		3.0	

铜合金和其他一些金属材质（如不锈钢和钛）的抗蚀性，主要决定于其表面氧化保护膜能否形成。所以为了延长这些金属材料的使用寿命和提高它们的运行可靠性，凝汽器管在基建、启动、运行和停用等各个阶段都必须认真管理和维护，使热交换器管始终处于洁净状态并维护好已形成的保护膜。

采用钛管的凝汽器，抗腐蚀能力很强。但在使用钛管时必须注意防止异物随水流进入，并应及时进行运行中清洗。此外，钛管也容易产生生物污染问题，所以应对循环冷却水进行严格的微生物控制。

采用不锈钢管的凝汽器，抗腐蚀能力相对钛管要弱些，比铜合金要强些。但该管材对氯化物的耐蚀性要差些，所以它只适用于在淡水中使用。此外，不锈钢管也容易产生生物污染问题，但为了防止不锈钢管产生点蚀，最好使用非氯型杀生剂进行微生物控制。无论采用哪一种不锈钢管，都要求管子保持高度洁净。冷却水流速最好不低于 2.4～2.7m/s。在机组短期停用时，冷却水不应停止流动；在长期停用时，应将凝汽器内的水放尽，管子清洗干净并使之干燥，否则管子会很快损坏。

第九章

超超临界机组热力设备的腐蚀和防止

超超临界机组水汽系统热力设备的腐蚀、结垢和积盐是影响超超临界火力发电机组安全经济运行的主要原因之一。随着补给水和凝结水处理技术的发展，超超临界机组锅炉给水的电导率完全可以满足水汽质量标准的要求，给水不纯导致的锅炉结垢和汽轮机积盐都可得到有效控制。这样，热力设备的腐蚀就成了最突出的问题。

电厂的热力设备在制造、运输、安装、运行和停运期间，会发生各种形态的腐蚀。热力设备的腐蚀，即遵循金属腐蚀的基本原理，又有其自身的特点。为了控制热力设备的腐蚀，首先应掌握金属腐蚀的基本概念和原理；然后，通过分析热力设备腐蚀的特点，弄清其原因和规律，掌握其控制方法。

第一节 金属腐蚀的基本概念和原理

一、金属腐蚀的定义和分类

金属腐蚀是金属由于受环境介质的化学或电化学作用而引起的破坏或变质。

上述腐蚀定义明确地指出了金属腐蚀是包括金属材料和环境介质两者在内的一个具有反应作用的体系。金属腐蚀过程就是材料和环境的反应过程。环境一般指材料所处的介质、温度和压力等。从热力学的观点来看，绝大多数金属都具有被环境介质中的氧化剂氧化的倾向。因此，金属发生腐蚀是一种自然趋势和普遍现象。

由于腐蚀领域涉及的范围极为广泛，发生腐蚀的金属材料和环境以及腐蚀的机理也是多种多样的，所以腐蚀的分类有多种方法。

（1）根据腐蚀环境的不同，金属的腐蚀大致可分为干腐蚀、湿腐蚀、熔盐腐蚀、有机介质中的腐蚀。

（2）根据腐蚀过程的特点，金属的腐蚀可分为化学腐蚀和电化学腐蚀。

（3）根据腐蚀在金属表面上的分布情况可将腐蚀分为全面腐蚀和局部腐蚀。

二、腐蚀速度的表示方法

在均匀腐蚀的情况下，常用失重法和深度法来表示金属的平均腐蚀速度。

1. 失重法

失重法是根据腐蚀前后金属试件质量的减少来表示金属的腐蚀速度。当金属表面上的腐蚀产物比较容易除净，且不会因为清除腐蚀产物而损坏金属基体时，常用此法。此时，金属的平均腐蚀速度可通过式（9-1）计算，即

$$v^{-} = (m_0 - m_1)/St \tag{9-1}$$

式中　v^{-}——金属的失重腐蚀速度，$g/(m^2 \cdot h)$；

m_0——腐蚀前试件的质量，g；

m_1——经过腐蚀并除去腐蚀产物后试件的质量，g；

S——试件暴露在腐蚀环境中的表面积，m^2；

t——试件腐蚀的时间，h。

2. 深度法

对于密度相同或相近的金属，可以用上述方法比较其耐蚀性能。但是，对于密度相差较大的金属，尽管单位表面积的质量变化相同，其腐蚀深度却可能大不相同。此时，用单位时间内的腐蚀深度表示金属的腐蚀速度更为合适。失重腐蚀速度可通过式（9-2）换算为年腐蚀深度，即

$$v_t = \frac{v^{-} \times 365 \times 24}{10^4 \rho} \times 10 = \frac{8.76 v^{-}}{\rho} \tag{9-2}$$

式中　v_t——年腐蚀深度，mm/年；

ρ——金属材料的密度，g/cm^3。

根据金属年腐蚀深度的不同，金属的耐蚀性通常可按如表 9-1 所示的 10 级标准或如表 9-2 所示的 3 级标准进行评定。显然，10 级标准划分太细，且腐蚀深度并非都是与时间成线性关系，因此，按试验数据或用手册上查得的数据的计算结果难以准确地反映出实际情况；相对而言，3 级标准比较简单，但它在一些要求较严格的场合又往往过于粗略。因此，实际使用时应在这两种标准的基础上，根据实际应用条件和要求来确定适当的标准。

表 9-1　　金属材料耐蚀性的 10 级标准

耐蚀性分类	耐蚀性评定	耐蚀性等级	腐蚀速度 v_t（mm/a）
Ⅰ	完全耐蚀	1	$v_t<0.01$
Ⅱ	很耐蚀	2	$0.001\leqslant v_t<0.005$
		3	$0.005\leqslant v_t<0.01$
Ⅲ	耐蚀	4	$0.01\leqslant v_t<0.05$
		5	$0.05\leqslant v_t<0.1$
Ⅳ	尚耐蚀	6	$0.1\leqslant v_t<0.5$
		7	$0.5\leqslant v_t<1.0$
Ⅴ	欠耐蚀	8	$1.0\leqslant v_t<5.0$
		9	$5.0\leqslant v_t<10.0$
Ⅵ	不耐蚀	10	$v_t\geqslant 10.0$

表 9-2　　金属材料耐蚀性的 3 级标准

耐蚀性评定	耐蚀性等级	腐蚀速度 v_t（mm/a）
耐蚀	1	$v_t<0.1$
可用	2	$0.1\leqslant v_t<1.0$
不可用	3	$v_t\geqslant 1.0$

三、金属的电化学腐蚀

热力设备的金属腐蚀大都属于电化学腐蚀，电化学腐蚀指金属表面与电解质发生电化学作用而引起的破坏。在电化学腐蚀过程中，金属的氧化（阳极反应）和氧化剂的还原（阴极反应）在被腐蚀的金属表面上不同的区域同时进行，电子可通过金属基体从阳极区流向阴极区，从而产生电流。例如，碳钢在酸中腐蚀时，在阳极区铁被氧化为 Fe^{2+}，所放出的电子通过钢的基体由阳极（Fe）流至钢中的阴极（Fe_3C）表面，被 H^+ 吸收而产生氢气，即

阳极反应　$Fe \longrightarrow Fe^{2+} + 2e$

阴极反应　$2H^+ + 2e \longrightarrow H_2$

总反应　$Fe + 2H^+ \longrightarrow Fe^{2+} + H_2$

可见，电化学腐蚀实际上是一种短路原电池反应的结果，这种短路原电池称为腐蚀电池。由于阴极和阳极被短路，腐蚀电池反应所释放出来的化学能，不能对外界做任何有用功。

第二节　热力设备的氧腐蚀及防止

热力设备在运行和停用期间都可能发生氧腐蚀。

一、运行中氧腐蚀的部位

金属发生氧腐蚀的原因是金属所接触的介质中含有溶解氧，所以凡有溶解氧的部位，都有可能发生氧腐蚀。但不同部位，水质条件（氧浓度、温度等）不同，腐蚀程度也就不同。在采用除氧水工况的情况下，氧腐蚀主要发生在温度较高的高压给水管道、省煤器等部位。另外，在疏水系统中，由于疏水箱一般不密闭，溶解氧浓度接近饱和值，并且水中溶解有较多的游离二氧化碳，因此，氧腐蚀比较严重。凝结水系统也会遭受氧腐蚀，但腐蚀程度较轻，因为凝结水中正常含氧量低于 30μg/L，且水温较低。除氧器运行正常时，给水中的氧一般在省煤器中就耗尽了，所以水冷壁系统不会遭受氧腐蚀；但当除氧器运行不正常或锅炉启动初期，溶解氧可能进入水冷壁系统，造成水冷壁管的氧腐蚀。锅炉运行时，省煤器入口段的腐蚀一般比较严重。

锅炉停用期间，整个热力系统都可能发生氧腐蚀。

二、氧腐蚀过程

由于金属表面保护膜的缺陷、硫化物夹杂等原因，当碳钢与含氧水接触时，碳钢表面各部位的电极电位不相等，从而形成微腐蚀电池。另外，根据 $Fe—H_2O$ 体系的电位—pH 图可知，在中性或弱碱性水中，碳钢主要发生氧腐蚀。因此，在腐蚀电池的作用下，阴极区表面上主要发生溶解氧的阴极还原反应，即

$$O_2 + 2H_2O + 4e \longrightarrow 4OH^- \tag{9-3}$$

而在阳极区表面上发生铁的阳极溶解反应，即

$$Fe \longrightarrow Fe^{2+} + 2e \tag{9-4}$$

阳极反应产生的 Fe^{2+} 在遇到水中的 OH^- 和 O_2 时发生下列次生反应，即

$$Fe^{2+} + 2OH^- \longrightarrow Fe(OH)_2 \tag{9-5}$$

$$4Fe(OH)_2 + O_2 + 2H_2O \longrightarrow 4Fe(OH)_3 \tag{9-6}$$

$$Fe(OH)_2 + 2Fe(OH)_3 \longrightarrow Fe_3O_4 + 4H_2O \tag{9-7}$$

在这些次生产物中，$Fe(OH)_2$ 是不稳定的，它很容易进一步发生次生反应，其中，反应产物 $Fe(OH)_3$ 常常是各种含水氧化铁($Fe_2O_3 \cdot nH_2O$)或羟基氧化铁(FeOOH)的混合物。因此，最后的腐蚀产物主要是 Fe_3O_4、Fe_2O_3 和 FeOOH。

三、氧腐蚀的特征

上述这些氧的腐蚀产物比较容易在水流速度较慢、表面比较粗糙或有沉积物的金属表面沉积，而这种次生产物的沉积物常常是疏松的，没有保护性，不能阻止腐蚀的继续进行，而且会妨碍水中溶解氧向金属表面的扩散，使其下面的溶解氧浓度低于其周围钢表面的溶解氧浓度，从而形成氧浓差腐蚀电池。这样，次生产物下面的钢表面又成为氧浓差腐蚀电池的阳极区，溶液的 pH 值降低，Cl^- 浓度提高，铁的阳极溶解反应加快，从而形成腐蚀坑。与此同时，腐蚀产生的部分 Fe^{2+} 会不断地通过疏松的次生产物层向外扩散，并在遇到水中的 OH^- 和 O_2 时发生上述次生反应，产生越来越多的次生产物。这样，次生产物逐渐在腐蚀坑上堆积，结果形成许多小鼓包。这些鼓包的大小差别很大，其直径从 1mm 到 20、30mm 不等，这种腐蚀特征称为溃疡腐蚀。鼓包表面的颜色可能呈黄褐色、砖红色或黑褐色，次层是黑色粉末状物，这些都是腐蚀产物。将这些腐蚀产物除去之后，便可看到一些大小不一的腐蚀坑，如图 9-1 所示。

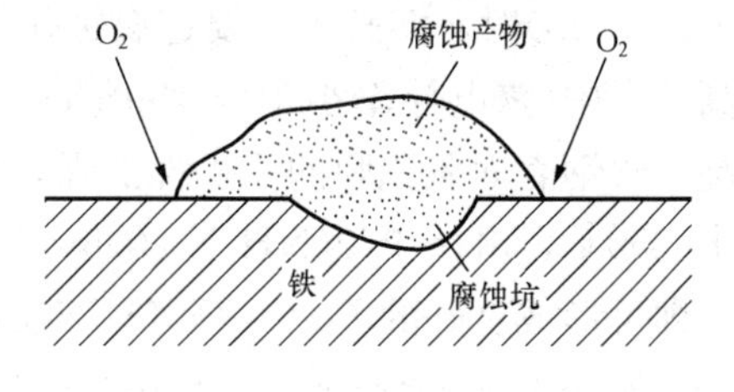

图 9-1　氧腐蚀特征示意图

各层腐蚀产物的颜色不同，是因为它们是组成不同或晶态不同的物质，参见表 9-3。表层的腐蚀产物，在较低温度下主要是铁锈（即 FeOOH），其颜色较浅，以黄褐色为主；在较高温度下主要是 Fe_3O_4 和 Fe_2O_3，其颜色较深，为黑褐色或砖红色。因为沉积的腐蚀产物内部缺氧，所以由表及里腐蚀产物的价态降低。因此，次层的黑色粉末通常是 Fe_3O_4，而在紧靠金属表面处还可能有黑色的 FeO 层。

表 9-3　　**铁的不同腐蚀产物的若干物理性质**

组　成	颜　色	磁　性	密度(g/cm^3)	热稳定性
$Fe(OH)_2$	白	顺磁性	3.40	在 100℃时分解为 Fe_3O_4 和 H_2
FeO	黑	顺磁性	5.4～5.73	在 1371～1424℃时熔化，低于 570℃时分解为 Fe 和 Fe_3O_4
Fe_3O_4	黑	铁磁性	5.20	在 1597℃时熔化
α-FeOOH	黄	顺磁性	4.20	约 200℃时失水生成 α-Fe_2O_3
β-FeOOH	淡褐	—	—	约 230℃时失水生成 α-Fe_2O_3
γ-FeOOH	橙	顺磁性	3.9	约 200℃时转变为 α-Fe_2O_3
γ-Fe_2O_3	褐	铁磁性	4.88	在大于 250℃时转变为 α-Fe_2O_3
α-Fe_2O_3	砖红	顺磁性	5.25	在 0.098MPa、1457℃时分解为 Fe_3O_4

四、氧腐蚀的影响因素

运行设备氧腐蚀的关键在于形成闭塞电池，金属表面保护膜的完整性直接影响闭塞电池的形成。所以影响膜完整的因素，也是影响氧腐蚀总速度和腐蚀分布状况的因素。各种影响因素所起的作用，要进行具体分析。

1. 溶解氧浓度的影响

一般情况下，碳钢和低合金钢在中性和弱碱性水中的氧腐蚀速度可用式(9-8)表示

$$i_{corr} = 4FDc/\delta \tag{9-8}$$

式中 i_{corr}——用来表示氧腐蚀速度的氧腐蚀电流密度，A/cm^2；

F——法拉第常数，c/mol；

D——氧在水中的扩散系数，cm^2/s；

c——水中溶解氧的浓度，mol/cm^3；

δ——扩散层厚度，cm。

式(9-8)表明，碳钢和低合金钢在中性和弱碱性水中的氧腐蚀速度与水中溶解氧的浓度成正比，与扩散层厚度成反比。

水中的溶解氧对水中碳钢的腐蚀具有双重作用，当水中杂质较多(如水的氢电导率大于0.3μS/cm)时，溶解氧主要起腐蚀作用，碳钢的腐蚀速度随溶解氧浓度的提高而增大。但在高纯水中(氢电导率小于0.15μS/cm)，溶解氧主要起钝化作用。此时，随溶解氧浓度的提高，碳钢表面氧化膜的保护性加强，所以碳钢腐蚀速度降低。实验结果表明，在流动的高温水[250℃，pH=9.0(NH_3)，0.5m/s]中，当溶解氧的浓度提高到25μg/L时，低碳钢表面上即可形成良好的Fe_3O_4-Fe_2O_3双层保护膜，使低碳钢的腐蚀速度由除氧条件下的44.6×10^{-3}g/($m^2\cdot$h)降低到7.1×10^{-3}g/($m^2\cdot$h)。

2. pH值的影响

pH值对铁在含氧软水中腐蚀速率的试验说明，当水的pH值小于4时，由于H^+浓度较高，钢铁开始发生明显的酸性腐蚀（有氢气析出），并且随着pH值的降低，酸性腐蚀速度迅速增大，使氧腐蚀的影响迅速减小；当水的pH值介于4～9之间时，水中H^+浓度很低，所以析氢腐蚀的影响很小。铁的腐蚀主要取决于氧浓度，并随溶解氧浓度的增大而增大，而与水的pH值基本无关；当水的pH值在9～13的范围内时，铁表面发生钝化，从而抑制了氧腐蚀，且pH值越高，钝化膜越稳定，所以钢的腐蚀速率越低。

低碳钢在温度为232℃、含氧量低于0.1mg/L的高温水中的动态腐蚀试验结果表明，在pH=7～11的范围内，pH值越低，低碳钢的腐蚀速度越高；特别是当pH<8时，碳钢的腐蚀速度随pH值的降低而迅速上升。因此，为了控制低碳钢的腐蚀，至少应将给水的pH值提高到8以上，最好在9.5以上。

3. 温度的影响

在密闭系统内，当溶解氧浓度一定时，水温升高，铁的溶解反应和氧的还原速度加快。因此，温度越高，氧腐蚀速度越快。

温度对腐蚀形态及腐蚀产物的特征也有影响。在敞口系统中，在常温或温度较低的情况下，钢铁氧腐蚀的蚀坑面积较大，腐蚀产物松软，如在疏水箱里所见到的情况；而在密闭系中，温度较高时形成的氧腐蚀的蚀坑面积较小，腐蚀产物也较坚硬，如在给水系统中所见到的情况。

4. 离子成分的影响

水中离子种类对腐蚀速率的影响很大。水中的H^+、Cl^-、SO_4^{2-}等离子对钢铁表面的氧

化物保护膜具有破坏作用，所以随它们的浓度增加，氧腐蚀的速度也增大。特别是 Cl^- 能破坏金属表面的钝化膜，所以具有促进金属点蚀的作用。

5. 流速的影响

在一般情况下，水的流速增大，钢铁的氧腐蚀速度提高。因为随着水流速的增大，扩散层厚度减小，由式（9-8）可知，钢的腐蚀速度将因此而提高。但是，当水流速增大到一定程度时，可能促使钢表面发生钝化，氧腐蚀速度又会下降。如果水流速度进一步增大到一定程度后，腐蚀速度又将开始迅速上升，这是因为水的冲刷作用破坏了钢表面的钝化膜，促使腐蚀加速，此时，金属表面呈现出冲刷腐蚀的特征，如 AVT 水工况下省煤器管道中发生的流动加速腐蚀（FAC）。

根据以上对氧腐蚀影响因素的分析，防止热力设备的氧腐蚀，一是严格控制凝结水和给水电导率，二是通过加氨适当提高凝结水和给水的 pH 值，并适当控制溶解氧浓度。

五、防止氧腐蚀的方法

要防止耗氧腐蚀，主要的方法是减少水中的溶解氧，或在一定条件下增加溶解氧。对于热力发电厂，因为天然水中溶有氧气，所以补给水中含有氧气。汽轮机凝结水中也有氧，因为空气可以从汽轮机低压缸、凝汽器、凝结水泵或其他处于真空状态下运行的设备不严密处漏入凝结水。敞口的水箱、疏水系统和生产返回水泵中，也会溶入空气。可见，给水中必然含有溶解氧。通常，我们用给水除氧的方法来防止锅炉运行期间的耗氧腐蚀。

给水除氧常采用热力除氧法和化学药剂除氧法。热力除氧法是利用热力除氧器将水中溶解氧除去，它是热力除氧的主要措施。化学药剂除氧法是在给水中加入还原剂除去热力除氧后给水中残留的氧，它是热力除氧的辅助措施。下面我们将分别介绍这两种方法。

（一）热力除氧法

1. 热力除氧法除氧原理

根据亨利定律，一种气体在液相中的溶解度与它在气液分界上气相中的平衡分压成正比。在敞口设备中把水温提高时，水面上水蒸气的分压增大，其他气体的分压下降，则这些气体在水中的溶解度也下降，因而不断地从水中析出。当水温达到沸点时，水面上水蒸气的压力和外界压力相等，其他气体的分压则降为零。此时，溶解在水中的气体全部逸出。

根据这个原理，热力法不仅可以除去水中溶解的氧，还能同时除去大部分溶解的二氧化碳气体，另外，还可以促使水中的重碳酸盐分解。因为重碳酸盐和 CO_2 间有以下平衡关系，即

$$2HCO_3^- \longrightarrow H_2O + CO_3^{2-} + CO_2\uparrow \tag{9-9}$$

CO_2 浓度降低，就会促进反应向右方移动，即重碳酸盐发生分解。

2. 卧式除氧器的工作原理

凝结水通过进水管进入除氧器的凝结水进水室，在进水室的长度方向均匀布置了 74 只 16 t/h 恒速喷嘴。因凝结水的压力高于除氧器的汽侧压力，水汽两侧的压力差 Δp 作用在喷嘴板上，将喷嘴上的弹簧压缩打开，使凝结水在喷嘴中喷出，呈现一个圆锥形水膜进入喷雾除氧段空间。在这个空间中过热蒸汽与圆锥形水膜充分接触，迅速把凝结水加热到除氧器压力下的饱和点，绝大部分的非凝结气体在此段中被除去。该段被称为喷雾除氧段。

穿过喷雾除氧段的凝结水喷洒在淋水盘箱上的布水箱上的布水槽钢中。布水槽均匀地将

水分配给淋水盘箱。淋水盘箱由多层排列的小槽钢上、下交错布置而成。凝结水从上层的小槽钢两侧分别流入下层的小槽钢中，一层层交错流下去，共经过16层小槽钢，使凝结水在淋水盘箱中有足够停留的时间且与过热蒸汽充分接触，使汽水交换面积达到最大值。流经淋水盘箱的凝结水不断地再沸腾，凝结水中剩余的非冷凝气体在淋水盘箱中被进一步去除，使凝结水中含氧量达到锅炉给水标准要求（≤7μg/L）。该段被称为深度除氧段。

凡是在喷雾除氧段中或深度除氧段中被除去的非冷凝气体均上升到除氧器上部特定排气管中排向大气。达到要求的除氧水从除氧器出口流入除氧水箱。

（二）化学除氧法

高参数大容量锅炉中给水化学除氧法所使用的药品是联氨。

1. 联氨的性质

（1）联氨的物理性质。

1）联氨（N_2H_4）又称肼，在常温下是一种无色液体，易溶于水，它和水能结合成稳定的水合联氨（$N_2H_4 \cdot H_2O$），水合联氨在常温下也是一种无色液体。

2）在25℃时，联氨的密度为1.004g/cm³，100%的水合联氨的密度为1.032g/cm³，24%的水合联氨的密度为1.01g/cm³；在0.1Pa时联氨和水合联氨的沸点分别为113.5℃和119.5℃，凝结点分别为51.7℃和2℃。

3）联氨容易挥发，但当溶液中N_2H_4的浓度不超过40%时，常温下联氨的蒸发量不大。

4）空气中的联氨蒸汽对呼吸系统和皮肤有侵害作用，被怀疑是致癌物，所以，空气中的联氨蒸汽不允许超过1mg/L。

（2）联氨的化学性质。

1）联氨能在空气中燃烧，其蒸汽量达4.7%（按体积计）时，遇明火便发生爆炸；无水联氨的闪点为52℃，85%的$N_2H_4 \cdot H_2O$溶液的闪点可达90℃；水合联氨的浓度低于24%时，不会燃烧。

2）联氨水溶液呈弱碱性，因为它在水中会离解出OH^-（$N_2H_4 + H_2O = N_2H_5^+ + OH^-$），电离常数为$8.5\times10^{-7}$（25℃），它的碱性比氨的水溶液略弱。

3）联氨与酸可生成稳定的盐，它们在常温下都是结晶盐，熔点高，很安全，毒性比水合联氨小，运输、储存、使用较为方便，也可用于锅炉中作为化学除氧剂。

4）联氨会热分解，其分解反应为$5N_2H_4 \longrightarrow 3N_2 + 4H_2 + 4NH_3$，在没有催化剂的情况下，联氨的分解速度取决于温度和pH值。温度越高，分解速度越高；pH值增大，分解速度降低。温度在100℃以下时，分解速度很小，而在375℃以上时，分解速度大大加速。根据实践经验，高压锅炉加联氨处理时，其凝结水中基本无残留联氨。

5）联氨是还原剂，它不但可以和水中溶解氧直接反应，把氧还原（$N_2H_4 + O_2 \longrightarrow N_2 + 2H_2O$），并且还能将金属高价氧化物还原为低价氧化物，如将Fe_2O_3还原为Fe_3O_4，将CuO还原为Cu_2O，联氨的这些性质有助于在钢和铜的合金表面生成保护层，因而能减轻腐蚀和减少在锅炉内结铁垢和铜垢。

2. 影响联氨和氧反应的因素

联氨和氧的直接反应是个复杂的反应，即

$$N_2H_4 + O_2 \longrightarrow N_2 + 2H_2O \tag{9-10}$$

为了使联氨和水中溶解氧的反应能进行得较快、较完全，我们要了解以下因素对反应速度的影响。

（1）水的 pH 值。联氨在碱性水中才显强还原性，水的 pH 值在 9～11 之间时，反应速度最大，因而，若给水的 pH 值在 9 以上有利于联氨除氧的反应。

（2）温度。温度越高，联氨和氧的反应越快。水温在 100℃以下时，反应很慢；水温高于 150℃时，反应很快。但是若溶解氧量在 10μg/L 以下时，实际上联氨和氧之间不再反应，即使提高温度也无明显效果。

（3）催化剂。催化剂对苯二酚、对氨基苯酚等化合物能催化联氨和氧的反应，而且只须加入极微小的量。因而若在联氨溶液中加入少量这类物质，则能大大加快联氨的除氧作用，甚至在温度较低的情况下也是如此。

3. 给水加联氨除氧的工艺

对于高压以上机组为了取得良好的除氧效果，给水联氨处理的合适条件是：水温 150℃以上；水的 pH 值在 9 以上；有适当的 N_2H_4 过剩量。而实际电厂高压以上的火力发电机组，从高压除氧器流出的给水温度一般已经高于 150℃，给水 pH 值按运行规程中规定的参考值为 8.8～9.3，所以能满足联氨处理所需要的较佳条件。虽然在相同的温度和 pH 值条件下，N_2H_4 过剩量越多，除氧越快，但在实际运行中，N_2H_4 过剩量不宜过多。因为过剩量太大不仅多消耗药品，使运行费用增加，而且可能使残留 N_2H_4 带入蒸汽，另外，联氨在高温高压下热分解产生过多的氨会增加凝汽器铜管的腐蚀。一般正常运行中控制省煤器入口处给水中 N_2H_4，过剩量为 20～50μg/L。联氨不仅与氧反应，还能与铁、铜氧化物反应，所以在锅炉启动阶段，由于水中的铁、铜氧化物较多，而且 N_2H_4 还要在给水系统金属表面的氧化物上消耗一部分，因而应加大联氨的加药量，一般控制在 100μg/L，待到省煤器入口处给水有剩余 N_2H_4 出现时，逐渐减少加药量，直到正常运行控制值。

联氨处理所用药剂一般为含 40%联氨的水合联氨溶液，也可能用更稀一些的。

4. 联氨加入部位

联氨一般加在高压除氧器水箱出口的给水泵管中，通过给水泵的搅动，使药液和给水均匀混合。除氧器正常运行时，其出水的溶解氧含量已经很低，一般小于 10μg/L，温度又在 270℃以下，此时，N_2H_4 与溶解氧之间的反应很慢，所以实际上省煤器入口处给水中的溶解氧含量不会有明显降低。为了使联氨与氧作用时间长些，并且利用联氨的还原性减轻低压加热管的腐蚀，可以把联氨的加入点设置在凝结水泵的出口处。

5. 使用联氨的注意事项

（1）储存。联氨浓溶液应当密封保存，大批的联氨应储存在露天仓库或易燃物仓库。有联氨浓溶液的地方应严禁明火。

（2）使用分析。搬运操作人员或分析联氨人员应戴橡皮手套和护目眼镜，严禁用嘴吸移液管。若药品溅入眼中，应立即用大量清水冲洗；若溅到皮肤上，可先用乙醇洗患处，然后用水冲洗，也可以用肥皂洗。在操作联氨的地方应当通风良好，水源充足，以便当联氨溅到地上时用水冲洗。

第三节　热力设备的停用腐蚀与停用保护

在锅炉、汽轮机、凝汽器、加热器等热力设备停运期间，如果不采取有效的保护措施或保护措施不当，设备水汽侧金属表面会发生强烈的腐蚀，这种腐蚀称为热力设备的停用腐蚀。火力发电厂常因停运后的防腐措施不足或方法不当，造成热力设备的锈蚀、腐蚀和损坏，尤其是水汽侧的腐蚀，将对电厂的安全、经济运行造成严重影响。

一、热力设备的停用腐蚀

1. 停用腐蚀产生的原因

（1）水汽系统内部有氧气。热力设备停用时，因为水汽系统内部的温度和压力逐渐下降，所以蒸汽凝结。因此停运后，空气会从设备不严密处或检修处大量渗入水汽系统内部，带入的氧溶解在水中。

（2）金属表面有水膜或金属浸于水中。由于停运放水时，不可能彻底放空，因此有的部位仍有积水，使金属浸于水中。积水的蒸发或潮湿空气的影响，使水汽系统内部湿度很大。这样在潮湿的金属表面氧腐蚀电池得以形成，使金属迅速腐蚀生锈。

2. 停用腐蚀的特征

各种热力设备的停用腐蚀，其本质主要是氧腐蚀，但各自有不同特点。

（1）锅炉停用时的氧腐蚀与运行时的氧腐蚀相比，在腐蚀部位、腐蚀程度、腐蚀形态、腐蚀产物颜色、组成等方面都有明显不同。因为停炉时，氧可以扩散到各个部位，因此，几乎锅炉的所有部位均会发生停炉氧腐蚀。

1）过热器。运行时不发生氧腐蚀，停炉时，立式过热器的下弯头常有严重的氧腐蚀。

2）再热器。运行中不会有氧腐蚀，停用时在积水部位有严重腐蚀。

3）省煤器。运行中出口段腐蚀较轻，入口段腐蚀较重。停炉时，整个省煤器均有腐蚀，且出口段腐蚀更严重。

4）水冷壁管、下降管和汽包。锅炉运行时，只有当除氧器运行不正常时，汽包和下降管中才会有氧腐蚀，水冷壁管是不会发生氧腐蚀的。停炉时，汽包、下降管、水冷壁管中均会遭受氧腐蚀，汽包的水侧腐蚀严重。

（2）汽轮机的停用腐蚀，通常在喷嘴和叶片上出现，有时也在转子叶轮和转子本体上发生。停机腐蚀在有氯化物污染的机组上更严重，并表现为点蚀。

停用时氧腐蚀的主要形态是点蚀，形成的腐蚀产物表层呈黄褐色，其附着能力低，疏松，易被水带走。由于停用时的氧浓度比运行时大，因此，停用时腐蚀范围广，腐蚀面积大，所以停用腐蚀比运行中氧腐蚀严重。

3. 停用腐蚀的影响因素

影响热力设备停用腐蚀的因素，对放水停用的设备，其停用腐蚀类似大气中腐蚀的情况，影响因素有温度、湿度、金属表面水膜成分和金属表面的清洁程度等。对充水停用的，金属浸于水中，影响因素有水温、水中溶解氧含量、水的成分以及金属表面的清洁程度等。

（1）湿度。对放水停用的设备，金属表面的潮气对腐蚀速度影响大。因为，在有湿分的大气中，金属腐蚀都是表面有水膜时的电化学腐蚀。大气中湿度大，易在金属表面结露，形成水膜，造成腐蚀增加。在大气中，各种金属都有一个腐蚀速度呈现迅速增大的湿度范围，湿度超过这一临界值时，金属腐蚀速度急剧增加，而低于此值，金属腐蚀很轻或几乎不腐蚀。对钢、铜等金属此“临界相对湿度”值在50%～70%之间。当热力设备内部相对湿度小于35%时，铁可完全停止生锈。实际上如果金属表面无强烈的吸湿剂沾污，相对湿度低于60%时，铁的锈蚀即停止。

(2) 含盐量。水中或金属表面水膜中盐分浓度增加，腐蚀速度增加。特别是氯化物和硫酸盐含量增加使腐蚀速度上升很明显。汽轮机停用时，若叶片等部件上有氯化物沉积，就会引起点蚀。

(3) 金属表面清洁程度。当金属表面有沉积物或水渣时，会妨碍氧扩散进去，使得沉积物或水渣下面的金属电位较负，成为阳极；而沉积物或水渣周围，氧容易扩散到金属的表面，使得金属电位较正，成为阴极。由于这种氧浓差电池的存在，使腐蚀加剧。

4. 停用腐蚀的危害

(1) 在短期内停用设备也会遭到大面积破坏，甚至腐蚀穿孔。

(2) 加剧热力设备运行时的腐蚀。停用腐蚀的腐蚀产物在锅炉再启动时，进入锅炉后形成水垢，促使锅炉炉水介质浓缩腐蚀速度增加，以及造成炉管内摩擦阻力增大，水质恶化，锅炉化学清洗周期缩短等。停机时，汽轮机中的停用腐蚀部位，可能成为汽轮机应力腐蚀破裂或腐蚀疲劳裂纹的起源。

二、热力设备的停用保护

为保证热力设备的安全运行，热力设备在停用或备用期间，必须采用有效的防锈蚀措施，以避免或减轻停用腐蚀。按照保护方法或措施的作用原理，停用保护方法可分为三类：

(1) 阻止空气进入热力设备水汽系统内部。其实质是减少金属表面上的水膜或积水中氧的浓度。这类方法有充氮法、保持蒸汽压力法等。

(2) 降低热力设备水汽系统内部的湿度。其实质是防止金属表面凝结水膜，形成电化学腐蚀电池。这类方法有烘干法、干燥法等。

(3) 使用缓蚀剂，减缓金属表面的腐蚀；或加碱化剂，调整保护溶液的pH值，使腐蚀减轻。所用药剂有氨、联氨、气相缓蚀剂、新型除氧—钝化剂等。这类方法的实质是使电化学腐蚀中的阳极或阴极反应阻滞。

(一) 停用保护方法的选择原则

1. 机组的参数和类型

首先要考虑锅炉的类别。直流锅炉对水质要求高，只能用挥发性药品保护，如联氨和氨或充氮保护；汽包锅炉则既可以用挥发性药品，也可以用非挥发性药品。其次是考虑机组的参数。对高参数机组，因为对水质要求高，所以汽包锅炉机组也使用联氨和氨做缓蚀剂。同时，高参数机组的水汽系统结构复杂，机组停用放水后，有些部位不易放干，所以不宜采用干燥剂法。

2. 停用时间的长短

停用时间不同，所选用的方法也不同。对热备用状态的锅炉，必须考虑能随时投入运行，因此，所采用的方法不能排掉炉水，也不能改变炉水成分，所以一般采用保持蒸汽压力法。对于短期停用机组，要求短期保护以后能投入运行，锅炉一般采用湿式保护，其他热力设备可以采用湿式保护，也可采用干式保护。对于长期停用的机组，要求所用的保护方法防锈蚀作用要持久，一般可用湿式保护，如加联氨和氨；或用于干式保护，如充氮法。

3. 现场条件

选择保护方法时，要考虑采用某种保护方法的现实可能性。现场条件包括设计条件、给水的水质、环境温度和药品来源等。如采用湿式保护的各种方法时，在寒冷地区均需考虑药液的防冻。

在选择停用保护方法时，必须充分考虑机组的特点，才能选择合适的药品或恰当的保护方法。也只有在充分考虑需要保护的时间的长短，才能选择出既有满意的防锈蚀效果，又方便机组启动的保护方法。

（二）锅炉停用保护方法

锅炉停用保护方法较多，这里介绍几种常用的效果较好的方法。

锅炉停用保护方法分：干式保护法、湿式保护法以及联合保护法。

干式保护法有：热炉放水余热烘干法、负压余热烘干法、邻炉热风干燥法、充氮法、气相缓蚀剂法，纯十八胺停用保护法等。

湿式保护法有：保持蒸汽压力法、保持给水压力法、氨水法、氨—联氨法等。

联合保护法有：充氮的湿式保护法。

1. 热炉放水余热烘干法

热炉放水指锅炉停运后，压力降到0.5～0.8MPa时，迅速放尽锅内存水，利用炉膛余热烘干受热面。若炉膛温度降到105℃，锅内空气湿度仍高于70%，则锅炉点火继续烘干。此法适用于临时检修或小修锅炉时，停用期限为一周以内。

2. 负压余热烘干法

锅炉停运后，压力降到0.5～0.8MPa时，迅速放尽锅内存水，然后立即抽真空，加速锅内排出湿气的过程，并提高烘干效果。此保护法适用于锅炉大、小修时，停运期限可长至3个月。

3. 邻炉热风干燥法

热炉放水后，将正在运行的邻炉的热风引入炉膛，继续烘干水汽系统表面，直到锅内空气湿度低于70%。此法适用于锅炉冷态备用，大、小修期间，停用期限为一月以内。

4. 充氮法

当锅炉压力降到0.3～0.5MPa时，接好充氮管，待压力降到0.05MPa时，充入氮气并保持压力在0.03MPa以上。氮气本身无腐蚀性，它的作用是阻止空气漏入锅内。此法适用于长期冷态备用的锅炉保护，停用期限可达3个月以上。

5. 气相缓蚀剂法

锅炉烘干，锅内空气湿度小于90%时，向锅内充入气化了的气相缓蚀剂。待锅内气相缓蚀剂含量达30g/m^{2}时，停止充气，封闭锅炉。此法适用于冷态备用锅炉。一般使用期限为一个月，但实际经验报道，有的机组用此法保护长达一年以上。

气相缓蚀剂，如碳酸环己胺、碳酸胺等，它们具有较大挥发性，溶于水后能解离出具有缓蚀性能的保护性基团的化合物。气相缓蚀剂应具备如下的基本特点：

（1）化学稳定性高。

（2）有一定蒸汽压，以保证充满被保护设备的各个部位，还应能保留较长时间。

（3）在水中有一定溶解度。

（4）有较高的防腐能力。

6. 纯十八胺停用保护法

十八胺又称薄膜胺，是发电厂热力设备和工业锅炉停炉保护的防腐蚀药剂。十八胺与金属表面接触后，会很容易在金属表面上形成一层分子层膜，把空气与金属隔绝，从而防止水及大气中氧及二氧化碳对金属的腐蚀，保护了金属，保护效果好。

在发电厂，十八胺的使用是在机组停运过程中，将其加入系统，进入锅炉后，在高温下挥发进入蒸汽，从而布满整个锅炉、汽轮机及热力系统中，在热力系统的所有设备、管道内，形成一层憎水性保护膜，起到保护作用。所以它的保护范围为锅炉、汽轮机及整个热力系统所有设备及水汽管道（包括极难保护的疏水管道）。对工业锅炉，十八胺的使用是在停炉前，将其加入给水，进入锅炉后，它挥发进入蒸汽，布满整个过热器和蒸汽供热管道，在金属表面形成一层保护膜，起到保护作用。

本方法适用于各种备用机组和备用锅炉的保护，特别适用于检修设备和长期停备用设备的保护。

十八胺保护后的机组在再次启动时，由于温度作用，形成的十八胺膜会很快分解为 NH_3、H_2 等气体并被排出系统，渗入垢下的十八胺分解产生的气体还会使某些浮垢脱落，从而降低结垢速率。据报道，十八胺会在凝汽器铜管表面形成憎水膜，有利于提高凝汽器效率。

7. 保持蒸汽压力法

有时锅炉因临时小故障或外部电负荷需求情况而处于热备用状态，需采取保护措施，但锅炉必须随时再投入运行，所以锅炉不能放水，也不能改变炉水成分。在这种情况下，可采用保持蒸汽压力法。其方法是：锅炉停用后，用间歇点火方法，保持蒸汽压力大于0.5MPa，一般使蒸汽压力达0.98MPa，以防止外部空气漏入。此法适用于一周以内的短期停用保护，耗费较大。

8. 保持给水压力法

锅炉停运后，用除氧合格的给水充满锅内，保持给水压力为0.5～1.0MPa，并保证一定量的溢流量，以防止空气漏入。此法适用于停用期在一周以内的短期停用锅炉的保护。保护期间定期检查锅内水压力和水中溶解氧的含量，如压力不合格或溶解氧大于7μg/L，应立即采取补救措施。

9. 氨水法

锅炉停用后放尽锅内存水，用氨溶液作防锈蚀介质充满锅炉，防止空气进入。使用的氨液浓度为500～700mg/L。氨液呈碱性，加入氨，使水碱化到一定程度，有利于钢铁表面形成保护层，可减轻腐蚀。因为浓度较大的氨液对铜合金有腐蚀，因此，使用此法保护前应隔离可能与氨液接触的铜合金部件。解除设备停用保护、准备再启动的锅炉，在点火前应加强锅炉本体到过热器的冲洗。点火后，用蒸汽冲洗过热器，必须待蒸汽中氨含量小于2mg/kg时，才能并汽。此法可适用于停用期为一个月以内的锅炉。

10. 氨—联氨法

锅炉停用后，把锅内存水放尽，充入加了联氨并用氨调 pH 值的给水。保持水中联氨过剩量在 200mg/L 以上，水的 pH 值为 10～10.5。此法保护锅炉，其停用期可达 3 个月以上。所以适用于长期停用、冷备用或封存的锅炉的保护。当然也适用于 3 个月以内的停用保护。在保护期，应定期检查联氨的浓度和 pH 值。

氨—联氨法在汽包锅炉和直流锅炉上都采用，锅炉本体、过热器均可采用此法保护。但中间再热机组的再热系统不能用此法保护，因为再热器与汽轮机系统连接，用湿式保护法，汽轮机有进水的危险。再热器系统可用干燥热风保护。此法是高参数大容量机组普遍采用的保护方法。

应用氨—联氨法保护的机组再启动时，应先将氨—联氨水排放干净，并彻底冲洗。锅炉点火后，应先向空排汽，直至蒸汽中氨含量小于 2mg/kg 时才可送汽，以免氨浓度过大而腐蚀凝汽器铜管。对排放的氨—联氨保护液要进行处理后才可排入河道，以防污染。

由于氨—联氨液保护时，温度为常温条件，所以联氨的主要作用不是直接与氧反应而除去氧，而是起阳极缓蚀剂或牺牲阳极的作用。因而联氨的用量必须足够。

11. 联合保护法

联合保护法是最主要的保护法，因为靠一种保护法是很难卓有成效地防止锅炉的停用腐蚀。联合保护法中最常用的是充氮的湿式保护法。其方法是：在锅炉停运后，未完成炉内换水，充入氮气，并加入联氨和氨，使联氨量达 200～300mg/L 以上，水 pH 值达 10 以上，氮压保持 0.03MPa 以上。若保护期较长，则联氨量还需增加。

锅炉从汽包至高压过热器、高压再热器出口设置了七条放气充氮管路，以便为停用较长时间而采用充氮或其他方法保养。

（三）启动锅炉停用保护

在锅炉的炉墙及锅炉内部经处理干燥后，可用以下两种方式进行保护：

1. 氮保护

将氮气从下汽包排污处和给水管道中的氮气进口处不断地输入，将个别部件顶上的放氮口的阀门打开，让炉体中的空气排出，直至内部均充满氮气后再将各放氮口关闭。最后将进氮口阀门关闭。

炉子本体在保养期间，各个炉门、人孔门、手孔均应密封关闭防止氮气泄漏，并定期进行检查，及时补充氮气，保证氮气的充满度。

2. 干法保养

在上、下汽包内，距离均匀地各放置 14 个铁罐，罐内盛有 1.5kg 左右的氧化钙，以便防潮吸水，罐内药品厚度不超过罐边高度的 1/3，药品纯度在 50%以上，颗粒度为 10～30mm 左右，铁罐放妥后关闭人孔盖。

在保养期间，炉内应紧闭，管道应隔绝，并每 3 个月打开人孔盖进行一次检查，如药品已消耗成粉状，应进行调换。

（四）汽轮机和凝汽器的停用保护方法

汽轮机和凝汽器在停用期间，采用干式保护法保护。首先，必须使汽轮机和凝汽器停运后内部保持干燥。因此，凝汽器在停用以后，先排水，使其自然干燥，如底部积水可以采用吹干的办法除去，凝汽器内部可以放入干燥剂。

（五）加热器的停用保护方法

（1）低压加热器的管材一般是铜管，所以可以采用干法保养或充氮气保养。

（2）高压加热器所用管材一般为钢管，停用保护方法为充氮保养或加联氨保养。加联氨保养时，联氨溶液的浓度视保养时间长短不同，pH 值用氨调至大于 10。

（六）除氧器的停用保护方法

除氧器若停用时间在一周以内，通热蒸汽进行热循环，维持水温大于 106℃。若停用时间在一周以上至 3 个月以内，采用把水放空、充氮气保养的方法；或采用加联氨溶液，上部充氮气的保养方法。若停用时间在 3 个月以上，采用干法保养，水全部放掉，水箱充氮气保养。

第四节 热力设备的酸性腐蚀及防止

一、水汽系统中酸性物质的来源

1. 二氧化碳

补给水中所含的碳酸化合物是水汽系统中二氧化碳的主要来源。其次，凝汽器发生泄漏时，漏入汽轮机凝结水的冷却水也会带入碳酸化合物，其中主要是碳酸氢盐。另外，水汽系统中二氧化碳主要来源是由真空状态运行的设备不严密处漏入的空气，这会使凝结水中二氧化碳含量增加。

碳酸化合物进入给水系统后，在高压除氧器中，碳酸盐会热分解一部分，碳酸盐也会部分水解，放出二氧化碳，这两个反应式如下

$$2HCO_3^- \longrightarrow H_2O + CO_3^{2-} + CO_2\uparrow \tag{9-11}$$

$$CO_3^{2-} + H_2O \longrightarrow 2OH^- + CO_2\uparrow \tag{9-12}$$

除氧工况下的运行经验表明，热力除氧器能将水中的大部分二氧化碳除去。由于碳酸氢盐和碳酸盐的分解需较长时间，因此，在除氧器后给水中的碳酸化合物主要是碳酸氢盐和碳酸盐。当它们进入锅炉后，随温度和压力的增加，分解速度加快，几乎能完全分解成二氧化碳。生成的二氧化碳随蒸汽进入汽轮机和凝汽器，在凝汽器中会有一部分二氧化碳被凝汽器抽气抽走，但仍有相当部分二氧化碳溶入汽轮机凝结水，使凝结水受二氧化碳污染。

2. 有机物

火力发电厂使用的生水，如果是地下水，一般几乎不含有机物；若使用地表水，如江水、河水、湖水或水库水，则往往含较多的有机物。天然水中有机物总量约 1/10 来源于工矿企业的工业废水、城乡生活废水以及含农药的农田排水等，其余都来自植物的腐败分解。因此，天然水中的有机物的主要成分是腐殖酸和富里酸，它们都是含羧基（—COOH）的高分子有机酸。在正常运行情况下，生水中这些有机物在补给水处理系统中，只能除去 80% 左右，所以仍有部分有机物进入给水系统。另外，由于凝汽器的泄漏，冷却水中的有机物也可能直接进入水汽系统。上述这些有机物，都来源于水汽系统的外部，所以不妨称之为给水有机物污染的“外部污染源”。另一方面，补给水和凝结水处理用的离子交换树脂保管、使用不当或者机械强度较差，都会使树脂在使用过程中容易产生碎末；离子交换设备进水温度

过高或者水中含有较多的强氧化剂（如残余氯），则会造成树脂的降解或分解。此外，水处理设备中还会滋生一些细菌和微生物。这些有机物均在水处理系统内部产生，所以可称之为给水有机物污染的“内部污染源”。

腐殖酸类有机物在给水和炉水中受热分解后，可产生甲酸、乙酸、丙酸等低分子有机酸。被污染的源水中的人造有机物在炉水中热分解，不仅可产生低分子有机酸，还可产生无机酸。一般阴离子交换树脂在温度超过60℃时就开始降解，温度升高到150℃时降解十分迅速；阳离子交换树脂在150℃时开始降解，温度升高到200℃时降解十分剧烈。在高温、高压下这些降解反应均释放出低分子有机酸，其中主要是乙酸，但也有甲酸、丙酸等。强酸阳离子交换树脂分解产生的低分子有机酸比强碱阴离子交换树脂所释放出的低分子有机酸多得多。离子交换树脂在高温下的降解过程中还释放出大量的无机阴离子，如氯离子。值得注意的是，强酸阳离子交换树脂上的磺酸基在高温高压下会从链上脱落，在水中生成酸。这些物质在锅炉水中浓缩，会导致炉水pH值下降，也会被携带到蒸汽中，随之转移到其他热力设备，在整个水汽系统中循环。此外，水中一些细菌和微生物停留在水处理设备中，离子交换器可能成为它们繁殖的场所，随着它们数量的增加，交换床可能会向通过的水流放出大量细菌、微生物，造成除盐水中有机物增加，随之进入水汽系统。在高温高压下，有机物分解释放出酸性物质。

水汽循环系统中有机物的来源如表9-4所示，这些有机物都会在高温高压下产生酸性物质。

表9-4　　水汽循环系统中有机物的来源

来　源	有机物名称	来　源	有机物名称
补给水	腐殖质、污染物、细菌	润滑油系统	从油冷却器及漏的管道进入
活性炭过滤器	脱氯进入的氯气与之反应形成的有机物、细菌		
离子交换器	树脂碎末、细菌、废弃物	燃料油系统	从油加热器及喷燃器进入
凝汽器泄漏	胶体物、污染物	机器液	常为含有氯化物及硫的有机物
水处理药剂	络合剂、聚合物、环乙胺、吗啉、膜胺等	防腐剂	油、气相缓蚀剂
化学清洗	有机酸、缓蚀剂、络合剂	法兰和盘根、油漆等	密封剂

二、水汽系统中的二氧化碳腐蚀

1. 二氧化碳腐蚀的部位和特征

水汽系统中的二氧化碳腐蚀指溶解在水中的游离二氧化碳导致的析氢腐蚀，二氧化碳腐蚀比较严重的部位是在凝结水系统。因为给水中的碳酸化合物在锅炉水中分解产生的二氧化碳随蒸汽进入汽轮机，随后虽有一部分在凝汽器抽气器中被抽走，但仍有部分溶入凝结水中。由于凝结水水质较纯，缓冲性较小，溶入少量的二氧化碳就会使它的pH值显著下降。此外，疏水系统、除氧器后的设备也会受到二氧化碳的腐蚀。

碳钢和低合金钢在流动介质中受二氧化碳腐蚀时，在温度不太高的情况下，其特征是材料均匀减薄。因为，在这种条件下二氧化碳腐蚀，往往出现大面积损坏。

2. 二氧化碳腐蚀的过程

人们早已知道含二氧化碳的水溶液对钢材的侵蚀性比同样 pH 值的完全电离的强酸溶液（如盐酸溶液）更强，但其原因近十年来才弄清。钢铁在无氧的二氧化碳水溶液中的腐蚀速度主要取决于钢表面上氢气的析出速度，氢气析出速度越大，则钢的腐蚀速度越快。研究发现，氢气从含二氧化碳的水溶液中析出是通过两条途径同时进行的：一条途径是，水中的二氧化碳分子与水分子结合成碳酸分子，它电离产生的氢离子扩散到金属表面上，得电子还原为氢气放出；另一条途径是，水中二氧化碳分子向钢铁表面扩散，被吸附在金属表面上，在金属表面上与水分子结合形成吸附碳酸分子，直接还原析出氢气。

从以上所述的析氢过程可以看出，由于碳酸是弱酸，其水溶液中存在弱酸电离平衡，即

$$H_2CO_3 \Longleftrightarrow H^+ + HCO_3^- \qquad (9\text{-}13)$$

这样，在腐蚀过程中被消耗的氢离子，可由碳酸分子的继续电离而不断得到补充，在水中游离二氧化碳没有消耗完之前，水溶液的 pH 值基本维持不变，钢的腐蚀速度也基本保持不变，腐蚀过程持续不断。而在完全电离的强酸溶液中，随着腐蚀反应的进行，溶液的 pH 值逐渐上升，钢的腐蚀速度也就逐渐减小。另一方面，水中游离二氧化碳又能通过吸附，在钢铁表面上直接得电子还原，从而加速了腐蚀反应的阴极过程（即得电子过程），这样促使铁的阳极溶解（腐蚀）过程速度也增大，就是这种特殊的还原机理，使二氧化碳水溶液对钢铁的腐蚀性比相同 pH 值、完全电离的强酸溶液更强。

二氧化碳水溶液对钢铁的腐蚀是氢损伤，包括氢鼓泡、氢脆、脱碳和氢蚀等。

3. 影响二氧化碳腐蚀的因素

（1）水中的游离二氧化碳的含量。钢铁的腐蚀速度随溶解二氧化碳量的增多而增大。

（2）水的温度。当温度较低时，随温度升高腐蚀速度加快；在 100℃附近，腐蚀速度达到最大值；温度更高时，钢铁表面上生成了比较薄、致密且黏附性好的碳酸铁保护膜，腐蚀速度反而下降。

（3）水的流速。随着流速的增大，腐蚀速度增大，但当流速增大到流动状况已成紊流状态时，腐蚀速度不再随流速变化而变。

（4）水中的溶解氧。溶解氧的存在使腐蚀更加严重。

（5）金属材质。一般说增加合金元素铬的含量，可提高钢材耐二氧化碳腐蚀的性能。

4. 防止二氧化碳腐蚀的方法

为了防止或减轻水汽系统中游离二氧化碳对热力设备及管道金属材料的腐蚀，除了选用不锈钢来制造某些关键部件外，还应减少进入系统的碳酸化合物。具体措施如下：

（1）减少补给水带入的碳酸化合物。

（2）尽量减少汽水损失，降低系统的补给水率。

（3）防止凝汽器泄漏，提高凝结水质量。

（4）注意防止空气漏入水汽系统，提高除氧器的效率，减少水中溶解氧含量。

此外为了减少系统中二氧化碳腐蚀的程度，还普遍采取向水汽系统中加入碱化剂（如 NH_3）的措施来中和水中的游离二氧化碳。

三、汽轮机的酸性腐蚀

1. 汽轮机酸性腐蚀的部位和特征

由于用氨调节给水的pH值，水中某些酸性物质的阴离子容易被蒸汽带入汽轮机，从而引发汽轮机的酸性腐蚀。汽轮机的酸性腐蚀主要发生在低压缸的入口分流装置、隔板、隔板套、叶轮，以及排汽室缸壁等。受腐蚀部件的金属表面保护膜被破坏，金属晶粒裸露，表面呈现银灰色，类似钢铁受酸浸洗后的表面状况。隔板导叶根部常形成腐蚀凹坑，严重时，蚀坑深达几毫米，以致影响叶片与隔板的结合，危及汽轮机的安全运行。这种腐蚀常发生在铸铁、铸钢或普通碳钢部件上，而在这些部位的合金钢部件则不发生酸性腐蚀。

2. 汽轮机发生酸性腐蚀的原因

汽轮机中上述部位发生酸性腐蚀的原因与和这些部位的金属接触的蒸汽和凝结水的性质有关。通常，过热蒸汽中携带的挥发性酸的含量是很低的，仅有微克每升数量级的浓度。而蒸汽的氨含量要高约两个数量级。这种蒸汽大量凝结所产生的凝结水，其pH值一般在8.5左右，不会导致低压缸中的金属材料发生严重腐蚀。可是，蒸汽的凝结和水的蒸发都不是瞬间就能完成的。如果把水迅速加热或冷却，则在相变时会发生水的过热或过冷现象；蒸汽的迅速膨胀，也会产生蒸汽过冷现象。在汽轮机中，蒸汽以音速流动，迅速膨胀。在蒸汽凝结成水的过程中，水凝结成核、继而形成水滴的速度很慢。因此，实际上汽轮机运行时，蒸汽凝结成水并不是在饱和温度和压力下进行的，而是在相当于理论（平衡）湿度4%附近的湿蒸汽区发生的，这个区域称为威尔逊线区。因此，汽轮机运行时，蒸汽膨胀做功过程中，在威尔逊线区才真正开始凝结而形成最初的凝结水。在再热式汽轮机中，产生最初凝结水的这个区域是在低压缸的最后几级。由于汽轮机运行条件的变化，这个区域的位置也会有一些变动。

汽轮机的酸性腐蚀恰好是发生在产生最初凝结水的部位，因而它与蒸汽最初凝结水的化学特性是密切相关的。过热蒸汽所携带的化学物质在蒸汽相和最初凝结水中的浓度取决于它们的分配系数的大小。若一个物质的分配系数小于1，则蒸汽凝结形成最初凝结水时，该物质溶于最初凝结水的倾向大，导致该物质在最初凝结水中浓缩。过热蒸汽中携带的酸性物质的分配系数值通常都小于1。例如，100℃时，盐酸、硫酸等的分配系数均在3×10^{-4}左右；甲酸、乙酸、丙酸的分配系数分别为0.20、0.44和0.92。因此，当蒸汽中形成最初凝结水时，它们将被最初凝结水“洗出”，造成酸性物质在最初凝结水中富集和浓缩。试验数据表明，最初凝结水中乙酸的浓缩倍率在10以上，氯离子的浓缩倍率达20以上；而对增大最初凝结水的缓冲性、平衡酸性物质阴离子有利的钠离子的浓缩倍率却不大，最初凝结水中钠离子浓度只比过热蒸汽中的钠离子浓度略高一点。这样，最初凝结水中浓缩的酸性物质如果没有被碱性物质所中和，将使最初凝结水呈酸性，它们只有在最初凝结水被带到流程中温度更低的区域时才会稀释。高参数机组采用化学除盐水作补给水后，一般采用氨作碱化剂来提高水汽系统介质的pH值。但由于氨的分配系数大，因而在汽轮机尾部汽、液两相共存的湿蒸汽区，氨大部分留在蒸汽相中。因此，即使在给水中所含的氨量是足够的，在这些部位的液相中，氨的含量也仍可能不够。氨本身又是弱碱，它只能部分地中和最初凝结水中的酸性物质，这将导致最初凝结水的pH值低于蒸汽的pH值。实测结果表明，最初凝结水的pH值可能降到中性、甚至酸性pH值范围。这种性质的最初凝结水对形成部位的铸钢、铸铁和碳钢部件具有侵蚀性。当有空气漏入热力设备水汽系统中使蒸汽中氧含量增大时，也使蒸汽最初凝结水中的溶解氧含量增大，从而大大增加了最初凝结水对低压缸金属材料的侵蚀性。

3. 防止汽轮机酸性腐蚀的方法

为解决汽轮机蒸汽初凝区的酸性腐蚀问题，最根本的措施是严格控制给水的纯度，确保给水的电导率（氢离子交换后，25℃）小于 0.2μS/cm。为此，必须认真地做好补给水处理工作，对全部凝结水进行净化处理，并且要特别注意防止给水被有机物污染。另一方面，也可从改变受酸性腐蚀区域的汽轮机部件表面的性能方面考虑，如采用等离子喷镀或电刷镀等措施，在金属材料表面镀上一层耐蚀材料，来防止酸性腐蚀。

现场为了防止汽轮机酸性腐蚀和游离二氧化碳的腐蚀，具体措施就是减轻给水的腐蚀性，即机组采用碱性水工况运行。此时，除了尽量减少给水中的溶解氧含量外，还需要调节给水的 pH 值。所谓给水的 pH 值调节，就是往给水中加入一定量的碱性物质，控制给水的 pH 值在适当的范围，使钢和铜合金的腐蚀速度比较低，以保证给水含铁量和含铜量符合规定的指标。

试验证明 pH 值在 9.5 以上可减缓碳钢的腐蚀，而 pH 值在 8.5～9.5 之间，铜合金的腐蚀较小。因此，对钢铁和铜合金混用的热力系统，为兼顾钢铁和铜合金的防腐蚀要求，一般将给水的 pH 值调节在 8.8～9.3 之间。但这将使处理凝结水的混床设备及其他阳离子交换设备的运行周期缩短，并且在保护钢铁材料不受腐蚀方面，这个范围并非最佳，应该更高一些。

目前，给水加氨处理是火力发电厂较为普遍的调节给水 pH 值的方法。给水加氨处理的实质是用氨来中和给水中的游离二氧化碳，并碱化介质，把给水的 pH 值提高到规定的数值。

氨在常温常压下是一种有刺激性气味的无色气体，极易溶于水，其水溶液称为氨水，一般市售氨水的密度为 0.071g/cm³，含氨量约 28%。氨在常温下加压很易液化，液态氨称为液氨，沸点为−33.4℃。氨在高温、高压下不会分解，易挥发、无毒，所以可以在各种机组、各类型电厂中使用。

给水中加氨后，水中存在着下面的平衡关系，即

$$NH_3 \cdot H_2O \Longleftrightarrow NH_4^+ + OH^- \tag{9-14}$$

因而使水呈碱性，可以中和水中游离的二氧化碳，反应如下

$$NH_3 \cdot H_2O + CO_2 \Longleftrightarrow NH_4HCO_3 \tag{9-15}$$

$$NH_3 \cdot H_2O + NH_4HCO_3 \Longleftrightarrow (NH_4)_2CO_3 + H_2O \tag{9-16}$$

实际上，在水汽系统中 NH_3、CO_2、H_2O 之间存在着复杂的平衡关系。

水汽系统中热力设备在运行过程中，有液相的蒸发和汽相的凝结，以及抽汽等过程。氨又是一种易挥发的物质，因而氨进入锅炉后会挥发进入蒸汽，随蒸汽通过汽轮机后排入凝汽器。在凝汽器中，富集在空冷区的氨，一部分会被抽气器抽走，另有一部分氨溶入了凝结水中。随后当凝结水进入除氧器后，氨会随除氧器排汽而遗失一些，剩余的氨则进入给水中继续在水汽循环系统中循环。试验表明，氨在凝汽器和除氧器中的损失率约为 20%～30%。如果机组设置了凝结水处理系统，则氨将在其中全部被除去，因而，在加氨处理时，估计加氨量的多少，要考虑氨在水汽系统和水处理系统中的实际损失情况。一般通过加氨量调整实

验来确定，以使给水 pH 值调节到 8.8～9.3 的控制范围为宜。

因为氨是挥发性很强的物质，不论在水汽系统中的哪个部位加入，整个系统的各个部位都会有氨，但在加入部位附近管道中的水的 pH 值会明显高一些。因此，若低压加热器是铜管，水的 pH 值不宜太高；而为了抑制高压加热器碳钢管的腐蚀，则要求给水 pH 值调节得高一些。所以，在发电机组上，可以考虑给水加氨处理分两级，对有凝结水净化设备的系统，在凝结水净化装置的出水母管以及除氧器出水管道上分别设置两个加氨点。

尽管给水采用加氨处理调节 pH 值，防腐效果十分明显，但因氨本身的性质和热力系统的特点，也存在着不足之处。

（1）由于氨的分配系数较大，所以氨在水汽系统中各部位的分布不均匀。所谓“分配系数”，指水和蒸汽两相共存时，一个物质在蒸汽中的浓度同与此蒸汽接触的水中的浓度的比值，它的大小与物质本身性质和温度有关。例如，在 90～110℃，氨的分配系数在 10 以上。这样为了在蒸汽凝结时，凝结水中也能有足够高的 pH 值，就要在给水中多加氨。但这也会使凝汽器的空冷区蒸汽中的氨含量过高，使空冷区的铜管易受氨腐蚀。

（2）氨水的电离平衡受温度影响较大。如果温度从 25℃升高至 270℃，氨的电离常数则从 1.8×10^{-5} 降到 1.12×10^{-5}，因此，使水中 OH^- 的浓度降低。这样，给水温度较低时，为中和游离 CO_2 和维持必要的 pH 值所加的氨量，在给水温度升高后就显得不够，不足以维持必要的给水 pH 值，造成高压加热器碳钢管腐蚀加剧，给水中 Fe^{2+} 增加。

所以，不能以氨处理作为解决给水因含游离 CO_2 而 pH 值过低问题的唯一措施，而应该首先尽可能地降低给水中碳酸化合物的含量，以此为前提，进行加氨处理，以提高给水的 pH 值，这样氨处理才会有良好的效果。

第十章

超超临界机组的水化学工况

第一节　超超临界机组水化学工况概述

一、超超临界机组的给水水质标准

由直流锅炉的工作原理可知，超超临界机组对凝结水和给水的纯度，以及凝结水—给系统腐蚀的控制要求极高。为了阐明超超临界机组的给水水质标准，首先必须弄清给水带入锅内的杂质在炉管中沉积和被蒸汽携带的情况。这与各种杂质在给水中的含量及其在蒸汽中的溶解度等因素有关，因为随给水进入锅炉的杂质，除了被蒸汽携带的部分外，其余的部分就沉积在炉管中，而蒸汽携带的量主要与杂质在蒸汽中的溶解度有关。

1. 杂质在过热蒸汽中的溶解度

由给水带入锅炉的杂质有：钙、镁化合物，钠化合物，硅酸化合物和金属腐蚀产物等。这些杂质在过热蒸汽中的溶解度，随蒸汽压力提高而增大，但随温度的变化规律较复杂，与杂质的种类、蒸汽的压力和温度范围有关。在超临界压力(29.4MPa)的蒸汽中，几种钠盐和钙盐溶解度的数量级如下：NaCl，100mg/kg；NaOH 和 Na_2SiO_3，10mg/kg；$CaCl_2$，1mg/kg；Na_2SO_4 和 $Ca(OH)_2$，10μg/kg；$CaSO_4$，1μg/kg。SiO_2(硅酸化合物)在过热蒸汽中的溶解度很大，在超临界压力下高达几百毫克每千克，即使在 3.5MPa 的中等压力下也有几毫克每千克。在腐蚀产物中，铁的氧化物在亚临界和超临界压力的过热蒸汽中的溶解度只有 10～15μg/kg，并且在压力一定时随温度的提高而降低；铜的氧化物在过热蒸汽中的溶解度，在亚临界压力(16.66MPa)下很小，只有约 2～6μg/kg，但在超临界压力下可达几十微克每千克。可见，各种杂质在过热蒸汽中的溶解度差别很大。

2. 杂质在直流锅炉内的沉积特性

如上所述，各种杂质在过热蒸汽中的溶解度差别很大。另外，有些杂质在高温下还会发生水解等化学反应，如 $CaCO_3$ 和 $CaCl_2$ 水解生成 $Ca(OH)_2$，后者失水变成在蒸汽中溶解度同样很小的 CaO；镁盐水解生成 $Mg(OH)_2$ 和 $Mg(OH)_2 \cdot MgCO_3 \cdot 2H_2O$。因此，各种杂质在直流锅炉内的沉积特性各有不同。

如果不考虑炉水过饱和引起的杂质沉积，某种杂质在过热蒸汽中的溶解度大于它在给水中的含量，则它就会完全被过热蒸汽溶解并带入汽轮机；反之，它就会部分、甚至几乎全部沉积在炉管中。因此，根据正常情况下各种杂质在给水中的含量及其在过热蒸汽中的溶解度可推断：对于超临界机组来说，炉管中可能存在的沉积物主要是铁铜氧化物、钙镁化合物和 Na_2SO_4 等在过热蒸汽中溶解度很小的钠化合物，并且它们在给水中的含量越高，则沉积量越大；被过热蒸汽带入汽轮机的杂质则主要是硅酸化合物、钠化合物和铜的氧化物，并且它们在给水中的含量越高，则带入汽轮机的量越大。

3. 影响杂质沉积过程的因素

影响杂质沉积过程的因素很多，除了前面已讲过的杂质在给水中的含量及其在蒸汽中的溶解度外，还有杂质在高温炉水中的溶解度、水冷壁管的热负荷、锅炉的运行工况等。在高温炉水中，钙镁等盐类的溶解度随温度的升高而降低。锅炉参数越高（炉水温度也越高），水中杂质就越容易达到饱和浓度，于是在蒸汽湿分较高的区域中就开始沉积。对于氧化铁等在高温炉水中的溶解度很小的杂质，当给水中其含量较高时，甚至可能在沸点以前（炉膛下辐射区水冷壁及以前）的炉管中沉积。

锅炉炉膛各部分的热负荷不可能是非常均匀的，炉管热负荷越高，靠近管壁的炉水蒸发越剧烈，杂质越容易浓缩到饱和浓度而在管壁上沉积。因此，锅炉参数越高，炉管中沉积过程开始得越早；此外，某些在给水中含量小于它在过热蒸汽中溶解度的杂质，也能在炉管上沉积。

锅炉运行工况的变化可使本已沉积在炉管中的钠盐又有一部分被蒸汽带入汽轮机。其原因如下：在直流锅炉水冷壁的流程中，蒸发区的位置会随水冷壁热负荷的降低和升高而前后移动。例如，当燃烧工况变化使水冷壁的热负荷降低时，蒸发区就向前推进。此时，含水量较多的汽水混合物或未饱和的水就进入工况变化前蒸汽即将被蒸干和微过热的管区，将先前沉积在那里管壁上的钠盐溶解下来，带入工况变化前的过热管区。在那里，水分又被蒸干，一部分钠盐再次沉积在管壁上，另一部分钠盐被蒸汽带走。当燃烧工况恢复正常后，这部分沉积在过热区的钠盐会陆续被过热蒸汽溶解带走。因此，直流锅炉经过给水长期不良的运行后，在给水改善的初期，还有可能出现蒸汽含钠量高于给水含钠量的异常情况。

4. 杂质在直流锅炉中的沉积部位

如上所述，直流锅炉炉管内的沉积物主要是铁铜氧化物、钙镁化合物和 Na_2SO_4 等钠盐。这些杂质随给水进入直流锅炉后，由于水的急剧蒸发而在尚未汽化的水中迅速浓缩、饱和、析出。直流锅炉运行参数越高，炉管中沉积过程开始得越早。在亚临界压力下运行时，从蒸汽湿度为50％～60％的区域开始就有沉积物析出，但在蒸汽蒸干过程快结束和微过热的管区沉积物较多。在超临界压力下运行时，当水被加热到相应压力下的相变点温度即全部汽化，不再出现汽水混合物的两相区。因此，沉积物主要出现在蒸汽微过热的管区。

对于中间再热式直流锅炉，在再热器中，特别是出口管段可能会有铁的氧化物沉积。因为铁的氧化物在蒸汽中的溶解度随蒸汽温度的升高而降低，而再热器出口管段的温度最高。除了再热蒸汽中铁的氧化物之外，再热器本身的腐蚀也会使再热器中沉积铁的氧化物，这可能导致再热器管过热而损坏。

二、超超临界机组水处理的特点

为了保证给水的水质，超超临界机组水处理有如下特点：

（1）在补给水制备方面，水处理系统和设备的选用要求较高，运行管理要求严格。要求有完善的预处理设备和至少应有两级化学除盐装置，其第二级应为混合床除盐装置，以除去水中各种悬浮态、胶态、离子态杂质和有机物，并且应有措施防止水处理系统内部污染（如树脂粉末、微生物、腐蚀产物等被补给水携带），以保证高纯度的补给水水质。

（2）在凝结水净化处理方面，要求100%的凝结水都经过净化处理，完全除去进入蒸汽凝结水中的各种杂质，即包括盐类物质和腐蚀产物等。凝结水净化处理系统包括去除不溶性微粒的设施，如各类前置过滤器和去除溶解性杂质的化学除盐装置，以及去除碎树脂的树脂捕捉器。

（3）在给水—凝结水水质调节处理方面，要求采用适宜的挥发性药品处理，以保证机组在稳定工况和变工况运行时都能抑制机组各个部位，特别是凝结水—给水系统的腐蚀，且不会使受热面上沉积物量增加，从而使给水中腐蚀产物的含量符合给水水质标准。

总之，超超临界机组的各项水处理工作应以保证给水达到如表10-1所示规定的水质标准（GB/T 12145—2008《火力发电机组及蒸汽动力设备水汽质量》）。为此，应根据机组的运行状态合理地应用水化学工况，并按水化学工况的要求严格地监督和控制水汽品质。

表10-1　直流锅炉给水纯度标准及蒸汽和精处理后凝结水的质量标准（GB/T 12145—2008）

项　目	过热蒸汽压力为5.9～18.3MPa			过热蒸汽压力大于18.3MPa		
	主蒸汽	给水	凝结水	主蒸汽	给水	凝结水
k_H(μS/cm，25℃)	≤0.15 (0.10)①	≤0.15 (0.10)	≤0.15 (0.10)	≤0.15 (0.10)	≤0.15 (0.10)	≤0.15 (0.10)
Fe(μg/L)	≤10 (5)	≤10 (5)	≤5 (3)	≤5 (3)	≤5 (3)	≤5 (3)
Cu(μg/L)	≤3 (2)	≤3 (2)	≤3 (1)	≤2 (1)	≤2 (1)	≤2 (1)
SiO_2(μg/L)	≤15 (10)	≤15 (10)	≤15 (10)	≤10 (5)	≤10 (5)	≤10 (5)
Na(μg/L)	≤5 (2)	≤5 (2)	≤5 (2)	≤3 (2)	≤3 (2)	≤3 (1)

① 括号中的数值为期望值，括号前面的数值为标准值，下同。没有凝结水精处理除盐装置的机组，蒸汽k_H标准值不大于0.30μS/cm，期望值不大于0.15μS/cm。

第二节　超超临界机组水化学工况及运行控制

一、超超临界机组水化学工况的基本要求

直流锅炉的水化学工况指直流锅炉给水的处理方式及其所控制的水质标准。直流锅炉水化学工况的基本要求如下：

（1）尽量减少直流锅炉内的沉积物，延长清洗间隔时间。在直流锅炉内，特别是下辐射区水冷壁管内总是不可避免地会产生沉积物（主要是氧化铁的沉积物），为了排除这些沉积物以保证锅炉安全运行，应定期进行化学清洗。直流锅炉水化学工况的基本要求之一就是必须使机组两次化学清洗间隔的时间能与设备大修的间隔时间相适应。应该注意到，从经济角度考虑，越是大容量机组，越是希望延长设备大修间隔时间。因此，对超超临界机组的水化

学工况提出了更高的要求。

（2）尽量减少汽轮机通流部分的杂质沉积物。直流锅炉，特别是超超临界直流锅炉，蒸汽参数很高，蒸汽溶解杂质的能力很强，给水中的盐类物质几乎全部被蒸汽溶解带到汽轮机中去。超超临界压力蒸汽溶解铜化合物的能力很大，铜化合物在压力超过 24MPa 的蒸汽中的溶解度远远超过亚临界压力蒸汽中的溶解度。在汽轮机内，当蒸汽压力从 24MPa 降低到 20～17MPa 时，在汽轮机最前面的级中就可能产生铜的沉积物。解决汽轮机内铜沉积的最根本的办法是热力设备完全不用铜合金，但国外许多超临界机组低压加热器仍用黄铜管、大多数凝汽器内主要也是采用铜管。我国已投运或将要投运的亚临界和超临界机组，也有用铜合金材料制作的设备，如低压加热器、凝汽器铜管、射汽抽气器冷却器等。如何使给水铜含量达到水质标准的要求、防止铜沉积也是超超临界、超临界和亚临界机组水化学工况的基本要求之一。

二、锅炉给水的处理方式与水汽质量标准

1. 锅炉给水的处理方式与水化学工况

随着机组参数和给水水质的提高，给水处理工艺也在不断地发展和完善，目前，直流锅炉常用的给水处理方式有 AVT(R)、AVT(O)和 CWT，相应直流锅炉机组的水化学工况分别称为还原性全挥发处理水化学工况[简称 AVT(R)水化学工况]、氧化性全挥发处理水化学工况[简称 AVT(O)水化学工况]和加氧—加氨联合处理水化学工况[简称 CWT 水化学工况]。

（1）还原性全挥发处理指锅炉给水加氨和还原剂（又称除氧剂，如联氨）的处理，英文为 all-volatile treatment（reduction），简称 AVT（R）。

（2）氧化性全挥发处理指锅炉给水只加氨的处理，英文为 all-volatile treatment（oxidation），简称 AVT (O)。

（3）加氧—加氨联合处理指锅炉给水加氧的同时又加氨处理，英文为 oxygenated treatment，简称 OT（或 CWT）。

2. 超超临界机组正常运行时的水汽质量标准

按照 GB/T 12145—2008，直流锅炉机组正常运行时主蒸汽、给水和精处理后凝结水的纯度应符合如表 10-1 所示的相应标准。按照 AVT (R)或 CWT 水化学工况运行时，给水的 pH 值、KH（氢电导率）、DO（溶解氧）、N_2H_4 和 TOC（总有机碳）应符合如表 10-2 所示的 GB/T 12145—2008 标准。在表 10-2 中同时列出了 DL/T 912—2005《超临界火力发电机组水汽质量标准》规定的相应标准，以供参考和比较。

表 10-2　直流锅炉给水 pH、DO、N_2H_4、TOC 和 Cl^- 控制标准

项　目	GB/T 12145—2008		DL/T 912—2005	
	AVT（R）	CWT	AVT（R）	CWT[②]
pH[①]值（25℃）	8.8～9.3（有铜） 9.2～9.6（无铜）	8.0～9.0	8.8～9.3（有铜） 9.0～9.6（无铜）	8.5～9.0（有铜） 8.0～9.0（无铜）
DO（μg/L）	≤7	30～150	≤7	30～150
N_2H_4（μg/L）	≤30	不加 N_2H_4	10～50	不加 N_2H_4

续表

项　目	GB/T 12145—2008		DL/T 912—2005	
	AVT（R）	CWT	AVT（R）	CWT②
TOC（μg/L）	≤200	≤200	≤200	≤200
Cl^-（μg/L）	—	—	≤5	≤5

① “有铜”或“无铜”分别指有铜或无铜给水系统。对于给水系统无铜而凝汽器管为铜管的机组，GB/T 12145—2008 规定的 AVT 水化学工况的 pH 标准值为 9.1～9.4。

② 有铜给水系统应通过专门试验，确定加氧不会增加水汽系统的含铜量，才能采用 CWT。

由离子交换除盐特性可知，当给水和凝结水的 k_H<0.15μS/cm 时，水中肯定没有硬度。因此，正常运行时给水和凝结水质量标准中都没有规定硬度项目，直流锅炉机组水汽的纯度可用 k_H、Fe、Cu、SiO_2 和 Na 来表示。

由直流锅炉的工作原理和直流锅炉中杂质的溶解与沉积特性可知，直流锅炉主蒸汽的纯度取决于给水的纯度，而给水纯度又首先取决于精处理后凝结水的纯度。为了保证主蒸汽的品质，应根据主蒸汽的质量标准确定给水的纯度标准；而为了保证给水的纯度，应根据给水纯度标准确定精处理后凝结水的质量标准。因此，由表 10-1 可见，给水的纯度标准与蒸汽和精处理后凝结水的质量标准几乎完全相同，不同之处在于对部分凝结水指标提出了更高的要求。

为了保证给水的纯度，除了控制凝结水的质量，还应根据所采取的给水处理方式，按照表 10-2 中 GB/T 12145—2008 的标准调节给水水质，以控制给水系统的腐蚀，使给水铁、铜含量合格。铁的氧化物在亚临界压力及超临界锅炉过热蒸汽中的溶解度，大约为 10～15μg/kg。GB/T 12145—2008 规定过热蒸汽压力大于 18.3MPa 的直流锅炉的给水含铁量不超过 5μg/L，争取不超过 3μg/L，这不仅可防止铁的氧化物在水冷壁管内沉积，而且可以防止其在汽轮机和再热器中沉积。对于超临界机组，铜氧化物主要被蒸汽带入汽轮机，并在那里沉积。GB/T 12145—2008 规定过热蒸汽压力大于 18.3MPa 的直流锅炉的给水含铜量不超过 2μg/L，争取不超过 1μg/L，主要是为了防止铜氧化物在汽轮机内沉积。因为，对于超超临界机组，在水处理方面已采取了许多措施，热力系统的水、汽中其他杂质很少，从而使汽轮机内铜的沉积变成一个比较突出问题。为了彻底解决这一问题，并为采用给水加氧处理创造有利条件，目前，超临界机组不仅采用无铜给水系统，而且凝汽器也多用不锈钢管或钛管，这样整个热力系统就成为一个无铜系统。

直流锅炉补给水的质量应以不影响给水水质为标准，可参考如表 10-3 所示的规定控制。由于补给水是补加到凝汽器热井中，与汽轮机凝结水汇合后一同进行精处理，所以允许补给水质量稍低于给水质量。

表 10-3　　锅炉补给水质量标准（GB/T 12145—2008）

锅炉过热蒸汽压力（MPa）	k(μS/cm，25℃)		SiO_2(μg/L)	TOC(μg/L)
	除盐水箱进口	除盐水箱出口		
5.9～12.6	≤0.20	≤0.40	—	—
12.7～18.3	≤0.20(0.10)		≤20	≤400
>18.3	≤0.15(0.10)		≤10	≤200

三、AVT 水化学工况

直流锅炉水汽系统的特点要求直流锅炉给水处理应采用挥发性药剂。因此，直流锅炉给水水质调节处理最早采用 AVT(全挥发性处理)水化学工况，即 AVT 水化学工况是在对给水进行热力除氧的同时，向给水中加入氨、联氨等适宜的挥发性药剂，以维持一个除氧碱性水工况，使钢表面形成比较稳定的 Fe_3O_4 保护膜，从而达到抑制水汽系统金属腐蚀的目的。由于除氧和联氨的加入，给水具有较强的还原性，所以 AVT 水化学工况是一种还原性工况。

1. 运行控制方法

直流锅炉机组实施 AVT 水化学工况时，应根据机组的参数等级执行 GB/T 12145—2008 中相应的水汽质量标准，参见表 10-1～表 10-3 及表 10-4；如果机组按 AVT (O)方式运行直流锅炉给水质量标准(DL/T 805. 4—2004《火电厂汽水化学导则第 4 部分：锅炉给水处理》)，可同时参见表 10-5。

按 AVT 水化学工况运行的直流锅炉，给水除氧主要由除氧器完成，与此同时，向给水中加氨调节给水 pH 值。如果机组按 AVT(R)方式运行，还要向给水中加 N_2H_4。加药方法和除氧器的运行要点详见第九章第二节、第四节。

在运行过程中，当水汽质量异常(劣化)时，应迅速检查取样是否具有代表性，测量结果是否准确，并综合分析水汽系统中水汽质量的变化。确认劣化判断无误后，应立即根据如表 10-6 所示的处理原则，按照如表 10-7 和表 10-8 所示的处理值，采取相应的处理措施，在规定的时间内找到并消除引起水汽质量劣化的原因，使水汽质量恢复到标准值。

表 10-4　凝结水泵出口凝结水质量标准(GB/T 12145—2008)

锅炉过热蒸汽压力(MPa)	3.8～5.8	5.9～12.6	12.7～15.6	15.7～18.3	＞18.3
k_H①(μS/cm)	—	—	≤0.30 (0.20)	≤0.30 (0.15)	＜0.20 (0.15)
H(μmol/L)	≤2.0	≤1.0	≤1.0	≈0	≈0
DO②(μg/L)	≤50	≤50	≤40	≤30	＜20
Na (μg/L)	—	—	—	≤5③	≤5

① 括号中为 k_H 的期望值。

② 直接空冷机组凝结水的 DO 标准值应小于 100μg/L，期望值应小于 30μg/L。配有混合式凝汽器的间接空冷机组凝结水的 DO 应小于 200μg/L。

③ 有凝结水精处理除盐装置时，凝结水的钠浓度可放宽至 10μg/L。

表 10-5　直流锅炉给水处理采用 AVT 方式时的给水质量标准 (DL/T 805. 4—2004)

给水处理方式	AVT (R)				AVT (O)			
锅炉过热蒸汽压力(MPa)	5.9～18.3		＞18.3		5.9～18.3		＞18.3	
	标准值	期望值	标准值	期望值	标准值	期望值	标准值	期望值
k_H (μS/cm)	≤0.20	≤0.15	≤0.15	≤0.10	≤0.20	≤0.15	≤0.20	≤0.15
pH 值	有铜给水系统，8.8～9.3；无铜给水系统，9.0～9.6(凝汽器管为铜管时，9.0～9.3)				无铜给水系统，9.0～9.6(凝汽器管为铜管时，9.0～9.3)			

续表

给水处理方式	AVT（R）				AVT（O）			
DO（μg/L）	≤7	—	≤7	—	≤10	—	≤10	—
N_2H_4（μg/L）	有铜给水系统，10～50； 无铜给水系统，＜30				—	—	—	—
Fe（μg/L）	≤10	≤5	≤10	≤5	≤10	≤5	≤10	≤5
Cu（μg/L）	≤3	≤2	≤3	≤2	≤5	≤3	≤3	≤2
Na（μg/L）	≤10	≤5	≤5		≤10	≤5	≤5	—
SiO_2（μg/L）	≤20	—	≤15	≤10	≤20	—	≤15	≤10
H（μmol/L）	≈0	—	≈0	—	≈0	—	≈0	—
Oil（mg/L）	≈0	—	—	—	≤0.3	—	＜0.1	—

表 10-6　　水汽质量劣化情况的处理原则（GB/T 12145—2008）

处理等级	水汽质量异常的危害程度	处 理 原 则
一级处理	有因杂质造成腐蚀、结垢、积盐的可能性	应在 72h 内恢复至相应的标准值[②]，否则，应采取二级处理
二级处理	肯定有因杂质造成腐蚀、结垢、积盐的可能性[①]	应在 24h 内恢复至相应的标准值，否则，应采取三级处理
三级处理	正在发生快速腐蚀、结垢、积盐	如果 4h 内水汽质量不好转，应立即停炉

① 根据 DL/T 805.4—2004，二级处理水汽质量异常的危害程度为“肯定会造成腐蚀、结垢和积盐”。

② 对于汽包炉的各级异常处理，使水质恢复正常的方法之一是降压运行。

表 10-7　　锅炉给水水质异常的处理值（GB/T 12145—2008）

项　目		标准值	处理等级		
			一级处理	二级处理	三级处理
k_H（μS/cm，25℃）	有精处理除盐	≤0.15	＞0.15	＞0.20	＞0.30
	无精处理除盐	≤0.30	＞0.30	＞0.40	＞0.65
pH[①]值（25℃）	有铜给水系统	8.8～9.3	＜8.8 或＞9.3	—	—
	无铜给水系统[②]	9.2～9.6	＜9.2 或＞9.6	—	—
DO（μg/L）	AVT（R）	≤7	＞7	＞20	—

① 直流锅炉给水 pH 值低于 7.0，按三级处理。

② 凝汽器管为铜管时，给水 pH 值标准值为 9.1～9.4，则一级处理值为 pH＜9.1 或大于 9.4。

表 10-8　　凝结水泵出口凝结水水质异常的处理值（GB/T 12145—2008）

项　目		标准值	处理等级		
			一级处理	二级处理	三级处理
k_H（μS/cm，25℃）	有精处理除盐	≤0.30[①]	＞0.30[①]	—	—
	无精处理除盐	≤0.30	＞0.30	＞0.40	＞0.65
Na[②]（μg/L，25℃）	有精处理除盐	≤10	＞10	—	—
	无精处理除盐	≤5	＞5	＞10	＞20

① 主蒸汽压力大于 18.3MPa 的直流锅炉，凝结水 k_H 的标准值为不大于 0.2μS/cm，一级处理值为大于 0.2μS/cm。

② 用海水冷却的电厂，当凝结水精处理装置出水的含钠量大于 400μg/L 时，应紧急停机。

2. 存在的问题

AVT 水化学工况主要存在以下两个方面的问题：

（1）给水含铁量较高，且锅炉下辐射区局部产生铁的沉积物多。前苏联某电厂两台超临界机组实施 AVT 水工况，给水水质标准为：$k_H \leqslant 0.3\mu S/cm$（25℃），pH＝9.1±0.1（25℃），DO≤10μg/L，N_2H_4＝20～60μg/L，Fe≤10μg/L，Cu≤5μg/L，Na≤5μg/L，SiO_2≤15μg/L。这两台机组的直流锅炉下辐射区管材是珠光体低合金钢，这种钢材允许的极限温度是 595℃，超过这个温度就会引起金属的破坏。因此，当锅炉下辐射区管壁因结垢温度上升到 590～595℃，就必须进行化学清洗。

这两台超临界压力机组的主蒸汽和给水年平均水质见表 10-9。显然，这两台机组给水的水质是合格的。但是，它们连续运行时间很少能超过 6000h，一般运行 4500h 就需要进行一次化学清洗。化学清洗前割管检查得知，两台机组的下辐射区中的沉积物量分别为 250～400g/m^2 和 270～390g/m^2，主要成分为铁的氧化物。这主要是给水带入的铁的氧化物在锅炉内沉积的结果，也与下辐射区管子的腐蚀有关。

表 10-9　前苏联某电厂两台超临界压力直流机组蒸汽和给水年平均水质（AVT 水工况）

机组编号	年份	给水（μg/L）						主蒸汽（μg/L）		
		NH_3	O_2	Fe	Cu	SiO_2	pH 值	Fe	Cu	SiO_2
5号	1973	831	5	8.2	0.9	6.3	9.0	6.5	5.3	1.0
	1974	970	5	8.2	1.1	6.6	9.03	7.5	5.9	1.0
	1975	934	5	8.1	2.1	6.9	9.1	6.1	6.6	2.1
7号	1973	695	0	9.6	1.4	10.9	8.9	8.0	9.6	1.4
	1974	727	5	8.0	1.7	7.9	8.9	6.8	6.9	1.8
	1975	808	5	8.0	2.1	9.0	9.5	6.4	8.2	2.2

在 AVT 水化学工况下，水汽系统中铁化合物含量变化的特征是：高压加热器至锅炉省煤器入口这部分管道系统中，由于 FAC（流动加速腐蚀）和腐蚀，水中含铁量是上升的；在下辐射区，由于铁化合物在受热面上沉积，水中含铁量下降。在过热器中，由于汽水腐蚀的结果，含铁量有所上升。锅炉本体水汽系统中铁的氧化物含量的变化如图 10-1 所示。虽然锅炉的省煤器、悬吊管等水预热区域的受热面面积大、热负荷低、容许的沉积物量大，而且危险性极小，但从图中可以看出，水中铁的氧化物实际上却不沉积在省煤器和悬吊管中，而主要沉积在下辐射区。下辐射区受热面面积较小，热负荷很高，沉积物聚集使得管壁温度上升，如上述这两台直流锅炉大约每运行 1000h，管壁温度上升 14～20℃。从图 10-1 中还可看出，流经上辐射区后铁化合物的浓度

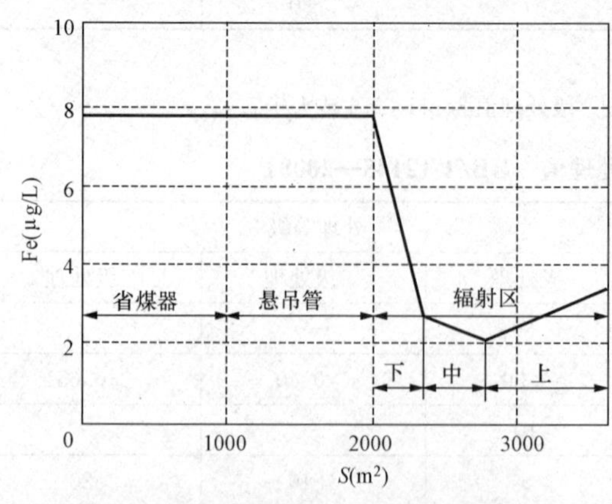

图 10-1　ATV 水工况下超临界锅炉水汽系统中铁氧化物含量的变化

有所增加。这表明锅炉上辐射区的炉管内并没有形成良好的防蚀保护膜。

（2）精处理混床运行周期缩短。在 AVT 水化学工况下，凝结水精处理混床中阳树脂的交换容量，有相当多的一部分被凝结水中的氨消耗掉了。因此，混床运行周期缩短，再生频率提高，再生剂用量增加，再生废液增多，不利于环保。为了解决这一问题，有的机组采用了氨化混床，即 NH_4-OH 型混合床，但氨化混床难再生，出水水质差，操作复杂，限制了它的应用。

四、CWT 水化学工况

（一）给水加氧水化学工况的发展

为解决 AVT 水工况存在的问题，德国 20 世纪 70 年代中叶提出了对直流锅炉给水进行加氧处理的中性水工况，即中性水处理（neutral water treatment，NWT）。NWT 就是利用溶解氧的钝化作用原理，在高纯度锅炉给水中加入适量的氧化剂（氧气或过氧化氢），以促进金属表面的钝化，从而达到进一步减少锅炉金属腐蚀的目的。虽然 NWT 在直流锅炉上的应用取得了显著效果，但是在 NWT 水工况下给水为中性高纯水，其缓冲性很小，pH 值难以控制，稍有污染即可使给水的 pH 值降到 6.5 以下，此时加氧不仅不会促进金属的钝化，而且会加速金属的腐蚀，即加氧引起严重腐蚀的风险较大。为了克服 NWT 的这一不足，德国在 NWT 的基础上发展出加氧与加氨联合水处理（CWT），即适当地提高给水的 pH 值，使给水具有一定的缓冲性，并在 1982 年将其正式确立为一种直流锅炉给水处理新技术。目前，CWT 已在欧洲、美国及亚洲许多国家的直流锅炉机组上得到了应用。CWT 已在国内的亚临界和超临界直流机组上得到了普遍的应用。

给水加氧处理是近 20 年发展起来的炉内水处理新工艺。现在已被公认为是一种最好的炉内化学处理方式，与传统的加氨和联氨的全挥发性处理（AVT）相比，它有最好的水汽品质、最好的热力设备水汽通流面的保护膜、最低的水汽通流面沉积速率。

（二）运行控制方法

1. 加氧处理原理

从铁—水体系电位—pH 平衡图（见图 10-2）可以看出，在除氧的条件下，给水的 pH 值在 9.0～9.5，铁的电极电位在 −0.5V 附近（如图中 A 点），正处于 Fe_3O_4 钝化区，所以钢铁不会受到腐蚀，这相当于 AVT 水工况下的情况；然而，当水的 pH 值约为 7 时，Fe 的电极电位在 −0.5V左右（如图中 B 点），处于腐蚀区，钢铁会被腐蚀。但是，如果在高纯水中加入氧或过氧化氢，使铁的电位升高到 0.3～0.4V，进入 Fe_2O_3 钝化区（如图中 C 点），这样钢铁就得到了保护。

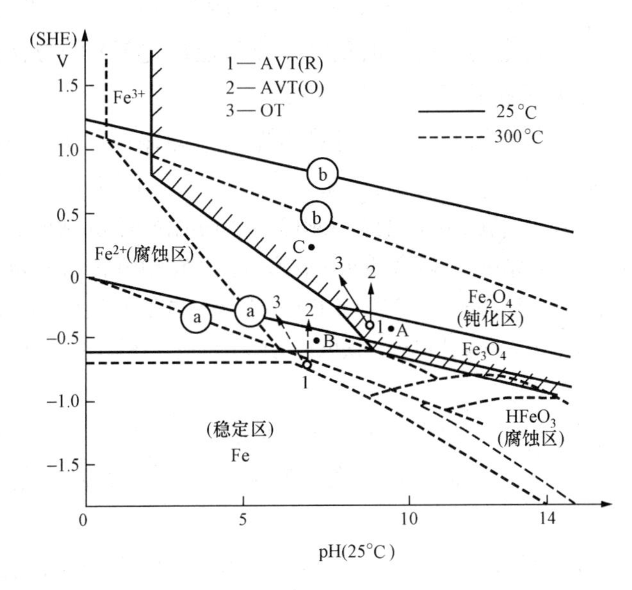

图 10-2　不同温度下铁—水体系电位—pH 平衡图

在水中含有微量氧的情况下，碳钢腐蚀产生的Fe^{2+}和水中的氧反应，能形成Fe_3O_4氧化膜。其反应式可写为

$$3Fe^{2+}+0.5O_2+3H_2O \longrightarrow Fe_3O_4+6H^+ \tag{10-1}$$

但是，这样产生的氧化膜中Fe_3O_4晶粒间的间隙较大，水可以通过这些晶粒间隙渗入到钢材表面而引起腐蚀，所以这样的Fe_3O_4膜的保护效果较差，不能抑制Fe^{2+}从钢材基体溶出。

如果向高纯水中加入了足量的氧化剂，如气态氧，不仅可加快反应式（10-1）的速度，而且可通过下列反应在Fe_3O_4膜的孔隙和表面生成更加稳定的α-Fe_2O_3，即

$$4Fe^{2+}+O_2+4H_2O \longrightarrow 2Fe_2O_3+8H^+ \tag{10-2}$$

$$2Fe_3O_4+H_2O \longrightarrow 3Fe_2O_3+2H^++2e \tag{10-3}$$

这样，在加氧水工况下形成的碳钢表面膜具有双层结构，一层是紧贴在钢表面的磁性氧化铁层（Fe_3O_4，内伸层），其外面是含尖晶石型的氧化物层（Fe_2O_3）。氧的存在不仅加快了Fe_3O_4内伸层的形成速度，而且在Fe_3O_4层和水相界面处又生成Fe_2O_3层，使Fe_3O_4表面孔隙和沟槽被封闭，加之Fe_3O_4的溶解度远比Fe_2O_3低，所以形成的保护膜更致密、稳定，最大限度地减缓了热力设备金属表面本身的腐蚀。另外，如果由于某些原因使保护膜损坏，水中的氧化剂能迅速地通过上述反应修复保护膜。

因此，与除氧工况相比较，加氧工况可使钢表面上形成更稳定、致密的Fe_3O_4—Fe_2O_3双层保护膜。其表层呈红色，厚度一般小于10μm，多数晶粒的尺寸小于1μm。

（1）抑制一般性腐蚀。从图10-2可以看出，要保护铁在水溶液中不受腐蚀，就要把水溶液中铁的形态由腐蚀区移到稳定区或钝化区。可以采取以下三种方法达到此目的：

1）还原法。通过热力除氧并加除氧剂进行化学辅助除氧的方法以降低水的氧化还原电位（ORP），使铁的电极电位接近于稳定区，即AVT (R)方式。

2）氧化法。通过加氧气（或其他氧化剂）的方法提高水的ORP，使铁的电极电位处于α-Fe_2O_3的钝化区，即OT方式。

3）弱氧化法。只通过热力除氧（即保证除氧器运行正常）但不再加除氧剂进行化学辅助除氧，使铁的电极电位处于α-Fe_2O_3和Fe_3O_4的混合区，即AVT (O)方式。

注：水的氧化还原电位（ORP）与铁的电极电位是两个不同的概念。ORP通常指以银—氯化银电极为参比电极，铂电极为测量电极，在密闭流动的水中所测出的电极电位。在25℃时该参比电极的电极电位相对标准氢电极为+208mV。ORP是衡量水的氧化还原性的指标。铁的电极电位指以银—氯化银电极（或其他标准电极）为参比电极，铁电极为测量电极，在密闭流动的水中所测出的电极电位，是说明在水中铁表面形成的状态。

在AVT (R)方式下，由于降低了ORP，使铁生成稳定的氧化物和氢氧化物[Fe_3O_4和$Fe(OH)_2$]。它们的溶解度都较低，在一定程度上能减缓铁进一步腐蚀，这是一种阴极保护法。

在OT方式下，由于提高了ORP，使铁进入钝化区，这时腐蚀产物主要是α-Fe_2O_3和$Fe(OH)_3$，它们的溶解度都很低，能阻止铁进一步腐蚀，这是一种阳极保护法。

在AVT(O)方式下，由于提高ORP幅度不大，使铁刚进入钝化区，这时腐蚀产物主要

是 α-Fe_2O_3 和 Fe_3O_4，它们的溶解度较低，其防腐效果处于 OT 和 AVT(R)之间。这也是一种偏向于阳极的保护法。

从以上分析可以看出，无论采用哪种给水处理方式都可以抑制水汽系统铁的一般性腐蚀。对于铜合金而言，氧总是起到加速腐蚀的作用。所以，对于有铜系统机组，应尽量采用 AVT(R)方式运行。不论在含氧量高还是低的水中，pH 值在 8.8～9.1 的范围内，铜的腐蚀速度都最低。

（2）抑制流动加速腐蚀。在湍流无氧的条件下钢铁容易发生流动加速腐蚀（FAC），其发生过程如下：附着在碳钢表面上的磁性氧化铁（Fe_3O_4）保护层被剥离进入湍流水或潮湿蒸汽中，使其保护性降低甚至消除，导致母材快速腐蚀，一直发展到最坏的情况——管道腐蚀泄漏。FAC 过程可能十分迅速，壁厚减薄率可高达 5mm/a 以上。在火力发电厂中，金属磨损腐蚀速率取决于多个参数，其中包括：给水化学成分、材料组成以及流体的动力学特性等。选择适宜的给水处理方式可以减轻 FAC 的损害，也能使省煤器入口处的铁和铜含量达到较低水平（$<2\mu g/L$）。

对于双层氧化膜的研究表明，外层膜是不很紧密的氧化铁，特别是 Fe_3O_4 在 150～200℃条件下，溶解度较高，不耐冲刷。这就是为什么在联氨处理条件下，炉前系统容易发生水流加速腐蚀（FAC）的原因，也是为什么使用联氨处理给水含铁量高，给水系统节流孔板易被 Fe_3O_4 粉末堵塞的原因。给水加氧处理就是为了改善这种条件。给水采用 AVT(R) 和 OT，其氧化膜组成的变化可用如图 10-3～图 10-5 所示的对比说明。

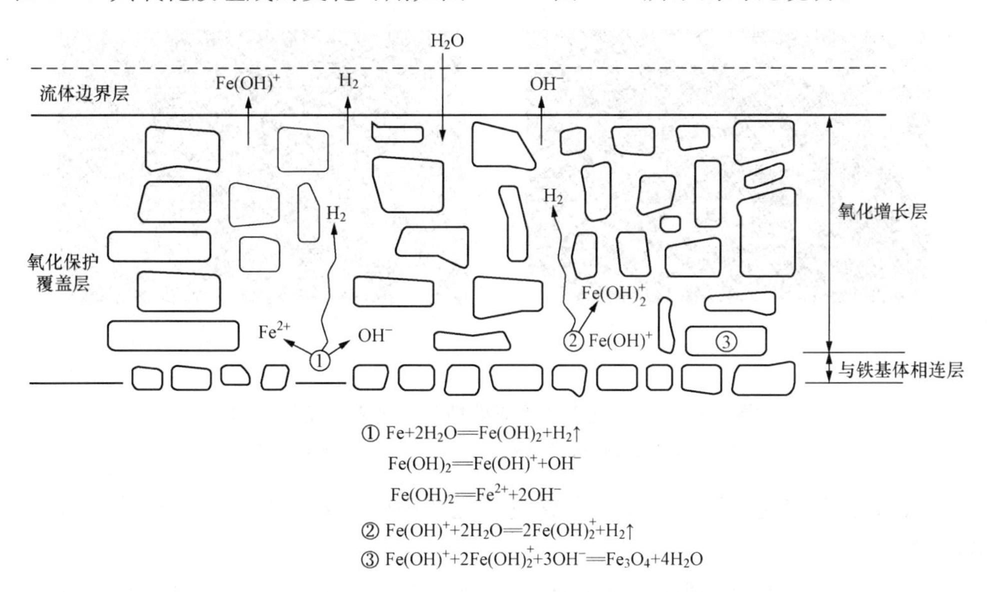

图 10-3　采用 AVT(R)的氧化膜结构示意图

从上面三个图的对比可看到，采用 OT 后，主要是将外层的 Fe_3O_4 膜的间隙中以及表面覆盖上更加稳定的 Fe_2O_3。改变了外层 Fe_3O_4 层空隙率高、溶解度高，不耐流动，加速腐蚀的性质。给水采用 AVT(O)所形成的氧化膜的特性介于 OT 和 AVT(R)之间，也就是说，这种给水处理方式所形成的膜的质量比 OT 差，但优于 AVT(R)。

对于 AVT (R)，给水处于还原性气氛，碳钢表面生成磁性氧化膜的两个关键过程是：

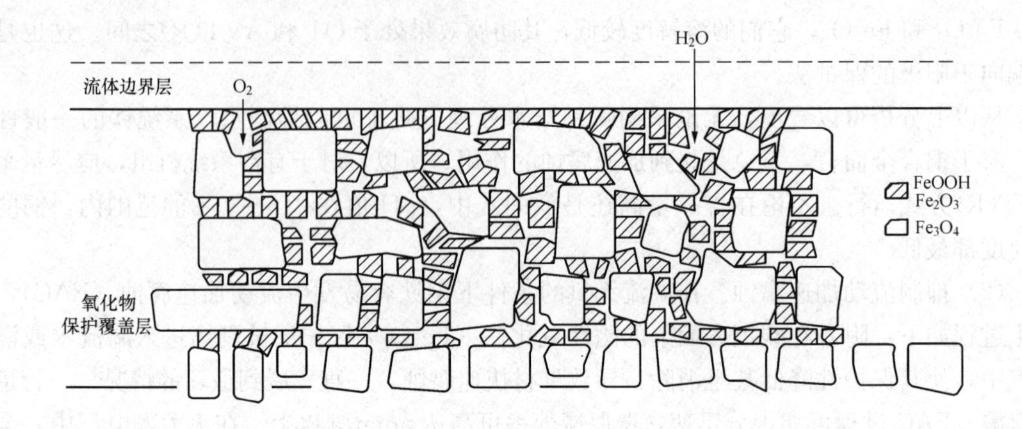

形成 3 价铁氧化物的有关反应

$$4Fe^{2+} + O_2 + 2H^+ = 4Fe^{3+} + 2OH^-$$

$$2Fe^{2+} + 2H_2O + \frac{1}{2}O_2 = Fe_2O_3 + 4H^+$$

$$Fe(OH)^+ + H_2O = FeOOH + 2H^+ + e^-$$

$$Fe_3O_4 + 2H_2O = 3FeOOH + H^+ + e^-$$

图 10-4　采用 OT 的氧化膜结构示意图

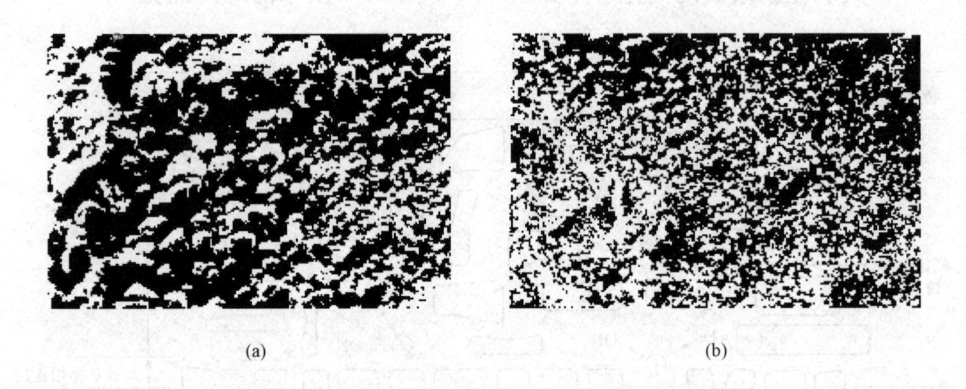

图 10-5　有氧处理和无氧处理对金属表面膜的影响

(a) AVT (R)方式金属表面状态（放大 16 倍）；(b) OT 方式金属表面状态（放大 16 倍）

1）内部形貌取向连生层的生长，受穿过氧化物中的细孔进行扩散的氧气（水或含氧离子）的控制。

2）可溶性 Fe^{2+} 产物溶解到了流动的水中，溶解过程受给水的 pH 值和 ORP 控制。一般而言，给水的还原性越强，在省煤器入口铁腐蚀产物的溶解度就越高。

正常 AVT(R)情况下，ORP＜－300mV，给水中铁腐蚀产物的含量小于 10μg/L，一般不会发生 FAC。但值得注意的是，由于局部的流体处于湍流状态时，碳钢表面的磁性氧化膜(Fe_3O_4) 会快速脱落，使得 FAC 发展得非常快。但对于 OT 和 AVT(O)，则有完全不同的情形。在非还原性给水环境中，碳钢表面被一层氧化铁水合物(FeOOH) 所覆盖，它也向下渗透到磁性氧化铁的细孔中，而且这种环境有利于 FeOOH 的生长。此类构成形式可产生的效果有两个：一是由于氧向母材中的扩散(或进入）过程受到限制(或减弱)，因而降低了整体腐蚀速率；二是减小了表面氧化层的溶解度。因此，从产生 FAC 的过程看，在与 AVT (R)时具有完全相同的流体动力特性的条件下，FeOOH 保护层在流动给水中的溶解度明显低于磁性铁垢(至少要低 2 个数量级)。总的结论是：采用 OT 时给水的含铁量有时能小于 1μg/L(原子吸收法)，并且能明显减轻或消除 FAC 现象。

2. 启动时的控制方法

在机组启动阶段，锅炉给水 k_H 达不到加氧处理的标准，并且随负荷的上升而变化。因此，从锅炉冷态循环冲洗直到机组稳定运行，给水处理都应采用 AVT (O)方式，通过加氨将给水的 pH 值调至 9.2～9.6。

机组启动时，加氨采用手动控制。此时，应将自动加氨系统的控制方式设为手动；然后，启动加氨泵，根据机组凝结水流量的变化手动调节加氨泵变频器的转速，将除氧器进口给水的电导率（k）控制在 6μS/cm 左右（相应的给水 pH 值在 9.2～9.6 的范围内)。机组并网稳定运行后，加氨采用自动控制。此时，应将控制方式设为自动；然后，将加氨泵变频器的控制反馈信号设定为除氧器进口给水的 k，设定值为 6μS/cm。这样，控制系统会根据机组除氧器进口给水 k 的变化，通过自动调节加氨泵的转速来调节加氨量，将除氧器进口给水电导率控制在设定值附近，从而保证给水的 pH 值在控制标准范围内。

当机组稳定运行后，给水 k_H＜0.15μS/cm，并有继续降低的趋势，且热力系统的其他水汽品质指标均正常时，给水处理可由 AVT (O)方式向 CWT 方式转换。此时，应调节除氧器、高压加热器和低压加热器的排气阀至微开；然后，投入加氧系统，根据给水 DO 监测结果调节加氧流量及除氧器、高压加热器和低压加热器的排气阀开度，将除氧器和省煤器进口的给水 DO 控制在 30～150μg/L 的范围内，确保加热器疏水 DO＞30μg/L。在转换初期，为了加快水汽系统钢表面保护膜的形成和溶解氧的平衡，可适当提高加氧流量，将给水 DO 维持在控制标准的上限。但是，此时应注意给水 k_H 的变化，如给水 k_H 随加氧流量的提高而上升，则应适当调低加氧流量，确保给水 k_H≤0.15μS/cm。当水汽系统溶解氧基本平衡（主蒸汽 DO 达到给水 DO 的 90%）时，可将自动加氨的设定值由 6μS/cm 调至 1μS/cm，将给水的 pH 值控制在 8.0～9.0 的范围内。

3. 正常运行控制方法

在正常运行中，应使除氧器、高压加热器和低压加热器的排气阀保持微开状态，自动加氨的设定值（1μS/cm）保持不变。同时，应根据机组的运行状态，及时调整加氧流量，以确保机组稳定运行和负荷变动时，都能将给水 DO 控制在标准范围内。

运行中，按 GB/T 12145—2008 的标准监测水汽质量，使各项控制指标达到表 10-1～表 10-4 中相应的标准。此外，还应连续监测除氧器入口水 DO，并根据需要对高压加热器疏水 DO、Fe 和 Cu 进行监测。

4. 水质异常的处理原则

在给水水质的各项监督项目中，最重要的是给水 k_H，通过对其监测可及时、准确地掌握给水纯度的变化。当给水 k_H 偏离控制指标时，应迅速检查取样的代表性，确认测量结果的准确性。然后如表 10-10 所示，根据 DL/T 805.1—2011《火电厂汽水化学导则第 1 部分：锅炉给水加氧处理导则》采取相应的措施，分析水汽系统中水汽质量的变化情况，查找并消除引起污染的原因，以保持 CWT 所要求的高纯水质。

表 10-10 水质异常处理措施（DL/T 805.1—2011）

给水氢电导率（μS/cm，25℃）	应采取的措施
0.10～0.15	正常运行，应迅速查找污染原因，72h 内使氢电导率降至 0.10μS/cm 以下
0.15～0.2	立即提高加氨量，调整给水 pH 值到 9.0～9.5，24h 内使氢电导率降至 0.10μS/cm 以下
≥0.2	停止加氧，转换为 AVT（O）方式运行

5. 非正常运行时给水处理方式的转换

（1）CWT 向 AVT 切换的条件：

1）机组正常停机前 1～2h。

2）给水电导率不小于 0.2μS/cm 或凝汽器存在严重泄漏而影响水质时。

3）加氧装置因故障无法加氧时。

4）机组发生 MFT 时。

（2）CWT 向 AVT 切换的操作方法：

1）关闭凝结水和给水加氧二次门，退出减压阀，关闭氧气瓶。

2）提高自动加氨装置的控制值，提高给水 pH 值至 9.2～9.6。

3）加大除氧器、高压加热器和低压加热器的排气门开度，保持 AVT 方式至停机保护或机组正常运行。

6. 注意事项

实行 CWT 水化学工况必须注意如下事项：

（1）凝结水必须 100%经过深度除盐处理，给水水质应保持高纯度。

（2）防止凝汽器和凝结水系统漏入空气。否则，漏进的 CO_2 会引起凝结水电导率增加、pH 值下降。在这种条件下，加入的氧反而会加速金属的腐蚀，导致凝结水中 Fe、Cu 增加。

（3）实行 CWT 水工况时，不能停止或间断加药，因为钢表面保护膜只有在连续加药的条件下才能不间断地进行“自修补”。

（4）实行 CWT 水工况时，除氧器的排气阀应保持微开状态，以使给水保持一定的含氧量。在这种情况下，除氧器作为一种混合式给水加热器，以及承接高压加热器疏水、汇集热力系统其他疏水和蒸汽等还是必要的；其次，它还可除去水汽系统中部分不凝结气体，有利于机组变负荷运行时给水 DO 的控制。

（三）应用效果

国内外的应用情况表明，直流锅炉机组实施 CWT 水化学工况有以下效果：

（1）给水含铁量降低，下辐射区水冷壁管铁沉积量减少，锅炉化学清洗周期延长。

（2）凝结水除盐设备的运行周期延长。

（3）机组启动时间缩短。超临界机组事故停机后启动所需要的时间 CWT 约为 1.5h，AVT 为 3～4h。CWT 工况的运行经验表明，系统清洗时水中腐蚀产物含量低得多，所以机组清洗时间缩短，机组的启动过程加快。

第十一章

超超临界机组水汽品质控制

第一节　超超临界条件下蒸汽的特性

一、超超临界机组水汽系统的工作特点

超临界工况下的水、汽的理化特性决定了超临界和超超临界锅炉必须采用直流锅炉。直流锅炉没有汽包，无法通过锅炉排污去除杂质。直流锅炉的特点决定了由给水带入的杂质在机组的热力系统中只有如下三个去处。

（1）部分溶解于过热蒸汽中，其中绝大部分随蒸汽带入汽轮机而沉积在汽轮机中。

（2）不能溶解于过热蒸汽的那部分杂质将沉积于锅炉的炉管中。

（3）极少量的杂质溶解于凝结水中而进入下一个汽水循环。

无论杂质沉积于锅炉热负荷很高的锅炉的水冷壁管内，还是随蒸汽带入汽轮机沉积在汽轮机中，都将对机组的安全性和经济性运行有很大的危害。根据超临界和超超临界机组的特点，尽量纯化水质，减少水中盐类杂质，降低给水中的含铁量，控制腐蚀产物的沉积量，是超超临界机组水处理和水质控制的主要目标。

二、超超临界工况下的水化学特点

通常由给水带入锅炉内的杂质主要是：钙、镁离子，钠离子，硅酸化合物，强酸阴离子和金属腐蚀产物等，根据这些杂质在蒸汽中的溶解度与蒸汽参数的关系图得知，各种杂质离子在过热蒸汽中的溶解度是有很大差别的，且随蒸汽压力的增加而变化的情况也不同。

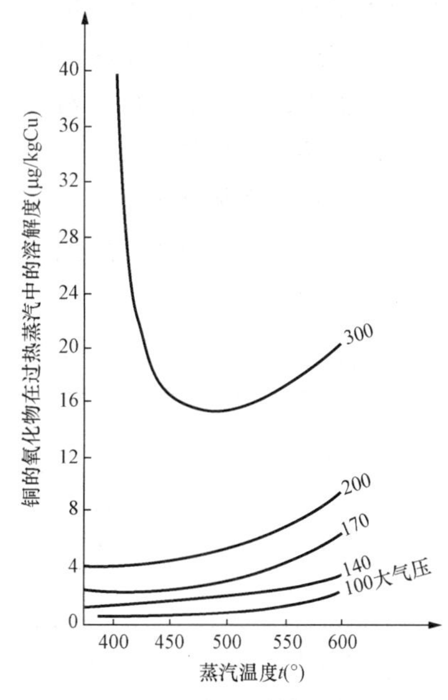

图 11-1　铜在不同工况过热蒸汽中的溶解度曲线

给水中的钙、镁杂质离子在过热蒸汽中的溶解度较低且随压力的增加变化不大；而钠化合物在过热蒸汽中的溶解度较大且随压力的增加溶解度稳步增加；硅化合物在亚临界以上工况下的溶解度已接近同压力下的水中的溶解度，且随压力的增加溶解度也渐渐增加；强酸阴离子（如氯离子）在过热蒸汽中的溶解度较低，但随压力的增加变化较大，硫酸根离子在过热蒸汽中的溶解度较低且随压力的增加变化不大；铁氧化物在蒸汽中的溶解度随压力的升高也呈不断升高趋势，而铜氧化物在蒸汽中的溶解度随压力的升高而升高，当压力升高到一定程度时有发生突跃性增加

的情况。铜的溶解度变化曲线见图 11-1。从图中可看出铜氧化物在过热蒸汽中的溶解度随着压力的增加而不断增加，当过热蒸汽压力大于 17MPa 以上时，铜在过热蒸汽中的溶解度有突跃性的增加。由于铜会在汽轮机通流部分沉积，使蒸汽通流面积减少，影响汽轮机的出力。所以铜的氧化物在蒸汽中的溶解度变化曲线对于超临界和超超临界机组凝结水和给水中铜的含量应引起足够的重视，建议最好采用无铜系统，并严格控制凝结水、给水系统运行中的 pH 值，减少腐蚀产物的产生。

第二节　超超临界机组水汽控制质量标准

根据各种离子在汽水中的溶解度变化情况和在不同部位沉积的可能性看，由于超临界和超超临界工况下过热蒸汽中的铜、铁氧化物的溶解度与亚临界相比有较大的提高，尤其是铜氧化物的溶解度从亚临界到超临界有一个急剧的提高，如给水中对铜的含量不加以严格限制，将会造成大量铜铁氧化物沉积于汽轮机的高压缸的通流部位。为了保证机组的安全运行，在对给水水质的要求上，铜、铁氧化物的标准将比亚临界直流锅炉有更高的要求。另外，由于超临界和超超临界机组中奥氏体钢的使用量比亚临界机组有很大的提高，且与相同再热蒸汽温度的亚临界机组相比，低压缸末几级叶片的湿度增加，为了防止发生奥氏体钢的晶间腐蚀和汽轮机末几级叶片的腐蚀，对蒸汽中阴离子的含量也提出了较高的要求。

另外，为了解决钠盐的沉积、腐蚀对过热器、再热器及汽轮机产生的影响，必须控制蒸汽中的钠含量小于 1μg/kg，才有可能控制二级再热器中形成的氢氧化钠浓缩液对奥氏体钢的腐蚀和锅炉停用时存在干状态的 Na_2SO_4 引起再热器的腐蚀。要想控制蒸汽中的钠含量小于 1μg/kg，必须控制凝结水精处理出水水质的钠含量小于 1μg/kg。因此，超超临界机组的水质控制对凝结水精处理系统也提出了更高的要求。同时，如何确保凝汽器微泄漏的情况下系统仍能达到相应的水质应是考虑的主要因素。

依据 DL/T 912—2005《超临界火力发电机组水汽质量标准》超超临界机组水汽控制质量标准参照如下控制。

一、给水质量标准

为了防止水汽系统的腐蚀，需对给水进行加药、除氧或加氧等调节处理，调节控制应符合表 11-1 中的规定。

表 11-1　　给水溶解氧含量、联氨浓度和 pH 值标准

处理方式	pH 值（25℃）		溶解氧 μg/L	联氨 μg/L
	有铜系统	无铜系统		
挥发处理	8.8～9.3	9.0～9.6	≤7	10～50
加氧处理*	8.5～9.0	8.0～9.0	30～150	—

* 低压给水系统（除凝汽器外）有铜合金材料的应通过专门试验，确定在加氧后不会增加水汽系统的含铜量，才能采用加氧处理。

为减少蒸发段的腐蚀结垢、保证蒸汽品质，给水质量应符合表 11-2 中的规定。

表 11-2　　给水质量标准

项 目	氢电导率（25℃）μS/cm		二氧化硅 μg/L	铁 μg/L	铜 μg/L	钠 μg/L	TOC* μg/L	氯离子* μg/L
	挥发处理	加氧处理						
标准值	<0.20	<0.15	≤15	≤10	≤3	≤5	≤200	≤5
期望值	<0.15	<0.10	≤10	≤5	≤1	≤2	—	≤2

* 根据实际运行情况不定期抽查。

二、凝结水质量标准

挥发处理时，凝结水处理装置前凝结水溶解氧浓度应小于 30μg/L。

经过凝结水处理装置后凝结水的质量应符合表 11-3 中的规定。

表 11-3　　经过凝结水处理装置后水的质量标准

项 目	氢电导率（25℃）μS/cm		二氧化硅 μg/L	铁 μg/L	铜 μg/L	钠 μg/L	氯离子* μg/L
	挥发处理	加氧处理					
标准值	<0.15	<0.12	≤10	≤5	≤2	≤3	≤3
期望值	<0.10	<0.10	≤5	≤3	≤1	≤1	≤1

* 根据实际运行情况不定期抽查。

三、蒸汽质量标准

为了防止汽轮机内部积盐，蒸汽质量应符合表 11-4 中的规定。

表 11-4　　蒸汽质量标准

项 目	氢电导率（25℃）μS/cm	二氧化硅 μg/L	铁 μg/L	铜 μg/L	钠 μg/L
标准值	<0.20	≤15	≤10	≤3	≤5
期望值	<0.15	≤10	≤5	≤1	≤2

四、补给水质量标准

补给水的质量，以保证给水质量合格为标准。补给水质量参照表 11-5 中的指标进行控制。

表 11-5　　补给水质量标准

项 目	电导率（25℃）μS/cm	二氧化硅 μg/L
标准值	≤0.20	≤20
期望值	≤0.15	≤10

五、减温水质量标准

锅炉蒸汽减温水的质量，以保证蒸汽质量合格为标准。减温水的质量应符合表 11-2 中的规定。

六、停（备）用机组启动时的水汽质量标准

（一）锅炉启动时的给水质量标准

锅炉启动时，给水质量应符合表 11-6 的规定，在热启动 2h 内，冷启动时 8h 内达到表 11-2 中的标准值。

表 11-6　　锅炉启动时给水质量标准

项　目	氢电导率（25℃）μS/cm	二氧化硅 μg/L	铁 μg/L	溶解氧 μg/L	硬度 μmol/L
标准值	≤0.65	≤30	≤50	≤30	≈0

（二）汽轮机冲转前的蒸汽质量标准

锅炉启动后，汽轮机冲转前的蒸汽应符合表 11-7 中的规定，并在 8h 内达到表 11-4 中的标准值。

表 11-7　　汽轮机冲转前的蒸汽质量标准

项　目	氢电导率（25℃）μS/cm	二氧化硅 μg/L	铁 μg/L	铜 μg/L	钠 μg/L
标准值	≤0.50	≤30	≤50	≤15	≤20

第三节　超超临界机组水汽集中取样分析装置

一、水汽取样装置

水汽取样系统水汽取样点仪表的配置和功能如表 11-8 所示。

表 11-8　　水汽取样点仪表的配置和功能

取 样 点	分 析 仪	功　　能
凝结水泵出口	阳离子电导率仪	监视凝结水的综合性能和为渗漏提供参考指示
	pH 表	能较早发现凝汽器渗漏，由此决定凝结水精处理的运行方式，保护汽轮机安全
	溶解氧表	监视氧的加入量
	手动操作取样	检查凝汽器泄漏
除氧器入口	手动操作取样	监测除氧器入口水质
精处理出口母管（加药点后）	（1）阳离子电导率仪。 （2）比电导率表	监测出水质量
	pH 表	凝结水加氨控制信号、监视水的酸碱度
	溶解氧表	监视出中的溶解氧量
	手动操作取样	确保检测的准确性
除氧器出水	溶解氧表	监视给水中的溶解氧量
	手动操作取样	确保监测的准确性

续表

取样点	分析仪	功能
省煤器进口	(1) 阳离子电导率仪。 (2) 比电导率表	监视锅炉给水杂质的重要参数 (给水加氨控制信号)
	pH 表	监视给水的酸碱度(给水加氨控制信号)
	溶解氧表	监视给水溶解氧量，以此调整给水加氧量(溶解氧模拟量送化学加药系统)
	二氧化硅表	监视给水中二氧化硅的含量
	手动操作取样	确保监测的准确性
主蒸汽(左、右侧)	(1) 阳离子电导率仪。 (2) 比电导率表	(1) 监视锅炉水中的杂质水平的重要参数。 (2) 监视主蒸汽中总含盐量
	溶解氧表	监视主蒸汽中的溶解氧量
	钠表	监视蒸汽的钠盐携带量
	二氧化硅表	监视二氧化硅的携带量
	氢表	监视主蒸汽中氢的含量
	手动操作取样	确保监测的准确性
再热蒸汽(入口、出口两点)	阳离子电导率仪	监视再热蒸汽的质量、总含盐量
	二氧化硅	监视再热蒸汽二氧化硅的携带量
	钠表	监视再热蒸汽的钠盐携带量
	氢表	监视再热蒸汽中氢的含量
	手动操作取样	确保监测的准确性
辅助蒸汽	阳离子电导率仪	监视辅助蒸汽品质
	手动操作取样	确保监测的准确性
高压加热器疏水	阳离子电导率仪	监视疏水水质
	手动操作取样	确保监测的准确性
低压加热器疏水	手动操作取样	监视疏水水质
闭式冷却水	比电导率表	监视闭式冷却水的品质
	pH 表	监视水的酸碱度
	手动操作取样	确保监测的准确性
发电机冷却水	比电导率表	监视发电机冷却水的品质
	pH 表	监视给水的酸碱度
	手动操作取样	确保监测的准确性
凝结水补水箱	阳离子电导率仪	监测补水水质
	手动操作取样	确保监测的准确性
启动分离器排水	手动操作取样	监测启动分离器排水水质
凝汽器检漏装置	阳离子电导率仪	监视凝汽器泄漏(监测为 8 点)检查意外泄漏
	手动操作取样	确保监测的准确性

二、设备及系统

水汽集中取样装置由降温减压架、取样仪表屏、手工取样系统及凝汽器检漏系统组成。

水汽取样系统的各水样与热力系统上的取样点相对应，从左至右分别为：凝结水（凝结水泵出口）、精处理出水、除氧器进口水、除氧器出口水、省煤器进口水（给水）、主蒸汽（左、右侧）、再热蒸汽（冷、热段）、低压加热器疏水、高压加热器疏水、启动分离器排水、辅助蒸汽、轴封加热器疏水、发电机定冷水、闭式冷却水，各样品通过不锈钢管引至汽水集中取样架，分别经冷却器冷却、减压，再经恒温装置恒温后引至仪表盘，供在线仪表和手工分析用。

汽水集中取样架各水样均有排污管，以冲洗管内杂质。

1. 降温减压架

为完成高压、高温的水汽样品减压和冷却而设，该部分包括高温高压阀门、样品冷却器、减压阀、安全阀、样品排污和冷却水供排水管系统。上述器件与样品管路一起安装在降温减压架内。其主要任务是将各取样点的水和蒸汽引入降温减压架，由高压阀门控制，一路连接排污管，供装置在投运初期排除样品中的污物；另一路连接冷却器，冷却器内接逆向通入的冷却水，使样品冷却降温，冷却后的样品经减压阀减压后送至人工取样和仪表屏。

其主要设备分述如下：

（1）阀门。高压的取样水采用双卡套连接或球头连接不锈钢高压阀门；冷却水系统使用低压阀门。

（2）样品冷却器。冷却装置（取样冷却器）为双螺纹管冷却器，取样水通过冷却器可使取样水冷却到适宜化学仪表测定和人工分析测定所需的温度。

双螺纹管取样冷却器由两根直径不同的不锈钢管套在一起弯制而成。取样器的内管通流取样水，外套管与内管之间的隔层里面通流冷却水。由于冷却水通流截面较小，冷却水的流速高，因此，具有较高的冷却效率。双螺纹管取样冷却器只能采用洁净的除盐水作为冷却水，因为套管结构难以清理。

（3）减压阀。高温高压的取样水除了通过取样冷却器进行减温处理外，还要经减压后才能送到各取样点去。

螺纹式减压器是在一个阴螺纹管体内旋入一个阳螺纹杆，在阴、阳螺纹之间控制一定的间隙，通过调节阳螺纹杆进入阴螺管体的尺寸来实现取样水的减压。但减压阀的阳螺纹杆旋出长度不得超过 24mm，以防止由于螺扣过少而使阳螺杆脱出，造成高压取样水冲出。螺纹式减压的材质为不锈钢。这种减压器具有体积小、安装方便、易调节等特点。

2. 取样仪表屏

由低温仪表盘和人工取样架两部分合二为一。该部分包括背压整定阀、机械恒温装置、双金属（或数字）温度计、浮子流量计、离子交换柱、电磁阀、化学仪表和报警仪等。从降温减压架送来的样品，按照各点需要监测的项目进行分配。一路送至人工取样屏，供人工取样分析；其余分支样品分别引入相应的化学分析仪表，进行在线测量。分析结果由微机系统进行数据采集、显示和打印制表。正常情况下，该系统对各取样点在线仪表进行连续检测，并将各仪表检测信号通过精处理 PLC 控制系统送入水网集中控制系统。

为了消除样品温度变化对化学仪表测量精度的影响，采用了机械恒温装置。

3. 手工取样系统

设有的手工取样系统可作人工取样分析用。

4. 凝汽器检漏系统

每台机组的凝汽器热井高、低压侧取样及检漏装置各设 4 个取样点，分别自动巡检。取样及检漏装置由 2 个单独布置的热井取样架和 1 个合用的检测仪表盘组成，单套热井取样架至少应包含 4 个电磁阀、1 台吸水箱、1 台取样泵及管路、电控设备等组成，检测仪表盘由 2 台电导率表及相关的阀门、电导池、发送器、人工取样器、管路、电控设备等组成，装置应实现自动远程投运、报警、信号传送及就地控制等功能。

凝汽器检漏装置由检漏取样架和检漏仪表盘两部分组成，整套装置包含 2 台取样泵、相关的阀门、电导池、发送器、电导率表、人工取样器及实现报警、信号传送功能的全部部件、管路、电气、控制部件等组成。

第十二章

热力设备的化学清洗

第一节　锅炉化学清洗的必要性

锅炉的化学清洗，是在锅炉金属表面很少遭受侵蚀条件下，用溶有化学药品的水溶液清除炉管内表面的水垢或沉积物，使金属表面洁净并在金属表面形成一层良好的耐蚀性保护膜。

随着锅炉参数和容量的不断提高，对受热面清洁程度和锅内水质要求更加严格，所以锅炉的化学清洗已成为保证锅炉安全经济运行的一项很重要的技术措施。

锅炉是否需要进行化学清洗，主要根据它的参数、结构特点和水汽系统内部的污脏程度确定。

一、新建锅炉化学清洗的必要性

新建锅炉在制造、储存和安装过程中，不可避免地会形成氧化物、腐蚀产物和焊渣，并且会带入砂子、尘土、水泥和保温材料碎渣等含硅杂质。管道在加工成形时，有时使用含硅、铜的冷热润滑剂（如石英砂、硫酸铜等），或者在弯管时灌砂，这些都可能使管内残留含硅、铜的杂质。此外，设备在出厂时还可能涂覆有油脂类的防腐剂，这些杂质如果在锅炉投运前不除掉，就会产生下列危害：

（1）锅炉启动时，汽水品质，特别是含硅量不容易合格，影响机组的启动时间。

（2）妨碍炉管管壁的传热，造成炉管过热或损坏。

（3）在锅炉内的水中形成碎片或沉渣，堵塞炉管，破坏水汽的正常流动工况。

（4）加速受热面沉积物的积累，使介质浓缩腐蚀加剧，导致炉管变薄、穿孔和爆破。

二、运行锅炉化学清洗的必要性

锅炉投入运行以后即使有完善的补给水处理工艺和合理的锅内水工况，仍然不可避免地会有杂质进入给水系统，热力系统也会遭受腐蚀。如不进行化学清洗除掉这些污脏物，将会在受热面形成水垢，影响炉管的传热和水汽流动特性，加速介质浓缩腐蚀和炉管的损坏，恶化蒸汽品质，危害机组的正常运行。因此，锅炉运行一定时间以后，必须进行化学清洗。

三、化学清洗周期

各种参数和类别的新建锅炉，在投运前都要进行化学清洗。

运行锅炉进行化学清洗的间隔，应根据锅炉类型、参数、燃料品种、补给水品质以及内部的实际污脏程度来决定。一般来说是根据锅炉运行年限或锅炉炉管内结垢量或综合这两个因素来确定化学清洗时间，如表 12-1 所示。

表 12-1　　运行炉清洗的时间间隔和炉管向火侧沉积物的极限量

炉　型	汽包炉			直流炉
主蒸汽压力（MPa）	<5.88	5.88～12.64	>12.74	
垢量（g/m^2）	600～900	400～600	300～400	200～300
清洗时间间隔（年）	12～15	10～12	5～10	5～10

目前只能根据运行经验来确定锅炉需化学清洗的运行年限。

如果是根据锅炉炉管内结垢量来确定化学清洗的周期，就应该查明受热面的结垢量。通常采用割管检查的方法，割管部位应该选择在最容易发生结垢和腐蚀的部位。一般割管部位是：受热面热负荷最高的部位，如喷燃器附近，还有冷灰斗和焊口处等部位。此外，由于炉管的向火侧比背火侧热负荷高得多，结垢和腐蚀也就严重得多，所以，应该选择炉管的向火侧来检查结垢量，并以此作为依据来确定是否需要进行化学清洗。至于锅炉炉管内结垢量应该达到多少才进行清洗的问题，也是根据运行经验确定的。

第二节　常用的清洗剂和添加剂

锅炉内部的污脏物，就其化学成分而论，主要是铁，其次可能有铜、硅及油脂类物质等。为了去除这些有害物质，并使金属表面钝化，就应根据具体情况来选取不同的清洗对策。因此，化学清洗可能包括有脱脂除硅、除铁、除铜以及钝化等基本过程；就所采用的清洗介质而言，化学清洗工艺可能包括碱洗/碱煮、酸洗及中和钝化等基本过程。由于其中起清洗作用的主要步骤是酸洗过程，因此，又往往称它所用的溶剂为清洗剂。

清洗剂的作用是除掉金属表面聚积的铁的氧化物及水垢。除去铁的氧化物及水垢是化学清洗的主要步骤。对清洗剂的基本要求是：

（1）清洗效果好，即除去铁的氧化物及水垢效果好。

（2）对锅炉的腐蚀性小。

（3）成本较低，货源较充足，使用方便。

（4）清洗后的废液易于处理。

常用清洗剂主要是无机酸和有机酸，例如盐酸、氢氟酸、柠檬酸、已二胺四乙酸、羟基乙酸和甲酸等。所以，化学清洗常常又称为酸洗，下面简要介绍常用的清洗剂及其作用原理。

一、常用的清洗剂

1. 盐酸

采用盐酸清洗时，既可除氧化皮，还能溶解钙、镁水垢，其反应可能有

$$CaCO_3+2HCl \longrightarrow CaCl_2+H_2O+CO_2\uparrow \tag{12-1}$$

$$MgCO_3\cdot Mg(OH)_2+4HCl \longrightarrow 2MgCl_2+3H_2O+CO_2\uparrow \tag{12-2}$$

$$Fe_2O_3+6HCl \longrightarrow 2FeCl_3+3H_2O \tag{12-3}$$

$$Fe_3O_4+8HCl \longrightarrow 2FeCl_3+FeCl_2+4H_2O \tag{12-4}$$

$$Fe+2HCl \longrightarrow FeCl_2+H_2\uparrow \tag{12-5}$$

$$Fe+2FeCl_3 \longrightarrow 3FeCl_2 \quad (12\text{-}6)$$

其中起清洗作用的反应是式（12-1）～式（12-4），但所产生的气体及流动清洗溶液的冲刷作用也会有利于清洗（剥离作用）。一方面盐酸和一部分氧化物作用时，破坏了氧化物与金属的连接，使氧化物剥离下来；另一方面，夹杂在氧化物中的铁和氧化物下面的铁会和盐酸反应产生氢气，逸出时将铁的氧化物从金属表面剥离下来。

而反应式（12-5）、式（12-6）会导致基体金属发生腐蚀，这是不希望发生的，应添加缓蚀剂和还原剂来加以减缓金属腐蚀。

（1）盐酸作为清洗剂的优点：溶解铁的氧化物的能力大，价廉货广易得，输送简便，清洗工艺易于掌握，且为人们所熟悉。

（2）盐酸作为清洁剂的不足之处：

1）不适用于清洗奥式体不锈钢的锅炉体系。

2）当清洗含硅较多的沉积物时，效果不佳。

3）当附着物中含铜较多时，要考虑添加铜离子络合剂并采用特殊的除铜工艺。

4）对基体的侵蚀较大，废液浓度较大，耗水较多，费时较长，临时工作量也较大。

2. 氢氟酸

氢氟酸溶解硅化合物的能力很强，低浓度的氢氟酸就能发生反应：$SiO_2+6HF = H_2SiF_6+2H_2O$，更重要的是它对 α-Fe_2O_3 和磁性 Fe_3O_4 有很强的溶解能力。氢氟酸是弱酸，但低浓度的氢氟酸却比盐酸和柠檬酸对铁的氧化物有更强的溶解能力，这显然不是靠 H^+ 的作用，而是由于其络合作用，其反应为

$$2Fe^{3+}+6F^- \longrightarrow Fe(FeF_6)\text{（铁—铁—冰晶石）} \quad (12\text{-}7)$$

加上氢氟酸溶解铁的氧化物起始速度高，反应快，所需温度低，时间短，因此，它适用于开路法清洗。采用氢氟酸清洗临时工作量小，清洗系统简单，无需耐酸清洗泵，耗水量也大大减少，对基体金属的侵蚀也小。可用来清洗奥式体钢部件，可清洗炉前、炉后系统而不必拆除或隔离汽水系统中的阀门，从而可十分方便地实现对机组的全面清洗。但浓氢氟酸易烧伤人体，氢氟酸蒸汽极毒，必须十分注意使用安全，其废液必须用石灰彻底处理：$2F^-+Ca^{2+} \longrightarrow CaF_2\downarrow$，而且氢氟酸来源不充足，价格较贵。

3. 柠檬酸

柠檬酸是目前化学清洗中应用较多的一种有机酸，市售为白色晶体，分子式为 $H_3C_6H_5O_7$，在水溶液中是三元酸，其离解度随着 pH 值的升高而增加。柠檬酸与 Fe_3O_4 反应较缓，能与 Fe_2O_3 直接反应生成溶解度较小的柠檬酸铁，易产生沉淀。所以在用柠檬酸作清洗剂时，要在清洗液中加氨，将溶液的 pH 值调至 3.5～4.0。因为，在这样的条件下，清洗溶液的主要成分是柠檬酸单氨，在这种溶液中铁离子会生成易溶的络合物，可得到较好的清洗效果。这时清洗液中发生的化学反应如下

$$Fe_2O_3+2H_3C_6H_5O_7 \longrightarrow 2FeC_6H_5O_7\downarrow+3H_2O \quad (12\text{-}8)$$

$$Fe_3O_4+3NH_4H_2C_6H_5O_7 \longrightarrow NH_4FeC_6H_5O_7+2NH_4(FeC_6H_5O_7OH)+2H_2O \quad (12\text{-}9)$$

（1）实践表明，当用柠檬酸作清洗剂时，为防止产生柠檬酸铁沉淀，应保证以下工艺条件：

1）柠檬酸溶液应有足够的浓度，不能小于1%，常用2%～4%。

2）温度为 90～98℃，最低时不得低于 85℃，且清洗过程中不应突然降低温度。

3）将清洗液的 pH 值调控在 3.5～4.0 的范围内。

4）清洗流速一般采用 0.6m/s，最高可用 1.0 m/s。

5）在保证沉积物能清除的条件下，可采用最短的时间（3～4h），一般不得超过 6h。

6）为了避免清洗废液中胶态柠檬酸铁络合物附着在金属表面，形成很难冲洗掉的有色膜状物质，在清洗结束后，还必须采用热水或柠檬酸单氨的稀溶液来置换清洗废液，而不能将热的柠檬酸清洗废液直接放空。

（2）用柠檬酸作清洗剂有如下优点：

1）由于铁离子与柠檬酸生成易溶的络合物，清洗时不会形成大量悬浮物和沉渣。

2）柠檬酸对金属基体的侵蚀性小，它可以用来清洗奥式体钢和其他特种钢材制造的锅炉设备。

3）即使柠檬酸残留内部，也没有危险，柠檬酸在高温下会分解成二氧化碳和水，所以可用来清洗结构复杂的高参数大容量机组。

（3）用柠檬酸作清洁剂有如下缺点：

1）清除附着物能力比盐酸小，只能清除铁垢和铁锈，不能清除铜垢、钙镁水垢和硅酸盐水垢。

2）清洗时要求较高的温度和流速，需要大容量的酸洗泵。

3）价格较贵。

所以，通常在不宜用盐酸的情况下才用柠檬酸。

4. 乙二胺四乙酸

EDTA（已二胺四乙酸）及其铵盐也用来作为清洗剂，因为它是一种络合剂，可以和 Fe^{2+}、Cu^{2+}、Ca^{2+}、Mg^{2+} 等离子形成络合物，这些络合物易溶于水，在清洗过程中，随着络合反应的进行，清洗液 pH 值不断地上升，达到使铁钝化的 pH 值，从而实现了除垢和钝化一步完成。

（1）用 EDTA 作为清洗剂，具有以下优点：

1）对氧化铁、铜垢、钙镁垢都有较强的清洗能力。

2）需要清洗时溶液浓度较低，清洗时间较短，对金属的腐蚀性小。

3）清洗废液残留在锅炉内没有危险性；可用来清洗较复杂的锅炉和奥式体钢制造的设备。

4）清洗时临时装置比较简单。

5）清洗废液可以回收大部分 EDTA。

6）清洗以后，金属表面可以生成良好的保护膜，不必另作钝化处理。

（2）用 EDTA 作为清洗剂的缺点是药品价格较贵，清洗成本高。

二、化学清洗添加剂

为了提高清洗效果，降低清洗过程中清洗剂对锅炉金属的腐蚀，通常在清洗液中加入少量的化学药品，作为化学清洗的添加剂。所加的化学药品不止一种，其作用各不相同，现分述如下：

1. 缓蚀剂

缓蚀剂又称阻蚀剂或抑制剂，它可以显著地降低清洗剂对金属的腐蚀速度，使腐蚀速度控制在允许的范围之中。

2. 掩蔽剂

在清洗含铜量较多的沉积物时，由于清洗液中含 Cu^{2+} 较高，铜会在钢铁表面析出，使钢铁腐蚀，其反应式为

$$Fe + Cu^{2+} \longrightarrow Fe^{2+} + Cu \tag{12-10}$$

这就是所谓的镀铜现象，而添加掩蔽剂可以防止镀铜现象的发生。如硫脲、氨等。

3. 还原剂

清洗液中的 Fe^{3+} 会引起基体金属的腐蚀，其反应式为

$$Fe + 2Fe^{3+} \longrightarrow 3Fe^{2+} \tag{12-11}$$

当 Fe^{3+} 超过一定量会使钢铁腐蚀显著增加，甚至产生点蚀。一般希望 $Fe^{3+} < 300mg/L$，当其含量超过时，可以加还原剂（加氯化亚锡），使 Fe^{3+} 还原为 Fe^{2+}。除了氯化亚锡可作为还原剂之外，在有机酸清洗液中还可加联氨、草酸等作还原剂。

4. 助溶剂

硅酸盐水垢、铜垢在一般的酸液（主要是盐酸和有机酸）中不易溶解，氧化铁在其中的溶解速度也不快。为了促进沉积物的溶解，可在清洗剂中加适量的助溶剂。在清洗液中加氟化物可以促进氧化铁的溶解，因为氟化物和 Fe^{3+} 有络合作用，可以使溶液的 Fe^{3+} 浓度很小，这样清洗剂和氧化铁的反应容易进行。所加的氟化物一般为氟化铵，其加入量一般为清洗液的 0.2%～0.3%。

进行盐酸清洗时，如有硅酸盐水垢，为了促进其溶解，在清洗液中加入氟化钠或氟化铵，一般加入量为清洗液的 0.5%～2.0%，氟化物在盐酸中生成氢氟酸，将促进硅化合物的溶解。

5. 表面活性剂

表面活性剂又称界面活性剂，它是能够显著降低水的表面张力的物质。这些物质是有机化合物，其分子由极性基和非极性基组成，极性基（如—OH、—COOH、—COO—、$NH_3{}^+$、—SO_3H 等）是亲水的，非极性基（碳氢基）是憎水的。表面活性剂能够在液体/液体界面或液体/固体界面上定向排列，改变界面张力，从而起到润湿、加溶和乳化等作用。表面活性剂具有以下作用。

（1）润湿作用。即指液体在固体表面的吸附能力。在化学清洗中，加入表面活性剂以后，它能够在金属表面吸附，使表面亲水性增加，润湿性得到改善，清洗剂能够很好地在金属表面展开，提高清洗效果。

（2）加溶作用。表面活性剂可以使某些在水中溶解度低或不溶的物质增大溶解度，称为加溶作用。表面活性剂加溶作用的原因是它能包围这些难溶或不溶的物质，并使其形成与溶剂相亲的胶团（或称胶束）而比较稳定地分散在溶剂中，从而增大其溶解度。但是，加溶作用和真正的溶解不同，真正的溶解过程会使溶液的依数性（如冰点）有很大的改变，而加溶作用对溶液的依数性影响很小。这说明加溶过程中溶质并不是以分子或离子溶解，而是“整团”地分散在溶液中。在化学清洗中，可以利用表面活性剂（如烷基磺酸钠等）的加溶作用来除去金属表面的油污，使油污溶解在清洗剂中。

（3）乳化作用。表面活性剂可以使乳状液容易形成并稳定。这是由于表面活性剂可以吸

附在油—水两相界面上形成吸附层，在吸附层中表面活性剂的取向是极性基朝水，非极性基朝油。这样油—水界面的表面张力下降，使乳状液容易形成。同时，表面活性剂分子在分散相的液滴周围形成坚固的保护层，分散相不能再凝聚，这样使乳状液稳定。如果化学清洗选用的复合缓蚀剂配方中有难溶的组分时，可以在配方中加入表面活性剂（如农乳 100 等），使缓蚀剂成乳状液，以便使用。

第三节 化学清洗的工艺过程

在化学清洗时，为了达到除污脏物的效果好，对设备的腐蚀小，清洗时间短，清洗成本低的目的，必须合理选择清洗剂和多种添加剂，同时，还要注意选择合适的清洗方式和恰当的工艺条件。

一、化学清洗的方式

化学清洗有静置浸泡和流动清洗两种方式，通常采用流动清洗或称动态清洗。

（1）动态清洗的优点是：

1）锅炉各个部位清洗溶液的温度、浓度和金属的温度都均匀。

2）溶液的流动可起搅动作用，有利于清洗和排除清洗废液的沉渣或悬浮物。

3）根据出口清洗液的分析结果可以很容易地判断清洗的进度和终点。

（2）动态清洗法可以分为闭式循环法和开路法。闭式循环法是将要清洗的部位组成循环回路，由输送机械将清洗液送入系统，循环一定时间，然后排放废液。这种方法适用于盐酸、柠檬酸洗炉。开路法是将清洗液一次性通过被清洗的金属表面，不循环。开路法只用于氢氟酸洗炉，因为氢氟酸溶解铁的氧化物的速度比较快。

二、化学清洗的工艺条件

确定化学清洗的工艺条件，除考虑选择清洗剂、添加剂和清洗方式外，还应考虑以下一些项目：

1. 清洗液的温度

清洗液的温度对清洗效果有较大的影响。一方面清洗剂溶解铁的氧化物的速度随温度升高而增加，所以，清洗效果随温度升高而增加；另一方面，缓蚀剂的缓蚀能力随温度的升高而下降，当超过一定温度时甚至可能完全失效，所以，在一定时间内必须维持合适的温度。在确定清洗温度时，要注意不同的清洗剂使用的温度不同。一般来说，无机酸清洗的温度低，大约在 60～70℃之间；有机酸的清洗温度高一些，在 90～98℃之间。同时，不同的缓蚀剂允许的最高温度也不一样，清洗温度的上限主要取决于缓蚀剂的允许温度。

2. 清洗流速

清洗流速要合理确定，既要保证良好的清洗效果和带走不溶的沉积物，又要使缓蚀剂的效率高，金属腐蚀速度低。流速高，对于提高清洗效果，带走沉积物是有利的，但缓蚀效率会降低，腐蚀速度增加；流速低，对金属的腐蚀速度小，但影响清洗效果，有些沉积物带不走，甚至可能造成过热器的堵塞。所以，清洗流速不能过大或过小，一般认为，流速应小于 1m/s，盐酸清洗流速为 0.1～0.2m/s，有机酸清洗流速为 0.3～0.6m/s，氢氟酸清洗流速不小于 0.15m/s。

3. 清洗时间

清洗时间指清洗液在清洗系统中静置或循环的时间。清洗剂不同，和铁的氧化物等沉积物的反应时间也不同，所以清洗时间随清洗剂不同而有差别，清洗方案所预定的清洗时间，一般是根据试验结果和有关经验确定的。但实际的清洗终点，则是参照这个预定时间，并根据化学监督数据和监视管样清洗的情况确定的。清洗时间是从清洗开始至清洗干净所需的时间，洗净的标志是监视管已基本干净，清洗液中的含铁量不再明显变化。

4. 清洗剂和添加剂的浓度

清洗时所用的清洗剂和各种添加剂的浓度，随锅炉内沉积物的状况不同而异。缓蚀剂的浓度，应以保证金属腐蚀速度最小为原则。

第四节　化学清洗系统

一、化学清洗的范围

在确定清洗系统之前，首先要确定清洗的范围。化学清洗的范围，因锅炉的类型、参数和清洗种类（新建锅炉启动前清洗还是运行锅炉清洗）不同而有所区别。新建锅炉水汽系统各个部位可能较脏，所以化学清洗的范围较广。一般，高压及高压以下汽包锅炉，清洗范围包括锅炉的省煤器、水冷壁和汽包等；超高压及超高压以上汽包锅炉，除了清洗锅炉本体（包括过热器）之外，还要考虑清洗炉前系统，即从凝结水泵出口至除氧器的汽轮机凝结水通道和从除氧器水箱至省煤器前的全部给水通道。新建直流锅炉的清洗范围，一般包括锅炉全部水汽系统和炉前系统，对于中间再热机组，再热器也应进行清洗；凝汽器和高压加热器的汽侧及各种疏水管道，一般不进行化学清洗，只用蒸汽或水冲洗。对于运行炉，无论是汽包锅炉还是直流锅炉，一般只清洗锅炉本体。

二、化学清洗的系统

清洗范围和工艺条件确定之后，应根据工艺要求，结合锅炉结构特点、沉积物状况和现场具体条件拟定合理的清洗系统。

1. 拟定的原则

拟定清洗系统的原则是：

（1）安全可靠。一是保证各部分的清洗效果好，既不出现有些部位过洗，又不出现某些部位没有洗干净。二是清洗废液能够排尽，清洗下来的腐蚀产物能够冲走。

（2）简单方便。系统简单，临时管道和设备少，操作方便。

2. 系统的划分

清洗系统的划分按下列要求进行：

（1）应避免将炉前系统的脏物带入锅炉本体和过热器，一般应将锅炉分为炉前系统、炉本体和蒸汽系统三个系统进行清洗。

（2）应使每个回路具有相差不多的通流截面或速度。为了使确定的系统安全可靠，必须保证清洗液在清洗系统各个部位有适当的流速，清洗结束时废液能够顺利地排掉。为了保证清洗系统各个部位有适当的流速，必须根据系统的通流截面和流动阻力来选择适当的清洗泵，以具有足够的流量和扬程。如果清洗泵的容量不够，或清洗溶液箱的容积太小，可以将整个化学清洗系统划分成几个独立的清洗回路，依次进行清洗。

第五节　化学清洗步骤

化学清洗系统确定之后，应做好各项准备工作，包括清洗用药、清洗用水、热源、电源、备用泵、废液和废气的排放等准备工作，安装好清洗系统，落实各项安全措施。

准备工作做好之后，便可进行化学清洗。除EDTA洗炉工艺之外，用其他的清洗剂洗炉的步骤是：水冲洗、碱洗或碱煮、酸洗、漂洗、钝化等步骤。现分述如下。

一、水冲洗

水冲洗的目的：对于新建炉，是为了冲掉锅炉安装以后脱落的焊渣、铁锈、尘埃和氧化皮等；对于运行炉，是为了除去运行中产生的某些可以被水冲掉的沉积物。同时，水冲洗还可以检验清洗系统是否漏水和畅通。

水冲洗的流速越大越好，以便达到冲洗的目的。实际上，流速往往受现场条件（如泵的出力）的限制，但水冲洗的流速一般应保持大于0.6m/s。当清洗系统复杂时，可考虑分组进行冲洗。冲洗时，可先用清水冲至透明后再用除盐水置换。

二、碱洗或碱煮

在大多数情况下水冲洗后采用碱洗，但当锅内油脂较多，沉积物中含硅量较大时可考虑碱煮。

1. 碱洗

通常用0.2%～0.5%的Na_3PO_4、0.1%～0.2%的Na_2HPO_4，或者用0.5%～1.0%的NaOH、0.5%～1.0%的Na_3PO_4，此外加0.05%的表面活性剂，如601、401洗净剂。因为奥氏体钢对游离氢氧根敏感，如果清洗系统内有奥氏体钢制造的部件，碱洗时不用NaOH。碱洗溶液应采用除盐水配制，并以边循环边加药的方式用泵送入系统。

碱洗时，首先，使系统内充以除盐水，循环并加热到85℃以上，便可连续加入已配好的浓碱母液。加药完毕以后，维持温度为90～98℃，循环流速在0.3m/s以上，持续8～24h。碱洗结束后，先放尽清洗系统内的碱洗废液，然后用除盐水冲洗清洗回路，一直冲到出水pH≤8.4，水质透明无细颗粒沉淀物和油脂为止。

2. 碱煮

碱煮的目的如下：

(1) 除油脂。

(2) 除二氧化硅。

(3) 松动沉积物，提高酸洗效果。

三、酸洗

当使用盐酸或柠檬酸清洗时，通常采用闭式循环方式进行。在碱洗后，往系统注入适量的除盐水，维持循环，并加热到所需温度，盐酸最高温度为60℃，柠檬酸通常控制温度为90～98℃，然后边循环边加入所需的缓蚀剂和浓酸量。加药后继续按拟定的清洗回路进行大流量的循环清洗，并定期倒换清洗回路。酸洗持续的时间一般为4～6h，但实际上应根据化学监督的结果来判断酸洗的终点。当清洗至酸液中铁离子浓度基本稳定时，应退出监视管进行检查。若监视管已清洗干净，再循环1h左右，即可结束酸洗。这时，便可开始用除盐水顶排废液以免进入空气造成严重腐蚀，并进行水冲洗，冲洗至排出水的电导率＜50μS/cm、pH＝4.0～4.5、全铁含量＜50mg/L为止。

当使用氢氟酸清洗时，一般采用开路方式。首先，开启清洗泵，向清洗系统注入预先加热到一定温度的除盐水，然后，启动加药泵，在清洗泵出口管道内加入一定比例的缓蚀剂和清洗剂。于是，含有缓蚀剂的清洗液流经整个清洗系统而直接排出。开路清洗一般不超过2～3h，“开路”与“浸泡”相结合的酸洗不超过4h。然后，尽可能增大除盐水流量进行顶酸和冲洗，接着用pH＝9的氨溶液置换并适当冲洗系统，即可进行钝化处理。

四、漂洗

当用盐酸或柠檬酸清洗时，为保证冲洗合格，冲洗时间较长，有可能产生二次锈。因此，当冲洗时间大于3.5h或监视管段显示清洗表面出现浮锈时，应进行漂洗（否则，可不进行漂洗，直接进入钝化过程），即用较稀的酸性溶液进行一次冲洗，这种冲洗称为漂洗。实践证明，漂洗能使酸洗后的金属表面洁净，能缩短冲洗时间，减小水耗，并有利于钝化处理。

1. 柠檬酸漂洗

柠檬酸漂洗时，一般采用0.1%～0.3%的柠檬酸溶液，添加0.1%的缓蚀剂（如SH-369），用氨水调节pH＝3.5～4.0，温度为75～90℃，循环流速大于0.1m/s，循环2h左右。漂洗液中总铁量应小于300mg/L；否则，应用热的除盐水更换部分漂洗液至铁离子含量小于该值后，方可进行钝化。

2. 磷酸—三聚磷酸钠漂洗

（1）磷酸—三聚磷酸钠漂洗的工艺条件为：0.15%～0.25%的磷酸＋0.2%～0.3%的三聚磷酸钠＋0.05%～0.1%的缓蚀剂，pH＝2.5～3.5，温度为43～47℃，流速为0.2～1m/s，循环1～2h。

（2）具体作法如下：在酸洗、水冲洗并清理系统内沉渣后，交叉注入H_3PO_4和$Na_5P_3O_{10}$溶液，调整两种药剂的比例，使混合溶液的pH＝2.5～3.5，加热并维持43～47℃，循环1～2h。这种漂洗方法，无论是盐酸、柠檬酸或氢氟酸清洗，均可采用。

五、钝化

漂洗结束后，将漂洗液的温度和pH值调整到钝化工艺要求的范围内，即可按表12-2中的工艺条件，开始注入钝化剂进行钝化处理。

在选择钝化方法时，应注意不同钝化方法的特点和适用范围。

亚硝酸钠或双氧水钝化的优点是要求温度较低，时间较短，并能形成钢灰色或银色钝化膜。但是，钝化剂浓度不够可能产生点蚀。另外，亚硝酸钠钝化过程将Na^+引入系统，要求彻底冲洗；且亚硝酸钠有毒，在酸中分解会产生有毒气体NO_2；废液中NH_4NO_2为致癌物，应适当处理。而双氧水无毒，废液易于处理。因此，近年来双氧水钝化法的应用越来越广泛，而亚硝酸钠法基本上不再使用。

联氨钝化要求较高的温度和较长时间，并且N_2H_4有毒。但是，该方法不会给系统引入有害物质，并可形成棕褐色或黑色膜。适用于直流炉，尤其是过热器系统的钝化处理。

磷酸盐钝化形成黑色钝化膜，但会给系统引入有害物质，钝化膜耐腐蚀性较差，在高温下易被损坏，故仅适用于中、低压锅炉。

如果钝化液中铁离子浓度小于 100mg/L，则钝化结束排放钝化液后，可以不冲洗系统。否则应按下述要求对清洗系统进行水冲洗：先将临时系统冲洗干净；然后，再用含 10mg/L 联氨、并用氨水调节 pH 值在 9.0～9.5 之间的除盐水将系统冲洗一遍。

表 12-2　　　钝化工艺条件

工艺名称	药品名称	钝化液浓度	温度（℃）	时间（h）或结束条件	备　注
磷酸三钠钝化	Na_3PO_4	1%～2%	80～90	8～24	
联氨钝化	N_2H_4	300～500mg/L，pH=9.5～10(NH_3)	90～95	24～50	
亚硝酸钠钝化	$NaNO_2$	1.0%～2.0% pH=9～10(NH_3)	50～60	4～6	
三聚磷酸钠钝化	H_3PO_4 $Na_5P_3O_{10}$	0.15%～0.25% 0.2%～0.3% pH=9.5～10(NH_3)	80～90	1～2	钝化前先进行磷酸—三聚磷酸钠漂洗
过氧化氢钝化	H_2O_2	0.3%～0.5% pH=9.5～10(NH_3)	53～57	4～6	钝化前先进行柠檬酸或磷酸—三聚磷酸钠漂洗
丙酮肟钝化	$(CH_3)_2CNOH$	500～800mg/L pH≥10.5	90～95	≥12	
乙醛肟钝化	CH_3CHNOH	500～800mg/L pH≥10.5	90～95	12～24	
EDTA 充氧钝化	EDTA O_2	游离 EDTA 0.5%～1.0% pH=8.5～9.5 氧化还原电位为−700mV	60～70	氧化还原电位升至−100～−200mV 终止	在 EDTA 清洗结束阶段进行

第六节　化学清洗中的化学监督

为了掌握化学清洗的过程，及时判断清洗过程各阶段的清洗效果，在化学清洗中必须进行化学监督，监督内容包括监视管段和腐蚀指示片及留样分析项目。

一、监视管段的检查

监视管段应选用污脏程度比较严重并带有焊口的水冷壁管，其长度为 350～400mm，两端焊有法兰盘。监视管段安装于循环泵出口，控制管内流速与被清洗的锅炉水冷壁管内流速相似。监视管段应在系统进酸后投入。基建锅炉的监视管段一般在清洗结束后取出。运行锅炉的监视管段应在预计的酸洗结束时间前取下，并检查管内是否已清洗干净，若管段已清洗干净，酸液仍需要再循环 1h，方可结束酸洗。

二、腐蚀指示片的制作

腐蚀指示片的材料应与锅炉被清洗部分的材质相同，管材样片的加工是先将钢管用铣床铣成条，再用刨床刨平，切成 35mm×12mm×3mm 的长方形试片，磨平抛光至表面粗糙度为 *Ra*0.2，用千分尺精确测量指示片表面尺寸，用丙酮或无水乙醇洗去表面油，放入 30～40℃的烘箱内烘干，置于干燥器内干燥 1h，然后称重。指示片在加工过程中，严禁敲打撞击。

三、留样分析项目

1. 化学清洗过程中的测试项目

（1）煮炉和碱洗过程。汽包锅炉取盐段和净段的水样，每小时测定碱度一次，换水时每小时测定碱度一次，直至水样碱度和正常炉水碱度相近为止。

（2）循环配酸过程。每 10～20min 测定酸洗回路出、入口酸浓度一次，直至浓度均匀并达到指标要求。

（3）酸洗过程。循环酸洗过程中，应注意酸液温度、循环流速、汽包及酸槽的液位，每小时记录一次，每半小时测定一次溶酸箱出口、进酸管、排酸管的酸浓度和含铁量。

开式酸洗系统在开始进酸时，每 3min 测定一次锅炉出入口酸液的酸浓度，酸洗过程中，每 5min 测定一次锅炉出入口酸液的酸浓度及含铁量。

为提高静止酸洗时效果，酸液在锅炉内浸泡一定时间（约 1.5h）后，可放出部分酸液至溶液箱内，加热至 50～60℃，再送回锅炉。酸液的加热一般不超过 3 次，每半小时测定一次酸浓度和含铁量。

为了计算洗出的铁渣量，在酸洗过程中还应定期取排出液混合样品，测定其悬浮物和总铁量的平均值。

（4）碱洗后的水冲洗。每 15min 测定一次出口水的 pH 值，每隔 30min 收集一次平均样。

（5）酸洗后的水冲洗。每 15min 测定一次出口水的 pH 值、酸浓度和电导率，冲洗接近终点时，每 15min 测定一次含铁量。

（6）稀柠檬酸漂洗过程。每半小时测定一次出口漂洗液酸的浓度。

（7）钝化过程。每小时测定一次钝化液浓度和 pH 值。

（8）过热器的水冲洗过程。分别从饱和蒸汽和过热蒸汽取样，每隔半小时测定一次碱度。

2. 留样分析项目

（1）碱洗留样。主要测定碱度、二氧化硅和沉积物含量。

（2）稀柠檬酸漂洗留样。主要测定沉积物含量。

第七节　化学清洗的效果检查和废液处理

化学清洗时，应认真进行废液处理，仔细检查清洗效果，客观地评价清洗质量。

一、化学清洗的效果检查

化学清洗结束以后，应对清洗部件进行检查，以客观地评价清洗效果。

化学清洗的质量应达到以下要求：被清洗的金属表面洁净，基本无残留沉积物，不出现二次浮锈，无点蚀，无明显金属粗晶析出的过洗现象，不允许有镀铜现象，并形成良好的钝化膜。

化学清洗质量的检查包括以下内容：

（1）对联箱等能打开的部位应打开进行检查，看是否清洗干净，同时，清除沉积在其中的沉渣。还要检查水冷壁节流圈附近是否有沉渣和堵塞。

（2）割取具有代表性的管样，观察管内是否洗净，表面是否有点蚀，是否形成了良好的钝化膜。钝化膜的质量可以用湿热箱观察法和酸性硫酸铜点滴试验法进行鉴别。除污率可按式（12-12）确定，即

$$\eta = \frac{\omega_1 - \omega_2}{\omega_1} \times 100\% \tag{12-12}$$

式中　η——除污率，%；

ω_1 和 ω_2——清洗前、后管样内表面附着物的量，g/m^2。

一般认为，$\eta > 95\%$者为优良。

（3）根据腐蚀指示片的失重计算腐蚀速度，腐蚀指示片的腐蚀速度应低于 $8g/(m^2 \cdot h)$。

（4）清洗后锅炉启动时的汽水品质也是评定清洗效果的一个重要标准，其水平值达到正常运行标准所需的时间越短，则清洗效果越好。

二、废液的处理

化学清洗的废液必须经过适当处理，符合 GB 20426—2006《煤炭工业污染物排放标准》的要求（其主要项目见表 12-3）后才能排放，以防止环境污染。

表 12-3　煤炭工业污染物排放标准　(mg/L)

序号	有害物质或项目名称	新扩改（二级标准）	现有（二级标准）	三级标准
1	pH 值	6～9	6～9	6～9
2	悬浮物	200	250	400
3	化学需氧量（重铬酸钾法）	150	200	500
4	氟化物（氟离子计测定）	10	15	20

1. 亚硝酸钠废液的处理

（1）尿素分解法。将尿素用盐酸酸化后，能使亚硝酸根转化为氮气而除去，反应式如下

$$2NaNO_2 + CO(NH_2)_2 + 2HCl \longrightarrow 3H_2O + CO_2 + 2NaCl + 2N_2 \tag{12-13}$$

（2）氯化铵处理法。将 $NaNO_2$ 废液排入废液处理池，然后加入 NH_4Cl，将发生如下反应

$$NaNO_2 + NH_4Cl \longrightarrow NaCl + N_2 + 2H_2O \tag{12-14}$$

实际处理时，氯化铵的加药量应为理论量的 3～4 倍，为加快反应速度可向废液池通入加热蒸汽，使处理温度维持在 70～80℃。为防止亚硝酸钠在低 pH 值下分解造成二次污染，应维持 pH 值在 5～9 内。另外，此废液不能与废酸液排入同一池内。

（3）次氯酸钙处理法。将 $NaNO_2$ 排入废液处理池并加次氯酸钙后，将会发生如下反应

$$2NaNO_2 + Ca(ClO)_2 \longrightarrow 2NaNO_3 + +CaCl_2 \tag{12-15}$$

次氯酸钙加药量应为亚硝酸钠的 2.6 倍。此法可在常温下通入压缩空气进行搅拌。

2. 联氨废液的处理

将联氨废液排入废液处理池，并加入次氯酸钠后，将发生如下反应

$$N_2H_4+2NaClO \longrightarrow N_2+2NaCl+2H_2O \tag{12-16}$$

处理过程中，应监测水中残余氯的含量，当其含量≤0.5mg/L时，即可排放。

3. 氢氟酸废液处理

将石灰乳或石灰粉连续加入氢氟酸废液中，然后排入一个专门的反应池，其反应为

$$2HF+Ca(OH)_2 \rightarrow CaF_2+2H_2O \tag{12-17}$$

或

$$2HF+CaO \rightarrow CaF_2+H_2O \tag{12-18}$$

石灰的理论加入量为氢氟酸量的1.4倍，实际加入量应为氢氟酸的2～2.2倍，所使用石灰粉的CaO含量应大于30%。处理废液中，Fe离子含量应小于10mg/L。

4. 柠檬酸废液处理

柠檬酸废液中含COD_{Cr}高达20 000～50 000mg/L，因此，有必要进行处理。对柠檬酸废液处理可以采用焚烧法，就是把柠檬酸废液排至煤场使其与煤混合后，送入炉膛内焚烧。

第十三章

火力发电厂废水处理

火力发电厂不仅是用水和排水大户，同时也是污染大户。火力发电厂排水虽然污染物的浓度不高，但由于其排放量大，使得排污总量比较大，从而对环境的污染程度也就较严重。用水和排水费用在电力生产成本中的比重日益提高。因此，加大火力发电厂废水处理力度，提高水的重复利用率，治理污染，减少排放，具有十分重要的现实意义。

第一节　火力发电厂废水概述

一、火力发电厂废水来源

火力发电厂有众多用水场所，因此，也就生成了许多种废水。火力发电厂主要废水的来源如图 13-1 所示。

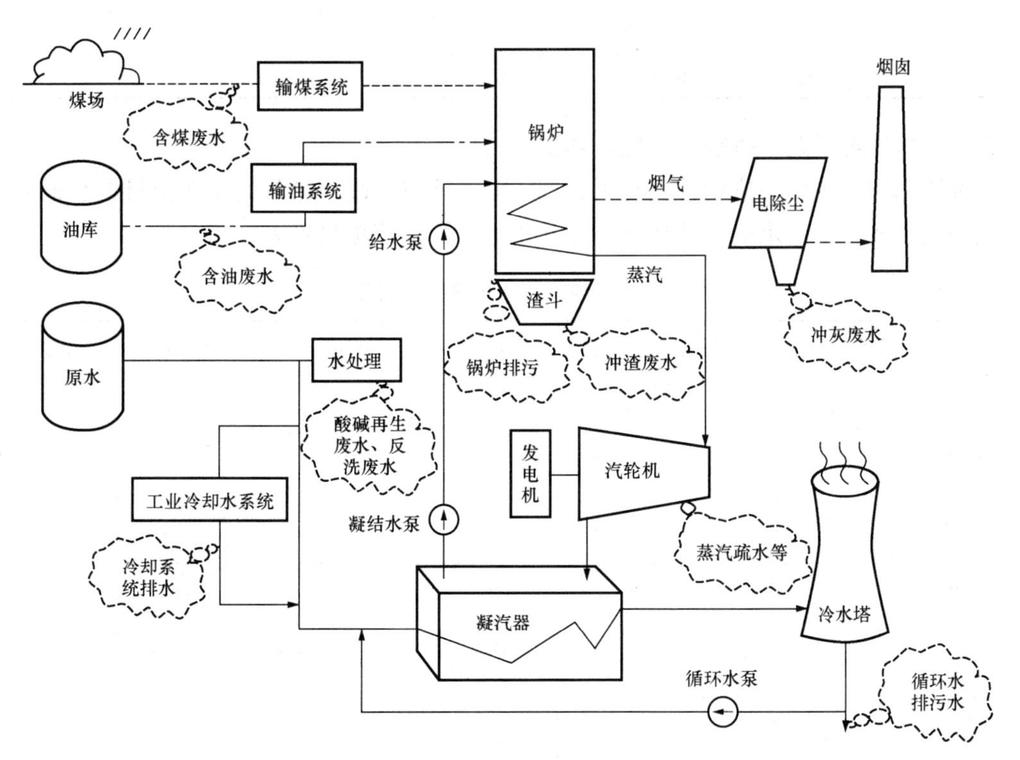

图 13-1　火力发电厂主要废水的来源示意

二、火力发电厂废水种类

根据火力发电厂废水流量特点，可将火力发电厂废水分为经常性废水和非经常性废水两大类，经常性废水指一天中连续或间断性排放的废水，而非经常性废水指定期检修或不定期发生的废水。火力发电厂工业废水种类和污染因子表如表 13-1 所示。

表 13-1　　火力发电厂工业废水种类和污染因子表

种　类	废 水 名 称	主 要 污 染 因 子
经常性废水	生活、工业水预处理装置排水	SS（悬浮颗粒物）
	锅炉补给水处理再生废水	pH 值、SS、TDS
	凝结水精处理再生废水	pH 值、SS、TDS、Fe、Cu 等
	锅炉排污水	pH 值、PO_4^{3-}
	取样装置排水	pH 值、含盐量不定
	化验室排水	pH 值与所用试剂有关
	冲灰废水	SS
	烟气脱硫系统废水	pH 值、SS、重金属、F^-
非经常性废水	锅炉化学清洗废水	pH 值、油、COD、SS、重金属、F^-
	锅炉向火侧清洗废水	pH 值、SS
	空气预热器冲洗废水	pH 值、COD、SS、F^-
	除尘器冲洗水	pH 值、COD、SS
	油区含油污水	SS、油、酚
	停炉保护废水	NH_3、N_2H_4
	主厂房地面及设备冲洗水	SS
	输煤系统冲洗煤场排水	SS

三、火力发电厂废水排放常规监测项目

各种废水中的主要污染物种类有很大的不同，所以，废水排放的监测项目也有很大的差别。根据火力发电厂废水的水质特点，废水排放常规监测项目见表 13-2。

表 13-2　　火力发电厂废水排放监测项目

排水种类 / 监测项目	灰场排水	厂区工业废水	化学酸碱废水	生活污水	煤系统排水	脱硫废水
pH 值	✓	✓	✓	✓	✓	✓
悬浮物	✓	✓		✓	✓	✓
COD_{Cr}	✓	✓		✓	✓	✓
石油		✓			✓	
氟化物	✓	✓				✓
砷	✓	✓				✓
硫化物	✓	✓				✓
挥发酚	✓				✓	
重金属	✓					✓

续表

监测项目＼排水种类	灰场排水	厂区工业废水	化学酸碱废水	生活污水	煤系统排水	脱硫废水
BOD_5				√		
动植物油				√		
LAS				√		
氨氮				√		
磷酸盐				√		

注　√表示有可能超过排放标准；LAS为阴离子表面活性剂。

第二节　废水生物处理

一、生物处理概述

废水生物处理是通过微生物的新陈代谢作用，将废水中污染物（主要是有机物）的一部分转化为为微生物的细胞物质，另一部分转化为比较稳定的化学物质（无机物或简单有机物）的方法。

生物处理的主要作用者是微生物，特别是其中的细菌。根据生化反应中氧气的需求与否，可把细菌分为好氧菌、兼性厌氧菌和厌氧菌。主要依赖好氧菌和兼性厌氧菌的生化作用来完成处理过程的工艺，称为好氧生物处理法；主要依赖厌氧菌和兼性厌氧菌的生化作用来完成处理过程的工艺，称为厌氧生物处理法。

在绝大多数情况下，生物处理的主要对象（即充当微生物营养基质的化学物质）为可生化的有机物；在个别情况下，生物处理的主要对象可以是无机物（如好氧条件下进行的硝化处理对象是氮，厌氧条件下进行的反硝化处理的对象是硝酸盐）。

生物处理需要提供众多的环境条件，但最基本的环境条件当属氧的存在或供应与否。好氧生物处理必须充分供应微生物生化反应所必需的溶解氧；而厌氧生物处理过程则必须隔绝与氧的接触。由于受氧的传递速度的限制，微生物进行好氧生物处理时有机物浓度不能太高。所以有机固体废弃物、有机污泥及高浓度有机废水的生物处理，一般是在厌氧条件下完成的。

二、好氧生物处理

在废水好氧生物处理过程中，氧是有机物氧化时的最后氢受体，正是由于这种氢的转移，才使能量释放出来，成为微生物生命活动和合成新细胞物质的能源，所以，必须不断地供给足够的溶解氧。

好氧生物处理时，一部分被微生物吸收的有机物氧化分解成简单无机物（如有机物中的碳被氧化成二氧化碳，氢与氧化合成水，氮被氧化成氨、亚硝酸盐和硝酸盐，磷被氧化成磷酸盐，硫被氧化成硫酸盐等），同时释放出能量，作为微生物自身生命活动的能源。另一部分有机物则作为其生长繁殖所需要的构造物质，合成新的原生质。这种氧化分解和同化合成过程可以用下列生化反应表示。

有机物的氧化分解（有氧呼吸）为

$$C_xH_yO_z+\left(x+\frac{1}{4}y-\frac{1}{2}z\right)O_2 \xrightarrow{\text{酶}} xCO_2+\frac{1}{2}yH_2O+\text{能量}$$

原生质的同化合成（以氨为氮源）为

$$n(C_xH_yO_z)+NH_3+\left(nx+\frac{n}{4}y-\frac{n}{2}z-5\right)O_2 \xrightarrow{\text{酶和能量}} C_5H_7NO_2$$

$$+(nx-5)CO_2+\frac{1}{2}(ny-4)H_2O$$

原生质的氧化分解（内源呼吸）为

$$C_5H_7NO_2+5O_2 \xrightarrow{\text{酶}} 5CO_2+2H_2O+NH_3+\text{能量}$$

由此可以看出，当废水中营养物质充足，即微生物既能获得足够的能量，又能大量合成新的原生质时，微生物就不断增长；当废水中营养缺乏时，微生物只能依靠分解细胞内储藏的物质，甚至把原生质也当成营养物质利用，以获得生命活动所需的最低限度的能量。这种情况下，微生物无论质量还是数量都是不断减少的。

在好氧处理过程中，有机物用于氧化与合成的比例，随废水中有机物性质而异。对于生活污水或与之相类似的工业废水，BOD_5 有 50%～60%转化为新的细胞物质。好氧生物处理时，有机物转化过程如图 13-2 所示。

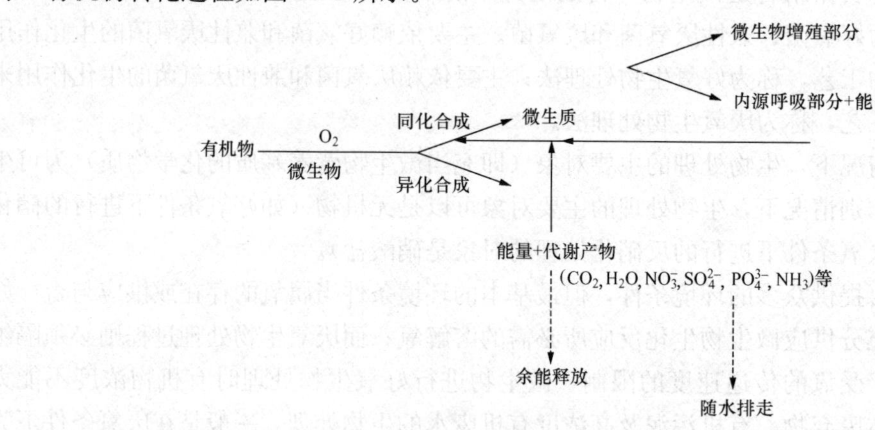

图 13-2　有机物的好氧分解过程

在废水处理工程中，好氧生物处理法主要有活性污泥法和生物膜法两大类。

（一）活性污泥法

有机废水经过一段时间的曝气后，水中会产生一中以好氧菌为主体的茶褐色絮凝体，其中含有大量的活性微生物，这种污泥絮体就是活性污泥。活性污泥是以细菌、真菌、原生动物和后生动物所组成的活性微生物为主体，此外还有一些无机物、未被微生物分解的有机物和微生物自身代谢的残留物。活性污泥结构疏松，表面积大，对有机物有着强烈的吸附凝聚和氧化分解能力。在条件适当的时候，活性污泥还具有良好的自身凝聚和沉降性能，大部分活性污泥絮凝体尺寸在 0.02～0.2mm 范围内。

活性污泥法就是以废水中的有机污染物为培养基，在有溶解氧的条件下，连续地培养活性污泥，利用其吸附凝聚和氧化分解作用净化废水中有机污染物。普通活性污泥法处理系统如图 13-3 所示，该系统由以下几部分组成：

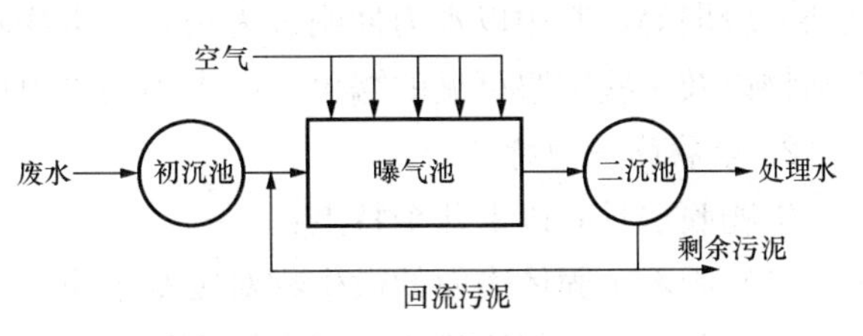

图 13-3　普通活性污泥法处理系统

（1）曝气池。在池中使废水中的有机污染物质与活性污泥充分接触，并吸附和氧化分解有机污染物质。

（2）曝气系统。曝气系统供给曝气池生物反应所必需的氧气，并混合搅拌作用。

（3）二次沉淀池。二次沉淀池用以分离曝气池出水中的活性污泥，它是相对初沉淀而言的，初沉淀设于曝气池之前，用以去除废水中的粗大的原生悬浮物。悬浮物少时可以不设。

（4）污泥回流系统。这个系统把二次沉淀池中的一部分沉淀污泥再回流到曝气池，以供应曝气池赖以进行生化反应的微生物。

（5）剩余污泥排放系统。曝气池内污泥不断增殖，增殖的污泥作为剩余污泥从剩余污泥排放系统中排出。

（二）生物膜法

生物膜法和活性污泥法一样，同属于好氧生物处理方法。但活性污泥法是依靠曝气池中悬浮流动着的活性污泥来净化有机物的，而生物膜法是依靠固着于固体介质表面的微生物来净化有机物的。

1. 生物膜的概念

在生物膜净化构筑物中，填充着数量相当多的挂膜介质，当有机废水沿介质表面流动时，废水中的有机物质就吸附在介质表面，在充分供氧的条件下，废水中的微生物很快在上面繁殖起来，并进一步地吸附废水中呈悬浮、胶体或溶解状的物质，逐渐在介质表面形成黏液状的生长有极多微生物的膜，称为生物膜。

随着微生物的不断繁殖增长，以及废水中悬浮物和微生物的不断沉积，使生物膜的厚度不断增加，其结果是使生物膜的结构发生变化。膜的表面和废水接触，由于吸取营养和溶解氧比较容易，微生物生长繁殖迅速，形成了由好氧微生物和兼性微生物组成的好氧层（1～2mm）。在其内部和介质接触的部分，由于营养料和溶解氧的供应条件差，微生物生长繁殖受到限制，好氧微生物难以生活，兼性微生物转化为厌氧代谢方式，某些厌氧微生物恢复了活性，从而形成了由厌氧微生物和兼性微生物组成的厌氧层。厌氧层是在生物膜达到一定厚度时才出现的，随着生物膜的增厚和外伸，厌氧层也随着变厚。生物膜结构如图 13-4 所示。

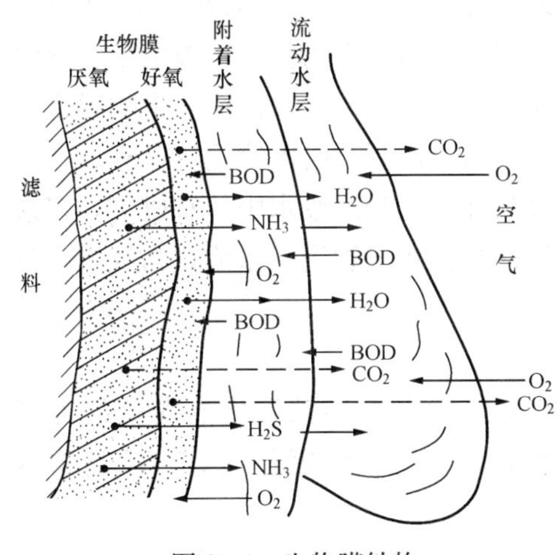

图 13-4　生物膜结构

在废水处理过程中，生物膜总是不断地增长、更新、脱落的。生物膜从滤料表面上脱落下来，然后随着废水流出池外，新的生物膜又会逐渐地在脱落的表面形成。造成生物膜不断脱落的原因有：水力冲刷、由于膜增厚造成质量的增大、原生动物的松动、厌氧层和介质的黏结力较弱等，其中以水力冲刷最为重要。生物膜主要由细菌、真菌、藻类、原生动物、后生动物以及一些肉眼可见的蠕虫、昆虫等幼虫组成。

2. 生物膜法的特点

生物膜法具有以下几个特点：

(1) 固着于固体表面的微生物对废水水质、水量的变化有较强的适应性。

(2) 和活性污泥法相比，管理较方便。

(3) 由于微生物固着于固体表面，即使增殖速度较慢的微生物也能生息，从而构成了稳定的生态系。

(4) 高营养级的微生物较多，剩余污泥量较少。

生物膜法作为良好的好氧生物处理技术被广泛的应用。

3. 生物膜法的种类

依靠固着于固体介质表面的微生物来净化有机物的方法，就称为生物膜法。生物膜法分为以下三类：

(1) 润壁型生物膜法。废水和空气沿固定的或转动的接触介质表面的生物膜流过，如生物滤池和生物转盘等。

(2) 浸没型生物膜法。接触滤料固定在曝气池内，完全浸没在水中，采用鼓风曝气，如接触氧化法。

(3) 流动床型生物膜法。使附着有生物膜的活性炭、砂等小粒径接触介质悬浮流动于曝气池中，如流化床。

火电厂废水处理中，目前最常用的是生物膜法中的生物接触氧化法。

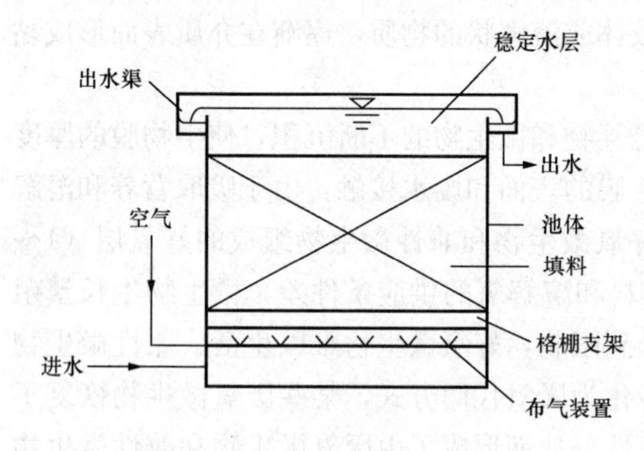

图 13-5　接触氧化池构造示意图

4. 生物接触氧化法

生物接触氧化法是一种浸没型生物膜法，实际上是生物滤池和曝气池的综合体。生物接触氧化法又称浸没式曝气生物滤池，如图 13-5 所示。在池中装满各种挂膜介质，全部滤料浸没在废水中。在滤料下部设置曝气管，用压缩空气鼓泡充氧，废水中的有机物被吸附（接触）于滤料表面的生物膜上，被微生物分解氧化。和其他生物膜一样，该法的生物膜也经历挂膜、生长、增厚、脱落等更替过程。一部分生物膜脱落后变成活性污泥，在循环流动过程中，吸附和氧化分解废水中的有机物，多余的脱落生物膜在二次沉淀池中除去。空气通过设在池底的穿孔布气管进入水流，当气泡上升时向废水供应氧气，有时并借以回流池水。

生物接触氧化法具有下列特点：

(1) 由于填料的比表面积大，池内的充氧条件良好，生物接触氧化池内单位容积的生物固体量高于活性污泥法曝气池及生物滤池，因此，生物接触氧化法具有较高的容积负荷。

(2) 生物接触氧化法不需要污泥回流，也就不存在污泥膨胀问题，运行管理简便。

(3) 由于生物量多，水流又属完全混合型，因此，生物接触氧化法对水质水量的骤变有较强的适应能力。

(4) 生物接触氧化池有机容积负荷较高时，其 F/M（营养物质/微生物）保持在较低水平，污泥产量较低。

填料要求比表面积大、空隙率大、水力阻力小、强度大、化学和生物稳定性好、能经久耐用。目前常采用的填料是软性纤维填料。

三、厌氧生物处理

在断绝与空气接触的条件下，依赖兼性厌氧菌和专性厌氧菌的生物化学作用，对有机物进行生化降解的过程，称为厌氧生物处理法或厌氧消化法。

有机物的厌氧分解过程分为两个阶段。在第一阶段中，发酵细菌（产酸细菌）把存在于废水中的复杂有机物转化成简单有机物（如有机酸，醇类等）和 CO_2，NH_3，H_2S 等无机物。在第二阶段中，首先由与甲烷菌共生的产氢、产乙酸细菌将简单有机物转化成氢和乙酸，再由细菌将乙酸及甲酸、CO_2 和 H_2 转化成 CH_4 和 CO_2 等。生物处理时，有机物转化过程如图 13-6 所示。

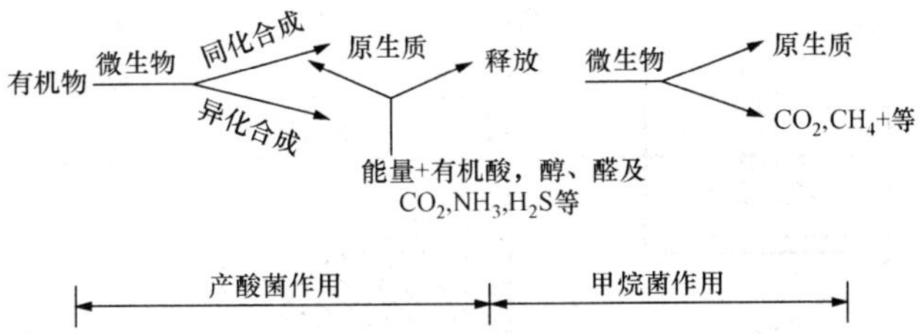

图 13-6　有机物厌氧分解图式

厌氧分解过程中，由于缺乏氧受体，因而对有机物分解不彻底，代谢产物中包括众多的简单有机物。

厌氧生物处理法目前主要用于污泥的消化、高浓度有机废水和温度较高的有机工业废水的处理。最早的厌氧生物处理构筑物是化粪池，近年开发的有厌氧生物滤池、厌氧接触法、上流式厌氧污泥床反应器、分段消化法等。

第三节　污　泥　处　理

在工业废水和生活污水的处理过程中，通常要截留相当数量的悬浮物质，这些物质统称为污泥固体。形成污泥固体的悬浮物质，可以是废水中早已存在的，也可以是废水处理过程中逐渐形成的。前者如各种自然沉淀池中截留的悬浮物质；后者如生物处理和化学处理过程中，由原来的溶解性物质和胶体物质转化而来的悬浮物质。此外，在进行化学处理时，投加的化学药剂还会带来各种固体物质。污泥固体与水的混合体通称为污泥，但有时把含有机物为主的叫污泥，而把含无机物为主的叫泥渣。

污泥处理的主要目的是：①降低含水率，使其变流态为固态，同时减少数量；②稳定有机物，使其不易腐化，避免对环境造成二次污染。

污泥处理的主要内容包括去水处理（浓缩、脱水）和稳定处理。

一、污泥的种类、性质

污泥的组成、性质和数量主要取决于废水的来源，同时还和废水处理工艺有密切关系。

1. 污泥的种类

按废水处理工艺的不同，污泥可分为以下几种：

（1）初次沉淀污泥。来自初次沉淀池，其性质随废水的成分而异。

（2）腐殖污泥与剩余活性污泥。来自生物膜法与活性污泥法后的二次沉淀池。前者称腐殖污泥，后者称剩余活性污泥。

（3）消化污泥。初次沉淀污泥、腐殖污泥、剩余活性污泥经厌氧消化处理后的污泥。

（4）化学污泥。用混凝、化学沉淀等化学法处理废水，所产生的污泥称为化学污泥。

2. 污泥的性质

（1）表征污泥性质的主要参数有：含水率与含固率，挥发性固体、有毒有害物含量以及脱水性能等。

（2）污泥中的水分分为游离水、毛细水、内部水三种。

二、污泥浓缩处理

污泥浓缩是降低污泥含水率，减少污泥体积的有效方法（例如，活性污泥的含水率高达99.5%，若含水率减到99%，则其体积减为原体积的1/2），污泥浓缩主要减缩污泥的间隙水（游离水）。经浓缩后的污泥近似糊状，但仍保持流动性。

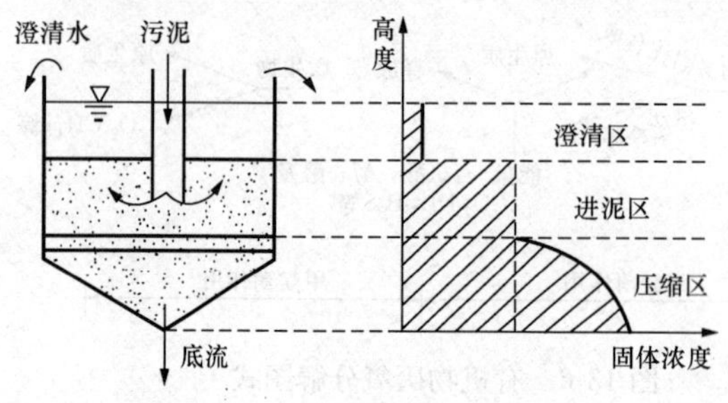

图 13-7　连续式重力浓缩池工况

污泥浓缩的方法有重力浓缩、气浮浓缩和离心浓缩。连续式重力浓缩池的基本工作状况如图 13-7 所示。

三、污泥稳定处理

稳定污泥的常用方法是消化法（厌氧生物处理法）。厌氧消化是对有机污泥进行稳定处理的最常用的方法。一般认为，当污泥中的挥发性固体的量降低 40%左右即可认为已达到污泥的稳定。

在污泥中，有机物主要以固体状态存在。因此，污泥的厌氧消化包括：水解、酸化、产乙酸、产甲烷等过程。在污泥的厌氧消化中，则认为固态物的水解、液化是主要的控制过程。

厌氧消化产生的甲烷能抵消污水处理所需要的一部分能量，并使污泥固体总量减少（通常厌氧消化使 25%～50%的污泥固体被分解），减少了后续污泥处理的费用。消化污泥是一种很好的土壤调节剂，它含有一定量的灰分和有机物，能提高土壤的肥力和改善土壤的结构。

尽管有如上的优点，厌氧消化也有缺点：投资大，运行易受环境条件的影响，消化污泥不易沉淀（污泥颗粒周围有甲烷及其他气体的气泡），消化反应时间长等。

小型污水厂也有采用好氧消化法、氯化氧化法、石灰稳定法和热处理等方法使污泥性质得到稳定。

好氧消化法类似活性污泥法，在曝气池中进行，曝气时间长达 10～20d，依靠有机物的好氧代谢和微生物的内源代谢稳定污泥中的有机组成。氯气氧化法在密闭容器中完成，向污泥投加大剂量氯气，接触时间不长，实质上主要是消毒，杀灭微生物以稳定污泥。石灰稳定法中，向污泥投加足量石灰，使污泥的 pH 值高于 12，抑制微生物的生长。热处理法既可杀死微生物借以稳定污泥，还能破坏泥粒间的胶状性能改善污泥的脱水性能。

四、污泥脱水处理

将污泥的含水率降低到80%～85%以下的操作叫脱水。脱水后的污泥具有固体特性，成泥块状，能用车运输，便于最终处置利用。

为了改善污泥的脱水性能，消化污泥、剩余活性污泥、剩余活性污泥与初沉污泥的混合污泥等在脱水之前应进行调理。

所谓调理就是破坏污泥的胶态结构，减少泥水间的亲和力，改善污泥的脱水性能。污泥的调理方法有加药调理法、淘洗加药调理法、加热调理法、冷冻调理法、加骨粒调理法等。其中加药调理采用得较为普遍，其实质是向污泥中投加各种絮凝剂，使污泥形成颗粒大、孔隙多和结构强的滤饼。无机调理剂有三氯化铁、三氯化铝、硫酸铝、聚合铝等；有机调理剂有聚丙烯酰胺等。无机调理剂价廉易得，但用量大，pH值的影响大；而有机调理剂则与之相反。

普遍采用的污泥脱水机械有板框压滤机（见图13-8）、带式压滤机（见图13-9）和离心脱水机（见图13-10）。

离心机的优点是设备小，效率高，分离能力强，操作条件好（密封、无气味）；缺点是制造工艺要求高，设备易磨损，对污泥的预处理要求高，而且必须使用高分子聚合电解质作为调理剂。

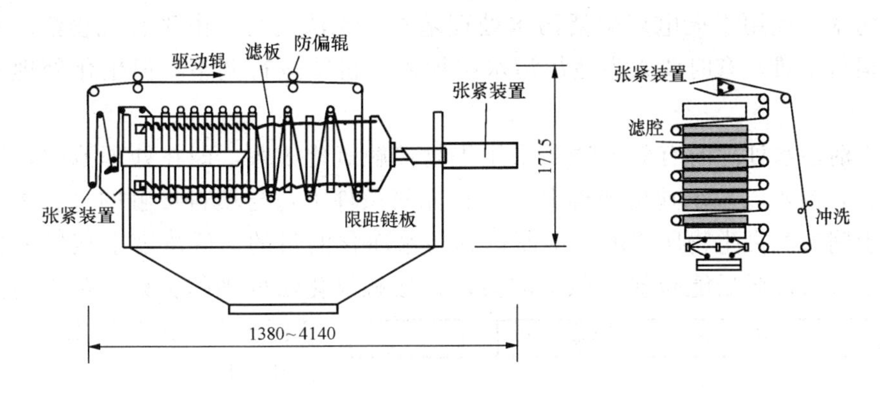

图13-8　自动板框压滤机

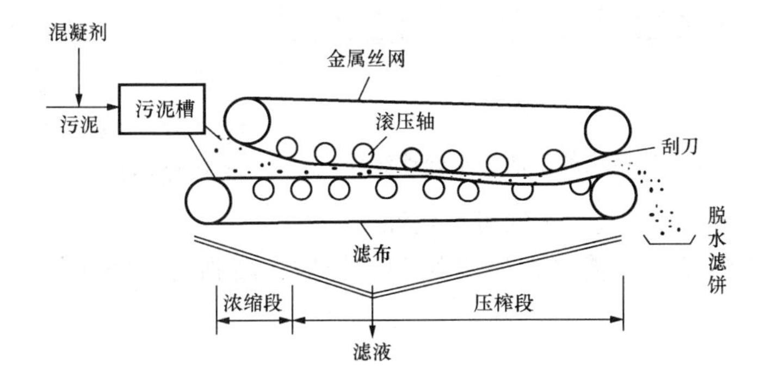

图13-9　滚压带式过滤机

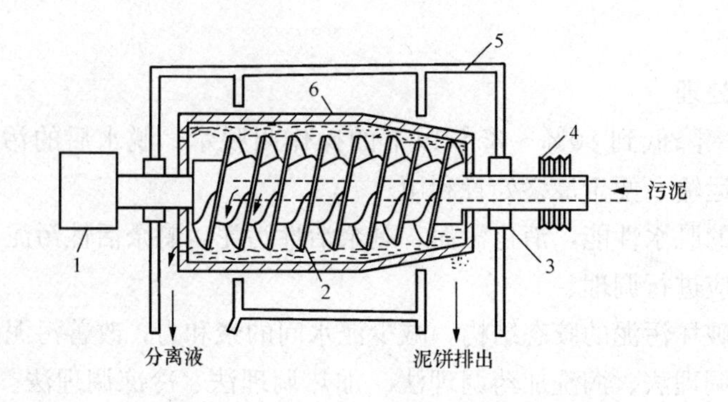

图 13-10　离心脱水机

1—刮刀驱动机构；2—螺旋输泥机（刮刀）；3—轴承；4—转筒驱动机；5—罩盖；6—转筒

第四节　电厂废水处理系统

一、生活污水

火电厂生活污水主要来自生活及办公区，其污染物主要为有机物（COD、BOD），处理方法与城市生活污水类似。但由于电厂生活污水中污染物浓度较低，一般 BOD_5 和 COD 分别在 100mg/L 和 200mg/L 左右。传统的活性污泥处理法适用于污染物浓度高、水质稳定的污水，而用于火电厂生活污水处理基本上无法运行，由于有机物浓度较低，调试启动与运行困难，有时要人为地往污水中加入有机物进行调整，但生化处理效果仍不理想。

此类生活污水处理的有效方法是采用生物接触氧化工艺，即在处理池中设置填料并长满生物膜，污水以一定速度流经其中，在充氧条件下，与填料接触的过程中，有机物被生物膜上附着的微生物所降解，从而达到污水净化的目的。低浓度下接触氧化池中生物膜能否形成及成膜后能否保持稳定的活性是接触氧化法处理的关键。常用的火电厂生活污水生物接触氧化处理系统如图 13-11 所示。

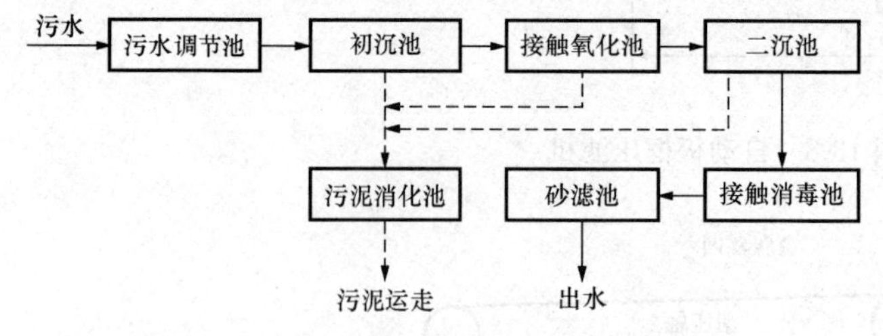

图 13-11　火力发电厂常用的生活污水处理流程

铜陵发电厂生活污水处理系统：

（1）主要工艺流程为：生活污水调节池→初沉缺氧池→接触氧化池（分三级）→二沉池→消毒池→提升泵→出水。

（2）初沉缺氧池兼有提高污水的可生化性。

（3）生物处理系统内的填料选用易结膜、轻质、高强度、防腐蚀、空隙率高的弹性填料。

（4）沉淀池采用竖流式沉淀池。

二、工业废水

常用的火力发电厂工业废水处理工艺如图 13-12 所示。

铜陵发电厂工业废水处理系统：

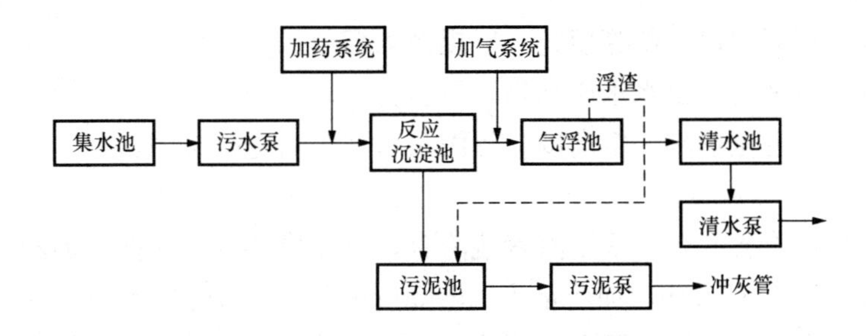

图 13-12　电厂工业废水处理与回收利用工艺

工业废水处理系统主要工艺流程如下：

↓加药　↓加药

工业废水调节池→澄清装置→气浮处理装置→中间水池→中间水泵→过滤装置→清水池→回用。

工业废水处理系统进水水质要求：$SS \leqslant 1500$mg/L（短时内进水浊度不大于 5000mg/L）、含油≤500mg/L。出水水质要求：$SS \leqslant 5$mg/L，含油≤5mg/L。

整套工业废水处理系统的处理能力为 $2\times60m^3/h$，设计最大处理能力为 $2\times70m^3/h$。包括两套澄清装置、两套气浮处理装置、两套过滤装置、混凝剂、助凝剂手动配药及自动加药装置各一套、污泥浓缩罐、工业废水处理间污泥提升泵、净化站污泥提升泵、泥水提升泵、中间水泵、离心污泥脱水机、集油箱等设备。

1. 悬浮物澄清单元（户外安装）

（1）设 2 套自动排泥澄清装置，采用竖式斜板结构。

（2）澄清区内设斜管以提高处理效果，斜管斜长约为 1.0m，倾角为 55℃，材质采用玻璃钢，内切圆 30mm。

2. 气浮处理装置（户外安装）

（1）设 2 套气浮处理装置，气浮处理装置为竖式圆形结构。设备外壳采用 Q235B 钢材质。

（2）设计进水含油量小于 500mg/L，出水含油量小于 5mg/L。

3. 无阀过滤器（户外安装）

（1）设 2 套无阀过滤器，过滤装置外形为圆形，罐内滤料采用石英砂滤料。

（2）设计进水的悬浮物浓度为 50～100mg/L，处理后出水的悬浮物浓度≤5mg/L。

（3）处理水由进水管进入水力自动过滤装置，悬浮物截留在滤层表面，造成阻力增加，当达到一定值时自动启动反冲洗装置，自下往上反冲滤层，达到反冲洗目的，该装置从过滤、投入反冲洗、终止反冲洗及过滤均自动进行，此自动属水力自动，无需人员管理，且平衡进水。

（4）出水装置的水帽采用不锈钢水帽。

4. 中间水泵（户外型水泵及电动机）

中间水泵按 3×50%容量设计，并选用耐腐蚀和耐磨型的水泵。

5. 污泥浓缩池（户外安装）（污泥浓缩池需加盖盖子，以免雨水进入池内）

（1）设 1 套污泥浓缩池，处理泥水量为 $12m^3/h$。污泥浓缩池为竖式圆形结构。

（2）设计进泥含水率为 99%～99.8%，出泥含水率为 95%。

(3) 浓缩池分离区内设有斜管填料，以提高浓缩效果。

(4) 本装置运行平稳，出水水质均匀，可实行自动控制，无需人员管理。污泥浓缩池排泥与污泥泵连锁，当泥位达到一定高度时污泥泵自动开启进行排泥。

6. 加药设备

(1) 混凝剂加药设备一套。采用溶解池溶解，机械搅拌设备搅拌，加药计量泵投加的方式。总加药处理水量为120t/h，加药量为10～50mg/L，药剂配置浓度为10%～15%，每日配置1次。工业废水处理系统需要在澄清装置、气浮装置两个加药点前加混凝剂。

(2) 助凝剂加药设备一套。采用手动配制、计量泵投加的方式。设计小时加药量为2～5mg/L，药剂配置浓度为0.5%～1%，每日配置1次。工业废水处理系统需要在浓缩池、污泥脱水机两个加药点前加助凝剂。

7. 污泥脱水机（户外安装）

脱水机在离心力的作用下对污泥进行全天连续或间断脱水，机器具备优良的密封性能，以确保污泥、水不会溢出机外而污染环境。由于污泥进料含固率可能会有波动，差速扭矩控制系统能自动调节差速和扭矩以保证泥饼干度恒定和污泥固相回收率。

污泥脱水机处理容量为1～3m³/h。进泥含水率为75%～98%；脱水后的污泥含水率小于65%～72%；固体回收率大于或等于95%。

三、含煤废水

含煤废水主要污染物是灰粉和煤屑，悬浮物含量较高，常用的处理工艺流程为：含煤废水管→煤水沉淀池→废水提升泵→煤水处理装置→清水池→回收水泵→输水管道→露天煤场除尘。常用的煤水处理装置如图13-13所示。

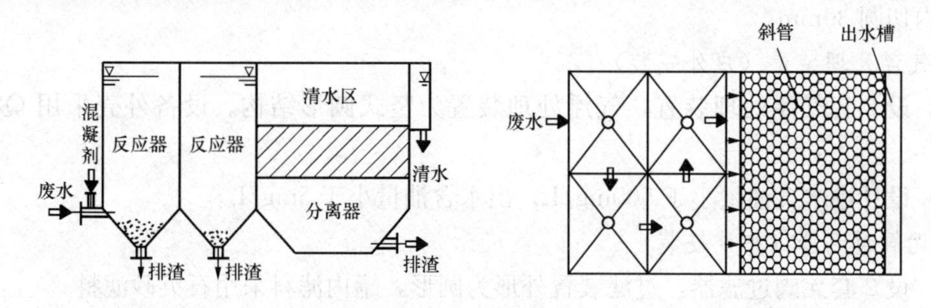

图13-13 含煤废水澄清器结构示意

铜陵电厂煤水处理系统：

(1) 整套含煤废水处理装置处理能力为2×12m³/h，设计最大负荷为2×15m³/h。

(2) 整套工艺至少包括：煤水提升泵、含煤废水综合处理机、中间水箱及水泵、过滤器、回用水泵、加药设备、煤泥提升泵、刮泥机等。

(3) 处理设备进水水质：电厂输煤栈桥冲洗排水、煤场雨水及输煤系统除尘排水，浊度小于或等于5000mg/L。处理后出水水质要求：浊度小于或等于10mg/L，pH值控制在6.5～9范围内，无色。

四、脱硫废水

湿法脱硫废液呈酸性（pH值为4～6），悬浮物质量分数为9000～12 700mg/L，一般含汞、铅、镍、锌等重金属以及砷、氟等非金属污染物。脱硫废水属弱酸性，所以此时许多重金属离子仍有良好的溶解性。因此，脱硫废水的处理主要是以化学、机械方法分离重金属和其他可沉淀的物质。常见的脱硫废水处理工艺流程如图 13-14 所示。

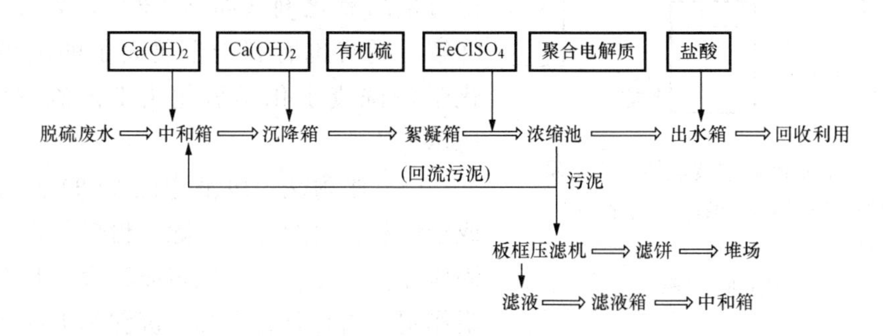

图 13-14　脱硫废水处理工艺流程

1. 废水中和

中和处理的主要作用包括两个方面：

（1）发生酸碱中和反应，调整 pH 值在 6～9 范围内。

（2）沉淀部分重金属，使锌、铜、镍等重金属盐生成氢氧化物沉淀。常用的碱性中和药剂有石灰、石灰石、苛性钠、碳酸钙等。

2. 重金属沉淀

脱硫废水一般采用加入可溶性氢氧化物，如氢氧化钠（NaOH），产生氢氧化物沉淀来分离重金属离子。

在脱硫废水处理中，一般 pH 值控制在 8.5～9.0 之间，在这一范围内可使一些重金属，如铁、铜、铅、镍和铬生成氢氧化物沉淀。对于汞、铜等重金属，一般采用加入可溶性硫化物，如硫化钠（Na_2S）或有机硫化物（TMT-15），以产生溶解度更小的 Hg_2S、CuS 等沉淀进行分离。

3. 絮凝反应

为了改善重金属析出过程，一般可加入三价铁盐，如 $FeCl_3$（$FeClSO_4$）混凝剂及高分子絮凝剂，使细小的絮凝物凝聚成大颗粒而沉降下来。

4. 浓缩/澄清

絮凝后的废水从反应池溢流进入装有搅拌器的澄清/浓缩池中，絮凝物沉积在底部并通过重力浓缩成污泥，上部则为净水。大部分污泥送到压滤机进行脱水处理，小部分污泥作为接触污泥返回废水反应池，提供沉淀所需的晶核。

五、化学清洗废水

锅炉化学清洗废水是火力发电厂新建锅炉清洗和运行锅炉周期性清洗时排放的酸洗废水和钝化废水的总称。其具有排放时间短、污染物浓度高、污染物浓度变化大等特点。酸洗废水中主要含有游离酸（如盐酸、EDTA 和柠檬酸等）、缓蚀剂、钝化剂（如磷酸三钠、联氨、丙酮肟和亚硝酸钠等）。目前锅炉化学清洗废水处理方法主要有以下几种：

（1）炉内焚烧法。在炉内高温条件下，使有机物分解成二氧化碳和水蒸气，废水中的重金属被氧化成不溶于水的金属氧化物微粒。常见的化学清洗废水炉内焚烧法工艺流程如图

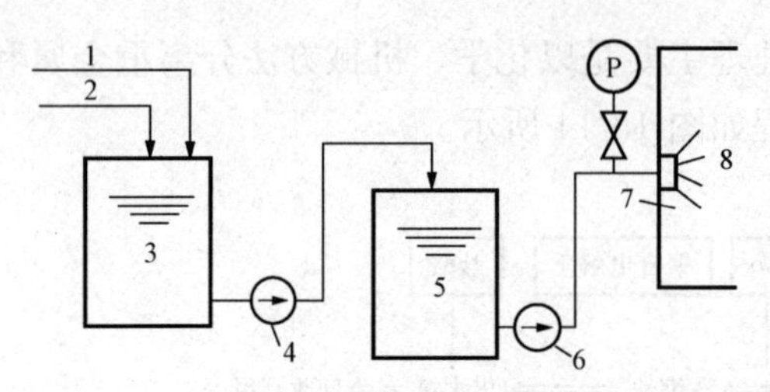

图 13-15　有机酸废水焚烧的工艺流程

1—柠檬酸废液；2—碱；3—储存池；
4—耐酸泵；5—废液箱；6—废液泵；
7—喷嘴；8—炉膛

13-15 所示。

（2）化学氧化法。在酸洗废液中，添加一定过量的氧化剂（如 NaClO 等），使 COD 氧化降解，同时也有利于金属离子的沉淀。常见的化学清洗废水化学氧化法工艺流程如图 13-16 所示。

（3）吸附法。废液中的 COD 可采用活性炭或粉煤灰吸附的方法去除。粉煤灰是燃煤电厂的固体弃物，粒度小，比表面积大，具有很强的吸附作用，同时兼有中和、沉淀和混凝等特性，而且以废治废，处理费用也低，有很好的应用前景。

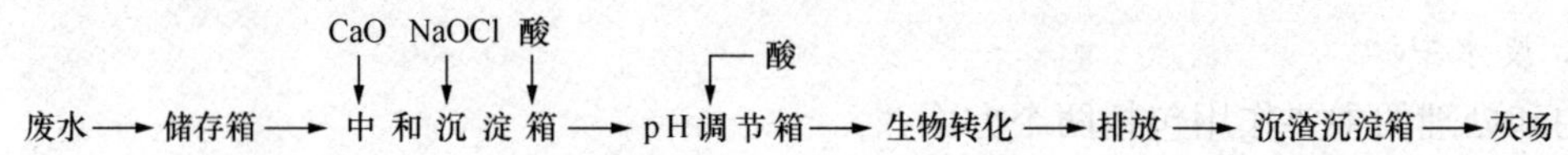

图 13-16　有机酸废水氧化法

第十四章

制 氢 系 统

第一节　发电机的冷却方式

一、发电机冷却的重要性

发电机运转时要发生能量消耗，这是一种能量（机械能）转变为另一种能量（电能）时所不可避免的。这些损耗的能量，最后都变成了热量，致使发电机的转子绕组、定子铁芯和定子绕组等各部件的温度升高。

因为发电机的部件都是由铜质和铁质材料制成的，所以把这种能量消耗叫做铜损和铁损。为了保证发电机能在绕组绝缘材料允许的温度下长期运行，必须及时地把铜损和铁损所产生的热量导出，使发电机各主要部件的温升经常保持在允许的范围内。否则，发电机的温升就会继续升高，使绕组绝缘老化，出力降低，甚至烧坏，影响发电机的正常运行。因此，必须连续不断地将发电机产生的热量导出，这就需要强制冷却。

二、发电机常用的冷却方式

发电机的冷却是通过冷却介质将热量传导出去来实现的。常用的冷却方式有 3 种。

1. 空气冷却

容量小的发电机（2MW 以下）多采用空气冷却，即空气由发电机内部通过，将热量带出。这种冷却方式效率差，随着发电机容量的增大已逐渐被淘汰。

2. 水冷却

把发电机转子和定子绕组线圈的铜线作成空心，运行中使高纯度的水通过铜线内部，带出热量使发电机冷却。这种冷却方式比空气冷却效果好，但必须有一套水质处理系统和良好的机械密封装置。目前，大型机组多采用这种冷却方式。

3. 氢气冷却

氢气对热的传导率是空气的六倍以上，加上它是最轻的一种气体，对发电机转子的阻力最小，所以大型发电机多采用氢气冷却方式，即将氢气密封在发电机内部，使其循环。循环的氢气再由另设的冷却器通水冷却。氢气冷却可分为氢气与铜线直接接触的内冷式（直接冷却）和氢气不直接与铜线接触的外冷式两种。

三、冷却方式的组合

当前功率超过 50MW 的汽轮发电机都广泛采用了氢气冷却，或者氢气、水冷却介质混用的冷却方式。在冷却系统中，冷却介质可以按照不同的方式组合，归纳起来一般有以下几种：

（1）定子绕组、转子绕组和定子铁芯都采用氢表面冷却，即氢外冷。

（2）定子绕组和定子铁芯采用氢表面冷却，转子绕组采用直接冷却（即氢内冷）。

（3）定子、转子绕组采用氢内冷，定子铁芯采用氢外冷。

（4）定子绕组水内冷，转子绕组氢内冷，定子铁芯采用氢外冷，即水氢氢冷却方式。

（5）定子、转子绕组水内冷，定子铁芯空气冷却，即水水空冷却方式。

（6）定子、转子绕组水内冷，定子铁芯氢外冷，即水水氢冷却方式。

第二节　氢气的基本特性

一、氢气的物理性质

氢气是无色、无臭、无毒和无味的可燃性气体。它同氮气、氩气、甲烷等气体一样，都是窒息气，可使肺缺氧。在标准状况下（温度为0℃，压力为101.325kPa），氢气的密度是0.089 87g/L，仅是空气的2/29，是世界上最轻的物质。氢的分子运动速度最快，从而有最大的扩散速度和很高的导热性，其导热能力是空气的7倍。氢的沸点为－252.78℃，熔点为－259.24℃。氢在各种液体中都溶解甚微，0℃时100mL的水中仅能溶解2.15nmL的氢；20℃时100mL水中能溶解1.84nmL的氢。

在常温下，铁能溶解氢，从而铁变脆，但这种氢脆作用非常缓慢。而在高温、高压的条件下，氢对钢有强烈的脆化作用，使金属脱碳，产生裂纹并变成网格，使钢的强度、韧性丧失殆尽。

氢的渗透能力很强，在常温下能够透过橡皮，但不能透过玻璃。

二、氢气的化学性质

氢气是一种易燃、易爆的气体。氢的最低着火点温度是574℃，它在空气里既可被明火点燃，也可被暗火如砂烁的撞击或静电放电点燃，燃烧时发出浅蓝色火焰，生成水，并放出大量的热。

氢气和氧气的混合物具有爆炸性，2份氢和1份氧的混合物其爆炸威力最大。在明火、暗火或高温作用下，氢和氧迅速地化合，并放出大量的热，使体积急剧扩大而发生爆炸。当有催化剂（如铂粉）和水汽存在时，可加剧氢和氧的化合反应，促使发生爆炸。

氢气和氧气混合物的爆炸极限是随压力、温度和水蒸气含量而变化的。在空气中氢气体积含量的爆炸极限：上限为75％，下限为4％；在纯氧中氢气体积含量的爆炸极限：上限为94％，下限为4％。通常压力增加、温度上升时，可燃气体混合物的着火下限降低，上限提高，着火范围变宽；压力、温度下降时则相反。

氢气还可以与许多非金属化合，生成各种类型的氢化物。

三、氢气作为冷却介质的优缺点

1. 优点

（1）通风损耗低，机械（指发电机转子上的风扇）效率高。这是因为在标准状态下，氢气的密度是0.089 87kg/m^3，空气的密度是1.293kg/m^3，CO_2的密度是1.977kg/m^3，N_2的密度是1.25kg/m^3。由于空气的密度是氢气的14.3倍，二氧化碳的密度是氢气的21.8倍，氮气的密度是氢气的13.8倍，所以，使用氢气作为冷却介质时，可使发电机的通风损耗减到最小的程度。

(2) 散热快、冷却效率高。因为氢气的热导率是空气的 1.51 倍，且氢气扩散性好，能将热量迅速导出，所以能将发电机的温升降低 10～15℃。

(3) 危险性小。由于氢气不能助燃，而发电机内充入的氢气中含氧又小于 2%，所以一旦发电机绕组被击穿时，着火的危险性很小。

(4) 清洁。经过严格处理的冷却用的氢气可以保证发电机内部清洁，通风散热效果稳定，而且不会产生由于脏污引起的事故。

(5) 用氢气冷却的发电机，噪声较小，而且绝缘材料不易受氧化和电晕的损坏。

2. 缺点

(1) 氢气的渗透性很强，易于扩散泄漏，所以发电机的外壳必须被很好地密封。

(2) 氢气与空气混合物能形成爆炸性气体，一旦泄漏，遇火即能引起爆炸，因此，在用氢冷却的发电机四周严禁明火。

氢气冷却虽有以上一些缺点，但只要严格执行有关的安全规章制度和采取有效的措施还是可靠的，而其高效率冷却是其他冷却介质无可比拟的，所以大多数发电机还是采用氢冷方式。

第三节 制氢装置及系统

本厂的供氢系统采用购置氢瓶供氢方案，业主已经与南京麦克斯南分特种气体有限公司签订了成品氢气供应协议。

本系统设置 2 套氢瓶配气装置，一套运行，一套备用；设置 $V=0.04\mathrm{m}^3$、$p=14\mathrm{MPa}$ 的氢瓶 300 台；漏氢报警仪；其他的配套装置按配气装置的容量和氢冷发电机对氢气的要求设置。

第四节 制氢系统的有关技术指标

一、制氢系统中的气体纯度指标

DL 408—1991《电业安全工作规程》(发电厂和变电厂电气部分）规定，氢气纯度不低于 99.5%，含氧量不应超过 0.5%。如果达不到标准，应立即进行处理，直至合格。另外，氢气绝对湿度不大于 $5\mathrm{g/m}^3$。

二、氢冷发电机内的气体纯度指标

DL 408—1991《电业安全工作规程》(发电厂和变电厂电气部分）规定，发电机氢冷系统中氢气纯度应不低于 96%，含氧量不大于 2%；如果达不到标准，应立即进行处理，直至合格。

三、氢冷发电机内的氢气湿度指标

发电机内氢气在运行氢压下的允许湿度的高限，应按发电机内的最低温度由表 14-1 查得。允许湿度的低限为露点温度 $t_d=-25$℃。

供发电机充氢、补氢用的新鲜氢气在常压下的允许湿度为：新建、扩建电厂，露点温度

t_d≤－50℃；已建电厂，露点温度 t_d≤－25℃。

表 14-1　　发电机内最低温度值与允许氢气湿度高限值的关系

发电机内最低温度（℃）	5	10
发电机在运行氢压下的允许湿度高限（露点温度 t_d,℃）	－5	0

注　发电机内最低温度，可按如下规定确定：

1. 稳定运行中的发电机：以冷氢温度和内冷水入口水温中的较低值，作为发电机内的最低温度值。
2. 停运和开、停机过程中的发电机：以冷氢温度和内冷水入口水温、定子绕组温度和定子铁芯温度中的最低值，作为发电机内的最低温度值。

四、置换用中间气体的纯度

（1）氮气纯度不低于95%，水分的含量不大于0.1%。

（2）二氧化碳气体纯度不低于95%，水分的含量不大于0.1%，并且不得含有腐蚀性的杂质。

第五节　氢冷发电机的气体置换、充氢与泄漏检测

一、气体置换的目的

氢气与空气混合气是一种危险性的气体，在混合气体中，氢气含量达4%～76%范围内，就有发生爆炸的危险，严重时可能造成人身伤亡或设备损坏的恶性事故，因此，严禁氢气中混入空气。但在氢冷发电机由运行转入检修，或检修后启动投入运行的过程中，以及在某些故障下，必然存在着由氢气混入空气或由空气混入氢气的过程。这时，如不采取措施，势必造成氢气和空气的混合气体，而威胁安全生产。

为防止发电机发生着火和爆炸事故，必须借助于中间气体，使空气与氢气互不接触。这种中间气体通常使用既不自燃也不助燃的二氧化碳或氮气。这种利用中间气体来排除氢气或空气，或最后用氢气再排除中间气体的作业，叫做“置换”。

另一种方法是采用抽真空的办法，将发电机内的气体抽出，以减少互相混杂。

为了便于进行置换和抽真空的操作，在发电机外部装了一套系统，即所谓的氢冷系统。

二、发电机内气体的置换

气体置换应在发电机静止或盘车时进行，同时密封油应投入运行。如出现紧急情况，可在发电机减速时进行气体置换，但不允许发电机充入二氧化碳气体后在高速下运行。

1. 排除发电机内的空气

气体在爆炸范围的上限时，混合气体中氢占76%，空气占24%，而空气中的氧占21%，所以爆炸上限的混合气体中，氧的含量为24%×21%＝5.04%。因此，在充氢前，必须用惰性气体排除空气，使气体中氧气含量降低到小于5.04%。按此规律进行气体置换，发电机内将不存在爆炸性的混合气体。

充入两倍发电机容积的 CO_2 气体，空气的含量将降低到14%，因此，氧的含量也随之降为21%×14%＝3%。在转子静止或盘车时，利用 CO_2 密度为空气的1.52倍的关系，把 CO_2 从机座底部充入发电机内。充入约1.5倍发电机容积的 CO_2 就足以排除空气，此时，机内只有极少量的空气与二氧化碳混合。从发电机顶部采样，二氧化碳纯度读数应为95%

左右。二氧化碳必须在气体状态下充入发电机。

在水冷定子中，应注意防止二氧化碳与水接触，因为水中溶有二氧化碳将急剧增加定子绕组冷却水的电导率。

2. 发电机排氢

发电机的排氢是通过在机座底部汇流管充入二氧化碳，使氢气从机座顶部汇流管排出去。为了使机内混合气体中的氢气含量降到5%，应充入足够的二氧化碳。排氢应在发电机静止或盘车时进行，需要两倍发电机容积的二氧化碳。充二氧化碳时，纯度风机从发电机机座顶部汇流管采样，充入的二氧化碳应使二氧化碳纯度读数达到95%。

3. 发电机排二氧化碳

发电机排氢后，二氧化碳也不宜长时间封闭在机内。如机内需要进行检修，为确保人身安全：必须通入空气把二氧化碳排出。由于空气比二氧化碳轻，可以用临时橡皮管排出二氧化碳，二氧化碳排出后即拆除，把经过滤的压缩空气引入机内上方的汇流管，把二氧化碳从底部排出。

也可以打开机座顶部的人孔，用压缩空气或风扇把空气打入机内驱出二氧化碳。

如果须立即通过人孔观察或进入机内检查，应采取预防措施防止吸入二氧化碳。不允许用固定的压缩空气连接管来清除二氧化碳气体和氢气，因为如果不小心空气漏入氢气内，就会带来危害，造成产生爆炸性混合气体的可能性。

三、发电机充氢

1. 充氢

氢冷发电机在正常运行时，氢气纯度应在95%或以上，在发电机高速旋转气体充分混合下进行气体置换时，把3.5倍发电机容积的氢气充入发电机，则发电机内的氢气纯度将能达到95%，然而，在发电机静止或盘车情况下，从发电机顶部汇流管充氢，只需加入2.5倍发电机容积的氢气，发电机内就能达到95%的氢气纯度，此时，取样管路接通到机座的底部汇流管。

2. 发电机运行时补氢

氢冷发电机在正常运行期间，当氢侧密封泵运行时，氢气纯度通常保持在96%或以上，当氢侧密封油泵关闭时，氢气纯度通常保持在90%或以上，必须补氢的原因是：

（1）氢气的泄漏。由于发电机运行中氢气的泄漏，这就需要补氢以维持氢气压力（称漏补）。

（2）空气的渗入。由于空气的漏入，因此要求补氢以维持氢气纯度（称纯补）。对于双流密封瓦密封系统，氢侧密封油压跟踪空侧密封油压，并保持基本相等。理论上，氢侧密封油与空侧密封油之间不能互相交换，但是由于两个油源之间压力上的变化，在双流密封瓦处将发生一些油量交换。进入空侧回油中的氢气，在空侧回油箱内由排烟机排除；进入氢侧回流的空气逸出汇入机内氢气中，时间长将导致氢压和氢气纯度下降，为了保持氢压和氢气纯度，便必须漏补和纯补。

四、氢气泄漏检测

1. 氢冷发电机组漏氢的原因

（1）由于大型发电机组机体庞大，结合面多，而且粗糙度和平面度加工困难，以及施工组装水平等因素，都会导致结合面处漏氢。

（2）由于密封瓦和瓦座的间隙调整不合格，以及因氢侧密封油压降低使氢气漏入油中，也会导致漏氢。

（3）由于机内的氢气冷却器是列管式换热器结构，水平铜管胀接在两端的多孔板内，严密性难以保证，也会造成漏氢。因此，在运行中，为保证冷却水不漏入氢气中，必须保证氢压大于冷却水压。

（4）发电机的出线套管的瓷件与法兰之间常用水泥黏合剂结合，很容易脱落而漏氢。所以，机组每次大修之后，必须作查漏试验。发电机大修后的查漏点及其标准见表14-2。

表14-2　　发电机大修后的查漏点及其标准

查漏油部件或系统	试验压力（MPa）	合格标准
定子	0.35，风压	漏气率<1%
转子	0.5，风压	6h压降<20%初压
氢气冷却器	0.5，风压	0.5h无泄漏
氢及二氧化碳管路	0.6，风压	4h平均压降<666.610Pa
氢控制盘	0.6，风压	
定子内冷水系统	0.6，水压	4h压力不下降
线套管	0.4，风压	无泄漏

2. 氢气的泄漏检测

当有氢气泄漏时，因被检测的区域是开放的，有空气流动，气体不能取样，只能用检测仪的探头随时随地取样，当场检测。这种检测仪目前有RD－2059型氢分析仪和QCB87－C型测报仪。

第十五章

电力用油的基础知识

目前，我国电力系统常用的变压器油、汽轮机油、断路器（油开关）油等，主要是由天然石油经过加工精制而成的。

电力系统的用油设备中，通常使用的油品主要有：

一、绝缘油

绝缘油又称“电气用油”，它是重要的液体绝缘介质，绝缘油主要用于充油电气设备中，起介电作用。由于充油电气设备种类较多，且各有其使用特点和要求，因此，又把绝缘油分为变压器油、超高压变压器油、断路器（油开关）油等许多产品。

二、汽轮机油

汽轮机油又称“透平油”，属润滑油类，润滑油主要用于机械转动设备，在转动部件间形成油膜，以避免其直接接触，防止设备磨损，减少摩擦损耗。我国电力行业使用的主要润滑油是汽轮机油，它主要用于汽轮发电机组（以下简称“机组”）的油系统中，也用于水能发电机组中。

三、合成油品和绝缘气体

近年来某些用油设备已采用性能较好的人工合成油品（如磷酸酯抗燃油）和绝缘气体（如六氟化硫 SF_6 等）来代替上述的矿物汽轮机油和绝缘油。例如，在汽轮机机组内使用磷酸酯抗燃油；在充油电气设备中使用合成的有机绝缘油和六氟化硫绝缘气体等。

此外，电力系统的有关设备中还使用电容器油、润滑脂等；烧油电厂以燃料油作燃料。因为绝缘油和汽轮机油在发电厂中的用量较大，所以在此只简单介绍这两类油品。

第一节 石油的化学组成

一、石油的元素组成

组成石油的基本化学元素比较简单，主要是碳和氢元素，其中碳元素占83%～87%，氢元素占10%～14%，碳和氢两种元素含量占96%～99%。其次是氧、硫、氮三种元素，含量一般在1%以下。此外，还含有微量的金属元素以及微量的非金属元素。石油中的这些元素并非以单质存在，而是相互结合组成了极为复杂的烃类和非烃类化合物。表15-1列举了我国和世界一些油田原油的元素组成。

表 15-1　　一些原油的主要元素组成　　（%）

原油产地	元素组成			
	碳（C）	氢（H）	硫（S）	氮（N）
新疆	86.13	13.30	0.05	0.13
辽河	85.86	12.62	0.18	0.31
大庆	85.87	13.73	0.10	0.16
孤岛	85.12	11.61	2.09	0.43
胜利	86.26	12.20	0.80	0.44
欢喜岭	86.36	11.13	0.26	0.40
加拿大，阿萨巴斯卡	83.44	10.45	4.19	0.48
印尼，米纳斯	86.24	13.61	0.10	0.10
伊朗	85.14	13.13	1.35	0.17

注　表中数据并非恒定值，仅为某一时期的实测值。

二、石油中的烃类化合物

（一）烷烃

烷烃又称石蜡烃，烷烃是石油的主要烃类之一，其分子通式为 C_nH_{2n+2}，直链烷烃的结构式如图 15-1 所示，带支链烷烃的结构式如图 15-2 所示。

```
   H   H   H                    H   H   H
   |   |   |                    |   |   |
H -C - C - C -(CH2)n - C - C - C -H
   |   |   |                    |   |   |
   H   H   H                    H   H   H
```

图 15-1　直链烷烃（正构烷烃）

```
                                                   CH3  CH3
                                                     \  /
   H   CH3 H    H      H                          H - C   H
   |   |   |    |      |                              |   |
H- C - C - C  - C    - C - (CH2)n -                   C - C -H
   |   |   |    |      |                              |   |
   H   H   H  H-C-H    H                              H   H
                |
               CH3
```

图 15-2　带支链烷烃（异构烷烃）

（二）环烷烃

环烷烃的分子通式根据环数的不同可为 C_nH_{2n}、C_nH_{2n-2}、C_nH_{2n-4} 等，环烷烃几乎是一切石油的主要成分，它的结构比较复杂，有单环、双环和多环，并带有烷基侧链。环烷烃是润滑油的主要成分。环烷烃的结构式举例如图 15-3 所示。

（三）芳香烃

芳香烃的分子通式根据环数的不同可为 C_nH_{2n-6}、C_nH_{2n-12} 等，最简单的芳香烃是苯 C_6H_6。芳香烃分为对称结构的烃（如苯、萘、蒽等）和带侧链的芳香烃（如甲苯、乙苯等）。所有的润滑油成分中都含有芳香烃，芳香烃的结构式举例如图 15-4 所示。

```
   H    H H   H   H                    CH3
H   \  / \|   |   |                     |
  \  C    C - C - C -(CH2)n - C - CH3
H /  |    |   |   |                     |
H    |    |   H   H                     H
H \  |    |  /H
  - C     C-H
H     \  / \ H
        C    H
        |
    H - C - H
        |
       CH3
```

图 15-3　环烷烃（有烷烃链的环己烷）

```
           H
           |
          C
        //  \
   H - C      C - C - C -(CH2)n - C -H
       |      ||  |   |           |
       |      ||  H   H           H
  CH3 -C      C - H
        \\  /
          C
          |
          H
```

图 15-4　芳香烃（芳香烃和烷烃链连接的分子结构示例）

（四）混合烃

混合烃是由烷基、环烷基、芳香基组成的混合结构的烃类。该类烃的沸点较高，多存在于高沸点馏分中。混合烃的结构式举例如图 15-5 所示。

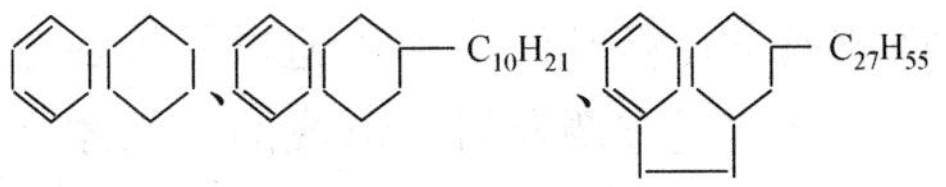

图 15-5　混合结构的烃

三、石油中的非烃类化合物

原油中的非烃类化合物（杂环化合物）指分子结构中除含碳、氢原子外，还含有硫、氮、氧等原子的化合物，原油中的非烃类化合物一般可分为含氧化合物、含硫化合物、含氮化合物、胶质和沥青质四类。原油中非烃化合物在数量上并不占主要地位，但对石油产品的质量和使用却有一定的不良影响，一般在炼制过程中应尽量将它们除去。

第二节　石油的炼制工艺简介

电力用油是由石油经过加工精制而成的，它的性质主要受石油本身组成的影响，经过精制可除去油品中大部分的非理想组分，保留了其中的理想组分。

在炼油企业中，从原油制取电力用油，一般要经过四步工艺流程，即原油的预处理、常—减压蒸馏、馏分油的精制和调合工艺。

一、原油的预处理

原油预处理的主要目的是除去油中的水分，分离出原油中存在的机械杂质及无机盐类。

二、油品的蒸馏

蒸馏工艺分为常压蒸馏和减压蒸馏。常压蒸馏和减压蒸馏习惯上合称常—减压蒸馏。

为了得到高沸点的大分子石油馏分，通过降低蒸馏塔的大气压力，即在真空条件下，不提高“热油”的温度，而降低烃类组分的沸点，使“重油”像常压蒸馏那样，按烃类组分沸点的高低进行分离，这就是减压蒸馏。减压蒸馏获得的产品是润滑油馏分，电力用油就是润滑油馏分进一步加工形成的产品。

三、馏分油的精制

馏分油精制的主要目的是提高油品的抗氧化安定性，改善其黏温性能和低温流动性等指标。烃类对油品性质的影响见表 15-2。

表 15-2　　烃类对油品性质的影响简介

烃类		密度	闪点	黏度	黏温性	低温流动性	抗氧化性(各烃类单独存在时)
烷烃	正构	小	低	小	最好(液态)	差(高分子)	好
	异构		高			好	差(分支多)
环烷烃	少环	中	中	大	好(长侧链)	好	好
	多环				差(短侧链)		差(多侧链)
芳香烃	少环	大	高	大	好(长侧链)	中	好(无侧链)
	多环				差(短侧链)		差(长侧链)

四、调合

调合的方法是把两种或两种以上的基础油，根据成品油的指标要求，按照一定的比例调合而成或是在基础油中加入适量品种的专用添加剂，以满足成品油的某些特殊指标的要求。

基础油经过调合后，形成的产品才是商用成品油。我国生产的绝缘油中，基本上都在调合时添加了抗氧化添加剂，或在汽轮机油中同时添加一定量的抗氧化添加剂和防锈添加剂。

第三节　油品及产品的分类

一、石油产品的分类

石油产品及润滑剂的总分类（GB 498—1987《石油产品及润滑剂的总分类》）见表15-3。该标准将电力用油分在“润滑剂和有关产品”的“L”类中。

表 15-3　　石油产品及润滑剂的总分类（GB 498—1987）

类别	各类别的含义	类别	各类别的含义
F	燃料油	B	沥青
S	溶剂油和化工原料	C	焦类
L	润滑剂和有关产品	T	石油添加剂
W	蜡	Y	石油化学品及其他类

按照 GB 498—1987，电力用油中的绝缘油、汽轮机油、抗燃油均属于“润滑剂和有关产品”的“L”类。所以，电力用油的分类代码第一位均应为“L”。其组别代码应分别为“N”（绝缘油）、“T”（汽轮机油）、“H”（抗燃油）。

二、电力用油的分类

我国的电力用油基本上是按照使用用途来划分的，一般分为绝缘油、汽轮机油、抗燃油三大类。

目前，电力系统使用的抗燃油均为合成磷酸酯类，它不属于之前提到的矿物油范畴。

三、对油品的要求

在现代发电机组中使用的汽轮机润滑油、电气设备用绝缘油、依其使用的特点不同，对油品性能指标的要求也不同。

（一）对润滑油的要求

汽轮机润滑系统使用的汽轮机油，在设备中主要起润滑、冷却散热等作用，因而要求油品应具有适当的黏度和较高的黏度指数，即要求油品的黏温性要好，良好的抗氧化安定性和抗乳化能力，有较好的抗泡沫性能和空气释放能力，以满足机组在恶劣运行工况下可长期使用的要求。

（二）对绝缘油的要求

电气设备使用的绝缘油，在电气设备中主要起电气绝缘、设备冷却等作用。因此，除要求油品的运动黏度低、抗氧化安定性好之外，还要求油品具有良好的电气绝缘性能、析气性能及低温流动性能等。

第四节　电力用油的质量标准和试验方法

变压器矿物绝缘油新油标准，国内有 GB 2536—1990《变压器油》、SH 0040—1991

《超高压变压器油》、SH 0351—1992《断路器油》；国外有 IEC 60296—2003《变压器和开关设备用未使用过的矿物绝缘油规范》、ASTMD 3487—2000《电气装置中用矿物绝缘油标准规范》等标准。

通常电压等级在 500kV 的充油电气设备应选用超高压变压器油，330kV 以下的充油电气设备中使用普通变压器油。

一、国产变压器油新油的质量标准

我国新变压器油的质量标准和试验方法（GB 2536—1990）如表 15-4 所示。本标准规定了以石油馏分为原料，经精制后，加入抗氧化剂调制而成的具有良好的绝缘性、抗氧化安定性和冷却性能的变压器油的技术条件。本标准所属产品适用于 330kV 以下（含 330kV）的变压器和有类似要求的电器设备中。

表 15-4　　国产新变压器油的质量标准（GB 2536—1990）

项　目		质量指标			试验方法
牌　号		10	25	45	
外　观		透明、无悬浮物和机械杂质			目测①
密度(20℃，kg/m³)		≤895			GB/T 1884—2000《原油和液体石油产品密度实验室测定法》 GB/T 1885—1998《石油计量表》
运动黏度(mm²/s)	40℃	≤13	≤13	≤11	GB/T 265—1998《石油产品运动黏度测定法和动力黏度计算法》
	−10℃	—	≤200	—	
	−30℃	—	—	≤1800	
倾点②(℃)		≤−7	≤−22	报告	GB/T 3535—2006《石油产品倾点测定法》
凝点②(℃)		—		≤−45	GB/T 510—1983《石油产品凝点测定法》
闪点(闭口,℃)		≥140		≥135	GB/T 261—2008《闪点的测定　宾斯基—马丁闭口杯法》
酸值(mgKOH/g)		≤0.03			GB/T 264—1983《石油产品酸值测定法》
腐蚀性硫		非腐蚀性			SH/T 0304—1999《电气绝缘油腐蚀性硫试验法》
氧化安定性③	氧化后酸值(mgKOH/g)	≤0.2			SH/T 0206—1992《变压器油氧化安定性测定法》
	氧化后沉淀(%)	≤0.05			
水溶性酸或碱		无			GB/T 259—1988《石油产品水溶性酸及碱测定法》
击穿电压(间距 2.5mm，交货时)④(kV)		≥35			GB/T 507⑤—2002《绝缘油击穿电压测定法》
介质损耗因数(90℃)		≤0.005			GB/T 5654—2007《液体绝缘材料相对电容率、介质损耗因数和直流电阻率的测量》
界面张力(mN/m)		≥40		≥38	GB/T 6541—1986《石油产品油对水界面张力测定法(圆环法)》
水分(mg/kg)		报告			SH/T 0207—2010《绝缘液中水含量的测定卡尔·费休电量滴定法》

① 把产品注入 100mL 量筒中，在(20±5)℃下目测，如有争议时，按 GB/T 511—2010《石油和石油产品及添加剂机械杂质测定法》测定机械杂质含量为无。
② 以新疆原油和大港原油生产的变压器油测定倾点和凝点时，允许用定性滤纸过滤，倾点指标根据生产和使用实际经与用户协商，可不受本标准限制。
③ 抗氧化安定性为保证项目，每年至少测定一次。
④ 击穿电压为保证项目，每年至少测定一次，用户使用前必须进行过滤并重新测定。
⑤ 测定击穿电压允许用定性滤纸过滤。

我国变压器油以凝固点高低(低温性能)来划分牌号，共分为三个牌号，分别是10号、25号和45号变压器油。

二、国产超高压变压器油新油的质量标准

我国超高压变压器新油的质量标准和试验方法SH 0040—1991(1998年确认)如表15-5所示。本标准规定了以石油馏分为原料经精制后，加入抗氧剂、烷基苯或抗气组分调制而成的具有良好绝缘性、抗氧化安定性、抗气性和冷却性的超高压变压器油技术条件。本标准所属产品适用于500kV的变压器和有类似要求的电器设备中。本产品按低温性能分为25号和45号两个牌号。

500kV超高压变压器油不仅要有良好的抗氧化安定性、低温流动性、更高的绝缘性和清洁度，还应具有吸氢性，即良好的吸气性能，以便使油品在高压电场下，不仅不放出气体，而且应吸收气体。

表15-5　　国产超高压变压器油新油的质量标准(SH 0040—1991)

项目		质量指标		试验方法
牌号		25	45	
外观		透明、无悬浮物和沉淀物		目测①
密度(20℃，kg/m^3)		≤895		GB/T 1884—2000 GB/T 1885—1998
色度(号)		≤1		GB/T 6540—1986《石油产品颜色测定法》
运动黏度(mm^2/s)	100℃	报告		GB/T 265—1998
	40℃	≤13	≤12	
	0℃	报告		
苯胺点(℃)		报告		GB/T 262—2010《石油产品和烃类溶剂苯胺点和混合苯胺点测定法》
凝点②(℃)		—	≤−45	GB/T 510—1983
倾点(℃)		≤−22	报告	GB/T 3535—2006
闪点(闭口,℃)		≥140	≥135	GB/T 261—2008
中和值(mgKOH/g)		≤0.01		GB/T 4945—2002《石油产品和润滑剂酸值和碱值测定法(颜色指示剂法)》
腐蚀性硫		非腐蚀性		SH/T 0304—1999
水溶性酸或碱		无		GB/T 259—1988
氧化安定性③	氧化后沉淀(%)	≤0.2		SH/T 0206—1992
	氧化后酸值(mgKOH/g)	≤0.4		
击穿电压(间隔2.5mm出厂)④(kV)		≥40		GB/T 507—2002
介质损耗因数(90℃)		≤0.002		GB/T 5654—2007
界面张力(mN/m)		≥40		GB/T 6541—1986
水分(出厂，mg/kg)		≤50		SH/T 0207—2010

续表

项目	质量指标		试验方法
牌号	25	45	
析气性⑤(μL/min)	≤+5		GB/T 11142—1989《绝缘油在电场和电离作用下析气性测定法》
比色散	报告		SH/T 0205—1992《电气绝缘液体的折射率和比色散测定法》

① 把产品注入100mL量筒中，在(20±5)℃下目测，如有争议时，按GB/T 511—2010《石油和石油产品及添加剂机械杂质测定法》测定机械杂质含量为无。

② 以新疆原油和大港原油生产的超高压变压器油测定倾点和凝点时，允许用定性滤纸过滤。

③ 抗氧化安定性为保证项目，每年至少测定一次。

④ 测定击穿电压时，允许用定性滤纸过滤。

⑤ 析气性为保证项目，每年至少测定一次。

三、国产油断路器（油开关）油新油的质量标准

国产断路器油新油的质量标准SH 0351—1992（1998年确认）见表15-6，本标准规定了以石油馏分为原料，经酸碱和溶剂精制成的断路器油的技术要求。本产品用于220kV及低于220kV的油断路器中，适用于严寒、炎热、多雨、潮湿等地区的油断路器。本产品不能用于变压器和其他油浸设备。

表15-6　国产断路器油新油的质量标准（SH 0351—1992）

项目		质量指标	试验方法
外观		透明、无悬浮物和沉淀物	目测①
密度（20℃，kg/m^3）		≤895	GB/T 1884—2000、GB/T 1885—1998
运动黏度（mm^2/s）	40℃	≤5	GB/T 265—1998
	−30℃	≤200	
倾点②（℃）		≤−45	GB/T 3535—2006
酸值（mgKOH/g）		≤0.03	GB/T 264《石油产品酸值测定法》
闪点（闭口，℃）		≥95	GB/T 261—2008
铜片腐蚀（T2铜片，100℃，3h，级）		≤1	GB/T 5096—1985《石油产品铜片腐蚀试验法》
水分③（mg/kg）		≤35	SH/T 0255—1992《添加剂和含添加剂润滑油水分测定法（电量法）》
界面张力（25℃，mN/m）		≥35	GB/T 6541—1986
介电强度③（电极间隙2.5mm，kV）		≥40	GB/T 507—2002
介质损耗因数（70℃）		≤0.003	GB/T 5654—2007

① 把产品注入100mL量筒中，在（20±5）℃下目测。如有争议时，按GB/T 511—2010测定机械杂质含量应为无。

② 以新疆原油生产的断路器油，测定倾点时，允许用定性滤纸过滤。

③ 水分和介电强度测试用油样允许用滤纸过滤。

四、国产汽轮机油新油的质量标准

国产汽轮机油新油的质量标准（GB/T 11120—1989《L-TSA 汽轮机油》）如表 15-7 所示。本标准规定了由深度精制基础油并加抗氧剂和防锈剂等调制成的 L－TSA 汽轮机油的技术条件。本标准所属产品适用于电力、工业、船舶及其他工业汽轮机组、水汽轮机组的润滑和密封。汽轮机油按 40℃运动黏度中心值分为 32、46、68 和 100 四个牌号。

表 15-7　国产汽轮机油新油的质量标准（GB/T 11120—1989）

项　目		合格品质量指标				试 验 方 法
黏度等级		32	46	68	100	GB/T 3141—1994《工业液体润滑剂 ISO 黏度分类》
运动黏度（40℃，mm²/s）		28.8～35.2	41.4～50.6	61.2～74.8	90.0～110.0	GB/T 265—1998
黏度指数①		≥90				GB/T 1995—1998《石油产品黏度指数计算法》
倾点②（℃）		≤－7				GB/T 3535—2006
开口闪点（℃）		≥180	≥180	≥195	≥195	GB/T 3536—2008《石油产品闪点和燃点的测定　克利夫兰开口杯法》
密度（20℃，kg/m³）		报告				GB/T 1884—2000、GB/T 1885—1998
酸值（mgKOH/g）		≤0.03				GB/T 264
中和值（mgKOH/g）		—				GB/T 4945—2002
机械杂质		无				GB/T 511—2010
水分		无				GB/T 260—1977《石油产品水分测定法》
破乳化值③［(40－37－3)mL］	54℃	≤15min	≤15min	≤30min	—	GB/T 7305—2003《石油和合成液水分离性测定法》
	82℃				≤30min	
起泡性试验④（泡沫倾向/稳定性，mL/mL）	24℃	≤600/0				GB/T 12579—2002《润滑油泡沫特性测定法》
	93℃	≤100/0				
	后 24℃	≤600/0				
氧化安定性⑤	总氧化产物（%）	—				SH/T 0124—2000《含抗氧剂的汽轮机油氧化安定性测定法》
	沉淀物（%）	—				
	氧化后酸值达 2.0mg KOH/g 时	≥1500h	≥1500h	≥1000h	≥1000h	GB/T 12581—2006《加抑制剂矿物油氧化特性测定法》
液相锈蚀试验（合成海水）		无锈				GB/T 11143—2008《加抑制剂矿物油在水存在下防锈性能试验法》

续表

项　　目	合格品质量指标	试 验 方 法
铜片试验 （100℃，3h，级）	≤1	GB/T 5096—1985《石油产品铜片腐蚀试验法》
空气释放值[⑥] （50℃，min）	—	SH/T 0308—1992《润滑油空气释放值测定法》

① 对中间基原油生产的汽轮机油，L-TSA 合格品黏度指数允许不低于 70，一级品黏度指数允许不低于 80，根据生产和使用实际，经与用户协商，可不受本标准限制。

② 根据生产和使用实际，经与用户协商，倾点指标可不受本标准限制。

③ 作为军用时，破乳化值由部队和生产厂双方协商。

④ 测定起泡性试验时，只要泡沫未完全盖住油的表面，结果报告为“0”。

⑤ 抗氧化安定性为保证项目，一年抽查一次。

⑥ 对一级品中空气释放值根据生产和使用实际，经与用户协商可不受本标准限制。

国外新变压器油的质量标准和试验方法有美国试验与材料协会 ASTMD 3487—2000 新变压器油的质量标准和国际电工委员会的变压器油标准 IEC 60296—2003 等。

第十六章

油品的性质

电力用油的物理性质、化学性质及使用性能，不仅取决于石油的化学组成和加工方法，而且也经常受储运、使用中外界因素的影响。

第一节　油品的理化性能

一、闪点

闪点是在规定的条件下（在一定的仪器中，在一定的实验条件下）将油品加热到它所逸出的油蒸汽和空气混合到一定比例时，如接触规定的火焰即发生瞬间闪火现象，并伴随有短促的爆破声（并无液体燃烧），此时的最低温度称为闪点，单位为℃。闪点表示石油产品着火性之难易及其中含轻质馏分的多少。

油品闪火的必要条件是：混合气体中的油蒸气含量必须达到一定的浓度范围。若低于此浓度范围，油气不足（可燃物少）；若高于此浓度范围，则氧气不足（助燃物少），在这两种情况下油品均不能发生闪火现象，因此，只有当油蒸气的浓度达到一定的范围，在外界引火时才能发生闪火现象。可燃气体（或蒸汽）与空气混合时的闪火界限见表16-1。

表16-1　可燃气体（或蒸汽）与空气混合时的闪火界限　（体积%）

可燃物	在混合气体中的含量		
	不闪火	闪火	不闪火
一氧化碳	16.4	16.6～74.8	75.1
氢	9.4	9.5～66.3	66.5
甲烷	6.0	6.2～12.7	12.9
乙烯	4.0	4.2～14.5	14.7
乙炔	3.2	3.5～55.2	55.4
丙烷	2.1	2.2～7.4	7.5
己烷	1.8	1.9～4.7	4.8
丁烷	1.6	1.7～5.7	5.8
苯	1.4	1.5～5.6	5.7
甲苯	1.3	1.4～5.4	5.5
戊烷	1.3	1.4～4.5	4.6

测定油品闪点的仪器可分为两种：开口杯式及闭口杯式闪点仪，相应的测定闪点的方法也有开口杯法和闭口杯法两种。用闭口闪点测定仪测定的闪点称为闭口闪点，一般用以测定轻质油品或是在密闭的情况下使用的油品。用开口闪点测定仪测定的闪点称为开口闪点，一般用以测定重质油品或是在非密闭的情况下使用的油品。关于采用哪种形式来测定某种油品的闪点，主要取决于石油产品的性质及使用条件。一般同一种石油产品的开口闪点要比闭口闪点高约20～30℃，因为开口闪点在测定时，有一部分油蒸汽挥发掉了。

绝缘油在使用时，因密闭的电气设备中高热和电场的作用，使油品热裂解，产生易挥发的可燃性低分子碳氢化合物，并部分溶于油中，从而使油的闪点大大降低，容易引起设备火灾或爆炸事故。通过对运行油闪点的测定，可及时发现设备内部是否有过热故障。

运行绝缘油在密闭油箱中由于高热而形成的轻质分解物，这些轻质成分只有在封闭容器内蒸发并与空气混合时，才易发生着火或爆炸的现象。若用开口杯法测定则不易发现这些易挥发的轻质成分，所以凡绝缘油闪点的测试必须采用闭口杯法，而汽轮机油是在敞开的油箱中使用的，所以测定它的开口闪点。油品的闪点还可作为检验油品在储存和使用过程中有无污染、是否混油的参考依据。

闪点是新油的质量指标之一，它的测定是在储运和使用中保证安全运行，防止火灾的重要指标。从闪点可判断油品组成的轻重，鉴定油品发生火灾的危险性。闪点的高低与油的分子组成及油面上的压力有关，压力高，闪点高。闪点是防止油发生火灾的一项重要指标。

二、黏度和黏温性

当液体流动时，液体内部发生阻力，此种阻力是由于组成该液体的各个分子之间的摩擦力所造成的，这种阻力称为黏度或内摩擦。石油馏分的黏度，随着沸点的增高而增大，黏度是石油产品的主要质量指标之一。

黏度是液体的内摩擦系数，液体的黏度越大，产生的内摩擦也越大。当液体在外力作用下，部分液体分子在另一部分液体分子表面移动时，必须克服一定的阻力，黏度大的液体分子间移动时产生的摩擦阻力也大，换句话说，黏度大的液体不易流动，黏度小的液体容易流动。同样，润滑油的黏度就是该油的内摩擦系数或该油的稀稠程度。

黏度是各种润滑油主要的性质指标。当各种机械选用润滑油时，常常要考虑所用润滑油黏度的大小。而润滑油润滑作用的好坏，黏度起着决定性的作用。

黏度也是电力用油较重要的性质之一，对注入电气设备的绝缘油，运动黏度应尽量低一些为好，这有利于散热时的对流和油断路器的快速灭弧。当运行油的黏度升高时，往往说明油质变差，老化产物与杂质增多。

油品的黏度受温度的影响特别显著：温度升高时，油品的黏度都变小，温度降低时，油品的黏度也随着增大。这种随温度变化而油品黏度改变的性质称为黏度—温度特性，简称黏温性。油品的黏温性越好，即油品的黏度随温度的变化越小，油品的品质就越好。为保证油品的润滑作用，应根据不同的使用条件来选择油品的黏度。一般，在高温下应用要选用黏度较大的油品，在低温下应用则选用黏度较小的油品，如果被润滑的部件在运行中的温差变化范围较大，则应选用黏温性较好且黏度适当的油品。如果被润滑部件的负荷较大，为保证油品能起到良好的润滑作用，宜选用黏度较大的油品，如果被润滑部件的负荷较小，就要选用黏度较小的油品。选用的黏度一定要适当，若黏度过大，虽保证了润滑作用，但功率损失大；若黏度过小，不能保证形成足够的油膜，容易造成干摩擦，导致机件的磨损。高速转动的轴颈，应选用黏度较小的油品，反之，则应选用黏度较大的油品。在间歇、往复、振动等运动状态下，以及被润滑部件表面粗糙、间隙大时，应选用黏度较大的油品。

三、低温流动性和凝点、倾点

任何一种单一的物质（包括化合物）都具有恒定不变的凝点，如 0℃是纯水结冰的温度，石油产品是多种烃分子组成的复杂混合物，它们之中的任一种都具有一定的凝点（或倾点）。因此，将它们从一种形态转变成另一种形态，不是在一个固定的温度下改变的，而是逐渐改变的，也就是说使油品凝固，不是一下子就可以实现的，而是随温度的逐渐降低，油品将经过失去流动性的中间期。

凝点是在规定的冷却条件下油品停止流动的最高温度。油品的凝固和纯化合物的凝固有很大的不同。油品并没有明确的凝固温度，所谓“凝固”只是作为整体来看失去了流动性，并不是所有的组分都变成了固体。

石油产品的凝点是被试的油品在一定的试验条件下，失去了其流动性的最高温度。而石油产品的倾点是油品在一定的条件下，被冷却的试样能流动的最低温度。

液体在低温下其流动性逐渐减小的特性，称为油品的低温流动性。油品的凝点和倾点都是表示油品低温流动性的指标，两者无原则的差别，只是测定的方法和条件稍有不同。国际上某些国家采用倾点作为油品的物理特性之一，我国采用凝点来划分绝缘油的牌号。

油品在低温下失去流动性的原因，主要有以下两种观点：

(1) 黏温凝固。对于几乎不含蜡或者含蜡很少的油品，随温度的降低其黏度会增大，当黏度增大到一定程度时，则原来流动的油品就变成了凝胶体，从而失去了流动性，这种现象就可视为“凝固”，由于这种凝固主要是由于油品的黏度增大而引起的，所以就叫做“黏温凝固”。

(2) 构造凝固。对于含蜡的油品，它的凝固主要是由溶于油中的石蜡形成网状结晶而引起的。将含蜡油品冷却到一定温度时，油中就会有针状或片状的蜡晶粒析出，并逐渐形成三维网状晶体结构，而油品则被吸附在晶体上形成凝胶体，使整个油品失去了流动性，这种凝固就叫做“构造凝固”。

四、界面张力和抗乳化性能

通常油品的界面有：油—气、油—液、油—固等，绝缘油的界面张力是属于油—液的范畴。界面张力指在油—水两相的交界面上，两相液体分子受到各自内部分子的吸引，都力图缩小其表面积所形成的力。习惯上将液体表面与空气接触时所测得的力称为表面张力。

绝缘油的界面张力指测定的绝缘油与不相溶的水的界面间产生的张力。目前，国际上某些国家将界面张力列为鉴定绝缘油质量的指标之一。实践证明，油老化后产生的酸值、油泥等与其界面张力有着密切的关系，它们都会使油品的界面张力大大降低。因此，测定运行中绝缘油的界面张力，就可判断油质的老化深度。

纯净的变压器油与水的界面张力约为 40～50mN/m，而老化油与水的界面张力则较低，一般在 25～35mN/m，当油的界面张力降至 19mN/m 以下时，油中就会有油泥析出。所以油—水的界面张力高低与油品的劣化程度密切相关。界面张力大小还取决于油中溶解的极性物质，而介质损耗因数可显示油中污染物的含量。

抗乳化性能指油品本身在含水的情况下抵抗油—水乳状液形成的能力，其抗乳化能力的大小用破乳化时间来表示，破乳化时间又称为破乳化度。

破乳化度是评定油品抗乳化性能好坏的质量指标，而油品形成油水乳状液必须具备三个必要条件：

（1）必须有互不相溶（或者不完全相溶）的两种液体。

（2）两种混合液体中应有乳化剂（能降低界面张力的表面活性物质）存在。

（3）要有形成乳状液的能量，如强烈的搅拌、循环流动等。

从上述三个条件分析，运行的汽轮机油容易形成油—水乳状液，因为汽轮机油是循环使用的，在运行中往往由于设备缺陷，或运行调节不当，使汽、水漏入油系统中。运行中的汽轮机油因受温度、空气、水分等的影响，油品要逐渐老化，老化后产生的环烷酸皂类、胶质等物质均是乳化剂。当油品本身氧化较厉害，有较多氧化产物生成或受外界污染较严重时，油的乳化特别突出，且不易分离。

五、水溶性酸或碱（pH 值）

石油产品的水溶性酸或碱，是指油中能溶于水的酸性及碱性物质，水溶性酸主要是硫酸及其衍生物，包括磺酸和酸性硫酸酯以及低分子有机酸，水溶性碱主要是苛性钠或碳酸钠。要求新油不含水溶性酸或碱，其 pH 值应为 6.0～7.0（中性）。

运行中油出现低分子有机酸，说明油质已经开始老化。这些有机酸不但直接影响油的使用特性，并对油的继续氧化起催化作用，将影响油品的使用寿命。

新油中不允许有无机酸、碱或低分子有机酸的存在（油的 pH 值应为 6.0～7.0），否则油品即为不合格，不能购买或使用。运行中油出现低分子有机酸，或接近运行油标准时，应及时采取相应的措施，如对变压器油投入热虹吸器，对汽轮机油投入净油器，或采用粒状吸附剂过滤除酸等，以提高运行油的 pH 值，消除或减缓水溶性酸的影响，延长油品和设备的使用寿命。

六、酸值

在规定的条件下，中和 1 克试验用油中含有的酸性组分所消耗的氢氧化钾的毫克数，称为酸值，以 mg KOH/g 表示。从试验用油中所测得的酸值，为有机酸和无机酸的总和，所以也称为总酸值。这项指标对揭示运行中油的化学变化或变质程度是最主要的一项试验指标。

运行油的酸值多为有机酸，它包括低分子有机酸和高分子有机酸。酸值是评定新油品和判断运行中油质氧化程度的重要化学指标之一。酸值表示油品中含酸性物质的量，一般来说，酸值越高，油品中所含的酸性物质就越多。

一般所测定的酸值几乎都代表有机酸（即含有—COOH 基团的化合物）。油中所含的有机酸主要是环烷酸，是环烷烃（主要是五碳环）的羧基衍生物，通式为 $C_nH_{2n-1}COOH$。此外，还有在储存、运输时因氧化生成的酸性物质，在重质馏分中也含有高分子有机酸，某些油品中还含有酚、脂肪酸和一些硫化物、沥青质等酸性化合物。

运行中油因受运行条件的影响，油的酸值随油质的老化程度而增大，因而可由油的酸值判断油质的老化程度和对设备的危害性。

如运行中油的酸值接近运行油指标时，应及时进行降低酸值的技术处理。如对变压器油投入热虹吸器，对汽轮机油投入运行中连续再生装置，或采用移动式吸附剂过滤器，进行运行中油的净化再生处理（如果汽轮机油中有水，应先除水），保证油的酸值保持在合格状态。

七、液相锈蚀试验

液相锈蚀试验是监督汽轮机油中添加防锈剂的效果，控制 T746 的补加时间和补加量，防止油系统金属部件锈蚀的重要检测项目之一。

液相锈蚀试验的目的是鉴定汽轮机油与水混合时，防止金属部件锈蚀的能力及评定添加剂的防锈效果等。

要提高汽轮机油的防锈性能，即需要往油中添加防锈剂。但添加防锈剂后，汽轮机油的防锈性能是否提高了，防锈剂添加量应该为多少，才能达到即经济，效果又好的目的等，都需要通过液相锈蚀试验来确定。

防锈剂在运行过程中是要逐渐消耗的，为了保持汽轮机油的防锈性能，就要定期往汽轮机油中补加防锈剂。通常也是通过液相锈蚀试验了解防锈剂的消耗情况，以确定防锈剂的补加时间和补加量。

八、水分

油品在出厂前一般不含水分。油品中水分的来源，笼统的说有外部侵入和内部自身氧化产生两个方面。

水分在油品中主要以游离水、溶解水、乳状水三种状态存在。

油中的含水量与油的化学成分有关。一般烷烃、环烷烃溶解水的能力较弱，芳香烃溶解水的能力较强。芳香烃含量与油品吸水能力的关系见图 16-1。

油中的含水量与温度有关。即温度升高时油中的含水量增大；温度降低时，溶于油中的水分会因过饱和而分离出来，沉至容器底部。不同温度时水在油中的溶解情况不同。

油在空气中暴露的时间越长、大气中相对湿度越大时，则油吸收的水分就越多，油中含水量与空气的相对湿度、在空气中暴露时间的关系见图 16-2。

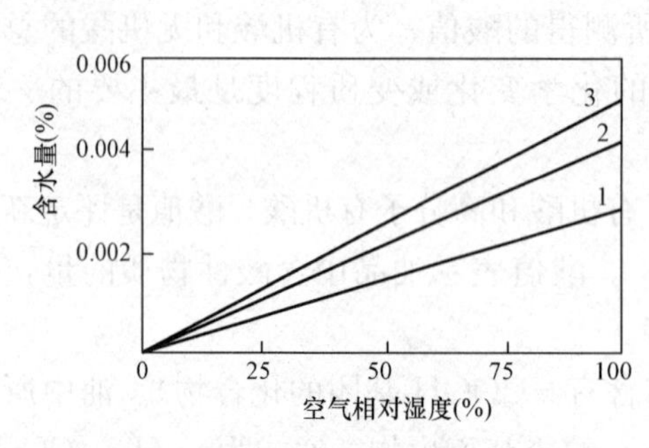

图 16-1　变压器油的吸水能力与芳香烃含量及空气湿度的关系

1—油中芳香烃含量为 3.00%；2—油中芳香烃含量为 13.78%；3—油中芳香烃含量为 17.42%

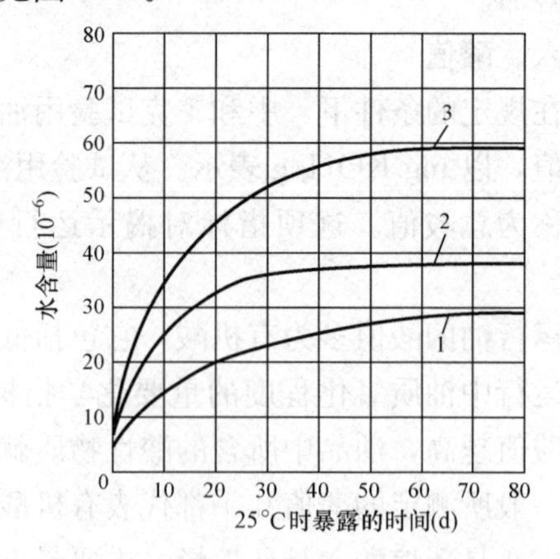

图 16-2　油从空气中吸收水分的能力与暴露时间的关系

1—相对湿度为 25%；2—相对湿度为 40%；3—相对湿度为 80%

九、机械杂质（颗粒度）

机械杂质（颗粒度）指油品中侵入的不溶于油的颗粒状物质，如氧化皮、金属屑、纤维等。油中含有机械杂质（颗粒度），会影响油的击穿电压、介质损耗因数以及破乳化度等指标，使油质不合格。特别是坚硬的固体颗粒，还可引起调速系统卡涩、机组的转动部位磨损等潜在故障，威胁到设备的安全运行。所以，颗粒度被定为新油和运行油的监督控制项目之一。国外有关油的洁净度分级标准如下：

（1）美国航空航天工业联合会（AIA）公布的 NAS 1638（1992 年修订）标准，见表 16-2。

（2）美国 MOOG 洁净度分级标准见表 16-3。

（3）ISO 11218 洁净度分级标准见表 16-4。

表 16-2　美国 NAS 1638 污染等级分级标准（1992 年修订，100mL 油中的颗粒数）

分级	颗粒尺寸（μm）				
	5～15	15～25	25～50	50～100	>100
00	125	22	4	1	0
0	250	44	8	2	0
1	500	89	16	3	1
2	1000	178	32	6	1
3	2000	356	63	11	2
4	4000	712	126	22	4
5	8000	1425	253	45	8
6	16 000	2850	506	90	16
7	32 000	5700	1012	180	32
8	64 000	11 400	2025	360	64
9	128 000	22 800	4050	720	128
10	256 000	45 600	8100	1440	256
11	512 000	91 200	16 200	2880	512
12	1 024 000	182 400	32 400	5760	1024

表 16-3　MOOG 洁净度分级标准（100mL 油中的颗粒数）

等　级	颗粒尺寸（μm）				
	5～10	10～25	25～50	50～100	>100
0	2700	670	93	16	1
1	4600	1340	210	28	3
2	9700	2680	380	56	5
3	24 000	5360	780	110	11
4	32 000	10 700	1510	225	21
5	87 000	21 400	3130	430	41
6	128 000	42 000	6500	1000	92

表 16-4　　ISO 11218 洁净度分级标准（100mL 油中的颗粒数）

分级	颗粒尺寸（μm）				
	>2	>5	>15	>25	>50
000	164	76	14	3	1
00	328	152	27	5	1
0	656	304	54	10	2
1	1310	609	109	20	4
2	2620	1220	217	39	7
3	5250	2430	432	76	13
4	10 500	4860	864	152	26
5	21 000	9730	1730	306	53
6	42 000	19 500	3460	612	106
7	93 900	38 900	6290	1220	212
8	168 000	77 900	13 900	2450	424
9	336 000	156 000	27 700	4900	848
10	671 000	311 000	55 400	9800	1700
11	1 340 000	623 000	111 000	19 600	3390
12	2 690 000	1 250 000	222 000	39 200	6780

第二节　绝缘油的电气性能

绝缘油的电气性能指该油品在外界电场作用下，所发生的基本物理过程的特性，如电导、极化、介质损耗、击穿电压、析气性等。介质损耗因数和击穿电压是评定绝缘油电气性能的重要质量指标，也是判断用油电气设备在运行中是否存在故障的参考指标。

一、体积电阻率

变压器油的体积电阻率，对判断变压器绝缘特性的好坏有着重要的意义。纯净的新油其绝缘电阻率是很高的，装入变压器后，则变压器绝缘特性不受影响，反之，如果变压器油的体积电阻率较低，则变压器的绝缘特性也将受到影响，油的电阻率越低则影响越大。

油品的体积电阻率在某种程度上能反映出油的老化情况和受污染程度。当油品受潮或混有其他杂质，将降低油品的体积电阻率。油老化后，由于油中产生一系列氧化产物，其体积电阻率也会受到不同程度的影响，油老化程度越深则影响越大。因绝缘油的体积电阻率对油的离子传导损耗反映最为灵敏，不论是酸性的或是中性的氧化产物，都能引起电阻率的显著变化，所以通过对油的体积电阻率的测定，能可靠而有效的监督变压器油的质量。

二、介质损耗因数

介质损耗因数是评定变压器油电气性能的一项重要指标，特别是油品劣化或被污染时，对介质损耗因数的影响更为明显。在新油中极性物质较少，所以介质损耗因数一般较小。使用一段时间后油的介质损耗因数过大就要采取处理措施，如采用真空过滤或用硅胶吸附处理等措施去除混入油中的水分、微生物、氧化产物、颗粒物以及溶入油中的固体绝缘材料中的极性物质等。

介质损耗因数是评定绝缘油电气性能的重要指标之一，测定油品介质损耗因数有着很重要的意义。绝缘油的介质损耗因数能明显的指示出油的精制程度和净化程度，所以，介质损耗因数是新绝缘油电气性能中的一项重要的质量指标。

绝缘油在运行中的老化程度，可从其介质损耗因数值的变化中反映出来。当油已经老化，油中溶解的老化产物较多时，其介质损耗因数将会明显的增大。

三、击穿电压

击穿电压是绝缘油的一项很重要的试验项目，它直接反映油质的绝缘能力。击穿电压是绝缘油在电场作用下，形成贯穿性桥路，发生破坏性放电，使电极（导体）间电阻降至零（短路）时的电压。它是衡量绝缘油绝缘性能的一项重要指标。

绝缘油是电气设备较普遍采用的液体绝缘介质，要求它必须具有优良的电气性能，击穿电压是评定其能否适应电场电压强度的程度，而不会导致电气设备损坏的重要电气性能之一，因此，击穿电压是新绝缘油的一项重要质量控制指标。绝缘油是充油电气设备的主要绝缘部分，油的击穿电压是保证设备安全运行的重要条件。

四、析气性

变压器油在承受足以引起通过气液交界中的气体相放电的电场强度作用时，由变压器油吸收或放出气体的现象，叫做变压器油的析气性。

变压器油的析气性取决于它的组成和分子结构。变压器油中的饱和烃成分在高电压作用下，放出氢气等大量低分子气体。在同样条件下，芳烃成分能够吸氢。由此可见，变压器油析气性的好坏，由变压器油中芳烃的含量决定。

变压器油在电场作用下的析气性是放气和吸气的综合效应。宏观中测得的变压器油是放气还是吸气，是由在上面两个过程中哪个占优势而决定的。如果吸气占优势，则是吸气性油，即被认为油的析气性好；反之，放气性的油析气性差。析气性越好的油，吸气性越强烈，而析气性越差的油，放气越厉害。

第十七章

油品的氧化及废油的处理

汽轮机油和变压器油等在使用和储运中，几乎不可避免地会被氧化，并产生极为复杂的氧化产物。这些氧化产物若不及时除去，将严重损害油品的物理、化学性质和使用性能，缩短其使用寿命；也可直接影响用油设备的安全、经济运行和使用年限。因而在使用中减缓和防止油品的氧化是电力系统油务工作者的重要任务。一般情况下，氧化程度较轻的油品可通过运行中的再生（如变压器油的热虹吸器和汽轮机油的净油器的吸附净化），但氧化程度较深的油品或某些指标超标的油品等只能通过体外处理才可恢复油品的品质。

第一节　油品氧化的机理

自动氧化是油品在使用、储运中，自动与空气中的氧分子发生缓慢的化学反应，其反应温度较低，一般约在油品烃类的沸点以下，反应产物极为复杂。自动氧化是有害的，应予以减缓或防止。

某汽轮机油在运行中的油质变化情况如表17-1所示。

表17-1　　某汽轮机油在运行中的油质变化

项目 \ 运行时间(d)	0	360	900	1500	2400
密度(ρ_{20}，g/cm^3)	0.8829	0.8839	0.8845	0.8846	0.8846
开口闪点(℃)	202	202	201	200	200
恩氏黏度(°E_{50})	4.36	4.42	4.52	4.55	4.61
酸值(mgKOH/g)	0.0051	0.0198	0.0230	0.0285	0.0350
沉淀物(%)	无	无	0.08	0.10	0.10
水溶性酸或碱	无	无	微酸性	酸性	酸性
破乳化时间	5min23s	13min	18min2s	19min	20min40s

一、油品烃类氧化的特点

油品烃类的自动氧化反应有三个特点：一是氧化反应所需能量较少，在室温以下就能进行。二是氧化反应的产物较为复杂，有液体、气体和沉淀物等，其中有机物居多，也有少量的无机物（CO_2、CO和H_2O等）。三是在恒温和相同的外界条件下，油品烃类的自动氧化趋势较为特殊，它通常可分为三个阶段。如图17-1所示。

（一）开始阶段

即油品开始发生氧化的初期。若在温度不太高，比较缓和的条件下使用油品，则油品的氧化速度十分缓慢，油中生成的氧化产物极少。如果油品本身的抗氧化能力较强，则此阶段就长；若氧化的温度升高，或存在加速油品氧化的其他外因，则此阶段可大为缩短并立即转入氧化的第二阶段。此阶段也被称为油品氧化的“诱导期”。

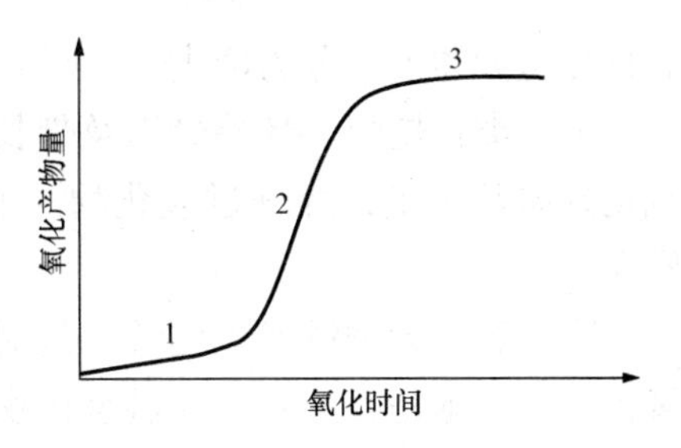

图 17-1　油品烃类氧化的一般趋势

1—开始阶段；2—发展阶段；3—迟滞阶段

（二）发展阶段

油品在此阶段的氧化速度急剧增加，油中氧化产物明显增多。如果氧化的外界条件不变，此氧化反应加速到一定程度后，又会逐步减缓而进入氧化的第三阶段。

（三）迟滞阶段

油品在此阶段的氧化反应受到一定的阻碍作用，氧化速度减慢，氧化产物减少。

二、油品烃类氧化的链锁反应学说

烃类自由基链锁反应学说认为：油品烃类和氧分子进行的自动氧化反应为自由基链锁反应。该反应通常可分为链的引发（链的开始）、链的发展（链的生长或链的增长）、链的终止三个反应阶段。若用 RH 代表烃类；$R\cdot$、$RO\cdot$、$H\cdot$ 和 $RO_2\cdot$ 等分别代表各种自由基；$ROOR$ 和 $ROOH$ 分别代表过氧化物和氢过氧化物，则上述三个阶段的反应可分述如下：

（一）链的引发阶段

油中少数比较活跃、能量较高的烃分子在外界条件（光、热、电场等）的作用下，可能通过反应生成具有高度活性的自由基，这是维持链式反应继续进行的关键，当此过程有氧存在时，反应更容易进行。

反应生成的活性自由基，可导致链反应的发展，起到引发作用。生成活性自由基的阶段又称为氧化反应的诱导期阶段，一般油品的诱导期越长，其抗氧化安定性就越好。

（二）链的发展阶段

具有高度活性的自由基（$R\cdot$）或自由原子（$H\cdot$）产生之后，链式反应就会继续发展。油品中的活性自由基（$R\cdot$）与 O_2 作用有可能生成不稳定的过氧化自由基($RO_2\cdot$)，它在受热时又会分解产生新的活性自由基，引发新的链式反应，加快油品的氧化速度。新出现的自由基 $R\cdot$ 使得链式反应能够继续进行下去。

（三）链的终止阶段

随着活性自由基或自由原子数量的增加，它们相互碰撞或与容器壁相撞的概率也随之增加。若其相互碰撞或与容器壁相撞，则可能结合生成分子（稳定产物）或非活性自由基，导致链式反应中断。

在实际工作中，链式反应的中断具有重要意义，它能有效地减缓油品的氧化速度，延长油品的使用寿命。向油中添加抗氧化剂就是为了利用抗氧化剂能与自由基作用生成稳定的物质从而减少自由基的数量，阻碍链式反应的发展。

三、油品烃类的氧化方向

油品烃类的结构不同，其氧化方向和产物也各不相同。经过许多人的研究，认为烃类的氧化方向大体上可分为两类：

第一类：烷烃、环烷烃以及带长侧链（C_5 以上）的环烷烃，随着氧化程度的加深，其氧化方向基本是：烃→过氧化物→醇、醛、酮等→酸→羟基酸→半交酯→胶状、沥青状物质等。

第二类：无侧链或短侧链（包括因氧化而断裂的）的芳香烃，随着氧化程度的加深，其氧化方向基本是：芳香烃→过氧化物→酚→胶质→沥青质→油焦质等。

四、油品的氧化产物

几种烃类单独氧化时生成的氧化产物如表 17-2 所示。从表中可知，饱和烃氧化后生成的羰基化合物（醛、酮、酸等）、水和游离酸皆较多。

表 17-2　几种烃类单独氧化时的产物

烃　类	过氧化物	游离酸	酯	醇	羰基化合物	水	二氧化碳	挥发性酸
烷烃	4.1	14.3	16.3	1.9	46.0	43.9	4.7	—
环烷烃	13.5	11.2	17.0	8.9	51.4	21.9	3.8	0.6
芳香环烷烃	4.3	5.1	23.1	8.5	27.2	16.7	1.2	0.4
烷基苯	6.7	9.5	12.7	3.3	36.2	18.2	6.5	微量
萘的衍生物	1.4	6.9	16.3	9.4	9.6	51.3	7.8	1.6

注　表中数据以消耗全部氧气量的%表示。

油品烃类的氧化物，按性质大体上可分为三类：

（1）酸性产物。羧酸、羟基酸、酚类和沥青质酸等。

（2）中性产物。过氧化物、醇、醛、酮、酯、胶质、沥青质等。过氧化物不稳定，易分解成醇、醛、酮等。而醇、醛、酮类物质，会进一步氧化生成部分酸性产物。胶质、沥青质等易从油中析出而形成油泥和沉淀物。

（3）水和挥发性产物。油品氧化有微量的水生成，还有 CO_2、CO、低分子酸和低沸点烃等挥发性产物生成。

五、油品氧化产物的危害性

绝大多数氧化产物对油品和设备都有较大的危害。它们能腐蚀设备的有关部件，缩短其使用寿命，影响设备的安全、经济运行。还能降低绝缘油和电气设备的电气性能，严重者有可能造成重大的设备和人身事故。油泥、沉淀等氧化产物可增大油品的黏度，堵塞油路，有损于油的冷却散热、润滑和调速作用。部分氧化产物可降低汽轮机油的抗乳化性能，严重者可造成调速器的失灵，烧毁轴承等重大事故。

此外，氧化产物会加速油品自身的氧化和固体绝缘材料的老化。因此，在运行中防止油品的氧化，及时除去其氧化产物是十分重要的。

第二节　影响油品氧化的因素

一、油品的组成

（一）各族烃类的单独氧化

外界条件相同时，烷烃最易氧化，环烷烃次之，芳香烃较难氧化。表 17-2 是几种烃类单独氧化时的氧化产物。

（二）烃类混合物的氧化

油品的氧化，主要是各种烃类混合物的氧化，它们的抗氧化性能也各不相同。在各类烃中，一般以芳香烃最不易氧化，环烷烃次之，烷烃在高温时的抗氧化安定性最差。

油品烃类混合物的氧化情况如表17-3所示。环烷烃中加入芳香烃时，其氧化速度大为减慢。

表17-3　　芳香烃与环烷烃的氧化情况

氧化方式及烃类		总氧化产物（%）	未氧化的部分（%）	氧化难易程度	芳香烃被氧化的部分（%）	氧化后	
						总酸性产物（%）	生成的胶状物（%）
单独氧化	萘	0	100	不氧化	—	0	0
	十氢化萘	32.2	67.8	难	—	24.0	8.2
	环烷烃	52.3	39.0	易	—	45.3	7.0
混合氧化	环烷烃+1%萘	27.4	54.5	居中	22.2	19.4	8.0
	环烷烃+5%萘	20.9	74.8	难	42.4	11.4	9.3
	环烷烃+10%萘	18.7	78	更难	67	10.8	7.9

注　1. 氧化条件：150℃、303.99kPa、3h。

2. 表中的环烷烃为直接从石油馏分制取。

二、温度

温度是影响油品氧化的重要因素之一。油品的氧化速度随温度的升高而加快。实践证明，在室温以下，油品氧化极为缓慢；若超过室温，并继续升高温度时，其氧化速度将加快；超过50～60℃后，其氧化速度大为增加，80℃以上时，一般温度每增高10℃，则氧化速度将增加一倍。

油品在较高温度下的氧化速度见表17-4。从表中数据可看出，油品吸收定量氧的时间随温度升高而大为减少，由此表明，温度升高将大大加快油品的氧化速度。

表17-4　　温度对润滑油氧化速度的影响　　(min)

温度（℃）	110	125	150	200	250	275	300
1号油样	48 000	12 000	180	55	25	5	0.7
2号油样	24 000	5500	95	25	9	1	—

注　表中数据为常压下，1g试验用油吸收5mg氧所需要的时间，单位为min。

氧化诱导期和温度的关系如表17-5所示。

表17-5　　氧化诱导期和温度的关系

温度（℃）	45	80	90	100	120
诱导期（h）	116	49	27	12	0

随油品氧化温度的升高，其中间氧化产物（如醇、醛、酮等）可进一步发生氧化、缩合、聚合等反应，从而加速二次氧化产物（胶质、沥青质等）的生成。

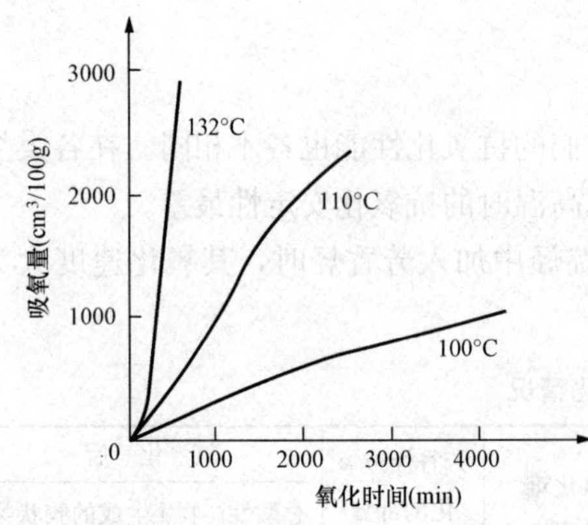

图 17-2　温度对同一烃类氧化曲线的影响

同一油品在温度较低时，为自动抑制型氧化过程；而温度较高时，为自动催化型氧化过程，因此，应尽量保持油品在低温下使用，以减缓油品的氧化。温度对同一烃类氧化曲线的影响如图17-2所示。

三、氧气

氧气的存在是油品氧化的根本原因。单位体积的油品中，氧化气体中氧气浓度增加或氧化气体总压力增加，均能加速油品的氧化，其氧化曲线为自动催化型，具体数据见表 17-6。

表 17-6　氧气浓度对油品氧化的影响

氧化温度（℃）	空气氧化			氧气氧化		
	酸值（mgKOH/g）	皂化值（mgKOH/g）	沉淀物（%）	酸值（mgKOH/g）	皂化值（mgKOH/g）	沉淀物（%）
90	0.108	0.253	无	0.189	0.305	无
120	0.188	0.243	无	0.290	0.641	无
150	0.653	1.003	微量	2.85	—	0.229

注　本表数据为同一试验用油在不同温度下、两种情况的氧化，其他条件均相同。

若增大油品与空气的接触面，同样会加速油品的氧化，增加二次氧化产物的量，如表 17-7 所示。

表 17-7　某润滑油与空气接触面不同时的氧化情况

氧化条件	油与空气的接触面（cm^2）	氧化后沉淀物（%）
150℃下，通空气氧化，15h	9	0.01
	25	0.08

四、催化剂

事实表明，部分金属及其盐类等物质会加速油品的氧化，通常将这类物质称为油品氧化的“催化剂”，即它们对油品的氧化起到了催化的作用，多种金属（或合金）比单一金属的催化作用强。

五、电场和日光

电场对油品氧化的影响如表 17-8 所示，若在油品的氧化过程中施加电压，则氧化油的沉淀物和皂化值均有所增加。再分别测定油和沉淀物中的酸值时，发现电场有使油中的有机酸转变成沉淀物的趋势，所以油中的酸值较小。

表 17-8　电场对油品氧化的影响

氧化条件（90℃，180d）	油品氧化后			
	沉淀（%）	皂化值（mgKOH/g）	酸值（mgKOH/g）	沉淀中的酸值（mgKOH/g）
有电场，25V	2.54	2.45	0.0098	0.988
无电场	1.10	1.84	0.0490	0.369

日光的影响，实验证明，日光中的紫外光能加速自由基的生成，因而油在日光照射下可加速其氧化反应的速度。这可以从表 17-9 中的数据看出。

表 17-9　　同一油品在不同存储条件下的对比试验数据

变　压　器　油	介质损耗因数 (90℃,%)	界面张力 (mN/m)	含水量 (μg/g)
油储存于洁净玻璃瓶，暴露于日光下	0.31	36	50
油储存于密封的铝瓶中	0.10	44	18

第三节　抗 氧 化 添 加 剂

能改善油品抗氧化安定性的少量物质称为油品的“抗氧化添加剂”，简称“抗氧化剂”。

能在油中起抗氧化作用的物质较多，但并不是所有这些物质皆能作抗氧化剂使用，还必须具备以下的主要特点：抗氧化能力强，油溶性好，挥发性小，不与油中组分起化学反应，长期使用不变质，不损害油品原有的优良性质和使用性能，不溶于水，不腐蚀金属及设备中的有关材料，在油品使用的温度下不分解、不蒸发、不易吸潮等，感受性好，能适用于各种质量的油品。

油品抗氧化剂的种类较多，可按其作用机理、元素组成、官能团等方面进行分类。按其作用机理细分为三类，如表 17-10 所示。

表 17-10　　抗 氧 化 剂 的 分 类

类别	名　　称	参考用量 (质量%)	与活性自由基 的作用	对 ROOH 的影响
Ⅰ	二苯胺	0.017	能与 R·作用	不作用
	苯基-β-萘胺	0.023 0.07		
	对羟基二苯胺	0.018 0.036 0.072		
	对羟基苯基-β-萘胺	0.036		
Ⅱ	α-萘胺	0.20	能与 ROO·作用	可迅速使其分解
	α-萘酚	0.10		
	对苯二胺	0.01		
	对氨基苯酚	0.01		
	4,4-二硫联二苯胺	0.03 0.01 0.025		
	联苯胺	0.036		

续表

类别	名　　称	参考用量（质量%）	与活性自由基的作用	对 *ROOH* 的影响
Ⅲ	β-萘胺	0.10	能与 *R*·和 *ROO*·作用	可缓慢地分解或不分解
	β-萘酚	0.10 0.30		
	N,N′-二苯基对苯二胺	0.026 0.05		
	邻氨基酚	0.016 0.033		
	间苯二酚	0.11		
	邻一二乙胺基酚	0.07		
	2,6-二叔丁基对甲酚	0.3～0.5		

T501是目前我国较广泛采用的一种抗氧化剂，T501抗氧化剂为白色粉末，熔点为68～70℃，沸点为133℃，不溶于水和任何浓度的碱溶液，油溶性好，分子式为 $C_{15}H_{23}OH$，分子量为220.19，T501抗氧化剂的学名是2，6－二叔丁基对甲酚，它属于第Ⅲ类抗氧化剂。

第四节　油品的抗氧化安定性

油品的抗氧化安定性是其最重要的化学性能之一。因油在使用和储存过程中，不可避免地会与空气中的氧接触，在一定的条件下，油与氧接触就会发生化学反应，而产生一些新的氧化产物，这些氧化产物在油中会促使油质变坏。通常称油与氧的化学反应为氧化（或者老化、劣化）。油品抵抗氧化作用的能力，称为油品的抗氧化安定性。抗氧化安定性良好的润滑油不易变质，产生的氧化产物少，因而能更好地保证机械的工作，延长润滑油的使用期限。

油品在使用条件下的自动氧化又可分为两类：一类是在厚油层中的氧化。如在变压器、油断路器、油桶、油箱和油罐中油品的氧化，其氧化的温度较低。另一类是在薄油层中的氧化，如机件摩擦面油膜的氧化等，氧化的温度较高。由于这两类氧化反应所受外界条件的影响不同，其氧化产物也有差异。通常将厚油层中油品本身抵抗氧化作用的能力称为油品的“抗氧化安定性”；将薄油层中油品本身抵抗氧化的能力称为油品的“热氧化安定性”。通常讨论电力用油的抗氧化安定性较多，随着高电压、大容量设备的投运，也应同时考虑其电稳定性和热稳定性等问题。

测定油品抗氧化安定性的方法很多，其原理基本相同，通常都是将一定量的油品装入专用特制的玻璃氧化管内，向其中加入一定规格的金属作催化剂，在一定温度下，并不断的通入一定流速的氧气或空气，连续保持一定时间，即用人工氧化的方法，加速油品的氧化，然后测定油品的酸值大小、沉淀物的生成情况及其他的性能。

第五节　废油再生处理的方法

废油指各种润滑油在不同机械设备使用过程中，因受杂质污染、氧化和热的作用，改变了原有的理化性能而不能再继续使用时被更换下来的油。

废润滑油具有污染性和资源性的双重特征，对其实施恰当的回收、再生处理及再利用是实现资源最大化利用和环境污染最小化的可持续发展的大势所趋。

废油再生是防止环境污染的重要途径。随着工业的发展，废油的排放量日益增大。据资料介绍，废油中含有大量溶剂添加剂，添加剂中含有硫、磷、铬、铅等有毒物质，还含有致癌的稠环芳烃。因此，从减少污染、化害为利的角度看，废油再生的社会意义不言而喻。

所谓“废油”，只是人们的一种习惯叫法，实际上废油并不废，用过的润滑油中真正变质的只是其中的百分之几（一般小于10%）为不能利用的废物，而90%以上是可以重新加工再利用的，只要除去其中的变质物及杂质，就能把废油再生处理成质量符合要求的基础油，然后按照需要加入各种添加剂，制得所需要的成品油。“再生”油资源将是解决目前我国能源困境的一种有效途径，从某种意义上讲，再生利用废油要比开发原油方便得多，并且可以节省大量的再投入资金，只要对这些废油进行科学的处理，就能变废为宝。

废油再生是节约资源和能源的有效办法。由于石油资源的日益枯竭，世界各国都对废油的再生工作非常重视。资料表明，有的国家废油回收率可达76%，而且废油再生工艺比原油提炼更加简单，能节约大量能源。废润滑油的再生率一般可达50%以上，1000kg原油只能提炼基础油300kg左右，而1000kg废润滑油可再生得700～900kg基础油。因此，如何有效的去除废油中的这些杂质，是废油再生的关键。

一、废油再生处理方法的分类

废油再生的任务就是把废油中的有害杂质除去，而使其恢复原有的品质。

（1）物理净化法。这种方法主要包括沉降、过滤、离心分离和水洗等。具体再生时可根据废油的劣化程度、设备条件等，选择其中一种或几种单元操作作为废油的净化处理。因而，有时又将上述单元操作分别称为沉降法、过滤法、离心分离法等。这种方法严格说来不属于废油再生的范畴；主要是净化油，除去油中污染物；也可作为废油再生前的预处理。

（2）物理—化学方法。这一方法主要包括凝聚、吸附等单元操作。

（3）化学再生法。这一方法主要包括硫酸处理、硫酸—白土处理和硫酸—碱—白土处理等。

净化处理的各种方法所需设备简单、操作较简便，适用于油质劣化不太严重的油。而化学再生法制得的再生油，其质量较高，但所需设备较为复杂，其再生技术也要求较高，适用于劣化严重、仅采用净化处理达不到油质要求的废油。

在废油的实际再生中，可根据需要选用其中某一种或将几种方法联合使用。

二、废油再生处理方法的选择

合理再生废油是选择再生方法的基本原则，可根据废油的劣化程度、含杂质情况和对再生油的质量要求等，选用操作简便、材料耗用少、再生质量又高的方法，以提高其经济效益。

第六节 几种废油再生处理常用的方法简介

一、沉降法

重力沉降法是从油中除去水分和机械杂质的最简单方法。主要是利用重力作用的原理使大部分混杂物从油中沉降而被分离。它是利用液体中的杂质颗粒和水的密度比油品的密度大的原理，当废油处于静止状态时，油中悬浮状态的杂质颗粒和水便会随时间的增长而逐渐沉淀，沉降出来，进行分离。

二、过滤法

该法通常是利用过滤介质两边的压力差，当油液从过滤介质过滤层的微孔中穿过时，油中混杂物等被截留在介质表面，将机械杂质颗粒与油分开，这是去除废油中悬浮固体微粒较有效的方法之一。

三、离心法

该法是基于废油中的油、水、固体杂质及油泥沉淀物的密度不同，在离心力的作用下，其运动速度和距离也各不相同的原理。离心分离过程可以说是一种沉降过程，是采用离心机来除去水分和颗粒杂质。离心分离是靠高速旋转产生的离心力来进行分离的，机械颗粒杂质由旋转中心向边缘方向运动，获得相应的加速度。作用于废油的每一个组成部分上的离心力的大小与该部分的质量成正比。固体颗粒或水粒的质量越大，则作用于这个颗粒上的离心力也越大，此类颗粒也越易于与油分离。

四、絮凝法

絮凝的原理是，以胶体形态分散在油中的杂质粒子带有同类电荷，因而粒子间有两种作用力（相斥的电性力和相吸的万有引力），若要使分散的粒子能够实现凝聚，只有使这些粒子丧失所带电荷，加入絮凝剂就是为了中和这些粒子。絮凝工艺常与机械分离方法合用，例如絮凝—沉降、絮凝—离心—过滤等。

五、蒸馏

蒸馏是利用各种油品的馏程不同，将废油中的汽油、煤油、柴油等轻质燃料油蒸出来，以保证再生油具有合格的闪点和黏度。蒸馏所需温度取决于燃料油的沸点和蒸馏方法。常用的蒸馏方法有两种，水蒸气蒸馏和常压蒸馏。

六、水洗

水洗是为了除去废油中水溶性氧化物。废油加以水洗并不能保证使污染严重的废油充分复原。水洗和离心分离联合的方法常用来净化再生废汽轮机油。

七、吸附净化工艺

该法是利用吸附剂有较大的活性表面积，对废油中的酸性组分、树脂、沥青质、不饱和烃和水等有较强的吸附能力的特点，使吸附剂与废油充分接触，从而除去上述有害物质。

吸附净化再生废油的效率较高，且操作简单，对环境污染小，所以成为废油再生最有价值的方法之一。常用的吸附剂有活性白土、硅胶、活性氧化铝、801 吸附剂等。

八、硫酸—白土处理（酸洗）工艺

硫酸与油品中的某些成分极易发生反应，甚至在一定条件下硫酸几乎对油中所有的组分都能起反应，因此，硫酸—白土再生法效果的好坏，关键在于硫酸处理工艺。

白土能除掉酸处理后残留于油中的硫酸、磺酸、酚类、酸渣及其他悬浮的固体杂质等，能进一步改善油品的性能，使油品的颜色，抗氧化安定性和电气性能都有明显的提高。

但是该工艺明显的不足是产生比较严重的二次污染，如产生大量的酸性气体、二氧化硫及大量的难以处理的酸渣、酸水、白土渣等，危害操作人员身心健康、腐蚀设备、污染环境。使用硫酸—白土工艺对废油进行再生时，在排放的酸渣浸出液中含有的3，4—苯并芘，它是世界公认的致癌最强的多环芳烃之一。

九、白土处理

白土处理的目的是吸附油中未被酸、碱洗掉的沥青、胶质、环烷酸、多环芳香烃等有害物质，并起到脱水、脱色的作用。进行开口和没有惰性气体保护的白土处理时，温度以120℃左右为宜，在相同温度下，搅拌时间的延长，增大了吸附剂与废油的接触机会，吸附性能提高。白土吸附处理时，白土用量应根据废润滑油的质量而定，应经过小型试验来确定。

第十八章

电力用油的运行、监督和维护

电力系统油务工作的主要内容是电力用油的检测、监督和管理，具体工作有以下几项：

(1) 负责新油（包括机械油、润滑油等）质量的验收及保管。即按相关实验方法及标准，对新油进行取样、化验、验收及保管。在购买新油时，必须有供油单位的化验单及验收单位提供的化验单，否则不应购买。

(2) 对运行油的监督与维护。根据实验结果研究油质存在的问题，提出处理意见，并与有关部门协商，保证不因油质问题而引起发、供电设备的事故。

(3) 对废旧油的更换、收集和再生处理。对主要设备都应有防止油质老化的技术措施，并认真做好监督、维护工作，以延长油质的使用寿命。对再生油的质量应进行全面分析，以达到合格标准。

(4) 设备及油系统检修时的检查和验收。在检查前有关部门不应消除设备内部的附着物和进行检修。对新安装的设备，应协助有关部门对即将投运设备的油系统根据要求制定技术措施。

(5) 对运行绝缘油中溶解气体进行气相色谱监督试验。根据试验结果，检测充油电气设备内部的潜伏性故障，并与有关部门协作，及时消除充油电气设备内部的潜伏性故障。

(6) 对 SF_6 绝缘气体的验收、监督及维护。

(7) 开展相关的试验研究工作，进一步提高油质检测技术，采取更有效的防止油质劣化的措施，开发出效果更好的油品添加剂，以延长油品的使用寿命。

(8) 建立各种油务监督、运行维护的记录、档案、图表及卡片，以全面掌握油质运行的工况，积累运行数据，总结油质运行规律。

第一节　变压器油的维护及防劣措施

一、变压器油的作用

油浸式电力变压器的外形如图 18-1 和图 18-2 所示。它由油箱、储油柜、空气过滤器、热虹吸器、防爆筒、瓦斯继电器、高压套管、低压套管、油位计、散热管及风扇等组成。

绝缘油包括变压器油、油断路器油等。变压器油主要用于油浸式电力变压器、电流和电压互感器等设备中，油断路器油（简称“断路器油”）用于油浸式高压断路器中。

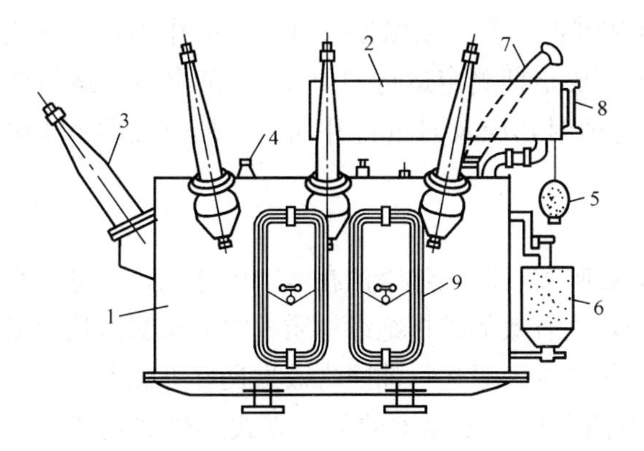

图 18-1 油浸式电力变压器的外形

1—油箱；2—储油柜；3—高压套管；4—低压套管；
5—空气过滤器；6—热虹吸器；7—防爆筒；
8—油位计；9—散热排管及风扇

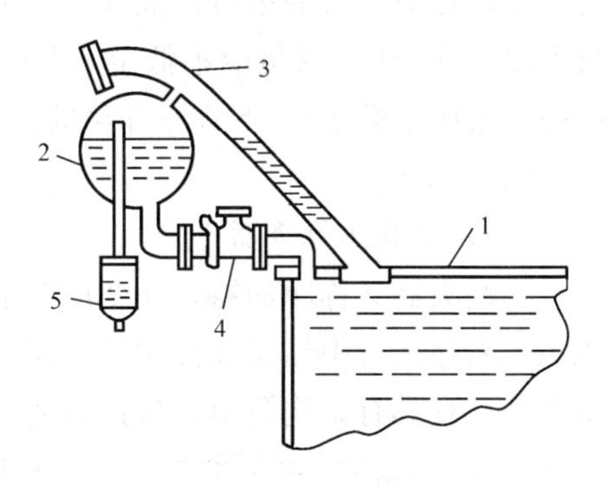

图 18-2 变压器的储油柜和防爆筒

1—油箱；2—储油柜；3—防爆筒；
4—瓦斯继电器；5—空气过滤器

绝缘油主要有以下几种作用：

（一）绝缘作用

当变压器内充满油后，使绕组与绕组之间、绕组与铁芯之间、绕组与油箱外壳之间均保持良好的绝缘，从而增加了变压器的绝缘强度。同时，对变压器绕组绝缘起到了防潮作用。绝缘材料浸在油中，不仅可提高绝缘强度，而且还可免受潮气的侵蚀。

（二）冷却散热作用

油的比热大，常可用作冷却剂。变压器在运行时产生的热量，使靠近铁芯和绕组的油受热膨胀上升，通过油的上、下对流，热量通过散热器散出，保证变压器在正常的温度下运行。

（三）熄灭电弧作用

在油断路器（油开关）和变压器的有载调压开关中，在触头切换时会产生电弧，由于变压器油导热性能好，且在电弧的高温作用下能分解出大量的气体，产生较大的压力，从而提高了介质的灭弧性能，使电弧很快熄灭。

二、运行变压器油的维护措施

（一）油中添加抗氧化剂（T501）

往绝缘油、汽轮机油中添加抗氧化剂，减缓油在运行中的老化速度，延长油质的使用寿命，是多年来电力系统所采用的、行之有效的防劣技术措施之一。大量实践数据说明，采用添加抗氧化剂作为防劣技术措施的优点较多。

抗氧化剂往往对一种油的抗氧化效果显著，而对另一种油的抗氧化效果则不明显，这是由于油的化学组成、精制方法、精制程度及运行油的老化程度等因素，都会影响抗氧化剂对油的抗氧化效果，因此，添加抗氧化剂之前，必须进行抗氧化剂效果的试验室内的小型试验（或称油对抗氧化剂的感受性试验）以确定添加剂效果和添加量。

T501(2,6-二叔丁基对甲基酚)是目前我国较广泛采用的一种性能优良的抗氧化剂，经验表明向油中添加 T501 抗氧化剂，能有效的减缓油在运行中的老化速度，延长油质的使用寿命。T501 抗氧化剂最好加到新油和再生油中去，目前，我国新绝缘油、汽轮机油中，在出厂前就加入了 0.3%～0.5%的 T501。如采用添加抗氧化剂作为运行油的防劣技术措施时，要加强对运行油进行添加 T501 后的监督和维护工作，以保证抗氧化剂的作用，新油或再生油中 T501 的含量应不低于 0.3%～0.5%，要定期测定运行油中 T501 的含量，运行油中的含量应不低于 0.15%，当含量低于此规定值时，应及时进行补加。补加时油的 pH 值不应低于 5.0。

（二）安装热虹吸器

热虹吸器又称净油器。在变压器上安装热虹吸器，防止绝缘油在运行中老化，是电力系统多年来在运行中经实践证明的、比较成熟和行之有效的维护绝缘油质量的可靠防劣技术措施之一。它具有结构简单、操作方便，维护工作量少，对运行油防劣效果良好等优点。

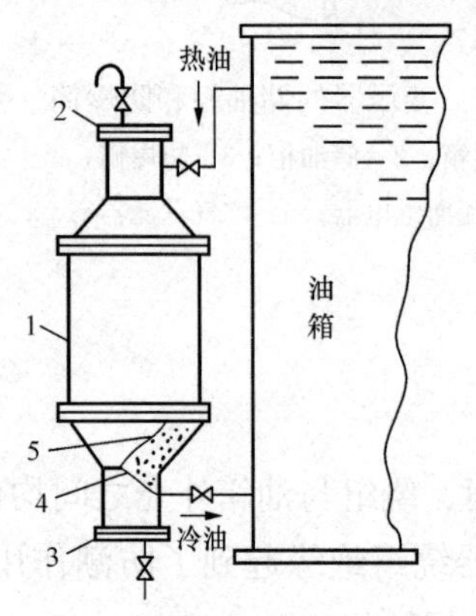

图 18-3 热虹吸器构造简图
1—容器；2—上盖；3—下盖；4—滤网；5—吸附剂

根据变压器油在热虹吸器中的循环方式，热虹吸器可分为两类，即热虹吸净油器及强制循环净油器。热虹吸器用于油浸自冷风冷式变压器，强迫油循环净油器则用于具有强迫油循环水冷与风冷式变压器，因此，可根据变压器的冷却方式，选用不同循环方式的净油器。

热虹吸器是利用温差产生的虹吸作用，使油流自然循环净化的。强制循环净油器则是借强迫油循环的机械动力（如油泵），使油循环和净化的。如图 18-3 所示，热虹吸器是一个长圆筒状的金属容器，内装有一定量的吸附剂，其上、下两端用较粗的铁管，与变压器本体的上部和下部相连接，构成一个连通的油循环回路。因为热虹吸器内装有硅胶或氧化铝等吸附剂，所以它的作用机理是物理吸附作用，即当热油在热虹吸器内循环流动时，可与吸附剂充分接触，油中的酸性组分、水分、油泥、沉淀物等氧化产物和污染物，都可被吸附剂吸附、过滤掉，从而达到净化油质的目的。

经过多年及大量的运行数据说明，热虹吸器的效果是显著和可靠的，主要效果是：可维护油质稳定在合格范围内，减缓氧化作用；保持油质绝缘性能稳定，安装热虹吸器的绝缘油，由于劣化产物、水分等被吸除，降低了油的吸湿性，使油相对地得到干燥，因而油的绝缘性能可在长期的运行中保持稳定。

（三）充氮保护或薄膜密封

在运行变压器油的油面（储油柜内油面）上，常充以纯净而干燥的氮气或借助一种薄膜，使油和大气不直接接触，消除了空气中氧气和其他有害气体对油品的作用，防止了水、汽的侵入，从而减缓了油和设备中绝缘材质的老化，延长了油品和设备的使用寿命。

为充分发挥防劣措施的效果，应对几种防劣措施进行配合使用并切实做好监督和维护工作。对大容量或重要的电力变压器，必要时可采用两种或两种以上的防劣措施配合使用，如添加 T501 抗氧化剂和热虹吸器吸附净化联合使用。

第二节 运行变压器油的质量标准和试验方法

关于运行变压器油的质量标准，国内有 GB/T 7595—2008《运行中变压器油质量》、

GB/T 14542—2005《运行变压器油维护管理导则》；国外有 IEC 60422—2005《电气设备中的矿物绝缘油监督和维护指南》等标准。GB/T 7595—2008 标准规定了运行中变压器油和断路器油应达到的质量标准、检验周期。本标准适用于充入电气设备的矿物变压器油和断路器油在运行中的质量监督，发电机用油可参考使用。本标准不适用于在电缆和电容器中用作浸渍剂的矿物油。我国运行中变压器油的质量标准和试验方法见表 18-1，我国运行中断路器油的质量标准和试验方法见表 18-2。

表 18-1　　运行中变压器油的质量标准（GB/T 7595—2008）

序号	项　目	设备电压等级(kV)	质量指标		检验方法
			投入运行前的油	运行油	
1	外观		透明、无杂质或悬浮物		外观目测加标准号
2	水溶性酸(pH 值)		＞5.4	≥4.2	GB/T 7598—2008《运行中变压器油水溶性酸测定法》
3	酸值(mgKOH/g)		≤0.03	≤0.1	GB/T 264
4	闭口闪点(℃)		≥135		GB/T 261—2008
5	水分①(mg/L)	330～1000	≤10	≤15	GB/T 7600—1987《运行中变压器油水分含量测定法(库仑法)》或 GB/T 7601—2008《运行中变压器油、汽轮机油水分测定法(气相色谱法)》
		220	≤15	≤25	
		≤110 及以下	≤20	≤35	
6	界面张力(25℃，mN/m)		≥35	≥19	GB/T 6541—1986
7	介质损耗因数(90℃)	500～1000	≤0.005	≤0.020	GB/T 5654—2007
		≤330	≤0.010	≤0.040	
8	击穿电压②(kV)	750～1000②	≥70	≥60	DL/T 429.9③—1991《电力系统油质试验方法—绝缘油介电强度测定法》
		500	≥60	≥50	
		330	≥50	≥45	
		66～220	≥40	≥35	
		35 及以下	≥35	≥30	
9	体积电阻率(90℃，Ω·m)	500～1000 ≤330	$\geq 6\times10^{10}$	$\geq 1\times10^{10}$ $\geq 5\times10^{9}$	GB/T 5654—2007 或 DL/T 421—2009《电力用油体积电阻率测定法》
10	油中含气量(体积分数%)	750～1000	≤1	≤2	DL/T 423—2009《绝缘油中含气量测定法真空压差法》或 DL/T 450—1991《绝缘油中含气量的测试方法——二氧化碳洗脱法》、DL/T 703—1999《绝缘油中含气量的气相色谱测定法》
		330～500		≤3	
		(电抗器)		≤5	

续表

序号	项　目	设备电压等级(kV)	质量指标		检验方法
			投入运行前的油	运行油	
11	油泥与沉淀物(质量分数%)		<0.02(以下可忽略不计)		GB/T 511—2010
12	析气性	≥500	报告		IE C60628《绝缘液体在电应力和电离作用下的析气》(A)、GB/T 11142—1989
13	带电倾向		报告		DL/T 1095《变压器油带电度现场测试导则》
14	腐蚀性硫		非腐蚀性		DIN 51353—1982《润滑剂检验·冷却机油絮凝点的测定》或 SH/T 0804—2007《电器绝缘油腐蚀性硫试验银片试验法》、ASTMD1275B
15	油中颗粒度	≥500	报告		DL/T 432—2007《电力用油中颗粒污染测量方法》

① 取样油温为 40～60℃。

② 750～1000kV 设备运行经验不足，本标准参考西北电网 750kV 设备运行规程提出此值，供参考，以积累经验。

③ DL/T 429.9—1991 方法是采用平板电极；GB/T 507—2002 是采用圆球、球盖形两种形状的电极。三种电极所测的击穿电压值不同，其影响情况见 GB/T 7595—2008 附录 B(资料性附录)。其质量指标为平板电极测定值。

表 18-2　　运行中断路器油的质量标准(GB/T 7595—2008)

序号	项　目	质量指标			检验方法
1	外观	透明、无游离水分、无杂质或悬浮物			外观目测
2	水溶性酸(pH 值)	≥4.2			GB/T 7598—2008
3	击穿电压(kV)	110kV 以上	投运前或大修后	≥40	GB/T 507—2002 或 DL/T 429.9—1991
			运行中	≥35	
		110kV 及以下	投运前或大修后	≥35	
			运行中	≥30	
		必要时			

运行中变压器油常规检测周期和检测项目见表 18-3。对运行中变压器油检验周期的确定主要考虑安全可靠性和经济性之间的必要平衡，最佳的检验间隔时间取决于设备的类型、用途、功率、结构和运行条件及气候条件。按电力设备预防性试验规程的规定，不同等级设备类型的油检验项目和周期也不同。它只是一个通用的最低要求，具体还应结合运行情况具体考虑。

表 18-3　　运行中变压器油常规检验周期和检验项目(GB/T 7595—2008)

设备名称	设备规范	检验周期	检验项目
变压器、电抗器，所、厂用变压器	330～1000kV	设备投运前或大修后	1～10
		每年至少一次	1、5、7、8、10
		必要时	2、3、4、6、9、11、12、13、14、15
	66～220kV、8MVA 及以上	设备投运前或大修后	1～9
		每年至少一次	1、5、7、8
		必要时	3、6、7、11、13、14 或自行规定
	＜35kV	设备投运前或大修后	自行规定
		三年至少一次	

注　变压器、电抗器、厂用变压器油中的“检验项目”栏内的 1、2、3、…为表 18-1 中的项目序号。

运行中变压器油超极限值原因及对策见表 18-4。

表 18-4　　运行中变压器油超极限值原因及对策（GB/T 14542—2005）

项　目	超极限值		可能原因	采取对策
外　观	不透明，有可见杂质或油泥沉淀物		油中含有水分或纤维、碳黑及其他固形物	调查原因并与其他试验（如含水量）配合决定措施
颜色	油色很深		可能过度劣化或污染	核查酸值、闪点、油泥、有无气味，以决定措施
水分（mg/kg）	330～500kV 及以上	＞20	（1）密封不严、潮气侵入。 （2）运行温度过高，导致固体绝缘老化或油质劣化	（1）检查密封胶囊有无破损，呼吸器吸附剂是否失效，潜油泵是否漏气。 （2）降低运行温度。 （3）采用真空过滤处理
	220kV	＞30		
	110kV 及以下	＞40		
酸值（mgKOH/g）	＞0.1		（1）超负荷运行。 （2）抗氧剂消耗。 （3）补错了油。 （4）油被污染	调查原因，增加试验次数，投入净油器，测定抗氧剂含量并适当补加，或考虑再生
击穿电压（kV）	500kV 及以上设备	＜50	（1）油中水分含量过大。 （2）油中有杂质颗粒污染	（1）检查水分含量，对大型变电设备可检测油中颗粒污染度。 （2）进行精密过滤或换油
	330kV 设备	＜45		
	220kV 设备	＜40		
	66～110kV 设备	＜35		
	35kV 及以下设备	＜30		
介质损耗因数（90℃）	500kV 及以上设备	＞0.020	（1）油质老化程度较深。 （2）油被杂质污染。 （3）油中含有极性胶体物质	（1）检查酸值、水分、界面张力数据。 （2）查明污染物来源并进行吸附过滤处理，或考虑换油
	330kV 及以下设备	＞0.040		
界面张力（25℃，mN/m）	＜19		（1）油质老化严重，油中有可溶性或沉析性油泥。 （2）油质污染	结合酸值、油泥的测定采取再生处理或换油

续表

项　　目	超极限值		可能原因	采取对策
体积电阻率（90℃，Ω·m）	500kV及以上设备	$<1\times10^{10}$	同介质损耗因数原因	同介质损耗因数对策
	330kV及以下设备	$<5\times10^{9}$		
闭口闪点（℃）	低于新油原始值10℃以上		（1）设备存在严重过热或电性故障。 （2）补错了油	查明原因，消除故障，进行真空脱气处理或换油
油泥与沉淀物（质量分数%）	＞0.02		（1）油质深度老化。 （2）杂质污染	考虑油再生或换油
油中溶解气体组分含量	见GB/T 7252或DL/T 722		设备存在局部过热或放电性故障	进行跟踪分析，彻底检查设备，找出故障点并消除隐患，进行真空脱气处理
油中总含气量（体积分数%）	330～500kV及以上设备 ＞3		设备密封不严	与制造厂联系，进行设备的严密性处理
水溶性酸（pH值）	＜4.2		（1）油质老化。 （2）油被污染	（1）与酸值比较，查明原因。 （2）进行吸附处理或换油

运行变压器油的混用注意事项如下：

（1）不同牌号的变压器油原则上不能混用。若必须混用时，应按规定进行实验，以决定是否采用。

（2）油的相容性（混油）问题。电气设备充油不足需要补充油时，应优先选用符合相关新油标准的未使用过的变压器油。最好补加同一油基、同一牌号及同一添加剂类型的油品。补加油品的各项特性指标都应不低于设备内的油。当新油补入量较少时，例如小于5%时，通常不会出现任何问题；但如果新油的补入量较多，在补油前应先做油泥析出试验，确认无油泥析出，酸值、介质损耗因数值不大于设备内油时，方可进行补油。

（3）不同油基的油原则上不宜混合使用。

（4）在特殊情况下，如需将不同牌号的新油混合使用，应按混合油的实测凝点决定是否适于此地域的要求。然后再按DL/T 429.6—1991《电力系统油质试验方法——运行油开口杯老化测定法》方法进行混油试验，并且混合样品的结果应不比最差的单个油样差。

（5）如在运行油中混入不同牌号的新油或已使用过的油，除应事先测定混合油的凝点以外，还应按DL/T 429.6的方法进行老化试验，还应测定老化后油样的酸值和介质损耗因数值，并观察油泥析出情况，无沉淀方可使用。所获得的混合样品的结果应不比原运行油的差，才能决定混合使用。

（6）对于进口油或产地、生产厂家来源不明的油，原则上不能与不同牌号的运行油混合使用。当必须混用时，应预先对参加混合的各种油及混合后的油按DL/T429.6方法进行老化试验，并测定老化后各种油的酸值和介质损耗因数及观察油泥沉淀情况，在无油泥沉淀析出的情况下，混合油的质量不低于原运行油时，方可混合使用；若相混的都是新油，其混合油的质量应不低于最差的一种油，并需按实测凝点决定是否可以适于该地区使用。

（7）在进行混油试验时，油样的混合比应与实际使用的比例相同；如果混油比无法确定时，则采用1∶1质量比例混合进行试验。

第三节 运行汽轮机油的维护及防劣措施

汽轮机油的选择原则是：根据汽轮机的类型选择汽轮机油的品种，如普通的汽轮机组可选择防锈汽轮机油，高温汽轮机则须选择难燃汽轮机油。根据汽轮机的轴转速选择汽轮机油的黏度等级，通常，在保证润滑的前提下，应尽量选用黏度较小的油品。因为低黏度的油品，其散热性和抗乳化性均较好。

一、汽轮机油的作用

汽轮机油在汽轮发电机组的润滑系统和调速系统中是一个封闭的循环系统，如图18-4所示。

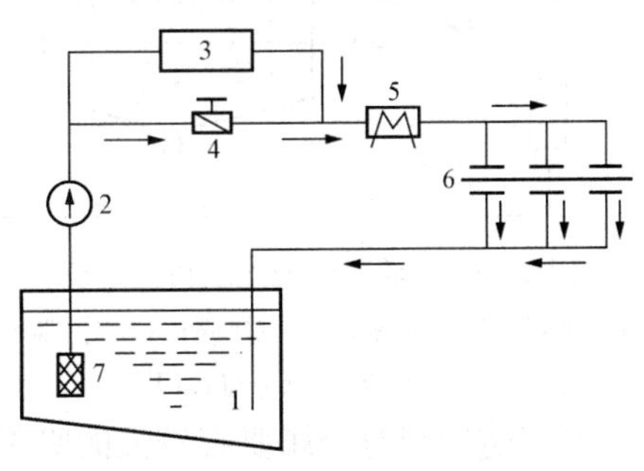

图18-4 汽轮机机组供油系统示意简图

1—油箱；2—主油泵；3—调速系统；4—减压阀；5—冷油器；6—机组轴承；7—滤油网

汽轮机油的作用主要有：

（一）润滑作用

汽轮发电机组的轴承和轴颈其表面的粗糙度虽然非常低，但当大轴移动时，若无润滑剂则处于固体摩擦状态，汽轮机启动时轴颈和轴承之间会磨损和发热，瞬间便会被毁坏。若在汽轮机的轴颈和轴承间加入汽轮机油，在固体摩擦的表面上形成连续不断的油膜层，从而以液体摩擦代替了固体摩擦，这就大大减少了摩擦阻力，防止了轴的磨损和毁坏。

（二）冷却散热作用

运行中的汽轮机油，不断地在系统内循环流动，油温将不断升高，其主要原因是轴承内油品的内摩擦产生了热量，其次，由于油与轴颈相接触，被汽轮机转子传来的热量所加热，因此，油在系统内循环时，将不断地带走设备所产生的热量，并经冷油器把热量排出。

（三）调速作用

汽轮机的调速系统主要由调速汽门、伺服阀、错油门、调速器及其控制系统等部件组成，汽轮机油可作为压力传导剂，用于汽轮发电机组的调速系统中。它可使压力传导于油动机和蒸汽管上的油门装置以控制蒸汽门的开度。通过调节调速汽门的开大或关小，使汽轮机在负荷变动时，仍能保持额定的转速，以保证发电质量（频率合格）和安全运行。

随着汽轮机的发展，汽轮机用油的重要性也逐渐被认识，对油品也提出了更高的要求：

汽轮机组大型化后，因轴承摩擦耗功所产生的热量增大。油品老化加快；同时参数提高后，转子需被带走的热量较小型机组大，而机组检修周期要求延长，对长寿命汽轮机油的使用提出了要求。

现代大容量汽轮机机组系统的油循环倍率有增加趋势，油品在油箱中逗留的时间缩短了，油箱沉积杂质、水分、分离空气的功能减弱。对油品的破乳化性能、空气释放性能等提出了更高的要求。

汽轮机组大型化后，还应特别注意对运行中油品的检查，以防止油中的水分、颗粒度等指标超过标准规定而造成设备事故。

随着先进的数字式电液调节系统（DEH）的应用，抗燃油在大型机组中得到了较普遍的使用。控制用油的独立性和抗燃油的使用，最大限度地消除了油质的影响和火灾隐患。但磷酸酯抗燃油的微毒特性和环保问题越来越受到人们重视。因此，无毒环保型替代用油应是研究方向。

二、运行汽轮机油的维护措施

运行汽轮机油的维护措施有添加抗氧化剂和采用净油器，方法同变压器油，汽轮机油的连续再生系统如图 18-5 所示，其中的 4 是净油器，也称再生器。

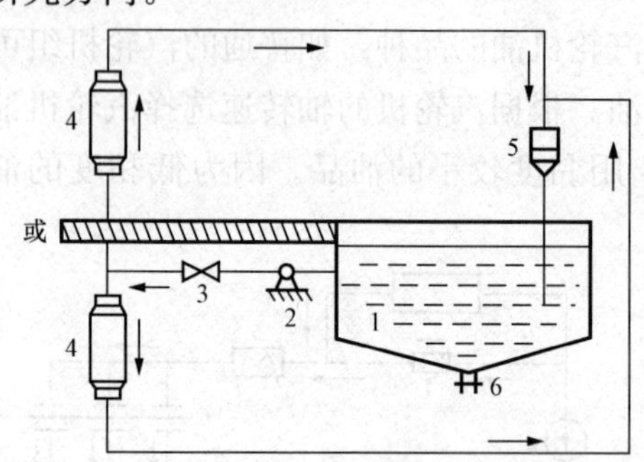

图 18-5　汽轮机油的连续再生系统

1—油箱；2—主油泵；3—减压阀；4—再生器；5—过滤漏斗；6—排污门

运行汽轮机油的其他维护措施如下：

（一）添加防锈剂

运行汽轮机油不可避免地总会含有一定的水分，多年的运行经验表明，防止油系统腐蚀较好的方法，是往油中添加防锈剂，以保护金属表面。

要求防锈剂对金属要有较强的吸附能力，其在金属表面上所形成的致密的分子膜，不能被酸、碱所溶解，也不易在运行温度下溶解，以保持其防锈作用；防锈剂在运行油中应不析出，对油的物理、化学性能无不良影响。T746 防锈剂的分子结构见图 18-6。

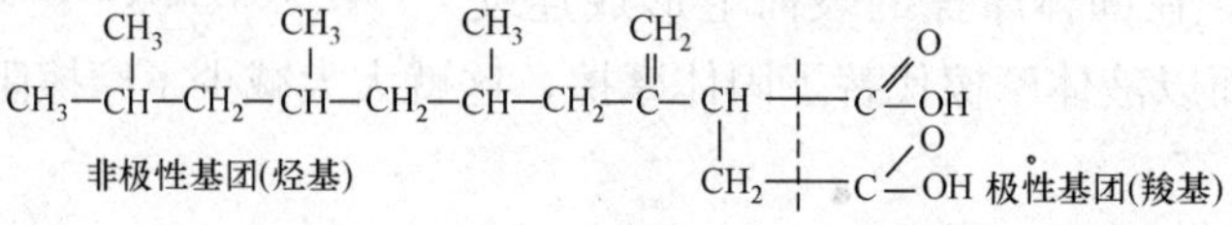

$$CH_3-\underset{|}{\overset{CH_3}{CH}}-CH_2-\overset{CH_3}{CH}-CH_2-\overset{CH_3}{CH}-CH_2-\overset{CH_2}{\overset{\|}{C}}-\underset{CH_2-C(=O)-OH}{CH}-C(=O)-OH$$

非极性基团(烃基)　　极性基团(羧基)

图 18-6　T746 防锈剂的分子结构

防锈剂是一种具有表面活性的有机化合物，其分子是由能被金属表面吸附的极性基团和亲油介质的非极性基团两个部分组成，如图 18-6 所示，当防锈剂加入油中后，在油中形成定向排列，非极性基团朝向油品一侧，而极性基团则朝向金属一侧，吸附在金属表面上，形成数个分子层厚的致密薄膜后，就可以防止水、氧和其他侵蚀性介质的分子或离子渗入金属表面，从而起到防锈作用。

目前，国内在汽轮机油中普遍采用的防锈剂是“十二烯基丁二酸”，又称 T746 防锈剂，T746 防锈剂的防锈机理示意图如图 18-7 所示，它是一种具有表面活性的有机二元酸。防锈剂之所以能起到防锈的作用，主要是能阻止金属氧化反应的发生。

T746 防锈剂的添加量一般为油量的0.02%～0.03%。添加 T746 防锈剂时，应对整个油路系统、油箱进行彻底清扫，冲洗，直到系统内表面露出金属本体，以便于防锈剂保护膜的形成。所以，当第一次添加 T746 时，最好在机组大修时。

汽轮机油
烃基
羧基
金属

图 18-7　T746 防锈剂的防锈机理示意图

由于 T746 防锈剂在运行中要逐渐消耗，因此，需要及时或定期进行补加。补加时间和补加量，通常用定期进行运行油的液相锈蚀试验来确定。当发现钢质试棒上出现锈蚀现象时，就应及时补加，补加量可控制在 0.02%左右，最佳量可通过小型试验确定。补加方法与添加时相同。

（二）添加破乳化剂

能提高油品的抗乳化性能，并能使油水乳状液迅速分离的物质，统称为破乳化剂。破乳化剂又称抗乳化剂，是具有使乳化破坏，并使其成分分离（离析）的添加剂。破乳化剂也是表面活性剂，作用是使油包水或水包油的膜破坏，相互凝集成大滴，集聚后沉降下来。

破乳化剂添加前应先进行破乳化效果的小型试验，以了解破乳化效果和破乳化剂加入后油液是否有油泥沉淀现象，只有当加入后对油品理化性能无不良影响时，才能添加。

第四节　运行汽轮机油的质量标准和试验方法

运行中汽轮机油质量标准和试验方法（GB/T 7596—2008《电厂运行中汽轮机油质量》）如表 18-5 所示，本标准规定了电厂运行中汽轮机（包括水轮机、调相机和燃气轮机）所用的矿物汽轮机油（简称汽轮机油）在运行中应达到的质量标准。本标准适用于发电机组运行过程中汽轮机油（包括水轮机、调相机和燃气轮机）的质量监督。

表 18-5　　运行中汽轮机油质量标准（GB/T 7596—2008）

序号	项目		设备规范	质量指标	检验方法
1	外状			透明	DL/T 429.1—1991《电力系统油质试验方法——透明度测定法》
2	运动黏度（40℃，mm^2/s）	32①		28.8～35.2	GB/T 265—1998
		46①		41.4～50.6	
3	开口闪点（℃）			≥180，且比前次测定值不低 10℃	GB/T 267—1988《石油产品闪点与燃点测定法（开口杯法）》、GB/T 3536—2008
4	机械杂质		200MW 以下	无	GB/T 511—2010
5	洁净度②（NAS1638，级）		200MW 及以上	≤8	DL/T 432—2007《电力用油中颗粒污染度测量方法》
6	酸值（mgKOH/g）	未加防锈剂		≤0.2	GB/T 264
		添加防锈剂		≤0.3	
7	液相锈蚀			无锈	GB/T 11143—2008
8	破乳化度（54℃，min）			≤30	GB/T 7605—2008《运行中汽轮机油破乳化度测定法》
9	水分（mg/L）			≤100	GB/T 7600—1987 或 GB/T 7601—2008

续表

序号	项　目		设备规范	质量指标	检验方法
10	起泡沫试验（泡沫倾向/稳定性）(mL/mL)	24℃		500/10	GB/T 12579—2002
		93.5℃		50/10	
		后 24℃		500/10	
11	空气释放值（50℃，min）			≤10	SH/T 0308—1992《润滑油空气释放值测定法》
12	旋转氧弹值（min）			报告	SH/T 0193—2008《润滑油氧化安定性的测定　旋转氧弹法》

① 32、46 为汽轮机油的黏度等级。

② 对于润滑系统和调速系统共用一个油箱，也用矿物汽轮机油的设备，此时油中洁净度指标应参考设备制造厂提出的控制指标执行。

大容量新汽轮机组在投运后一年内的检验项目和时间间隔如表 18-6 所示。

表 18-6　汽轮机组（100MW 及以上）投运 12 个月内的检验项目及周期（GB/T 14541—2005）

项　目	外　观	颜　色	黏　度	酸　值
检验周期	每天	每周	1～3 个月	每月
项　目	闪点	水分	洁净度	破乳化时间
检验周期	必要时	每月	1～3 个月	每 6 个月
项　目	防锈性	泡沫特性	空气释放值	
检验周期	每 6 个月	必要时	必要时	

运行中汽轮机油的检验周期如表 18-7 所示。

表 18-7　运行中汽轮机油的检验周期（GB/T 14541—2005）

项　目	建议指标和周期		试 验 方 法
外观[①]	透明，无机械杂质	每周	目测
颜　色	无异常变化	每周	目测
运动黏度*（40℃，mm^2/s）	与新油原始值相差<±10%	6 个月	GB/T 265—1998
闪点（开口）（℃）[②]	与新油原始值相比不低于 15℃	必要时	GB/T 267—1998
洁净度（级）[③]	NAS，≤8	3 个月	DL/T 432—2007
酸值（mgKOH/g）	未加防锈剂≤0.2	3 个月	GB/T 264
	加防锈剂≤0.3		
锈蚀试验	无锈	6 个月	GB/T 11143—2008
破乳化度*（min）	<30	6 个月	GB/T 7605—2008

续表

项　　目	建议指标和周期		试验方法
水分*	氢冷却机组，≤80mg/kg	3个月	GB/T 7600—1987
	非氢冷却机组，≤150mg/kg 水轮机（水岛部分除外）		
起泡沫试验* （泡沫倾向/稳定性，mL/mL）	200MW及以上，≤500/10	每年或必要时	GB/T 12579—2002
空气释放值*（min）	200MW及以上，≤10	必要时	SH/T 0308—2002

注 1. 机组在大修后和启动前，应进行全部项目的检测。
2. 辅助设备用油及水轮机用油按上述标准参照执行。
3. 密封油按DL/T 705执行。

* 导则作为建议指标。

① 如外观发现不透明，则应检测水分和破乳化度。

② 如怀疑有污染时，则应测定闪点、破乳化度、起泡沫试验和空气释放值。

③ 对于汽轮机润滑系统与调速系统共用一个油箱，此时油中洁净度指标应按厂商的要求执行。

要保存试验数据的准确记录，可以用于同以前的结果进行比较。试验数据的解释还应考虑到补油（注油）或补加防锈剂等因素及可能发生的混油等情况。试验数据的解释及推荐的相应措施GB/T 14541—2005《电厂用运行矿物汽轮机油维护管理导则》见表18-8。

表18-8　运行中汽轮机油试验数据解释及推荐措施（GB/T 14541—2005）

项　　目	警戒极限	原因解释	措施概要
外观	（1）乳化不透明，有杂质。 （2）有油泥	（1）油中含水或有固体物质。 （2）油质深度劣化	（1）调查原因，采取机械过滤。 （2）投入油再生装置或必要时换油
颜色	迅速变深	（1）有其他污染物。 （2）油质深度老化	找出原因，必要时投入油再生装置
酸值（mgKOH/g）	增加值超过新油0.1～0.2时	（1）系统运行条件恶劣。 （2）抗氧化剂耗尽。 （3）补错了油。 （4）油被污染	（1）查明原因，增加试验次数。 （2）补加T501，投入油再生装置。 （3）有条件单位可测定RBOT，如果RBOT降到新油原始值的25%时，可能油质劣化，考虑换油
开口闪点（℃）	比新油高或低出15℃以上	油被污染或过热	查明原因，并结合其他试验结果比较，并考虑处理或换油
黏度（40℃，mm^2/s）	比新油原始值相差±10%以上	（1）油被污染。 （2）补错了油。 （3）油质已严重劣化	查明原因，并测定闪点或破乳化度，必要时应换油
锈蚀试验	有轻锈	（1）系统中有水。 （2）系统维护不当（忽视放水或油已呈乳化状态）。 （3）防锈剂消耗	加强系统维护，并考虑添加防锈剂

续表

项　目	警戒极限	原因解释	措施概要
破乳化度（min）	＞30	油污染或劣化变质	如果油呈乳化状态，应采取脱水或吸附处理措施
水分（mg/kg）	氢冷机组＞80 非氢冷机组＞150时	（1）冷油器泄漏。 （2）轴封不严。 （3）油箱未及时排水	（1）检查破乳化度，并查明原因。 （2）启用过滤设备，排出水分。并注意观察系统情况消除设备缺陷
洁净度，NAS（级）	＞8	（1）补油时带入的颗粒。 （2）系统中进入灰尘。 （3）系统中锈蚀或磨损颗粒	查明和消除颗粒来源，启动精密过滤装置，清洁油系统
起泡沫试验（mL）	倾向＞500 稳定性＞10	（1）可能被固体物污染或加错了油。 （2）在新机组中可能是残留的锈蚀物的妨害所致	（1）注意观察，并与其他试验结果比较。 （2）如果加错了油应更换纠正。 （3）可酌情添加消泡剂，并开启精滤设备处理
空气释放值（min）	＞10	油污染或劣化变质	注意观察，并与其他试验结果相比较，找出污染原因并消除

注　表中除水分和锈蚀两个试验项目外，其余项目均适用于燃气轮机油。

运行汽轮机油的混用注意事项如下：

（1）不同牌号的汽轮机油原则上不能混用。若必须混用时，应按规定进行实验，以决定是否采用。

（2）油的相容性（混油）问题。需要补充油时，应补加与原设备相同牌号及同一添加剂类型的新油，或曾经使用过的符合运行油标准的合格油品。补油前应先进行混合油样的油泥析出试验，按DL/T429.7油泥析出测定法进行，无油泥析出时方可允许补油。

（3）欲混合的油，混合前其各项质量均应检验合格。

（4）不同牌号的汽轮机油原则上不宜混合使用。在特殊情况下必须混用时，应先按实际混合比例进行混合油样黏度的测定后，再进行油泥析出试验，以最终决定是否可以混合使用。

（5）对于进口油或来源不明的汽轮机油，若需与不同牌号的油混合时，应先将混合前的单个油样和混合油样分别进行黏度检测，如黏度均在各自的黏度合格范围之内，再进行混油试验。混合油的质量应不低于未混合油中质量最差的一种油，方可混合使用。

（6）试验时，油样的混合比例应与实际的比例相同，如果无法确定混合比例时，则试验时一般采用1∶1比例进行混油实验。

（7）矿物汽轮机油与用作润滑、调速的合成液体（如磷酸酯抗燃油）有本质上的区别，切勿将两者混合使用。

第五节　变压器油的气体监督和潜伏性故障的检测

一、运行变压器内常见的故障类型

电力变压器的内部故障主要有过热性故障、放电性故障及绝缘受潮等几种类型。

过热性故障主要是由于分接开关接触不良、铁芯多点接地和局部短路、导线过电流以及接头焊接不良、电磁屏蔽不良导致漏磁集中、冷却油道堵塞等所致。通常表现为变压器内部局部过热、温度升高。根据其严重程度，过热性故障常被分为轻度过热（一般低于150℃）、低温过热（150～300℃）、中温过热（300～700℃）、高温过热（一般高于700℃）4种故障情况。

放电故障通常指变压器内部在高电场强度的作用下，造成绝缘性能下降或劣化的故障。由于能量密度不同，放电性故障可分为高能量的电弧放电和低能量的火花放电及局部放电。

变压器内部进水受潮也是一种内部潜伏性故障，严重时会造成设备的绝缘损坏事故。当设备内进水受潮时，油中水分和杂质易形成“小桥”，发生水分电解，产生氢气；若固体绝缘含水量高且存在气隙，则易发生局部放电产生H_2，另外，水分在电场作用下，会发生水与钢铁的化学反应。因此，在电气设备中，如果氢气含量高，而其他组分含量很低，则是设备绝缘受潮的标志和特征。

二、变压器内故障气体的来源

油浸式电力变压器中的绝缘材料主要是变压器油和固体绝缘材料。

变压器油在长期的使用过程中，在温度、电场及光合作用等影响下会导致某些C—H键和C—C键断裂，同时伴随生成少量活泼的氢原子和不稳定的碳、氢化合物的自由基，这些氢原子或自由基通过复杂的化学反应迅速重新化合，形成氢气和低分子烃类气体。如甲烷、乙烷、乙烯、乙炔等。一般情况下，随着热解温度的升高，热解气体中各组分出现的顺序是：烷烃、烯烃、炔烃，且受热的时间越长，产生气体的相对含量越多。

变压器中的固体绝缘材料主要是由纤维素$(C_5H_{10}O_5)_n$构成，纤维素分子式中n为聚合度。当受到电、热和机械应力及氧气、水分等作用时，聚合物就会发生氧化分解、裂解、水解反应，生成CO、CO_2、少量的水、醛类。CO和CO_2的形成不仅随温度，而且随油中氧的含量和绝缘纸的湿度增加而增加。绝缘纸在低温下产生的气体主要是二氧化碳，而在高温下产生的一氧化碳的量增多。

三、气体在油中的溶解与扩散

在一定的温度和压力下，故障源产生的气体将逐步溶解于油中，当气体在油中的溶解速度等于气体从油中析出的速度时，则气—油两相处于动态平衡（气体在油中达到饱和状态），此时一定量油中溶解的气体含量即为气体在油中的溶解度。在故障气体的分析中，溶解度有较重要的使用意义。

由于各种气体的结构、性质不同，即使在相同的外界条件下，它们在油中的溶解度也各不相同。

气体在油中的溶解度主要受压力和温度的影响。当其他条件不变时，气体溶解度随压力的增高而增大；除CO、N_2和H_2外，大部分故障气体的溶解度随温度的升高而减小。当故障气体在运行变压器油中达到饱和状态时，若温度或压力发生变化，则两相失去平衡，气体有可能进一步溶解或析出。

正常运行的变压器油中往往会溶解一部分气体，这些气体是变压器正常运行下也会存在的“正常气体”，当故障气体产生后，将逐步向油中扩散，溶解度较大的故障气体组分，会将原来在油中溶解度较小的气体组分（氢气、空气等）从油中“挤”出来，并与油中未溶解的气体混合。由此反复交换，若油一气接触的时间较长，可使所有气体的组分达到饱和状态。

四、不同故障类型的特征气体

变压器内绝缘材料的分解所产生的可燃气体和不可燃气体有许多种，选取哪几种油中溶解气体作为检测的对象，对准确有效地分析诊断变压器的故障类型、能量、程度及发展趋势有很大的关系。DL/T 722—2000《变压器油中溶解气体分析和判断导则》规定了9种气体为检测对象，即CO、CO_2、H_2、CH_4、C_2H_6、C_2H_4、C_2H_2、N_2、O_2，除N_2、O_2是推荐测量的气体外，其余的7种气体都是故障情况下可能产生的气体，是必测组分，也就是常说的故障特征气体。

（一）氢气产生的原因

在电和热的作用下绝缘油分解产生各种气体，其中包括H_2。而对于油中出现的H_2有如下几种途径：

（1）油中含水（受潮），可以与铁作用生成氢气。

（2）过热的铁芯层间油膜裂解也生成氢。

（3）新的不锈钢部件中也可能在钢加工过程中或焊接时吸附氢而又慢慢释放到油中。

（4）在温度较高、油中溶解有氧时，设备某些油漆（醇酸树脂）在某些催化剂的催化下，可产生大量的氢气。

（5）在互感器金属膨胀器材料中含有的催化剂Ni和电场的共同作用下，油中的某些烃（例如环已烷或其同系物）发生了脱氢反应，H_2是该反应中唯一的气体生成物。

（6）在一定的温度条件下，其他故障特征气体同时裂解也会产生H_2。

变压器无论是热故障还是电故障，最终都将导致绝缘介质裂解产生各种特征气体。由于碳、氢键之间的键能低，生成热小，在绝缘物的分解过程中，一般总是先生成H_2，因此，H_2是各种故障特征气体的主要组成成分之一。变压器内部进水受潮是一种内部潜伏性故障，其特征气体H_2含量很高。客观上如果色谱分析发现H_2含量超标，而其他成分并没有增加时，可大致先判断为设备含有水分，为进一步判别，可加做微水分析。导致水分分解出H_2有两种可能：一是水分和铁产生化学反应；二是在高电场作用下水本身分子分解。设备受潮时固体绝缘材料含水量比油中含水量要大100多倍，而H_2含量高，大多是由于绝缘油、绝缘纸内含有气体和水分，所以在现场处理设备受潮时，仅靠采用真空滤油法不能持久地降低设备中的含水量，原因在于真空滤油对于设备整体的水分影响不大。

（二）乙炔产生的原因

乙炔是变压器油在800～1000℃的温度下发生裂化反应生成的产物，该反应同时还生成其他一些特征气体，其中最主要的是氢气。从产气组分方面分析，绝缘油中产生乙炔气体有4种可能：

（1）在温度高于1000℃时，绝缘油裂解产生的气体中含有乙炔。

（2）有局部放电，将绝缘油分解产生乙炔。

（3）可能是有载分接断路器切换开关灭弧所产生的乙炔渗漏到主变本体绝缘油中。

（4）运行过程中补充变压器油时加入了含有C_2H_2的油。

当变压器内部发生电弧放电时，C_2H_2一般占总烃的20%～70%，H_2占氢烃总量的

30%～90%，并且在绝大多数情况下，C_2H_4 的含量高于 CH_4。当 C_2H_2 含量占主要成分且超标时，则很可能是设备绕组短路或分接开关切换产生弧光放电所致。如果其他成分没超标，而 C_2H_2 超标且增长速率较快，则可能是设备内部存在高能量放电故障。

（三）甲烷、乙烷和乙烯产生的原因

甲烷、乙烷和乙烯都是变压器油在受热、放电情况下发生裂解的产物，同时，固体绝缘材料发生裂解时，也会产生这些气体。因为它们所需的裂解能量密度（温度）不同，所以，绝缘油发生裂解时，一般先出现烷烃，再出现烯烃。在过热性故障中，当只有热源处的绝缘油分解时，特征气体 CH_4 和 C_2H_4 两者之和一般可占总烃的 80%以上，且随着故障点温度的升高，C_2H_4 所占比例也增加。另外，丁腈橡胶材料在变压器油中将可能产生大量的 CH_4。

（四）一氧化碳和二氧化碳产生的原因

正常运行的设备内部的绝缘油和固体绝缘材料，由于受到电场、温度、湿度及氧的作用，随运行时间增长而发生速度缓慢的老化现象，除产生一些气态的劣化产物外，还会产生少量的氧、低分子烃类气体和碳的氧化物等，其中碳的氧化物 CO、CO_2 含量最高。在一定温度下，CO 和 CO_2 的产生速度恒定，即油中 CO 和 CO_2 气体含量随时间呈线性关系。在温度不断升高时，CO 和 CO_2 的产生速率往往呈指数规律增大。当设备内部发生各种过热性故障时，由于局部温度较高，可导致热点附近的绝缘物发生热分解而析出气体，变压器内油浸绝缘纸开始热解时产生的主要气体是 CO_2，随温度的升高，产生的 CO 含量也增多，使 CO 与 CO_2 比值升高，至 800℃时，比值可高达 2.5。因此，油中 CO 和 CO_2 的含量与绝缘纸热老化有着直接的关系，可将其作为密封变压器中绝缘纸层有无异常的判据之一。

无论何种放电形式，除了产生氢、烃类气体外，与过热故障一样，只要有固体绝缘介入，都会产生 CO 和 CO_2。但从总体上来说，过热性故障的产气速率比放电性故障慢。

综上所述，各种特征气体在故障下产生的原因如表 18-9 所示。

表 18-9　特征气体产生的原因

气　体	产　生　原　因
H_2	电晕放电、油和固体绝缘热分解、水分解
CH_4	油和固体绝缘热分解、放电
C_2H_6	固体绝缘热分解、放电
C_2H_4	高温热点下油和固体绝缘热分解、放电
C_2H_2	强弧光放电、油和固体绝缘热分解
CO	固体绝缘受热及热分解
CO_2	固体绝缘受热及热分解

五、不同故障类型的产气特点

（一）热故障的产气特点

当热应力只影响到变压器油的分解而不涉及固体绝缘材料时，产生的气体主要是低分子烃类气体，其中 CH_4、C_2H_4 为特征气体，一般两者之和占 80%以上。当故障点的温度较低时，CH_4 占的比例较大；随着热点的温度升高（500℃以上），C_2H_4 组分急剧增加，比例增大。氢气的含量与热源温度也有密切的关系，一般来说，高、中温过热时，氢气一般占氢烃总量的30%左右。

通常热故障是不会产生乙炔的。一般低于500℃的过热故障，乙炔的含量不会超过总烃的2%；高温过热（800℃以上），也会产生少量的C_2H_2，但其含量也不超过总烃含量的6%。

当热故障涉及固体绝缘材料时，除产生上述的低分子烃类气体外，还会产生较多的CO、CO_2，并随着温度的升高，CO与CO_2的比值逐渐增大。

对只限于局部油区堵塞或散热不良的过热故障，由于过热温度较低，过热面积较大，因此，对变压器油的热解作用不大，因而低分子烃类气体不一定多。

（二）电弧放电故障的产气特点

电弧放电产生的特征气体主要是C_2H_2、H_2，其次是大量的C_2H_4、CH_4。由于电弧放电的发展很快，往往来不及溶于油中就聚集到气体继电器内，因此，油中溶解气体组分含量往往与故障点位置、油的流速和故障持续时间有很大的关系。一般C_2H_2占总烃的20%～70%，H_2占总烃的30%～80%，绝大多数情况下，C_2H_2高于CH_4，在涉及固体绝缘时，气体继电器和油中的CO含量较高。当油中气体组分中C_2H_2占主要成分且超标时，可能是变压器绕阻断路或分接开关切换产生弧光放电所致；如果其他的成分没有超标，而C_2H_2超标且增长较快时，则可能是变压器中存在高能放电故障。在变压器中的固体绝缘材料中发生高能电弧放电时，还会产生较多的CO、CO_2。

（三）火花放电故障的产气特点

火花放电时产生的特征气体是C_2H_2、H_2，因为故障能量较小，一般总烃含量不高，但油中的C_2H_2在总烃中的比例将占到25%～90%，C_2H_4含量约占总烃的20%以下，H_2占总烃的30%以上。

当H_2和CH_4的增长不能忽视，接着又出现C_2H_4时，可能存在着由低能放电发展成高能放电的危险。因此，当出现这种情况时，即使是C_2H_2未达到注意值时，也应予以高度的重视。

（四）局部放电故障的产气特点

局部放电的特征气体组分含量因放电能量不同而不同，一般总烃不高，主要成分是H_2，其次是CH_4。当放电的能量密度增加时，也可出现C_2H_2，但在总烃中所占的比例一般不超过2%。这是与电弧放电、火花放电区别的主要标志。

如果按故障的类型来分，故障产生的主要特征气体和次要特征气体可归纳如表18-10所示。

表18-10　　不同故障类型产生的气体（DL/T 722—2000）

故障类型	主要气体组分	次要气体组分
绝缘油过热	CH_4、C_2H_4	H_2、C_2H_6
绝缘油和纸过热	CH_4、C_2H_4、CO、CO_2	H_2、C_2H_6
绝缘油、纸中局部放电	H_2、CH_4、CO	C_2H_2、C_2H_6、CO_2
绝缘油中火花放电	H_2、C_2H_2	—
绝缘油中电弧放电	H_2、C_2H_2	CH_4、C_2H_4、C_2H_6
绝缘油和纸中电弧放电	H_2、C_2H_2、CO、CO_2	CH_4、C_2H_4、C_2H_6

注　1. 进水受潮或油中气泡可能使氢含量升高。

2. DL/T 722—2000《变压器油中溶解气体分析和判断导则》。

六、气相色谱法判断故障的方法

通过油中溶解气体分析，充油电器设备内部是否存在潜伏性故障，原则上按照 GB/T 722—2000《变压器油中溶解气体分析和判断导则》进行，诊断变压器内部潜伏性故障一般有下列几个步骤：

（1）通过对油中溶解气体组分进行分析，判断是否存在故障。

（2）在确定设备存在故障后，判断故障的类型。

（3）判断故障的发展趋势。

（4）提出处理措施和建议。

通过对溶解气体组分含量的测试结果进行初步分析，在确定设备中可能存在故障后，需要判断故障的类型。推荐采用改良三比值法作为判断充油电气设备故障类型的主要方法。它选用了两种溶解度和扩散系数相近的气体组分的比值作为判断故障性质的依据，可得出对故障状态较为可靠的判断。

改良三比值法的编码规则如表 18-11 所示，故障类型判断方法如表 18-12 所示。

表 18-11　　改良三比值法的编码规则（DL/T 722—2000）

气体比值范围	比值范围编码		
	C_2H_2/C_2H_4	CH_4/H_2	C_2H_4/C_2H_6
<0.1	0	1	0
≥0.1～<1	1	0	0
≥1～<3	1	2	1
≥3	2	2	2

表 18-12　　改良三比值法的故障类型判断方法（DL/T 722—2000）

编码组合			故障类型判断	故障实例（参考）
C_2H_2/C_2H_4	CH_4/H_2	C_2H_4/C_2H_6		
0	0	1	低温过热（低于150℃）	绝缘导线过热，注意 CO、CO_2 含量和 CO_2/CO 值
	2	0	低温过热（150～300℃）	分接开关接触不良，引起夹件螺栓松动或接头焊接不良，涡流引起铜过热，铁芯漏磁，局部短路，层间绝缘不良，铁芯多点接地等
	2	1	中温过热（300～700℃）	
	0、1、2	2	高温过热（高于700℃）	
	1	0	局部放电	高湿度、高含气量引起油中低能量密度的局部放电
1	0、1	0、1、2	低能放电	引线对电位未固定的部件之间连续火花放电，分接抽头引线和油隙闪络，不同电位之间的油中火花放电或悬浮电位之间的火花放电
	2	0、1、2	低能放电兼过热	

续表

编码组合			故障类型判断	故障实例（参考）
C_2H_2/C_2H_4	CH_4/H_2	C_2H_4/C_2H_6		
2	0、1	0、1、2	电弧放电	线圈匝间、层间短路，相间闪络，分接头引线间油隙闪络，引线对箱壳放电，线圈熔断，分接断路器飞弧，因环路电流引起电弧，引线对其他接地体放电等
	2	0、1、2	电弧放电兼过热	

当故障类型确定后，必要时应进一步判断故障的发展趋势和严重程度，以便提出设备的处理意见和建议。例如可应用故障源温度的估算来判断故障的严重程度。

因为绝缘油、纸热解产生的气体种类和含量与故障的类型、故障源的温度密切相关。因此，从理论上来说，可以用相关的气体组分的浓度估算故障源的温度。

第十九章

六氟化硫（SF_6）绝缘气体简介

第一节　六氟化硫绝缘气体的基本性质

一、六氟化硫气体的结构特点

六氟化硫是一种卤素化合物，它是由一个硫元素和六个氟元素所组成的具有正八面体结构的人工合成物质，六个氟原子位于正八面体的各个（6 个）顶点，一个硫原子位于正八面体的中心，呈对称排列。六氟化硫的分子结构见图 19-1。

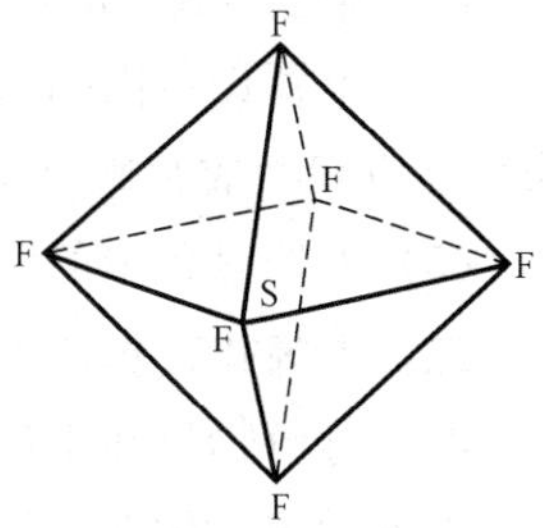

二、六氟化硫气体的物理性质

纯净的六氟化硫在常温、常压下呈气态，是一种无色、无味、无嗅、基本无毒的不可燃、不爆炸、可压缩的气体；密度较大，其在 101.3kPa、20℃时的密度为 6.16g/L，在相同状态下约为空气密度的五倍，因此，空气中的 SF_6 易于自然下沉，导致下部空间的六氟化硫气体浓度升高，且不易扩散稀释，所以具有窒息性。

F
F
F
F
S
F
F

图 19-1　六氟化硫的分子结构

六氟化硫气体微溶于水，在水中的溶解度随温度的升高而降低。

在不同的温度和压力下，六氟化硫可呈气态、液态、固态，为便于运输和储存，六氟化硫气体通常以液态形式存在于钢瓶中。

电力系统新购的六氟化硫介质都是瓶装气体，在瓶装状态下，六氟化硫介质实际上不是以纯气态形式存在，而是以液体—气态共存的。

三、六氟化硫气体的化学性质

六氟化硫气体的化学性质非常稳定，呈化学惰性，在空气中不燃烧，不助燃，与水、强碱、氨、盐酸、硫酸等不起化学反应，是已知化学安定性最好的物质之一，其惰性与氮气相似。在低于 150℃时，它具有极好的热稳定性，纯态下即使在 500℃以上也不分解。在 800℃以下很稳定。在 250℃时与金属钠反应。SF_6 没有腐蚀性，不腐蚀玻璃，可以使用不锈钢、铜、铝等通用材料。

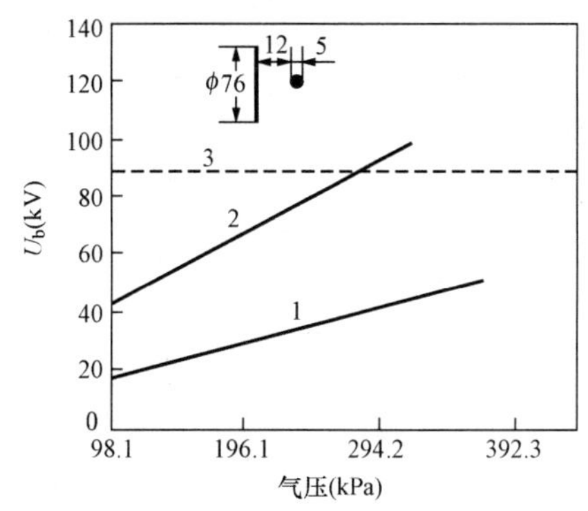

图 19-2　六氟化硫气体、空气、变压器油在工频电压下击穿电压比较

1—空气；2—六氟化硫气体；3—变压器油

四、六氟化硫气体的电气性能

六氟化硫气体具有优异的电绝缘性和灭弧特性。

没有偶极矩，因此，介电常数不因频率而变化。在相同条件下，其绝缘能力为空气、氮气的2～3倍，而且气体压力越大，绝缘性能越强，如图19-2所示。六氟化硫气体的灭弧能力约为空气的100倍。

第二节　六氟化硫绝缘气体电弧分解产物及其处理

虽然纯净的六氟化硫气体是无毒的，但在生产过程中会有多种有毒气体产生。在设备运行过程中，在电弧作用下，六氟化硫气体也会产生多种有毒分解产物。

一、六氟化硫绝缘气体电弧分解产物的形成

（1）六氟化硫产品不纯，在合成的过程中产生杂质。出厂时含高毒性的低氟化硫、氟化氢等有毒气体。另外，在气体的充装过程中还可能混入少量的空气、水分和矿物油等杂质，这些杂质均带有或会产生一定的毒性物质。

（2）电器设备内的六氟化硫气体在高温电弧发生作用时而产生的某些有毒产物。

（3）电器设备内的六氟化硫气体分解物与其内的水分发生化学反应而生成某些有毒产物。

（4）电器设备内的六氟化硫气体及分解物与电极材料（Cu-W合金）及金属材料（Al、Cu）反应而生成某些有毒产物。

（5）电器设备内的六氟化硫气体及分解物与绝缘材料反应而生成某些有毒产物。

二、六氟化硫绝缘气体的电弧分解产物

毒性分解物指在生产六氟化硫气体时，会伴有多种有毒气体产生，并可能混入产品气中；六氟化硫气体在电气设备中经电晕、火花及电弧放电作用，还会产生多种有毒、腐蚀性气体及固体分解产物。毒性分解物在工作场所的容许含量（DL/T 639—1997《六氟化硫电气设备运行、试验及检修人员安全防护细则》）见表19-1。

表19-1　工作场所中SF_6气体及其毒性分解物的容许含量（DL/T 639—1997）

序号	毒性气体及固体名称	分子式	容许含量（TLV-TWA）
1	六氟化硫	SF_6	1000μL/L
2	四氟化硫	SF_4	0.1μL/L
3	四氟化硫酰	SOF_4	2.5mg/m³
4	氟化亚硫酰	SOF_2	2.5mg/m³
5	二氧化硫	SO_2	2μL/L
6	氟化硫酰	SO_2F_2	5μL/L
7	十氟化二硫	S_2F_{10}	0.025μL/L
8	一氧十氟化二硫	$S_2F_{10}O$	0.5μL/L
9	四氟化硅	SiF_4	2.5mg/m³
10	氟化氢	HF	3μL/L
11	二硫化碳	CS_2	10μL/L
12	三氟化铝	AlF_3	2.5mg/m³
13	氟化铜	CuF_2	2.5mg/m³
14	二氟化二甲基硅	$Si(CH_3)_2F_2$	1mg/m³

注　表中TLV-TWA为物质加权浓度，选用美国ACGIH（1978年）和NIOSH（1982年）公布的值。

三、六氟化硫绝缘气体电弧分解产物和水分的吸附处理

六氟化硫气体中的毒性分解物，有的可以用吸附剂吸收去掉，有的可以与酸溶液或碱溶液进行化学反应去掉，用各种方法除去六氟化硫气体中毒性分解物的过程叫做六氟化硫气体的净化处理。

六氟化硫电气设备对吸附剂的要求是：要有足够的机械强度，吸附容量高，对多种杂质及水分都有很好的吸附能力等。吸附剂的净化吸附方式有两种，即静态吸附和动态吸附（循环吸附），静态吸附使用的方法较简单，但所需的净化时间较长，动态吸附（循环吸附）的设备装置结构较复杂，但所需的净化时间较短。

第三节 六氟化硫绝缘气体的监督与管理

关于六氟化硫气体的质量监督和管理，我国有许多相应的标准，如 DL/T 595—1996《六氟化硫电气设备气体监督细则》、DL/T 639—1997、DL/T 941—2005《运行中变压器用六氟化硫质量标准》、GB/T 8905—1996《六氟化硫电气设备中气体管理和检测导则》、GB/T 12022—2006《工业六氟化硫》、GB/T 18867—2002《电子工业用气体—六氟化硫》等，国外有国际电工委员会标准 IEC 60376—2005《新六氟化硫的规格和验收》等。

一、六氟化硫新气的验收

对新购入的六氟化硫气体要进行抽样复检，可参照 DL/T 595—1996 实施。复检结果应符合六氟化硫新气标准，否则不准使用。

六氟化硫气体在储气瓶内存放半年以上时，使用单位充气于六氟化硫气室前，应复检其中的湿度和空气含量，其指标应符合新气标准。

（一）抽检率

DL/T 596—1996《电力设备预防性试验规程》、DL/T 941—2005、GB/T 12022—2006 中均有规定。

DL/T 596—1996 规定 SF_6 新气到货后，充入设备前应按 GB/T 12022—2006 验收。抽检率为 3/10。同一批相同出厂日期的，只测定含水量和纯度。

GB/T 12022—2006 规定从每批产品中随机取样，每瓶工业六氟化硫构成单独的样品，具体要求见表 19-2。

表 19-2　　GB/T 12022—2006 规定的抽检瓶数　　（瓶）

每批气瓶数	1	2～40	41～70	71 以上
选取的最少气瓶数	1	2	3	4

DL/T 941—2005 规定从同批气瓶抽检时，抽取样品的瓶数应符合表 19-3 中的规定。

（二）六氟化硫新气的质量标准

六氟化硫新气的质量验收应按照 DL/T 941—2005、GB/T 8905—1996、GB/T 12022—2006 的规定进行。其中 GB/T 8905—1996 和 GB/T 12022—2006 中的新气指标基本相同，见表 19-4 和表 19-5。

表 19-3　　总气瓶数与应抽检的瓶数（DL/T 941—2005）　　（瓶）

项　目	1	2	3	4*	5*
总气瓶数	1～3	4～6	7～10	11～20	20 以上
抽取瓶数	1	2	3	4	5

*　除抽检瓶数外，其余瓶数测定湿度和纯度。

表 19-4　　六氟化硫新气的质量标准（GB/T 8905—1996）

序号	指 标 名 称	指　标
1	四氟化碳(CF_4)	≤0.05%(质量分数)
2	空气(N_2+O_2)	≤0.05%(质量分数)
3	湿度(H_2O)	≤8μg/g
4	酸度(以 HF 计)	≤0.3μg/g
5	可水解氟化物(以 HF 计)	≤1.0μg/g
6	矿物油	≤10μg/g
7	纯度(SF_6)	≥99.8%(质量分数)
8	毒性	生物试验无毒

表 19-5　　六氟化硫新气的质量标准(GB/T 12022—2006)

序号	指 标 名 称		新 气 质 量
1	六氟化硫(SF_6)的质量分数(%)		≥99.9
2	空气(N_2+O_2)的质量分数(%)		≤0.04
3	四氟化碳(CF_4)的质量分数(%)		≤0.04
4	水分	水分的质量分数(%)	≤0.000 5
		露点(℃)	−49.7
5	酸度(以 HF 计)的质量分数(%)		≤0.000 02
6	可水解氟化物(以 HF 计)(%)		≤0.000 10
7	矿物油的质量分数(%)		≤0.000 4
8	毒性		生物试验无毒

而 DL/T 941—2005 中多了密度一项指标，具体要求见表 19-6。

表 19-6　　SF_6 新气质量标准(DL/T 941—2005)

序号	项　目	单 位	指 标	方 法
1	四氟化碳(CF_4)	质量分数，%	≤0.05	DL/T 920—2002《六氟化硫气体中空气、四氟化碳的气相色谱测定法》
2	空气(N_2+O_2)	质量分数，%	≤0.05	DL/T 920—2002

续表

序号	项　目	单　位	指　标	方　法
3	湿度（H_2O，20℃）	μg/g	≤8	DL/T 915—2005《六氟化硫气体湿度测定法（电解法）》或 DL/T 914—2005《六氟化硫气体湿度测定法（重量法）》
4	酸度（以 HF 计）	μg/g	≤0.3	DL/T 916—2005《六氟化硫气体酸度测定法》
5	密度（20℃，101 325Pa）	g/L	6.16	DL/T 917—2005《六氟化硫气体密度测定法》
6	纯度（SF_6）	质量分数，%	≥99.8	DL/T 920—2002
7	毒性	生物试验	无毒	DL/T 921—2005《六氟化硫气体毒性生物试验方法》
8	矿物油	μg/g	≤10	DL/T 919—2005《六氟化硫气体中矿物油含量测定法（红外光谱分析法）》
9	可水解氟化物（以 HF 计）	μg/g	≤1.0	DL/T 918—2005《六氟化硫气体中可水解氧化物含量测定法》

国际电工委员会（IEC）颁布的 IEC 60376—2005 中也规定了 SF_6 新气的质量标准。另外，IEC 60480—2004《从电气设备中取出六氟化硫的检验和处理指南及其再使用规范》中还规定了再用 SF_6 气体中杂质最大允许值。

二、运行中六氟化硫气体的监督与管理

（一）运行变压器中六氟化硫的质量标准和检测周期

DL/T 941—2005 规定了 110kV 及以上运行中变压器用六氟化硫气体的质量标准，本标准适用于运行中变压器用六氟化硫气体，对于制造厂有特殊要求的六氟化硫气体检测项目，应按照制造厂提供的运行中六氟化硫质量标准执行。运行中电流互感器用六氟化硫气体可参照执行。运行中变压器用六氟化硫质量标准应符合的要求见表 19-7。

表 19-7　运行变压器中六氟化硫质量标准（DL/T 941—2005）

序号	项　目	单　位	指　标
1	泄漏（年泄漏率）	%	≤1（可按照每个检测点泄漏值不大于 30μL/L 执行）
2	湿度（H_2O，20℃，101 325Pa）	露点温度，℃	箱体和开关应≤−35 电缆箱等其余部位≤−30
3	空气（N_2+O_2）	质量分数，%	≤0.2
4	四氟化碳（CF_4）	质量分数，%	比原始测定值大 0.01%时应引起注意
5	纯度（SF_6）	质量分数，%	≥97
6	矿物油	μg/g	≤10
7	可水解氟化物（以 HF 计）	μg/g	≤1.0
8	有关杂质组分（CO_2、CO、HF、SO_2、SF_4、SOF_2、SO_2F_2）	μg/g	报告（监督其增长情况）

运行变压器中六氟化硫的检测项目和周期见表19-8。

表19-8　运行变压器中六氟化硫检测项目和周期(DL/T 941—2005)

序号	项　目	周　期	方　法
1	泄漏	日常监控，必要时	GB 11023—1989《高压开关设备六氟化硫气体密度试验方法》
2	湿度(20℃)	1次/a	DL/T 506—2007《六氟化硫电气设备中绝缘气体湿度测量方法》和DL/T 915—2005
3	空气	1次/a	DL/T 920—2005
4	四氟化碳	1次/a	DL/T 920—2005
5	纯度(SF_6)	1次/a	DL/T 920—2005
6	矿物油	必要时	DL/T 919—2005
7	可水解氟化物(以HF计)	必要时	DL/T 918—2005
8	有关杂质组分(CO_2、CO、HF、SO_2、SOF_2、SO_2F_2)	必要时(建议有条件1次/a)	报告

DL/T 596—2005中也对试验项目、试验周期提出了要求。

(二) 设备解体时的六氟化硫气体监督

设备解体大修前，应按IEC 480—1974《电气设备中六氟化硫气体检测导则》和DL/T 596—2005的要求进行气体检验，设备内的气体不得直接向大气排放。

关于补气和气体混合使用的规定：所补气体必须符合新气质量标准，补气时应注意接头及管路的干燥。符合新气质量标准的气体均可以任何比例混合使用。六氟化硫电气设备补气时，如遇不同产地、不同生产厂家的六氟化硫气体需混用时，应参照DL/T 596—2005中有关混合气的规定执行。

(三)国内再用六氟化硫气体的质量

GB/T 8905—1996中7.4.7条规定：回收的六氟化硫气体，经分析湿度不符合新气质量标准时，必须净化处理，经确认合格后方可再用。

DL/T 639—1997中4.4.1条规定：对欲回收利用的六氟化硫气体，需进行净化处理，达到新气质量标准后方可使用。通常，回收的六氟化硫气体经净化处理后应达到或接近六氟化硫新气的标准。

三、有关安全的问题

凡充于电气设备中的六氟化硫气体，均属于使用中的六氟化硫气体，应按照DL/T 596—2005、DL/T 941—2005、GB/T 8905—1996中的有关规定进行检验。

第二十章

磷酸酯抗燃油简介

为适应大容量高参数机组发展的要求，汽轮机调速系统越来越多地采用人工合成抗燃液压液，即抗燃油。机组采用该介质作为调速系统的工作介质可有效地避免高参数机组的调节系统在高压力下工作时油品泄漏到主蒸汽管道（温度一般高于530℃）而导致火灾的危险。

第一节　磷酸酯抗燃油的性能

一、对抗燃油的要求

（一）稳定的抗燃性

磷酸酯抗燃油的自燃点比汽轮机油高，一般在530℃以上，而汽轮机油的自燃点只有300℃左右，磷酸酯抗燃油在运行期间应具有较稳定的抗燃性。

（二）较高的电阻率

调节系统用的高压抗燃油应具有较高的电阻率，如电阻率太低，会造成伺服阀腐蚀。

（三）良好的抗氧化安全性

由于温度升高，水分、杂质及空气中氧的进入，会加速油品的老化，因此，要求抗燃油具有良好的抗氧化安定性。

（四）良好的抗泡沫及析气能力

由于空气的混入，运行中的抗燃油会产生泡沫，这会影响设备的安全运行，所以，抗燃油应具有良好的抗泡沫及析气能力。

二、使用磷酸酯抗燃油应注意的问题

磷酸酯抗燃油相对密度大于1g/cm^3，一般为1.11～1.17g/cm^3，由于其密度大，因而有可能使管道中的污染物悬浮在液面上而在系统中循环，造成某些部件堵塞与磨损。

磷酸酯抗燃油的分子结构如图20-1所示。分子式中的取代基R可以是烷基、芳香基、烷基和芳香基。组成磷酸酯抗燃油的三芳基磷酸酯中，三芳基磷酸酯的结构不同，油品的毒性也不相同，一般来讲在酚的邻位有基团的三芳基磷酸酯毒性较大。

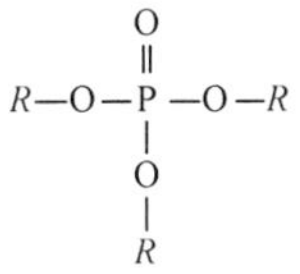

$$R-O-\overset{\overset{\displaystyle O}{\|}}{\underset{\underset{\displaystyle \underset{\displaystyle R}{|}}{\displaystyle O}}{\underset{|}{P}}}-O-R$$

图20-1　磷酸酯抗燃油的分子结构

磷酸酯抗燃油与矿物汽轮机油相比有着优异的抗燃性，具有低的挥发性，其闪点大于矿物汽轮机油，自燃点远大于汽轮机油。而发电厂汽轮机的调节系统大多靠近过热蒸汽管道（过热蒸汽温度在540℃以上），调节系统油压达到14MPa以上，采用矿物油（自燃点只有300℃左右）作为液压

调节工作介质，一旦发生泄漏，发生火灾的危险性极大。抗燃油的以上优点，能使其更好地满足高参数、大容量机组的需要，保证机组的安全和经济运行。所以为了提高电厂的防火能力，降低消防成本，目前，世界各国汽轮机的调节系统已广泛采用磷酸酯抗燃油作为液压工作介质。

当然，磷酸酯抗燃油也不可避免地存在一些缺点：如价格偏高；由于磷酸酯的相对密度大于 $1g/cm^3$，系统进水后不易排放；磷酸酯抗燃油和所有的酯类一样，在一定的条件下能水解生成腐蚀性的有机酸，析出沉淀物。

磷酸酯抗燃油的分子极性很强，对非金属材料有较强的溶解或溶胀作用，用于矿物油的部分密封材料不一定适用于磷酸酯抗燃油。

磷酸酯还有“溶剂效应”，能除去新的或残存于系统中的污垢，被溶解部分留在液体中，未溶解的污染物则变松散，悬浮在整个系统中。因此，在使用磷酸酯作循环液的系统中要采用精滤装置，以除去不溶物。

由于磷酸酯抗燃油本身的特殊性，在运行中一旦被其他介质污染，将变得难以处理。

第二节　磷酸酯抗燃油的监督与管理

一、磷酸酯抗燃油新油的验收

新磷酸酯抗燃油必须按照有关标准方法进行验收。电厂用磷酸酯抗燃油运行与维护导则（DL/T 571—2007《电厂用磷酸酯抗燃油运行与维护导则》）中规定了汽轮机电液调节系统用磷酸酯抗燃油的运行与维护方法，本标准适用于汽轮机电液调节系统用磷酸酯抗燃油的维护。新磷酸酯抗燃油的质量标准见表 20-1。

表 20-1　　新磷酸酯抗燃油的质量标准（DL/T 571—2007）

序号	项目		指标	试验方法
1	外观		无色或淡黄，透明	DL/T 429.1—1991
2	密度（20℃，g/cm^3）		1.13～1.17	GB/T 1884—2000
3	运动黏度（40℃，mm^2/s）①		41.4～50.6	GB/T 265—1998
4	倾点（℃）		≤−18	GB/T 3535—2006
5	闪点（℃）		≥240	GB/T 3536—2008
6	自燃点（℃）		≥530	DL/T 706—1999《电厂用抗燃油自燃点测定方法》
7	颗粒污染度，NAS1638②（级）		≤6	DL/T 432—2007
8	水分（mg/L）		≤600	GB/T 7600—1987
9	酸值（mgKOH/g）		≤0.05	GB/T 264
10	氯含量（mg/kg）		≤50	DL/T 433—1992《抗燃油中氯含量测定方法（氧弹法）》
11	泡沫特性（泡沫倾向/稳定性，mL/mL）	24℃	≤50/0	GB/T 12579—2002
		93.5℃	≤10/0	
		24℃	≤50/0	

续表

序　号	项　　目		指　　标	试　验　方　法
12	电阻率（20℃，Ω·cm）		≥1×10^{10}	DL/T 421—2009《电力用油体积电阻率测定法》
13	空气释放值（50℃，min）		≤3	SH/T 0308—1992
14	水解安定性	油层酸值增加（mgKOH/g）	≤0.02	SH/T 0301—1993《液压液水解安定性测定法(玻璃瓶法)》
		水层酸度（mgKOH/g）	≤0.05	
		铜试片失重（mg/cm^2）	≤0.008	

① 按 ISO 3448—1992 规定，磷酸酯抗燃油属于 VG46 级。

② NAS1638 颗粒污染度分级标准见表 16-2。

加新油及补油时应按照《电厂用磷酸酯抗燃油运行与维护导则》的要求进行操作。平时运行监督要严格按有关标准进行，发现异常及时化验分析，结果超标时应及时分析原因，并采取适当的处理措施。

二、运行中磷酸酯抗燃油的质量标准及试验周期

运行中磷酸酯抗燃油的质量标准见表 20-2。

表 20-2　　运行中磷酸酯抗燃油的质量标准（DL/T 571—2007）

序　号	项　　目		指　　标	试　验　方　法
1	外观		透明	DL/T 429.1—1991
2	密度（20℃，g/cm^3）		1.13～1.17	GB/T 1884—2000
3	运动黏度（40℃，ISOVG46，mm^2/s）		39.1～52.9	GB/T 265—1998
4	倾点（℃）		≤−18	GB/T 3535—2006
5	闪点（℃）		≥235	GB/T 3536—2008
6	自燃点（℃）		≥530	DL/T 706—1999
7	颗粒污染度，NAS1638（级）		≤6	DL/T 432—2007
8	水分（mg/L）		≤1000	GB/T 7600—1987
9	酸值（mgKOH/g）		≤0.15	GB/T 264
10	氯含量（mg/kg）		≤100	DL/T 433—1992
11	泡沫特性（泡沫倾向/稳定性，mL/mL）	24℃	≤200/0	GB/T 12579—2002
		93.5℃	≤40/0	
		24℃	≤200/0	
12	电阻率（20℃，Ω·cm）		≥6×10^9	DL/T 421—2009
13	矿物油含量（%）		≤4	DL/T 571—2007 附录 C
14	空气释放值（50℃，min）		≤10	SH/T 0308—1992

机组在正常运行情况下，试验室试验项目及周期见表 20-3，每年至少进行 1 次油质全分析。如果油质异常，应缩短试验周期，必要时取样进行全分析。

表 20-3 抗燃油试验项目及周期（DL/T 571—2007）

序号	试验项目	第 1 个月	第 2 个月后
1	电阻率、颜色、外观、水分、酸值	每周 1 次	每月 1 次
2	颗粒污染度	两周 1 次	3 个月 1 次
3	闪点、倾点、密度、运动黏度、氯含量、泡沫特性、空气释放值	4 周 1 次	—
4	闪点、倾点、密度、运动黏度、氯含量、泡沫特性、空气释放值、矿物油含量、自燃点	—	6 个月 1 次

根据运行磷酸酯抗燃油质量标准，对油质试验结果进行分析。如果油质指标超标，应进行评估并提出建议，并通知有关部门，查明油质指标超标原因，并采取相应处理措施。运行磷酸酯抗燃油油质指标超标的可能原因及参考处理方法见表 20-4。

表 20-4 运行中磷酸酯抗燃油油质异常原因及处理措施（DL/T 571—2007）

项　目	异常极限值	异常原因	处理措施
外观	混浊	（1）油中进水。 （2）被其他液体污染	（1）脱水处理或换油。 （2）考虑换油
颜色	迅速加深	（1）油品严重劣化。 （2）油温升高，局部过热	（1）更换旁路吸附再生滤芯或吸附剂。 （2）调节冷油器阀门，控制油温。 （3）消除油系统存在的过热点
密度（20℃，g/cm³）	＜1.13 或＞1.17	被矿物油或其他液体污染	换油
倾点（℃）	＞−15		
运动黏度（40℃，mm²/s）	与新油同牌号代表的运动黏度中心值相差超过±20％		
矿物油含量（％）	＞4		
闪点（℃）	＜220		
自燃点（℃）	＜500		
酸值（mgKOH/g）	＞0.25	（1）运行油温高，导致老化。 （2）油系统存在局部过热。 （3）油中含水量大，使油水解	（1）调节冷油器阀门，控制油温。 （2）消除局部过热。 （3）更换吸附再生滤芯，每隔 48h 取样分析，直至正常
水分（mg/L）	＞1000	（1）冷油器泄漏。 （2）油箱呼吸器的干燥剂失效，空气中水分进入	（1）消除冷油器泄漏。 （2）更换呼吸器的干燥剂。 （3）更换脱水滤芯
氯含量（mg/kg）	＞100	含氯杂质污染	（1）检查系统密封材料等是否损坏。 （2）换油

续表

项　目		异常极限值	异常原因	处理措施
电阻率（20℃，Ω·cm）		$<5\times10^{9}$	可导电物质污染	（1）更换旁路再生装置的再生滤芯或吸附剂。 （2）换油
颗粒污染度 NAS 1638（级）		>6	（1）被机械杂质污染。 （2）精密过滤器失效。 （3）油系统部件有磨损	（1）检查精密过滤器是否破损、失效，必要时更换滤芯。 （2）检查油箱密封及系统部件是否有腐蚀磨损。 （3）消除污染源，进行旁路过滤，必要时增加外置过滤系统过滤，直至合格
泡沫特性（泡沫倾向/稳定性，mL/mL）	24℃	>250/50	（1）油老化或被污染。 （2）添加剂不合适	（1）消除污染源。 （2）更换旁路再生装置的再生滤芯或吸附剂。 （3）添加消泡剂。 （4）考虑换油
	93.5℃	>50/10		
	24℃	>250/50		
空气释放值（50℃，min）		>10	（1）油质劣化。 （2）油质污染	（1）更换旁路再生滤芯或吸附剂。 （2）考虑换油

三、补油和换油

运行中的电液调节系统需要补加磷酸酯抗燃油时，应补加经检验合格的相同品牌、相同规格的磷酸酯抗燃油。

当要补加不同品牌的磷酸酯抗燃油时，除进行混油试验外，还应对混合油样进行全分析试验，混合油样的质量应不低于运行油的质量标准。

磷酸酯抗燃油与矿物油有本质的区别，不能混合使用。

四、今后的发展方向

（一）提高自燃点

目前，使用的磷酸酯抗燃油自燃点在535℃左右，但是，随着超临界和超超临界机组越来越多的投运，蒸汽温度将高达560℃。尽管过热蒸汽管道有保温层绝热，但是磷酸酯抗燃油的自燃点更高一些，将会大大降低发生火灾的危险性。

（二）运行油的寿命问题

由于磷酸酯抗燃油在运行中难免发生劣化，如果运行中没有良好的旁路再生措施，一般新抗燃油投入运行后半年左右油的酸值等指标就会超标，所以在未来除了强调现场对运行油的维护外，在满足抗燃油使用要求的前提下，对于磷酸酯抗燃油的研究应主要集中在提高油的抗氧化安定性、抗水解安定性、抗泡沫性等方面，开发研制油质更稳定、寿命更长的磷酸酯抗燃油将是要长期面临的一个问题。

（三）运行油的处理

尽管运行中磷酸酯抗燃油旁路再生及过滤技术已经比较成熟，可以将油的酸值、电阻率、颗粒度等指标控制在较好的水平，但是应怎样去控制运行油的泡沫特性指标、空气释放值指标，保持油质各项理化性能指标均衡，是将来运行中磷酸酯抗燃油应用研究的一个重要研究方向。

（四）废油的报废及处理

磷酸酯抗然油的使用寿命不是无限的，运行抗燃油不是可以无休止的再生的，所以研究油的老化规律，评估不同阶段运行磷酸酯抗燃油的使用寿命是未来需要进行深入研究的一个方向。

第二十一章

补给水和凝结水程序控制的基本知识

第一节　程序控制的基本知识

随着火力发电厂单机容量的不断增大，系统越来越复杂，运行中，特别是机组启停及事故处理过程中，需要根据许多参数及运行条件的综合判断，及时进行复杂的操作。人工操作工作量大，操作人员个体差别大，非常容易出错，必须采用自动控制。

自动控制系统（automatic control systems）是在无人直接参与下可使生产过程或其他过程按期望规律或预定程序进行的控制系统。自动控制系统是实现自动化的主要手段。

一、自动控制系统的分类

自动控制是在人工控制的基础上产生和发展起来的，我们先从人工控制的操作过程开始分析。

控制：为了适合某种目的，在对象上施以必要的操作。

开关量控制：输入输出信号大多为开关量信号的控制。

（一）按控制原理的不同分类

自动控制系统分为开环控制系统和闭环控制系统。

1. 开环控制系统

在开环控制系统中，系统输出只受输入的控制，控制精度和抑制干扰的特性都比较差。开环控制系统中，基于按时序进行逻辑控制的称为顺序控制系统；由顺序控制装置、检测元件、执行机构和被控工业对象所组成。主要应用于机械、化工、物料装卸、运输等过程的控制以及机械手和生产自动线。

2. 闭环控制系统

闭环控制系统是建立在反馈原理基础之上的，利用输出量同期望值的偏差对系统进行控制，可获得比较好的控制性能。闭环控制系统又称反馈控制系统。

（二）按给定信号不同分类

自动控制系统可分为恒值控制系统、随动控制系统和程序控制系统。

1. 恒值控制系统

给定值不变，要求系统输出量以一定的精度接近给定希望值的系统。如生产过程中的温度、压力、流量、液位高度、电动机转速等自动控制系统属于恒值系统。

2. 随动控制系统

给定值按未知时间函数变化，要求输出跟随给定值的变化。如跟随卫星的雷达天线系统。

3. 程序控制系统

按预先设定好的顺序、时间或条件，使工艺过程中的设备依次进行系列操作。如输煤程序控制、化水处理程序控制。可编程控制器（PLC）最擅长程序控制，是专门为程序控制系统而设计，目前仍是程序控制系统中应用最多的。

二、自动控制系统的组成部分

自动控制系统是由控制器和被控对象两大部分所组成的，控制器是由各种具有不同职能的基本元件组成的，通常包括给定元件、测量元件、比较元件、放大元件、执行元件，以及校正元件。

被控对象：指需要被自动控制的机器设备或特定的生产过程。

被控量：反映被控对象工作状态、需要进行自动控制的物理量，一般指系统的输出量。

三、PLC的来源

继电器控制系统：20世纪20年代，产生了传统的继电器控制系统。它是将各种继电器、定时器、接触器及其触点按一定的逻辑关系连接起来组成控制系统，按电气顺序逻辑控制各种生产机械。它结构简单、容易掌握、价格便宜，现代工业控制领域中还普遍使用。但是继电器控制系统存在一些致命的缺陷：触点数量多、体积大、触点使用次数有限、接线多、故障点多、可靠性差、动作速度慢、定时精度差、功能简单，难实现复杂的控制；逻辑功能是通过硬连线实现，接线复杂，工作量大，特别是生产工艺或对象有改变时，接线就要改，有时触点就不够用，这种控制方式灵活性就差、适应性也差。

1968年，汽车工业生产竞争激烈，各大汽车公司汽车设计加快、型号增多，美国通用汽车公司为了能快速生产多种型号的汽车，对汽车流水线控制系统提出了10点要求。

（1）编程方便，可现场修改程序。

（2）维修方便，采用插件式结构。

（3）可靠性高于继电器控制装置。

（4）体积小于继电器控制盘。

（5）数据可直接送入管理计算机。

（6）成本可与继电器控制盘竞争。

（7）输入可以是交流115V。

（8）输出为交流115V，容量要求在2A以上，可直接驱动接触器、电磁阀等。

（9）扩展时原系统改变最小。

（10）用户存储器至少能扩展到4kB。

1969年，美国数字设备公司（DEC）研制出了世界上第一台可编程序逻辑控制器（programmable logic controller），简称为PLC。主要特点是保留继电器接触器控制系统简单易懂、使用方便、价格低廉的优点，逻辑功能由计算机的软件实现，逻辑改变通过计算机编程，可现场修改程序，采用模块化结构，维修方便，扩展方便，适合在工业现场使用。早期PLC的功能限于执行继电器逻辑、计时、定时、计数等功能，并成功应用在GM公司的汽车生产线上，主要是代替继电器逻辑控制系统。

随着电子技术的飞速发展，20世纪70年代，微机技术更多地应用到PLC中，PLC不仅能实现逻辑运算功能，还增加了运算、数据传输、数据处理等复杂功能。1980年工业界将具有复杂功能的PLC正式命名为可编程序控制器（programmable controller）简称PC。但由于个人计算机（personal computer）也简称PC，容易混淆，因此，现在工业上仍把可编程序控制器简称PLC。

四、PLC的定义

可编程序控制器一直在发展中，目前还未有最后的定义。IEC（国际电工委员会）1987年2月第三稿对可编程序控制器（programmable controller）进行了定义：可编程控制器是一种数字运算操作的电子系统，专为工业环境而设计。它采用了可编程序的存储器，用来在其内部存储执行逻辑运算、顺序控制、定时、计数和算术运算等操作的指令，并通过数字量和模拟量的输入和输出，控制各种类型的机械或生产过程。可编程序控制器及其有关外围设备，都应按易于与工业系统联成一个整体、易于扩充其功能的原则设计。

五、PLC的构成

PLC主要由三部分组成：输入部件、输出部件、微处理器系统。PLC系统结构示意图见图21-1。

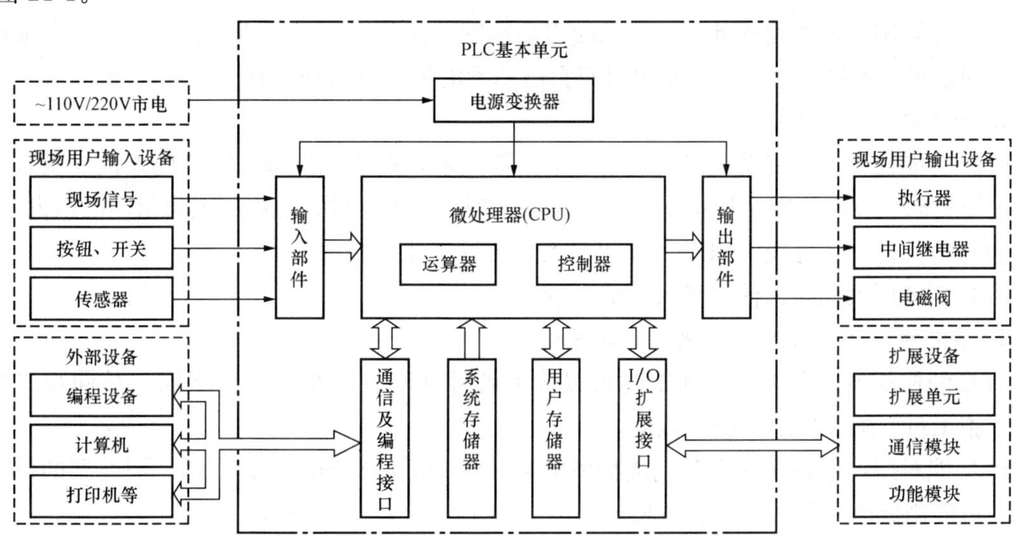

图21-1 PLC系统结构示意图

六、PLC的主要特点

1. 抗干扰能力强，可靠性高

可编程控制器的可靠性主要指标是平均无故障时间（mean time between failures），简称MTBF。像日本三菱公司的F1、F2系列的MTBF达30万h（一年为24h×365＝8760h）也就是34年连续运行不出故障。而近年来PLC又采用了多级冗余系统和表决系统，可靠性更高了。实际使用中可以认为PLC不出故障。

可编程控制系统中发生的故障，大部分是由于可编程控制器外部的开关、传感器、执行机构引起的，而不是可编程控制器本身引起的。分析PLC控制系统产生故障的原因可分为内部和外部两大类，外部起因主要是由电磁干扰、辐射干扰以及由输入输出线、电源线等引入的干扰；环境温度、粉尘、有害气体的影响；振动、冲击引起的器件损坏、断线等。内部的原因主要是器件的失效、老化，存储信息的丢失或错误，程序分支的错误，条件判别的错误及运行进入死循环等。针对以上故障原因，可以从软件及硬件两方面来解决可靠性问题。

2. 控制系统结构简单，通用性强

PLC控制系统主要考虑PLC有多少输入点、多少输出点。然后选取合适的PLC模块和扩展模块，将模块间连接插头插好，少量的外部输入、输出接线接好，硬件就完成了。控制功能和数据处理通过编程实现。在输入、输出点数不变时，工艺过程改变、控制参数改变，只要修改程序，几乎不需改变电路接线，通用性强。

3. 编程方便，易于使用

PLC采用与继电器控制电路图非常接近的、电气技术人员非常熟悉的梯形图作为一种编程语言，易懂易用。普通的工人也能在很短的时间内学会使用，化学专业的人员也可以在短期培训后读懂PLC的程序。

PLC还有专门的顺序控制指令、专用的PID指令、通信指令等，还有专用的子程序块，编程人员有时只需进行配置，不需很深的专业知识，就可以完成常用的、复杂的、指定的功能。

PLC除了用梯形图编程外，也可以使用功能图、流程图、高级语言、语句表等来编程，对于不同水平、不同习惯的人，都可以有自己熟悉的编程方法和工具。

4. 功能强大，成本低

PLC功能强大，控制系统可大可小，采用搭积木式模块化结构，能实现单机控制系统、复杂逻辑控制、程序控制、模拟量控制、数据处理、数据管理，还能组成通信网络，大中型PLC也可以支持现场总线。PLC几乎可以实现各种工业控制。

PLC生产厂家众多，使用量大，成本较低。

5. 系统的设计、施工、调试的周期短

PLC的控制系统在设计、施工时可以分为硬件和软件两部分，由不同人员同步进行。减少了施工量、施工周期和施工难度。

PLC能对所控制系统在实验室进行模拟调试，缩短在现场的调试时间。同类型的借鉴，可以通过复制修改来实现，比较方便。

6. 体积小，能耗低，维修操作方便

PLC控制系统功能的运算基本在PLC的CPU中实现，外部接线少，易于根据生产工艺的改变及时调整控制逻辑。初步设计阶段可以选定PLC设备，在工程实施阶段再确定具体工艺过程。只要外部输入、输出点不变，通过修改程序，同一台PLC控制系统可以控制几台操作方式完全不同的设备。该控制系统通用性强、实现速度快、移植方便、利用率高。

七、程序控制系统的构成

程序控制又称为顺序控制，以开关量控制为主。

程序控制又可分为：开环程序控制和闭环程序控制。

开环控制：顺序的转换与动作取决于输入信号，而与动作结果无关。

闭环控制：顺序的转换与动作不仅取决于输入信号，而且受生产现场来的反馈信号（动作和结果）的控制。程序控制的主要控制部件参见图21-2程序控制系统与程序控制装置。

（1）指令装置：按压式开关、触摸式开关、旋转式开关等。

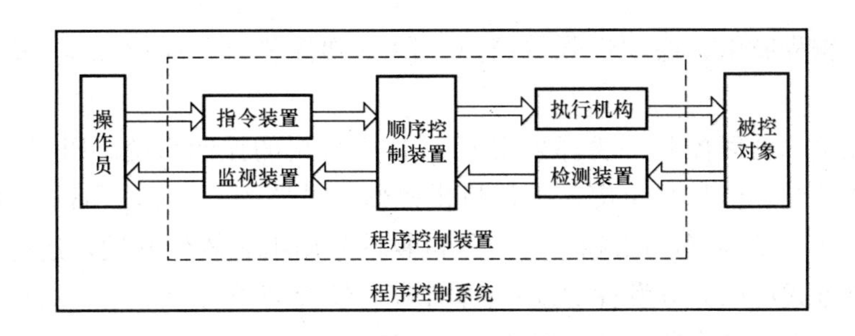

图 21-2　程序控制系统与程序控制装置

（2）执行机构：泵、电磁阀、调节阀等。

（3）检测装置：限制开关、电位器、光电开关、温度开关、水位开关等。

（4）监视装置：指示灯、蜂鸣器、显示器。

（5）顺序控制装置：继电器、计数器、定时器、PLC 等。

第二节　程序控制在电厂化学水处理中的应用

电厂化学水处理控制包括凝结水精处理、锅炉补给水处理、废水处理系统的控制。以开关量的顺序控制为主。

随着火力发电厂单机容量越来越大，对水处理品质的要求越来越严格，水处理工艺系统越来越复杂，控制操作的内容和步骤越来越多，靠操作员手工操作劳动强度高、时间长、个体差异大、容易出错。必须实行自动控制。

早期水处理以继电器为主要元件实现自动控制，继电器控制元件多，接线多，需较大、较多控制柜，施工工作量大，施工周期长，调试复杂，故障点多，修改逻辑困难。20 世纪 80 年代，可编程序控制器 PLC 取代了继电器为基础的控制系统。主要有以下原因：

（1）大机组控制要求的时间响应快，控制精度高，可靠性高。PLC 运算速度快，定时、计数精度高，具有通信功能，易与 DCS 接口。

（2）PLC 程序能在线修改，能借助软件实现重复控制，而常规硬接线逻辑电路的控制，要使用大量的硬件控制电路，这在更改方案时，工作量相当大，有时甚至相当于重新设计一台新装置。

（3）PLC 平均无故障时间（MTBF）长，抗干扰能力强，控制系统结构简单，通用性强。PLC 硬件线路简单，硬件采用模块化结构，维护方便，故障恢复时间短，提高了可靠性。

（4）PLC 在编程时，使用的梯形图，类似传统的继电器控制线路图，不必使用专门的计算机语言。所以易于工程应用。

（5）PLC 硬件、软件可分开进行设计、调试，硬件接线少，软件设计简单，调试直观方便。设计、施工、调试的周期短。

当今电厂主要控制系统都是采用 DCS，当然也可以将化学水处理控制交由 DCS 控制，但化学水处理控制主要以泵、风机和阀门为控制对象，以开关量顺序控制为主，模拟量控制为辅；以时间控制为主，以条件控制为辅。这正是 PLC 的典型应用领域。PLC 具有结构简单、价格便宜、编程简单、通用性强等特点。DCS 硬件复杂、通用性弱、价格相对较高、维护要求高。

现在电厂化学水处理控制一般都采用 PLC 加上位机的控制系统。PLC 负责顺序控制、逻辑控制、连锁控制、信号采集等，上位机供操作人员监视、操作、记录、历史数据查询等，上位机与 PLC 一般采用网络相连，上位机软件采用组态软件开发，运行组态软件监控管理。这种控制方式可以充分发挥 PLC 可靠性高、编程简单、价格便宜的优势，上位机可以发挥画面丰富灵活、操作监控都方便直观的优势，真正做到了强强组合，对电厂化学水处理是性价比最高的一种控制方式。

现在 DCS 与 PLC 发展的趋势是互相融合，DCS 的价格也正在下降，不同厂家的 DCS 互通越来越多，电厂化学水处理控制采用 DCS 控制也是一发展方向。

第三节　程序控制系统设计及机型选择

一、程序控制系统的设计步骤

程序控制系统设计的一般步骤参见图 21-3，各个单位和工程师都有自己分工合作的设计方法，如果以前做过类似的工程，软件程序设计就可以省略。

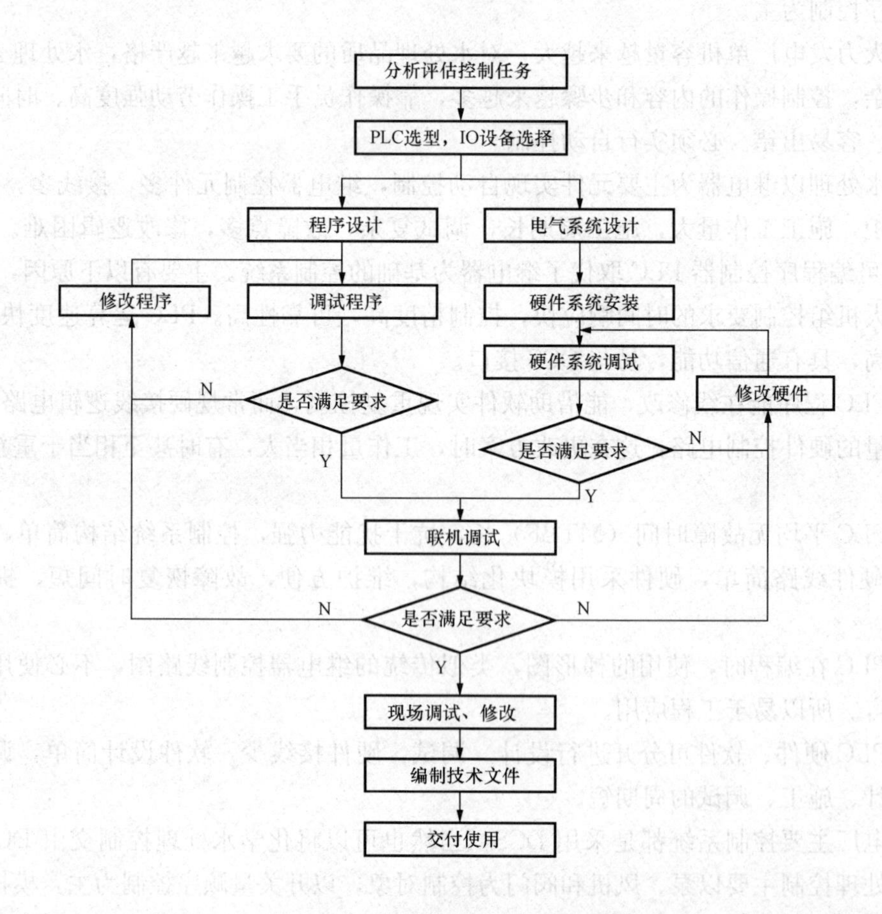

图 21-3　程序控制系统的设计步骤

二、程序控制系统设计

（一）系统硬件设计

程序控制系统硬件设计要根据控制对象的特点进行，先要分析控制对象的工艺要求、设备状况、控制功能、I/O点数。

1. 工艺要求

工艺要求是系统设计的主要依据，也是控制系统所要实现的最终目标。系统设计首先必须熟悉控制对象的工艺要求。不同的控制对象，工艺要求就不同。如果是单体的设备控制，工艺要求就相对简单；如果是整个工艺系统的控制，就比较复杂，除总体工艺要求外，各部分还需具体的、比较详细的工艺要求。

如凝结水精处理中，整套系统的投运、解列等为整体工艺要求。前置过滤器的反洗、混床的再生等就是部分工艺要求。这是在详细设计之前必须掌握的。

2. 设备状况

了解了工艺要求后，要进一步掌握控制对象的设备状况，各设备状况应满足工艺要求。对控制系统来说，设备又是具体的控制对象。

根据设备安全性要求，决定阀门选用常开或常闭；根据阀门使用频率确定选用手动还是自动；根据流体的特性确定选用哪种类型的阀门（如蝶阀、闸阀、球阀等）；根据液体有无腐蚀确定选用隔膜阀、不锈钢阀等。

3. 控制功能

根据工艺要求和设备状况确定控制系统的控制功能，是系统设计的主要依据。据此设计系统的类型、规模、机型、I/O模板、网络。根据设备的分布状况，确定分区控制还是集中控制，是否需要远程I/O。

4. I/O点数和种类

根据工艺要求、使用时间、投资规模，确定自动化程度，主要考虑性价比高的方案。先是设计初步方案、估算I/O点数；再细化设计，统计系统的I/O点数，分类I/O的类型和性质。

工艺设备与PLC的连接中，注意分类输入和输出、模拟量和数字量、电压类型、功率大小、智能模板等，I/O的类型主要可以分为DI（开关量输入）、DO（开关量输出）、AI（模拟量输入）、AO（模拟量输出），特殊的还有FI（频率量输入，低频类似DI，高频的是高速计数输入）、FO（频率量输出，常用PWM脉宽调制）。

DI要考虑电压输入还是触点输入，直流信号还是交流信号，具体的电压，公共线等。DO要考虑输出是继电器、晶体管还是可控硅，输出是直流还是交流，电压和电流。一般情况下输出选用继电器输出，但要求高速脉冲输出时，要选用无触点的晶体管，如果直接控制交流电的电炉，最好选用可控硅。

实际工程中，硬件选择种类要少，以减少备品备件，I/O点排列按工艺过程、设备类型、距离等排列，还要考虑布线的距离，要有明确的规律，便于现场施工人员和维护人员工作。输入、输出要注意隔离，输出电路中如是线圈等感性负载时，特别要做好续流保护，防止干扰。工程实际中一般要在统计的I/O点数增加20%～30%的余量，方便今后工艺更改、改进、扩充、维修。

5. 系统的性价比、前瞻性

人类认识世界是逐步深入的，工艺技术、控制技术是不断发展的，产品会不断淘汰更新。与微电子、集成电路紧密相关的控制系统，升级换代非常快。因而，控制系统除了考虑系统的性能、价格，还要考虑控制系统的先进性、维护性。要考虑今后备品备件的采购，如果考虑不周到，备品备件买不到，今后将无法正常维护，维护成本高，运行成本必然高。大的改造费钱、费时、费力，还会影响使用。在设计和选用控制系统时要全面考虑性能、价格，要有先进性、前瞻性。

（二）机型的选择

1. 选择多大容量的 PLC

主要考虑 PLC 的 CPU 能力，它能支持的最大点数、响应速度。适当考虑计数器、定时器、中间继电器的数量、存储空间的大小、指令系统。CPU 的速度与支持的点数是密切相关的，CPU 性能越好，CPU 的数量越多，则速度快，可支持的点数也越多。

实际中一般先统计 I/O 点数，再确定选用哪种规模的可编程控制器。还要考虑存储器的最大容量、可扩展性、存储器的种类（RAM、EPROM、EEPROM）。存储器容量将决定用户程序的大小。存储器的种类将决定用户保存程序和数据的时间。

不同种类的存储器各有特点：

（1）RAM 的特点是存取速度快，掉电后数据丢失，比较适合做内存。如果用作 PLC 用户程序和数据存储器，必须要使用电池或超级电容，作为外部电源断开时的后备电源。电池需要定期进行更换，换电池时操作时间不能太长；超级电容作后备电源时，要定期使用外部电源运行一段时间，这样可以给超级电容充电，长期不使用时，用户程序和数据易丢失。如西门子 S7－200 的 PLC 中设计了超级电容，在 CPU 掉电时给 RAM 供电，根据 CPU 不同，超级电容可以保存 RAM 数据时间也不同，还提供附件（电池卡），可以在超级电容电量耗尽后给 RAM 供电。

（2）EPROM 的特点是掉电后数据不会丢失，可以正常读取、速度快，但写入时需要用紫外线照射 5～10min，将数据擦除，再用专用工具提供高电压写入，写入速度慢，写入次数有限。EPROM 在 PLC 中一般只用作存储 PLC 系统程序，不提供给用户用。

（3）EEPROM 的特点是掉电后数据不会丢失，低电压（DC 5V）可读、可写，读速度快，写入速度慢，写入次数受限，可以用来存储用户程序和不常改变的数据。

2. 选择哪个公司的 PLC

（1）功能方面：通用的 PLC 一般都有常规的顺序控制功能，但对某些特殊要求，如运动控制，通信联网等，就要重点了解 PLC 是否有该能力，实现该功能是否方便。

（2）价格方面：不同厂家、不同规模、不同系列的 PLC，价格相差巨大，通用控制功能都具备，质量也都有保障。一般选用用户数量比较多、性价比高、技术支持强、售后服务好的品种。

（3）个人喜好：PLC 的厂家和种类，几千几万种，技术人员对某种 PLC 的熟悉程度不一样，一般要选自己比较熟悉的 PLC 产品，减少摸索时间。

（4）国际关系：在使用国外产品时，防止国与国关系不稳定，不能及时购买到备品备件，影响生产。

3. PLC 的冗余配置

冗余配置的原理就是在系统中配置两套完全相同的 PLC，一台为工作主机，另一台作为备用，热备用机随时监控、跟踪主机的程序执行和执行结果，一旦主机发生故障，双机自动切换工作状态，原备用机自动转变为主机，原主机自动转变为备用机，新主机接着执行下一步程序，外部设备运行和网络状态不受影响，这就是双机双工热备用。重要的设备、I/O 模块也可以采用冗余配置。在比较重要的、不能中断运行的控制系统中，常采用这种双机双工热备用。本工程的补水程序控制、凝结水程序控制系统的 PLC 都采用这种双机双工热备用。

（三）I/O 地址分配

I/O 地址与卡件在总线上的位置有关，还与在卡件上接线端子位置有关，小型 PLC 中，卡件插在哪个槽，卡件的地址就确定了，大型 PLC，卡件的地址一般还可以通过编程软件进行配置。

（四）分解控制任务

程控系统中既有上位机又有下位机，有硬件、软件和网络等，控制的具体内容很多。设计时应该将控制任务和控制过程分解，分解成相对独立的部分，明确各部分的接口内容和界限，分工负责，任务明确，以提高设计、施工、调试人员的工作效率，缩短工程周期。

（五）系统设计

系统设计分为硬件设计和软件设计，硬件设计包括电气控制原理图的设计、电气控制元器件的选择、控制柜的电气布置图的设计、控制柜的安装接线图设计。软件设计包括上位机和下位机两部分。上位机软件有实时监测画面、操作画面和方法、数据记录、曲线显示、报表文档。下位机软件有顺序控制逻辑、报警处理、连锁。

（六）系统调试

系统调试分为模拟调试和联机调试。

模拟调试可以借助 PLC 的强制功能，结合部分实际电路、设备进行调试。

第四节　上位机组态软件

一、组态软件定义

组态软件，译自英文 SCADA，即 supervisory control and data acquisition（数据采集与监视控制）。它是运行在通用计算机上处理数据采集与过程控制的专用软件，用户可以在组态软件上做组态配置等二次开发，快速构建自动控制系统监视、控制和管理软件平台。

组态软件目前并没有明确的定义。又称“组态式监控软件”。“组态（configure）”的含义是“配置”、“设定”、“设置”等意思，指用户通过类似“搭积木”的简单方式来完成自己所需要的软件功能，而不需要编写复杂计算机程序。“监控（supervisory control)”，即“监视和控制”，指通过计算机信号对自动化设备或过程进行监视、控制和管理。

组态软件通常分为两种：组态版、运行版。组态软件按使用点数来计价的，常见的有 64 点、128 点、256 点、1024 点、无限点等，点数越多价格越高。点数指的是工程中涉及的变量。如：模拟 I/O 点、数字 I/O 点、累计点、控制点、运算点、自定义点类型，有的软件内部变量计入价格体系中，有的软件不计，如 GE 的 iFix、西门子的 WINCC、国内的力控等只把外部点计入价格体系中，Wonderware 的 Intouch、Rockwell 的 RSView32、国内的亚控等组态计点时是外部变量＋内部变量。软件版本、点数一般都在硬件锁中来区分，所谓硬件锁就是通过并口或 USB 口上插一个加密数据存储器。运行版只能运行已组态好的监控系统不能退出编辑组态；组态版包括运行版的功能，还可以新建或修改已有的监控工程。

组态软件的应用领域很广，可以应用于电力系统、给水系统、石油、化工等领域的数据采集与监视控制以及过程控制等诸多领域。在电力系统以及电气化铁道上又称远动系统（remote terminal unit system，RTU）。

组态软件是有专业性的。一种组态软件只能适合某种领域的应用。组态的概念最早出现在工业计算机控制中。如 DCS（集散控制系统）组态，PLC（可编程控制器）梯形图组态。人机界面生成软件就叫工控组态软件。在其他行业也有组态的概念，如 AutoCAD，PhotoShop 等。不同之处在于，工业控制（简称工控）中形成的组态结果是用于实时监控的。从表面上看，组态工具的运行程序就是执行自己特定的任务。工控组态软件也提供了编程手段，内置编译系统，提供 VBA 语言或 C＃高级语言，用以处理用户的个性化要求。

组态软件支持各种主流工控设备和标准通信协议，并且通常应提供分布式数据管理和网络功能。对应于原有的 HMI（人机接口软件，human machine interface）的概念，组态软件还是一个使用户能快速建立自己的 HMI 的软件工具或开发环境。在组态软件出现之前，工控领域的用户通过手工或委托第三方编写 HMI 应用，开发时间长，效率低，可靠性差；或者购买专用的工控系统，通常是封闭的系统，选择余地小，往往不能满足需求，很难与外界进行数据交互，升级和增加功能都受到严重的限制。组态软件的出现使用户可以利用组态软件的功能，构建一套最适合自己的应用系统。随着它的快速发展，实时数据库、实时控制、SCADA、通信及联网、开放数据接口、对 I/O 设备的广泛支持已经成为它的主要内容，监控组态软件将会不断被赋予新的内容。

二、国外进口品牌组态软件

（1）InTouch：Wonderware（万维公司）是英国 Invensys plc 的一个子公司，创建于 1987 年 4 月，开发基于 IBMPC 及其兼容计算机的、应用于工业及过程自动化领域的人机界面（HMI）软件。

公司缔造者的目标是建立一个基于 Microsoft Windows 平台的、面向对象的图形工具，提供易于使用、具有强大动画功能和卓越性能及可靠性的前所未有的人机界面软件。作为把 Windows 操作系统引入工业自动化领域的先驱，Wonderware 从根本上改变了制造业用户开发应用程序的方法。

Wonderware 的 InTouch 软件是最早进入我国的组态软件。在 20 世纪 80 年代末、90 年代初，基于 Windows3.1 的 InTouch 软件曾让我们耳目一新，并且 InTouch 提供了丰富的图库。

（2）iFix：GEFanuc 智能设备公司由美国通用电气公司（GE）和日本 Fanuc 公司合资组建，提供自动化硬件和软件解决方案，帮助用户降低成本，提高效率并增强其盈利能力。

Intellution 公司以 Fix 组态软件起家，1995 年被爱默生收购，现在是爱默生集团的全资子公司，Fix6.x软件提供工控人员熟悉的概念和操作界面，并提供完备的驱动程序（需单独购买）。20世纪90年代末，Intellution公司重新开发内核，并将重新开发新的产品系列命名为iFix。在iFix中，Intellution提供了强大的组态功能，将Fix原有的Script语言改为VBA（Visual Basic For Application），并且在内部集成了微软的VBA开发环境。为了解决兼容问题，iFix里面提供了程序叫Fix Desktop，可以直接在Fix Desktop中运行Fix程序。Intellution的产品与Microsoft的操作系统、网络进行了紧密的集成。Intellution也是OPC（oLE for process control）组织的发起成员之一。iFix的OPC组件和驱动程序同样需要单独购买。

2002年，GE Fanuc公司又从爱默生集团手中，将intellution公司收购。

2009年12月11日，通用电气公司（纽约证券交易所：GE）和FANUC公司宣布，两家公司完成了GE Fanuc自动化公司合资公司的解散协议。根据该协议，合资公司业务将按照其起初来源和比例各自归还给其母公司，该协议并使股东双方得以将重点放在其各自现有业务上，谋求在其各自专长的核心业内的发展。目前，iFix等原intellution公司产品均归GE智能平台（GE-IP）。

（3）WinCC：西门子自动化与驱动集团（A&D）是西门子股份公司中最大的集团之一，是西门子工业领域的重要组成部分。

Siemens的WinCC也是一套完备的组态开发环境，Simens提供类C语言的脚本，包括一个调试环境。WinCC内嵌OPC支持，并可对分布式系统进行组态。但WinCC的结构较复杂，用户最好经过Siemens的培训以掌握WinCC的应用。

三、国内品牌组态软件

（1）组态王KingView：由北京亚控科技发展有限公司开发，该公司成立于1997年，目前在国产软件市场中占据着一定地位。软件界面类似于InTouch。

（2）三维力控：由北京三维力控科技有限公司开发，核心软件产品初创于1992年。

（3）世纪星：由北京世纪长秋科技有限公司开发。产品自1999年开始销售。

（4）紫金桥Realinfo：由紫金桥软件技术有限公司开发，该公司是由中石油大庆石化总厂出资成立。

（5）MCGS：由北京昆仑通态自动化软件科技有限公司开发，市场上主要是搭配硬件销售。

（6）还有Controx（开物）、易控等。

四、组态软件特点

随着工业自动化水平的迅速提高，计算机在工业领域的广泛应用，人们对工业自动化的要求越来越高，种类繁多的控制设备和过程监控装置在工业领域的应用，使得传统的工业控制软件已无法满足用户的各种需求。在开发传统的工业控制软件时，当工业被控对象一旦有变动，就必须修改其控制系统的源程序，导致其开发周期长；已开发成功的工控软件又由于每个控制项目的不同而使其重复使用率很低，导致它的价格非常昂贵；在修改工控软件的源程序时，倘若原来的编程人员因工作变动而离去时，让其他人员或新手进行源程序的修改，将是相当困难的。通用工业自动化组态软件的出现为解决上述实际工程问题提供了一种崭新的方法，因为，它能够很好地解决传统工业控制软件存在的种种问题，方便用户根据自己的控制对象和控制目的任意进行组态，完成最终的自动化控制工程。

组态（configuration）为模块化任意组合。通用组态软件主要特点：

（1）延续性和可扩充性。用通用组态软件开发的应用程序，当现场（包括硬件设备或系统结构）或用户需求发生改变时，不需作很多修改而方便地完成软件的更新和升级。

（2）封装性（易学易用）。通用组态软件所能完成的功能都用一种方便用户使用的方法包装起来，对于用户，不需掌握太多的编程语言技术（甚至不需要编程技术），就能很好地完成一个复杂工程所要求的所有功能。

（3）通用性。每个用户根据工程实际情况，利用通用组态软件提供的底层设备（PLC、智能仪表、智能模块、板卡、变频器等）的 I/O Driver、开放式的数据库和画面制作工具，就能完成一个具有动画效果、实时数据处理、历史数据和曲线并存、具有多媒体功能和网络功能的工程，不受行业限制。

五、组态软件的功能

组态软件指一些数据采集与过程控制的专用软件，它们是在自动控制系统监控层一级的软件平台和开发环境，能以灵活多样的组态方式（而不是编程方式）提供良好的用户开发界面和简捷的使用方法，它解决了控制系统通用性问题。其预设置的各种软件模块可以非常容易地实现和完成监控层的各项功能，并能同时支持各种硬件厂家的计算机和 I/O 产品，与高可靠的工控计算机和网络系统结合，可向控制层和管理层提供软、硬件的全部接口，进行系统集成。组态软件通常有以下几方面的功能：

（1）强大的界面显示组态功能。目前，工控组态软件大都运行于 Windows 环境下，充分利用 Windows 的图形功能完善界面美观的特点，组态软件具有可视化的界面和丰富的工具栏，操作人员可以直接进入开发状态，节省时间。丰富的图形控件和工业设计图库，既提供所需的组件，又是界面制作向导。提供给用户丰富的作图工具，可随心所欲地绘制出各种工业界面，并可任意编辑，从而将开发人员从繁重的界面设计中解放出来，丰富的动画连接方式，如隐含、闪烁、移动等，使界面生动、直观。

（2）良好的开放性。社会化的大生产，使得系统构成的全部软、硬件不可能出自一家公司的产品，“异构”是当今控制系统的主要特点之一。开放性指组态软件能与多种通信协议互联，支持多种硬件设备。开放性是衡量一个组态软件好坏的重要指标。组态软件向下应能与低层的数据采集设备通信，向上能与管理层通信，实现上位机与下位机的双向通信。

（3）丰富的功能模块。提供丰富的控制功能库，满足用户的测控要求和现场需求。利用各种功能模块，完成实时监控，产生功能报表，显示查询历史曲线、实时曲线，提供报警等功能，使系统具有良好的人机界面，易于操作，系统既适用于单机集中式控制、DCS 分布式控制，也可以是带远程通信能力的远程测控系统。

（4）强大的数据库。配有实时数据库，可存储各种数据，如模拟量、离散量、字符型等，实现与外部设备的数据交换。

（5）可编程的命令语言。有可编程的命令语言，使用户可根据自己的需要编撰程序，增强图形界面功能。

（6）周密的系统安全防范，对不同的操作者，赋予不同的操作权限，保证整个系统的安全可靠运行。

（7）仿真功能。提供强大的仿真功能使系统并行设计，从而缩短开发周期。

六、监控组态软件 2008 年最新发展及趋势

（一）背景

自 2000 年以来，国内监控组态软件产品、技术、市场都取得了飞快的发展，应用领域日益拓展，用户和应用工程师数量不断增多。充分体现了“工业技术民用化”的发展趋势。

监控组态软件是工业应用软件的重要组成部分，其发展受到很多因素的制约，归根结底，是应用的带动对其发展起着最为关键的推动作用。

关于新技术的不断涌现和快速发展对监控组态软件会产生何种影响，有人认为随着技术的发展，通用组态软件会退出市场，例如有的自动化装置直接内嵌“Web Server”实时画面供中控室操作人员访问。

作者并不这样认为。用户要求的多样化，决定了不可能有哪一种产品囊括全部用户的所有的画面要求，最终用户对监控系统人机界面的需求不可能固定为单一的模式，因此最终用户的监控系统是始终需要“组态”和“定制”的。这就是监控组态软件不可能退出市场的主要原因，因为需求是存在且不断增长的。

监控组态软件是在信息化社会的大背景下，随着工业 IT 技术的不断发展而诞生、发展起来的。在整个工业自动化软件大家庭中，监控组态软件属于基础型工具平台。监控组态软件给工业自动化、信息化及社会信息化带来的影响是深远的，它带动着整个社会生产、生活方式的变化，这种变化仍在继续发展。因此，组态软件作为新生事物尚处于高速发展时期，目前还没有专门的研究机构就它的理论与实践进行研究、总结和探讨，更没有形成独立、专门的理论研究机构。

近 5 年来，一些与监控组态软件密切相关的技术如 OPC、OPC-XML、现场总线等技术也取得了飞速的发展，是监控组态软件发展的有力支撑。

（二）监控组态软件的最新发展情况

1. 监控组态软件日益成为自动化硬件厂商争夺的重点

自动化系统中，软件所占比重逐渐增加，虽然组态软件只是其中一部分，但因其渗透能力强、扩展性强，近年来蚕食了很多专用软件的市场。FOXBORO 等国外 DCS 系统纷纷使用通用监控组态软件作为操作站，国内的 DCS 厂家也开始尝试使用监控组态软件作为操作站。组态软件在 DCS 操作站软件中所占比重日益提高。监控组态软件是自动化系统进入高端应用、扩大市场占有率的重要桥梁。在这种思路的驱使下，国际知名的工业自动化厂商如 Siemens、Rockwell、GE Fanuc、Honeywell、ABB、施耐德等均开发了自己的组态软件。

在大学和科研机构，越来越多的人开始从事监控组态软件的相关技术研究，众多研究人员的存在，是组态软件技术发展及创新的重要活跃因素，也一定能够积累更多技术成果。这些研究人员及研究成果为监控组态软件厂商开发新产品提供了有益的经验借鉴，并开拓他们的思路。

2. 集成化、定制化

（1）集成化：监控组态软件作为通用软件平台，需要很大的使用灵活性和适应性。集成了数据的采集、加工与处理、界面的定制、网络功能、数据管理、统计分析等功能。

（2）定制化：用户一般比较喜欢“傻瓜”式的应用软件，组态软件针对不同行业拓展了

大量的组件，用于完成特定的功能，如批次管理、事故追忆、温控曲线、协议转发组件、ODBCRouter、ADO曲线、专家报表、万能报表组件、事件管理、GPRS透明传输组件等，便于通过用户简单配置完成专业功能。有的还针对不同行业推出了专业版，如组态王就推出了电力版。

3. 纵向：功能向上、向下延伸

组态软件处于监控系统的中间位置，向上与MIS系统相连，向下与PLC等下位机相连，承上启下，并向上、向下渗透。

具体表现为：

（1）向上：其管理功能日渐强大，在实时数据库及其管理系统的配合下，具有部分MIS、MES或调度功能。尤以报警管理与检索、历史数据检索、操作日志管理、复杂报表等功能较为常见。

（2）向下：日益具备网络管理（或节点管理）功能。在安装有同一种组态软件的不同节点上，在设定完地址或计算机名称后，互相间能够自动访问对方的数据库。组态软件的这一功能，与OPC规范以及IEC 61850规约、BACNet等现场总线的功能类似，反映出其网络管理能力日趋完善的发展趋势。

（3）OPC服务软件：OPC标准简化了不同工业自动化设备之间的互联通信，无论在国际上还是国外，都已成为广泛认可的互联标准。而组态软件同时具备OPC Server和OPC Client功能，如果将组态软件丰富的设备驱动程序根据用户需要打包为OPC Server单独销售，则既丰富了软件产品种类又满足了用户的这方面需求，加拿大的Matrikon公司即以开发、销售各种OPC Server软件为主要业务，已经成为该领域的领导者。监控组态软件厂商拥有大量的设备驱动程序，因此，开展OPC Sever软件的定制开发具有得天独厚的优势。

（4）工业通信协议网关：它是一种特殊的Gateway，属工业自动化领域的数据链产品。OPC标准适合计算机与工业I/O设备或桌面软件之间的数据通信，而工业通信协议网关适合在不同的工业I/O设备之间、计算机与I/O设备之间需要进行网段隔离、无人值守、数据保密性强等应用场合的协议转换。市场上有专门从事工业通信协议网关产品开发、销售的厂商，如Woodhead、prolinx等，但是组态软件厂商将其丰富的I/O驱动程序扩展一个协议转发模块就变成了通信网关，开发工作的风险和成本极小。Multi-OPC Server和通信网关pField Comm都是力控Force Control组态软件的衍生产品。

4. 横向：监控、管理范围及应用领域扩大

只要同时涉及实时数据通信、实时动态图形界面显示、必要的数据处理、历史数据存储及显示，就存在对组态软件的潜在需求。

除了大家熟知的工业自动化领域，近几年以下领域已经成为监控组态软件的新增长点：

（1）设备管理或资产管理（plant asset management，PAM）。此类软件的代表是艾默生公司的设备管理软件AMS。据ARC机构预测，到2009年全球PAM的业务量将达到19亿美元。PAM所包含的范围很广，其共同点是实时采集设备的运行状态，累积设备的各种参数（如运行时间、检修次数、负荷曲线等），及时发现设备隐患、预测设备寿命，提供设备检修建议，对设备进行实时综合诊断。

（2）先进控制或优化控制系统。在工业自动化系统获得普及以后，为提高控制质量和控

制精度，很多用户开始引进先进控制或优化控制系统。这些系统包括自适应控制、（多变量）预估控制、无模型控制器、鲁棒控制、智能控制（专家系统、模糊控制、神经网络等）、其他依据新控制理论而编写的控制软件等。这些控制软件的常项是控制算法，使用监控组态软件主要解决控制软件的人机界面、与控制设备的实时数据通信等问题。

（3）工业仿真系统。仿真软件为用户操作模拟对象提供了与实物几乎相同的环境。仿真软件不但节省了巨大的培训成本开销，还提供了实物系统所不具备的智能特性。仿真系统的开发商专长于仿真模块的算法，在实时动态图形显示、实时数据通信方面不一定有优势，力控监控组态软件与仿真软件间通过高速数据接口联为一体，在教学、科研仿真应用中应用越来越广泛。

（4）电网系统信息化建设。电力自动化是监控组态软件的一个重要应用领域，电力是国家的基础行业，其信息化建设是多层次的，由此决定了对组态软件的多层次需求。

（5）智能建筑。物业管理的主要需求是能源管理（节能）和安全管理，这一管理模式要求建筑物智能设备必须联网，有效地解决信息孤岛问题，减少人力消耗，提高应急反应速度和设备预期寿命，智能建筑行业在能源计量、变配电、安防和门禁、消防系统联入 IBMS 服务器方面需求旺盛。

（6）公共安全监控与管理。公共安全的隐患可能会造成突发事件应急失当，容易造成城市公共设施瘫痪、人员群死群伤等恶性灾难。因此，进行公共安全监控与管理是很重要的。公共安全监控包括：

1）人防（车站、广场）等市政工程有毒气体浓度监控及火灾报警。

2）水文监测。包括水位、雨量、闸位、大坝的实时监控。

3）重大建筑物（如桥梁等）健康状态监控。及时发现隐患，预报事故的发生。

（7）机房动力环境监控。在电信、铁路、银行、证券、海关等行业以及国家重要的机关部门，计算机服务器的正常工作是业务和行政正常进行的必要条件，因此，存放计算机服务器的机房重地已经成为监控的重点，监控的内容包括：UPS 工作参数及状态、电池组的工作参数及状态、空调机组的运行状态及参数、漏水监测、发电机组监测、环境温湿度监测、环境可燃气体浓度监测、门禁系统监测等。

（8）城市危险源实时监测。对存放危险源的场所、危险源行踪的监测。避免放射性物质和剧毒物质失控地流通。

（9）国土资源立体污染监控。对土壤、大气中与农业生产有关的污染物含量进行实时监测，建立立体式实时监测网络。

（10）城市管网系统实时监控及调度。包括供水管网、燃气管网、供热管网等的监控。

（三）与组态软件密切相关的情况

1. 组态软件产品本身的变化

（1）功能变迁。仍以人机界面为主，数据采集、历史数据库、报警管理、操作日志管理、权限管理、数据通信转发成为其基础功能；功能组件呈分化、集成化、功能细分的发展趋势，以适应不同行业、不同用户层次的多方面需求。

（2）新技术的采用。组态软件的 IT 化趋势明显，大量的最新计算技术、通信技术、多媒体技术被用来提高其性能，扩充其功能。

(3) 注重效率。实际上，有的“组态”工作非常繁琐，用户希望通过模板快速生成自己的项目应用。图形模板、数据库模板、设备模板可以让用户以“复制”方式快速生成目标程序。

(4) 组态软件注重数据处理能力和数据吞吐能力的提高。组态软件除了常规的实时数据通信、人机界面功能外，1万点以上的实时数据历史存储与检索、100个以上C/S或B/S客户端对历史数据库系统的并发访问，对组态软件的性能都是严峻的考验。随着应用深度的提高，这种要求会变得越来越普遍。

(5) 与控制系统硬件捆绑。组态软件与自动控制设备实现无缝集成，为硬件“量身定做”。这表明组态软件的渗透能力逐渐加强，自动化系统从来就离不开软件的支持，而整体解决方案利于硬件产品的销售，也利于厂商控制销售价格。

2. 组态软件其他应用环境的变化

造成组态软件需求增长的另外一个原因是，传感器、数据采集装置、控制器的智能化程度越来越高，实时数据浏览和管理的需求日益高涨，有的用户甚至要求在自己的办公室里监督订货的制造过程。

类似OPC这样的组织的出现，以及现场总线、尤其是工业以太网的快速发展，大大简化了异种设备间互连、开发I/O设备驱动软件的工作量。I/O驱动软件也逐渐会朝标准化的方向发展。

通过近十年的发展，以力控科技等为代表的国内监控组态软件，在技术、市场、服务方面已趋于成熟，形成了比较雄厚的市场和技术积累，具备了与国外对手抗衡的本钱。

新技术的出现，会淘汰一批墨守成规、不思进取的厂商。那些以用户需求为中心、勇于创新，采用新技术，不断满足用户日益增长的潜在需求的厂商会逐渐在市场上取得主动，成为组态软件及相关工业IT产品市场的主导者。

虽然组态软件的市场潜力巨大，但是要想得到这个市场却并非容易。一方面，用户对组态软件的要求越来越高，用户的应用水平也在同步提高，相应地对软件的品质要求也越来越高；另一方面，组态软件厂商应该前瞻性地研发具有潜在需求的新功能、新产品。因此，市场巨大并不代表所有从事组态软件开发的厂商都有均等的机会，机会永远属于少数优秀厂商。

第二十二章

补给水处理系统的程序控制

第一节 补给水处理系统总体概述

锅炉补给水水源为冷却塔循环水排污水，采用“超滤＋反渗透＋一级除盐＋混床”处理方案。

补给水处理工艺流程为：循环水系统来水→5×ϕ3200 双介质过滤器→2×130t/h 保安过滤器→2×130t/h 超滤（UF）→300m^{3}超滤水箱→精密过滤器→2×120t/h 反渗透给水泵→2×75t/hRO→300m^{3}淡水箱→2×ϕ2800 强酸阳离子交换器→ϕ2500 除碳器→20m^{3}中间水箱→2×ϕ2800 强碱阴离子交换器→2×ϕ2200 混床→3×3000m^{3}除盐水箱。

系统连接方式：超滤、反渗透、一级除盐及混床盐设备采用母管制连接。超滤、反渗透、一级除盐及混床除盐设备的投运和停运为程序控制，锅炉补给水处理系统、循环水处理系统的监视、控制共用一套热备 PLC 控制系统，所有运行画面及参数均在 LCD 显示，系统操作由操作员在工控机上通过鼠标和键盘进行操作。鼠标用来在画面之间切换和操作控制按钮等动作；键盘是用来登录系统、设置参数值等动作。

本套锅炉补给水程序控制系统控制对象主要包括：滤池单元、过滤器单元、超滤单元、反渗透单元、阴阳床单元、混床单元、超滤反渗透加药单元、酸碱再生单元、废水中和单元等。

（1）滤池单元包括 2 个滤池系统，主要控制的设备有：2 个反洗罗茨风机、3 个滤池反洗水泵、9 个电磁阀。

（2）过滤器单元包括 5 套过滤器系统，主要控制的设备有：2 个过滤器反洗罗茨风机、2 个反洗水泵、41 个电磁阀。

（3）超滤单元包括 2 套超滤系统，主要控制的设备有：3 个超滤给水泵、2 个超滤反洗水泵、14 个电磁阀。

（4）反渗透单元包括 2 套反渗透系统，主要控制的设备有：3 个反渗透给水泵、2 个反渗透高压泵、1 个 RO 清洗水泵、1 个 RO 冲洗泵、2 个淡水泵、8 个电磁阀。

（5）阳床单元包括 2 套阳床系统，主要控制的设备有：1 个除碳风机、2 个除碳水泵、22 个电磁阀。

（6）阴床单元包括 2 套阴床系统，主要控制的设备有：22 个电磁阀。

（7）混床单元包括 2 套混床系统，主要控制的设备有：22 个电磁阀、2 个再生泵、2 个自用除盐水泵。

（8）加药单元包括2个凝聚剂计量泵、2个反渗透阻垢剂计量泵、3个酸计量泵、4个氧化剂计量泵、2个还原剂计量泵、2个碱计量泵。

（9）酸、碱再生单元包括12个电磁阀。

（10）废水中和单元包括2个废水泵、4个电磁阀。

第二节　过滤器的自动控制

一、工艺要求

过滤器有很多种，控制方法类似，本节以单流压力过滤器为例，介绍实现程序控制的方法。

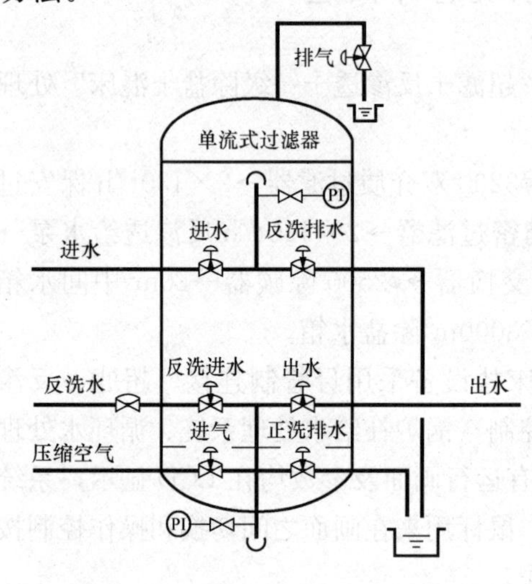

图22-1　单流式过滤器工艺示意图

单流式过滤器工艺流程如图22-1所示。

（1）运行工作原理：运行时水经上部进水阀进入过滤器，过滤后的水从下部送出。监测过滤器进出水压差，当压差超过给定值时，或出水浊度超过规定值时，过滤器停运。停运的过滤器可以通过反冲洗，待水质合格后，可以重新投入运行。

（2）反冲洗工作原理：首先将过滤器内的水排放到滤层上缘，然后用气压为0.6～1.0MPa的压缩空气吹5min，再加入水和压缩空气混合冲洗3min，再反洗2min，再正洗直至出水浊度合格。反洗过程结束，可以备用或投运。

二、工艺操作流程

单流式过滤器工艺操作流程见表22-1。

表22-1　单流式过滤器工艺操作流程表

步序	步骤名称	进水阀	出水阀	空气进气阀	上部排气阀	反洗进水阀	正洗排水阀	反洗排水阀	转步延时	转步条件
1	运行	●	●							浊度或压差超标
2	上部排水				●			●	2min	
3	空气擦洗			●	●				5min	
4	空气混合水擦洗			●	●	●		●	3min	
5	反洗					●		●	2min	
6	正洗	●					●			浊度合格

注　表中●表示阀门打开。

第三节　逆流再生阳床工艺过程自动控制

一、工艺要求

本节以逆流再生固定阳床为例，介绍工艺的程序控制。

逆流再生工艺是指运行时水向下流动、再生时再生剂向上流动的对流水处理工艺。

逆流再生式阳离子交换器的工艺流程如图 22-2 所示。

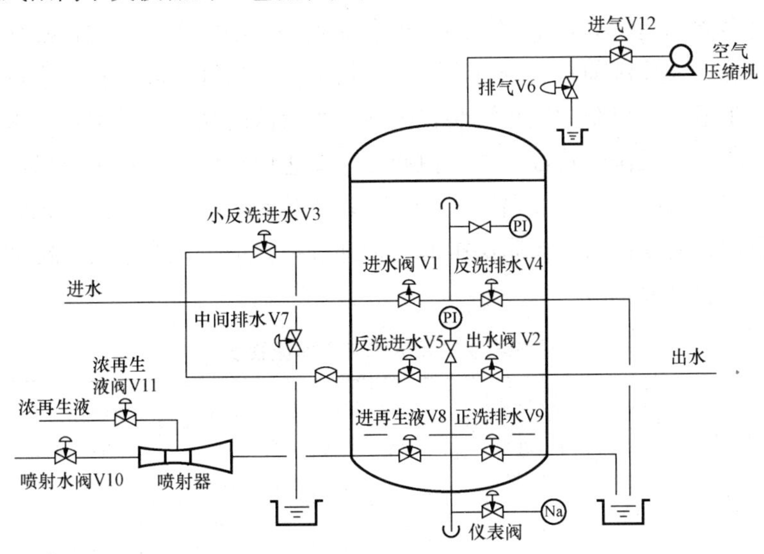

图 22-2　逆流再生式阳床工艺图

运行工作原理：顺流运行，运行时水经上部进水阀 V1 进入阳床，除阳离子后的水从阳床下部出水阀 V2 送出。监测阳床进出水压差，当压差超过给定值时，或出水 pNa 超过规定值（钠离子大于 100μg/L）时必须停运。

二、工艺操作流程

逆流再生操作过程主要有：小反洗、放水、顶压、进再生剂、逆流置换、小正洗、正洗等工艺。反洗又分为小反洗和大反洗两种，一般制水失效时进行小反洗，10～20 个制水周期后进行一次大反洗。每一程序步骤的转换主要采用时间控制，并辅以一定的条件。

（1）小反洗。为了保持树脂层不乱，再生前只对中间排液管上面的压脂进行反洗，以冲洗掉运行时积聚在压脂层中的污物。反洗到出水澄清为止。小反洗的流速一般为5～10m/h，以不跑树脂为宜。

（2）放水。小反洗后，待树脂颗粒下沉后，开中间排液阀，放掉中间排液装置以上的水，以便进顶压空气进行顶压。

（3）顶压。从交换器顶部进压缩空气，维持压力在 0.03～0.05MPa，以防乱层。用来顶压的空气必须除油净化，防止空气中油脂类污染树脂。

（4）进再生剂。在顶压的情况下，将再生剂引入交换器内。为了得到良好的再生效果，应严格控制再生浓度和流速。再生用水为除盐水，再生流速小于或等于 5m/h。提高再生剂的温度有利于阳树脂除铁、阴树脂除硅，并缩短再生时间。但再生剂温度太高，易使树脂分解，影响其交换容量和使用寿命。

（5）逆流置换。进完再生剂，关闭再生剂计量箱出口门，按再生剂的流速和流量继续用稀释再生剂的水进行冲洗，冲洗到出水指标合格为止。

（6）小正洗。吸取再生后压脂层中残留的再生废液和再生杂质。如不冲洗干净，就会影响运行时的出水水质。小正洗时用水为制水运行时进口水。小正洗的流速约为 10～15m/h。

（7）正洗。最后用运行时的进水或除盐水从上而下进行正洗，流速为 10～15m/h，直到出水水质合格，即可投入制水运行。

交换器经过多周期运行后，下部树脂层也会受到一定的污染，因此，必须定期地对整个树脂层进行大反洗。大反洗前首先进行小反洗，松动压脂层和去除污物。进行大反洗时流量应由小到大，逐步增加，以防中间排液装置损坏。大反洗时从底部进水，废水由上部的反洗排水阀门放掉。由于大反洗时扰乱了整个树脂层，要想取得较好的再生效果，大反洗后再生时，再生剂用量应为平时用量的 2 倍。大反洗时，要控制好流量，使树脂充分膨胀，利用水流剪切力和树脂颗粒的摩擦力将树脂层中的污物冲洗掉，但要注意不能跑树脂。逆流再生式阳床工艺操作流程表见表 22-2。

表 22-2　　逆流再生式阳床工艺操作流程表

步序	步骤名称	进水阀 V1	出水阀 V2	小反洗进水阀 V3	反洗排水阀 V4	反洗进水阀 V5	排气阀 V6	中间排水阀 V7	顶压进气阀 V12	进再生剂阀 V8	正洗排水阀 V9	喷射水阀 V10	浓再生剂阀 V11	转步延时	转步条件
1	运行制水	●	●												钠离子≤50μg/L
2	小反洗			●	●									15min	流速 5～10m/h
3	大反洗				●	●								5min	仅大反洗用
4	排水						●	●						2min	
5	顶压							●	●					2min	
6	再生							●	●	●		●	●	50min	
7	补充再生							●	●	●		●	●	30min	仅大反洗用
8	置换							●	●	●		●		30min	
9	小正洗	●						●						2min	
10	正洗	●									●			10min	

注　表中●表示阀门打开。

第四节　逆流再生阴床工艺过程自动控制

逆流再生固定阴床与逆流再生固定阳床工艺过程类似，结构和阀门也类似，控制方法也类似，工艺系统图参见图 22-2 逆流再生式阳床工艺图。

运行工作原理：顺流运行，运行时水经上部进水阀 V1 进入阴床，除阴离子后的水从阴床下部出水阀 V2 送出。监测阴床进出水压差，当压差超过给定值时，或出水电导率超规定值（≤5μS/cm）时必须停运。停运后可以自动进行再生，也可根据需要人工手动启动再生程序。

运行时不同点：阳床失效判断的主要指标是钠离子含量，阴床失效判断的主要指标是电导率。

阴床与阳床再生过程不同的是：阳床再生剂是酸，阴床再生剂是碱。

第五节　混床工艺过程自动控制

一、工艺要求

混床离子交换的工作原理，就是把阴、阳离子交换树脂放在同一个交换器中，并且在运行前将它们混合均匀，阴、阳树脂是相互混匀的，所以其阴、阳离子交换反应几乎是同时进行的。

混床的工艺有多种，我们选体内再生混床为例，分析混床工艺的运行操作程序。体内再生混床的工艺流程图如图 22-3 所示。

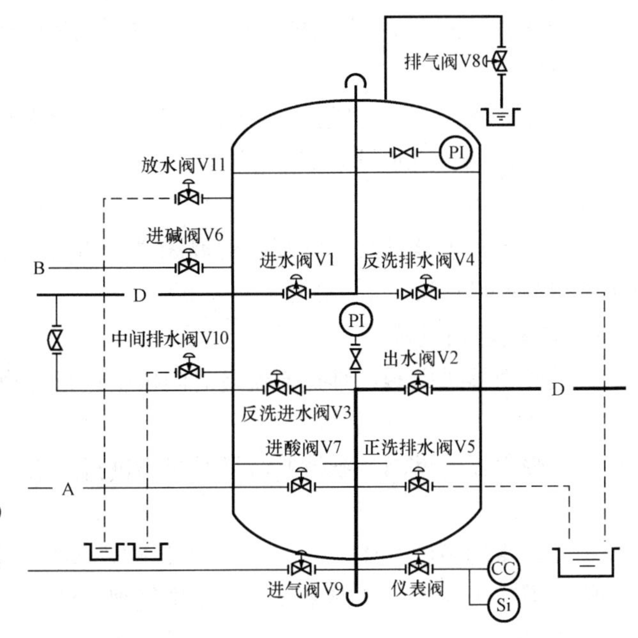

图 22-3　体内再生混床的工艺流程图

二、工艺操作流程

（一）混床的运行操作

1. 混床的投运

（1）投运正洗：开混床进水阀 V1、排气阀 V8，排气阀 V8 出水后开正洗排水阀 V5，关排气阀 V8，开各仪表取样阀。

（2）运行：正洗至正洗排水 DD $\leqslant 0.2\mu S/cm$、$SiO_2 \leqslant 20\mu g/L$ 或钠$\leqslant 10\mu g/L$ 时，开混床出水阀 V2，关正洗排水阀 V5，投入运行。

2. 混床的停运

（1）当混床出水 DD$>0.2\mu S/cm$、$SiO_2>20\mu g/L$ 或钠$>10\mu g/L$ 时，混床失效，设备停运。

（2）停运：关混床进水阀 V1、出水阀 V2、仪表取样阀，开排气阀 V8，卸压后关闭。

（二）混床再生前的准备

（1）仪用压缩空气正常，压力大于 0.4MPa，动力盘、控制柜、电磁阀门箱已送气、送电。

（2）废水池、除盐水箱液位正常。

（3）酸、碱自用泵处于良好备用状态，进出水手动阀开启，出水电动阀关闭，出水流量计处于投运状态。

（4）混床酸、碱计量箱内存有一次再生的酸、碱量，计量箱液位计指示正确。

（5）酸喷射器进水、进酸手动阀门开启，气动阀门关闭。碱喷射器进水、进碱手动阀门开启，气动阀门关闭。酸、碱浓度计处于投运状态。

（6）需再生的混床进酸、碱手动阀门开启、气动阀门关闭。另外，混床的进酸、碱阀已关严。

（7）混床出水电导率仪已停运。

（8）再生前，混床出口手动阀门应关严。

（三）混床的再生操作步序

1. 反洗分层

开混床排气阀 V8、反洗进水阀 V3、反洗排水阀 V4。反洗水量为 50～75m^3/h，控制好反洗水量，防止有效树脂被反洗排出。

2. 静止沉降

关闭各阀门，树脂自然沉降 10min。

3. 放水

开混床排气阀 V8、中间排水阀 V10，放水至树脂层上 200mm。

4. 预喷射

关混床排气阀 V8，开混床进酸阀 V7、进碱阀 V6。启动酸、碱自用水泵，开酸、碱喷射器进水阀，调整进水量为 25m^3/h。

5. 进酸、碱

开酸、碱喷射器进酸、碱阀，对混床进行再生，酸液浓度（HCL）为 3%～3.5%、碱液浓度（NaOH）为 2%～3%。

6. 阳置换/阴进碱

关酸喷射器进酸阀，维持原流量对阳树脂进行置换；阴树脂继续进碱再生。

7. 置换

关碱喷射器进碱阀。维持原流量对树脂进行置换。

8. 进水

中排出水的碱度（JD）≤0.2mmol/L 时，关酸喷射器进水阀、碱喷射器进水阀、混床进酸阀、混床进碱阀。开混床进水阀、排气阀 V8。

9. 混合前正洗

混床排气阀出水后，开正洗排水阀 V5，关排气阀 V8，开电导率表取样阀，对混床进行正洗。

10. 排水

正洗至出水 DD≤10μS/cm，关混床进水阀 V1、正洗排水阀 V5，开中间排水阀 V10、排气阀 V8，排水至树脂上 200mm 左右。

11. 混合迫降

开反排阀 V3、排气阀 V8、压缩空气进气阀 V9，进行混合（开始可先开正洗排水阀 V5，排放管道内脏物），空气压力为 1～150kPa，2min 后，迅速关闭进气阀 V9，开正排阀 V5、进水阀 V1，关闭反排阀 V3，进行迫降。

12. 正洗

排气阀 V8 出水后关闭，投在线硅表、电导率表、钠表，进行正洗。

13. 备用

正洗至出水 DD≤0.2μS/cm、SiO_2≤20μg/L 或钠≤10μg/L 时，关闭混床各阀门。

体内再生混床工艺操作流程见表 22-3。

表 22-3　　　　体内再生混床工艺操作流程表

状态	步序	步骤名称	进水阀 V1	出水阀 V2	反洗进水阀 V3	反洗排水阀 V4	正洗排水阀 V5	进碱阀 V6	进酸阀 V7	排气阀 V8	进气阀 V9	中间排水阀 V10	放水阀 V11	碱喷射器进水阀	酸喷射器进水阀	喷射器进碱阀	喷射器进酸阀	转步延时	转步条件
运行	1	运行进水	●							●								2min	排气阀 V8 出水
	2	运行正洗	●				●												水质合格
	3	运行制水	●	●															DD ＞ 0.2μS/cm 或硅＞20μg/L 或钠＞10μg/L
停运																			
反洗	1	反洗分层			●	●				●								15min	流速 50～75m³/h
	2	静止沉降																10min	
	3	放水								●		●							至树脂上 200mm
	4	予喷射						●	●			●		●	●			3min	水25m³/h
	5	进酸碱						●	●					●	●	●	●		
	6	阳置换/阴进碱						●	●					●	●	●			
	7	置换						●	●					●	●			20min	JD ≤ 0.2mmol/L
	8	进水清洗	●							●								2min	排气阀出水
	9	混合前正洗	●				●												DD ≤ 10μS/cm
	10	排水								●		●							至树脂上 200mm
	11	混合迫降				●				●	●							2min	
	12	正洗	●				●											30min	DD、硅、钠表合格
备用																			DD ≤ 0.2μS/cm 或硅 ≤ 20μg/L 或钠≤10μg/L

注　表中●表示阀门打开。

（四）混床的工艺过程步序仿真

为了方便读者了解混床的工艺过程，我们特制了混床工艺仿真软件。软件形象、直观地显示了混床运行、再生等各步序中阀门的开关状态和流体的流动路径方向。仿真软件画面如图 22-4 所示。

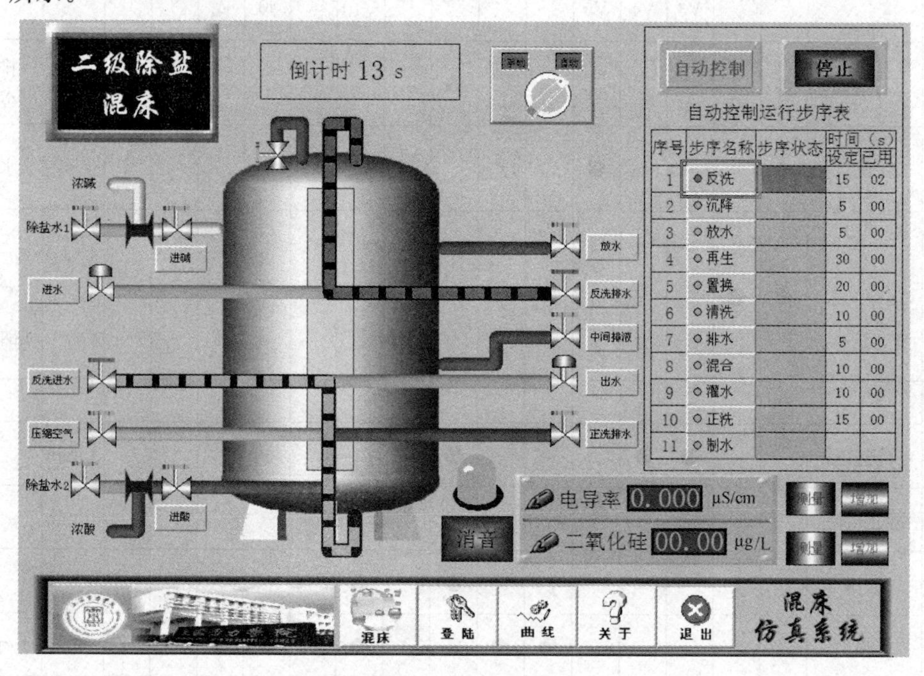

图 22-4　混床工艺仿真系统画面

第六节　除盐系统的自动控制

前面介绍了过滤器、阳床、阴床以及混床等单台设备的运行、再生控制方式，这些设备连接方式有多种形式，有单元制和母管制，不同的连接有不同的控制方法，针对本工程采用母管制，介绍程序控制的主要方法、内容及注意事项。

一、除盐工艺简介

（一）一级复床除盐

除盐指除去溶于水中的各种电解质。离子交换除盐指用 H 型阳树脂将水中各种阳离子交换成 H^+ 离子，用 OH 型阴树脂将水中各种阴离子交换成 OH^-。一级复床除盐指原水一次性顺序地通过 H 型和 OH 型交换器进行的除盐。简单的一级复床除盐系统如图 22-5 所示，它包括强酸性 H 型交换器、除碳器和强碱性 OH 型交换器。

水经过如图 22-5 所示的系统，基本上可以达到彻底除去阳、阴离子和 SiO_2 的目的。

一级除盐系统的出水水质，可达到电导率小于或等于 5μS/cm，SiO_2＜100μg/L，含钠量小于 100μg/L。

（二）二级混床除盐

二级混床除盐指对一级复床除盐的出水再经混床深度除盐。

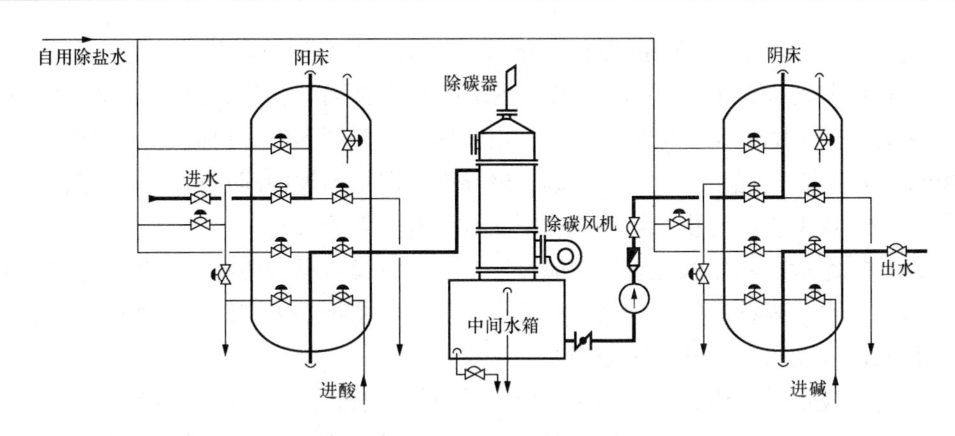

图 22-5 一级复床除盐系统示意图

二级混床除盐标准是电导率小于 0.2μS/cm，二氧化硅小于 20μg/L。

二、除盐系统的投运

(1) 开启准备投运系列手动操作的阀门：阳床供给泵进水阀和出水阀、阳床手动操作进水阀、除碳器进水阀、中间水箱出水阀、中间水泵出水阀、阴床手动操作出水阀、混床手动操作进水阀和出水阀、除盐水箱进水阀、再生废水泵出水阀等阀门。

(2) 按照系统 P&ID 图（管道和仪表流程图）的要求将下列相关的泵和风机的 MCC 柜电源开关合上，“就地/远控”切换开关切到“远控”位置，在监控显示 LCD 上调出除盐系统的相应画面，将有关的泵和风机“手动/自动”选择设定到“自动”：需进行上面操作的对应设备有阳床供给泵、中间水泵、再生废水泵、除碳器风机等。

(3) 在有关的阀门控制箱上，将“自动/手动”切换开关切到“自动”位置。在 LCD 上调出除盐系统的相应画面，按照系统 P&ID 图的要求将相关的气动阀门的开关设定在“自动”位置。

(4) 在 LCD 上调出除盐系统的相应画面，点击准备投运的除盐系列的运行按钮。该除盐系列进入运行启动程序。

(5) 启动阳床供给泵向阳床送水，开启阳床进水阀、阳床正洗排水阀进行正洗，正洗至出水 Na^+<100μg/L。启动脱碳风机，关阳床正排阀，开阳床出水阀向中间水箱送水。

(6) 当中间水箱液位达到 1/2 以上时，启动中间水泵，开启阴床进水阀、阴床正洗排水阀，正洗合格后（电导率小于 5μS/cm、SiO_2<100μg/L）关闭阴床正洗排水阀，开启阴床出水阀向混床供水。

(7) 开启混床进水阀、混床正洗排水阀进行正洗，正洗合格后（电导率小于 0.2μS/cm、SiO_2<20μg/L），关混床正洗排水阀，开混床出水阀，向除盐水箱送水，该除盐系列投入运行。

三、除盐系统的运行

(1) 除盐系列运行流量的调节。阳床出水流量由阳床出水阀根据中间水箱的水位变化自动调节；混床出水流量由混床出水阀根据除盐水箱的水位变化自动调节，当除盐水箱处于低液位时，自动调大混床出水流量至所允许的最高流量运行；当除盐水箱处于高液位，自动调小混床出水流量至所允许的最低流量运行。或在 LCD 上相应的除盐系统画面上手动调节混床出水阀的开度，使系统按手动设定的流量运行。当除盐水箱处于高高液位，系统自动停运。

（2）运行中监视。在 LCD 上调出除盐系统的相应画面，监视阳床供给泵、中间水泵、再生废水泵各泵对应的电压、电流、转速、出口压力；监视阳床进口流量，阴床出口二氧化硅、钠浓度、电导率，混床出口二氧化硅、电导率；严格监视中间水箱水位，以保持阴、阳离子交换器的流量平衡，防止水箱溢流和中间水泵打空泵等。

（3）运行中巡检。除盐系统运行中应按要求对运行设备进行巡检，检查阳床供给泵、中间水泵、再生废水泵等设备的运行是否有异声、振动，系统是否有泄漏，油位是否正常；检查树脂捕捉器内有无树脂，并及时处理。

（4）运行时应定时取样分析。每天定期取样分析除盐系列进水的电导率，阴床出口的二氧化硅、钠浓度、电导率，混床出口的二氧化硅、电导率等数据，分析变化情况，判断除盐系列是否失效，严防向除盐水箱送不合格的水。

（5）当阴床出水导电导率大于 5μS/cm、$SiO_2>100\mu g/L$ 时该一级除盐系列失效，当混床出水电导率大于 0.2μS/cm、$SiO_2>20\mu g/L$ 时该混床失效，失效设备应及时停运再生，若两套设备需同时投运，应合理调整设备运行情况，尽量避免两套设备同时失效。

四、除盐系统的停运

（1）当除盐水箱处于高高液位时，控制系统会自动停运正在运行的除盐系列，进入停运控制程序。或在 LCD 上调出除盐系统的相应画面，点击准备停运的除盐系列的停运按钮，该除盐系列进入停运控制程序。

（2）控制系统自动停运阳床供给泵、中间水泵、再生废水泵、除碳器风机，关闭相关的气动阀，关闭与停运系列相关的手动操作阀门，系统进入备用状态。

五、一级除盐设备的再生

（一）再生前的准备工作

（1）确认除盐水箱、二级 RO 产水水箱内有足够的液位，再生废水池液位不高，没有其他除盐设备正在再生，热水箱完好可用，酸、碱喷射器和再生系统完好可用，化水酸、碱槽内有足够的酸、碱液，酸、碱浓度计处于完好备用状态；如果有另一系列除盐设备在运行，应调整好运行除盐设备的流量、压力，保证制水，检查运行中除盐设备与酸碱系统相关的所有阀门处于关闭状态。

（2）确认开启下列与再生系列有关的手动操作阀门：阳床供给泵进出口阀、阳床手动操作进水阀、除碳器进水阀、中间水箱出水阀、中间水泵出水阀、阴床手动操作出水阀、混床手动操作进水阀、再生废水泵出口阀、除盐水箱出水阀、再生水泵进、出口阀、阳床酸计量箱出酸阀、阴床碱计量箱出碱阀、阳床酸喷射器手动操作进水阀、阴床碱喷射器手动操作进水阀、酸储存箱出口阀、碱储存箱出口阀。

（3）在 LCD 上调出除盐系统的相应画面，将阳床供给泵、中间水泵、再生水泵、再生废水泵选择开关置于“自动”位置；将相关的气动阀门的开关设定在“自动”位置。选择好再生方式（小反洗再生或大反洗再生），点击准备再生的一级除盐系列的再生按钮。进入再生控制程序。

（二）除盐系列再生控制程序

（1）小反洗：启动阳床供给泵、再生水泵，开阳床小反洗进水阀、阳床小反洗排水阀、阴床小反洗进水阀、阴床小反洗排水阀，进行反洗过程 15min，控制反洗流量，观察反洗出水(以反洗出水清，不跑树脂为原则)；在此步序中开启阳床酸计量箱的进酸阀进行进酸操作，开启阴床碱计量箱的进碱阀进行进碱操作，当阳床液位达到高液位后关闭进酸阀，当阴床液位达到高液位后关闭进碱阀。小反洗结束后，关闭阳床小反洗进水阀、阳床小反洗排水阀、阴床小反洗进水阀、阴床小反洗排水阀，停运阳床供给泵、再生水泵。开启阳床排空气阀，阳床中排阀，阳床放水，阳床水位降低至阳床中排阀门高度后关阳床排空气阀；开启阴床排空气阀，阴床中排阀，阴床放水，阴床水位降低至阴床中排阀门高度后关阴床排空气阀。

(2) 初次投运、检修或运行数个周期后的阳（阴）床应进行大反洗，大反洗的酸（碱）用量为正常用量的 2 倍。启动阳床供给泵、再生水泵，开启阳床反洗进水阀、阳床反洗排水阀、阴床反洗进水阀、阴床反洗排水阀，调节反洗流量，使树脂充分膨胀，观察反洗出水（以反洗出水清，不跑树脂为原则)，当排水清后，逐渐减少流量，让树脂自然沉降。反洗完毕后，停阳床供给泵、再生水泵，关闭阳床反洗进水阀、阳床反洗排水阀、阴床反洗进水阀。开启阳床排空气阀，阳床中排阀，阳床放水至中排后关阳床排空气阀；开启阴床排空气阀，阴床中排阀，阴床放水至中排后关阴床排空气阀。按一级除盐再生操作步骤继续进行再生。

(3) 预喷射。开启阳床喷射器进水阀、阳床排气阀、阳床中排阀、阳床进酸阀，阴床喷射进水阀、阴床排气阀、阴床中排阀、阴床进碱阀，启动再生水泵，进行预喷射，控制一定流量。

(4) 进酸、碱。开启阳床酸喷射器进酸阀、阴床碱喷射器进碱阀，并调节好酸、碱的浓度各为 2%～3%，同时向阳床、阴床分别进酸、碱。

(5) 置换。当进完规定体积的酸、碱后，关闭进酸阀、进碱阀，维持喷射器原流量进行置换，置换结束后停再生水泵，关闭相应喷射器进水阀、阳床进酸阀、阴床进碱阀。

(6) 阳床小正洗。启动阳床供给泵，开启阳床进水阀对阳床进行小正洗，控制流量。关闭阳床中排阀，开阳床排气阀，对阳床进行充水。当阳床排气阀出水后，关阳床排气阀，开中排阀继续进行阳床小正洗，小正洗结束后关闭阳床中排阀。

(7) 阳床正洗。开启阳床正排阀，对阳树脂进行正洗，控制一定的流量，正洗至出水 Na^+＜100μg/L。

(8) 阴床小正洗。当阳床正洗出水合格后开启阳床出水阀、关闭阳床正排阀、投运脱碳器，开启阴床进水阀、阴床中排阀、阴床排气阀，启动中间水泵对阴床进行小正洗，控制流量。关闭阴床中排阀，对阴床进行充水。当阴床排气阀出水后，关闭阴床排气阀，开中排阀继续进行阴床小正洗，小正洗结束后关闭阴床中排阀。

(9) 阴床正洗。开启阴床正排阀对阴床进行正洗，正洗至出水电导率小于 5μS/cm。

(10) 备用。阴床正洗至出水合格后，停阳床供给泵、中间水泵，关闭阳床进水阀、阳床出水阀、阴床进水阀、阴床出水阀、一级除盐设备备用。

第七节　现场就地仪表及信号

一、磁翻板（柱）液位计

化学水处理系统中有很多需要测量液位的地方，如中间水箱、除盐水箱等，液位计有很多种，如玻璃管液位计、差压液位计、浮球液位计、电容式液位计、磁翻板（柱）液位计、超声波液位等，以上液位计各有特点，针对电厂化水处理，目前应用最多的是磁翻板（柱）液位计和超声波液位计。

磁翻板（柱）液位计指示器是基于浮力和磁力原理设计的。带有磁体的浮子在被测介质中的位置受浮力作用影响。液位的变化导致磁性浮子位置的变化，磁性浮子和磁翻柱的静磁力耦合作用导致磁翻柱翻转一定角度，进而反映容器内液位的情况。

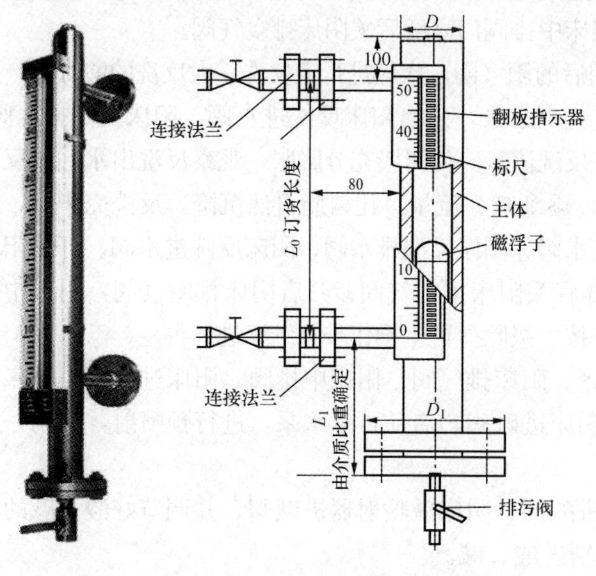

图 22-6　磁翻板（柱）液位计外观及结构

由一容纳浮球的腔体，腔体通过上、下两法兰或其他接口与被测容器连通，这样腔体内的液面与容器内的液面是相同高度的，腔体内的浮球会随着容器内液面的升降而升降；腔体一般是不锈钢的，我们在外面看不到液位。磁翻板（柱）液位计外形及结构参见图 22-6。

为了在外面能看到液位，在腔体的外面加装了一个翻柱指示器，翻柱指示器由多个磁翻柱组成，每个翻柱是由红、白两个半圆柱合成的圆柱体，翻柱内放置了一个小磁钢，红、白两面各对应一个磁极，圆柱体中心有一轴，圆柱体可以向上转，也可以向下转；腔体内浮球对应液面处安装了磁钢，这样浮球随着液面运动时，磁钢也跟着一起运动，磁性透过外壳传给翻柱，推动对应磁翻柱翻转，浮球向上时推动磁翻柱翻红色，浮球向下推动磁翻柱翻绿色。两色交界处即是液面的高度。翻柱的两色可以根据需要设计。

还可以在腔体外面对应位置加装磁性开关（如干簧管），可以输出液位开关量信号，如连续加装多个磁性开关，则可以构成液位变送器，输出与液位对应的 4～20mA 电流信号，供远传显示和控制用。

磁翻板（柱）液位计安装方式可选择侧装和顶装，敞口或密闭容器都可使用，适合用于高温、高压、耐腐蚀等场合，可就地显示和远程控制。

本工程使用 UHZ-514 侧装式磁翻板（柱）液位计。

二、超声波液位计

超声波测距的原理是利用已知的超声波在空气中的传播速度，测量声波在发射后遇到障碍物反射回来的时间，根据发射和接收的时间差计算出发射点到障碍物的实际距离。由此可见，超声波测距原理与雷达原理是一样的。

测距的公式表示为

$$L=CT \tag{22-1}$$

式中　L——测量的距离长度；

C——超声波在空气中的传播速度（当温度为0℃时，超声波速度是332m/s；30℃时，是350m/s）；

T——测量距离传播的时间差（T为发射到接收时间数值的一半）。

超声波物位计的工作原理是由换能器（探头）发出高频超声波脉冲遇到被测介质表面被反射回来，形成反射波脉冲，部分反射波脉冲被同一换能器接收，转换成电信号。超声波脉冲以声波速度传播，从发射到接收到超声波脉冲所需时间间隔与换能器到被测介质表面的距离成正比。此距离值L与声速C和传输时间T之间的关系可以用公式表示，即

$$L=\frac{CT}{2} \tag{22-2}$$

换能器发射超声波脉冲时，都有一定的发射开角。从换能器下缘到被测介质表面之间，由发射的超声波波束所辐射的区域内，不得有障碍物，因此，安装时应尽可能避开罐内设施，如：人梯、限位开关、加热设备、支架等。另外，须注意超声波波束不得与向罐中添加液体的流束相交。

安装仪表时还要注意：最高料位不得进入测量盲区，仪表距罐壁必须保持一定的距离，仪表的安装尽可能使换能器的发射方向与液面垂直。

第八节　现场执行器

水处理工艺中要切换系统及控制设备的运行、停运、再生，主要是通过改变流体的流动、停止、流动方向、流量等来实现的。具体的就是通过启停泵、风机、加热、开关阀门、改变阀门通径大小来实现。

一、阀门的定义和分类

"阀"是在流体系统中，用来控制流体的方向、压力、流量的装置。阀门是使配管和设备内的介质（液体、气体、粉末）流动或停止，并能控制其流量的装置。根据启闭阀门的作用不同，阀门的分类方法很多。

1. 按作用和用途分类

（1）截断阀。截断阀又称闭路阀，其作用是接通或截断管路中的介质。截断阀类包括闸阀、截止阀、旋塞阀、球阀、蝶阀和隔膜等。

（2）止回阀：止回阀又称单向阀或逆止阀，其作用是防止管路中的介质倒流。止回阀按结构划分，可分为升降式止回阀、旋启式止回阀和蝶式止回阀三种。升降式止回阀可分为立式和卧式两种。旋启式止回阀分为单瓣式、双瓣式和多瓣式三种。水泵吸水管的底阀也属于止回阀类。

（3）安全阀。安全阀类的作用是防止管路或装置中的介质压力超过规定数值，从而达到安全保护的目的。

（4）调节阀：调节阀又名控制阀，其作用是调节介质的压力、流量、温度、液位等参数。一般由执行机构和阀门组成。如果按行程特点，调节阀可分为直行程和角行程。按驱动方式可分为：手动调节阀、气动调节阀、电动调节阀和液动调节阀。

（5）分流阀。分流阀类包括各种分配阀和疏水阀等，其作用是分配、分离或混合管路中

的介质。

2. 按公称压力分类

(1) 真空阀。指工作压力低于标准大气压的阀门。

(2) 低压阀。指公称压力 PN≤1.6MPa 的阀门。

(3) 中压阀。指公称压力 PN 为 2.5、4.0、6.4MPa 的阀门。

(4) 高压阀。指工称压力 PN 为 10～80MPa 的阀门。

(5) 超高压阀。指公称压力 PN≥100MPa 的阀门。

3. 按工作温度分类

(1) 超低温阀。用于介质工作温度 $t<-100$℃的阀门。

(2) 低温阀。用于介质工作温度-100℃≤t≤-40℃的阀门。

(3) 常温阀。用于介质工作温度-40℃≤t≤$+120$℃的阀门。

(4) 中温阀。用于介质工作温度为 120℃的阀门。

(5) 高温阀。用于介质工作温度 $t>450$℃的阀门。

4. 按驱动方式分类

(1) 自动阀指不需要外力驱动，而是依靠介质自身的能量来使阀门动作的阀门。如安全阀、减压阀、疏水阀、止回阀、自动调节阀等。

(2) 动力驱动阀：动力驱动阀可以利用各种动力源进行驱动。

1) 电动阀：借助电力驱动的阀门。

2) 气动阀：借助压缩空气驱动的阀门。

3) 液动阀：借助油等液体压力驱动的阀门。

此外，还有以上几种驱动方式的组合，如气—电动阀等。

(3) 手动阀。手动阀借助手轮、手柄、杠杆、链轮，由人力来操纵阀门动作。当阀门启闭力矩较大时，可在手轮和阀杆之间设置齿轮或涡轮减速器。必要时，也可以利用万向接头及传动轴进行远距离操作。

5. 按连接方法分类

(1) 法兰连接阀门。阀体带有法兰，与管道法兰连接。

(2) 焊接连接阀门。阀体带有焊接坡口，与管道焊接连接。

(3) 对夹连接阀门。用螺栓直接将阀门及两头管道穿夹在一起的连接形式。

(4) 卡箍连接阀门。阀体带有夹口，与管道夹箍连接。

(5) 卡套连接阀门。与管道采用卡套连接。

6. 按阀体材料分类

(1) 金属材料阀门。其阀体等零件由金属材料制成。如铸铁阀、不锈钢阀、碳钢阀、合金钢阀、铜合金阀、铝合金阀、铅合金阀、钛合金阀、蒙乃尔合金阀等。

(2) 非金属材料阀门。其阀体等零件由非金属材料制成。如塑料阀、陶瓷阀、搪瓷阀、玻璃钢阀等。

(3) 金属阀体衬里阀门。阀体外形为金属，内部凡与介质接触的主要表面均为衬里，如衬胶阀、衬塑料阀、衬陶阀等。

阀门分类方法是很多的，还有按公称通径分类、按结构形式分类等，但主要是按其在管路中所起的作用进行分类。工业和民用工程中的通用阀门可分成 11 类，即闸阀、截止阀、旋塞阀、球阀、蝶阀、隔膜阀、止回阀、节流阀、安全阀、减压阀和疏水阀。其他特殊阀门，如仪表用阀等。

二、执行器

执行器（final controlling element）是自动控制系统中接收控制信息并对受控对象施加控制作用的装置。由执行机构和调节机构组成。执行机构指根据调节器控制信号产生推力或位移的装置，而调节机构是根据执行机构输出信号改变能量或物料输送量的装置。

水处理程序控制中常用的执行器有泵、风机、调节阀和开关阀。调节阀的作用是接受 PLC 控制器的 4～20mA 输出信号，连续改变阀位开度，从而改变被控介质的流量，同时将阀位的实际开度位置用 4～20mA 信号反馈给 PLC 控制器。开关阀是只有开、关两种状态的阀门，管路只有通与不通，不能调节流量大小，PLC 可以通过开关量信号控制。

执行器按其能源形式分为气动、电动和液动三大类，主要区别在于推动阀体的动力不同，它们各有特点。水处理程序控制中一般使用气动或电动阀门。

气动阀门动作速度快，精度高，开关力矩大，气动阀门因气体本身的缓冲作用，不易卡死而烧坏，但需提供稳定的干燥的气源。

电动阀门一般都是手电两用，切到自动位置，接收控制器信号控制；切到手动位置，就地可以手摇。不适于在长期潮湿环境下使用。

三、水处理程序控制中常用的典型阀门特点和建议

（1）管道压力一般不大于 4MPa，属于中压阀门。

（2）管道温度一般是常温，属于常温阀。

（3）连接类型一般选用法兰或焊接。

（4）执行器能源一般选用电动或气动。

（5）进水阀建议选用 316 不锈钢电动调节蝶阀。

（6）出水阀建议选用 316 不锈钢气动蝶阀。

（7）再循环阀建议选用 316 不锈钢电动蝶阀。

（8）排空阀建议选用不锈钢气动球阀。

（9）压缩空气进口建议选用不锈钢气动蝶阀。

（10）再生系统酸碱、浓酸系统、碱系统及稀酸管道上建议选用气动衬胶隔膜阀。

（11）树脂管道上为不锈钢球阀。

（12）仪表阀及取样阀建议选用 316 不锈钢针型阀。

（13）所有电动、气动阀门前设有手动阀。

（14）气动蝶阀应选用双气控阀门。

（15）所有气动阀处于失气安全状态，气动隔膜阀带有限位器及反馈信号。

（16）所有电动阀门均带有两开两闭行程开关和力矩开关，接点容量至少为 AC 220V、5A，并配手轮。开关型阀门配限位开关和力矩开关。

（17）调节阀执行器除配限位开关和力矩开关外，还配 4～20mA 的智能阀位变送器。阀门操作执行器都有就地的状态指示和操作手段。

第九节　PLC 硬件配置

一、系统监控 I/O 点设计原则

不同设计院，不同生产厂家，PLC 控制执行器的 I/O 点是不同的，本工程中 I/O 点配置原则如下：

1. 每个气动阀门（均采用双电控方案）

DO：2 点/DI：2 点。

(1) DO 开关量输出：开门、关门。

(2) DI 开关量输入：门全开、门全关。

2. 每个电动门

DO：2 点/DI：3 点。

(1) DO 开关量输出：开门、关门。

(2) DI 开关量输入：门全开、门全关、手动/自动。

3. 每台电动机

DO：2 点/DI：5 点/AI1 点。

(1) DO 开关量输出：启动、停止。

(2) DI 开关量输入：运转、停止、远控/就地、故障、分/合（MCC 柜的抽屉开关）。

(3) AI 模拟量输入：4～20mA 电流信号对应电动机的工作电流。

4. 每台电动或气动调节门

AI：1 点/AO：1 点。

(1) AO 模拟量输出：4～20mA 电流信号，操作阀门开度。

(2) AI 模拟量输入：4～20mA 电流信号，阀门实际开度。

二、补给水处理系统 PLC 硬件配置估算

PLC 点数配置时，一般要预留 15%的备用 I/O 点做备用，同时在插槽上建议留有扩充 15%I/O 的空插槽。主要因素是工艺过程在设计过程中会不断细化，在运行调试中可能需要改造和优化，有时需要改变或增加 I/O 点，为避免因小改而大改控制系统，实际工程中必须预留备用 I/O 点。

针对本工程的补水处理工艺，估算的 I/O 点数和 PLC 配置参见表 22-4。

表 22-4　PLC 硬件配置估算

序号	项目	DI	DO	AI	AO
一、5 号炉（过滤器、混床、汽水取样）					
1	点数合计	156	110	67	34
2	配置点数	192	128	80	40
3	配置余量	23%	16%	19%	18%
4	模件数	12	8	5	5
5	机架数	3			

续表

序号	项目	DI	DO	AI	AO
二、6号炉（过滤器、混床、汽水取样）					
1	点数合计	156	110	67	34
2	配置点数	192	128	80	40
3	配置余量	23%	16%	19%	18%
4	模件数	12	8	5	5
5	机架数	3			
三、公用系统（再生、辅助、机组排水槽、加药）					
1	点数合计	235	179	62	10
2	配置点数	272	208	80	16
3	配置余量	15.7%	16.2%	29%	60%
4	模件数	17	13	5	2
5	机架数	4			

三、PLC设备的选型

本工程可编程控制器选用施耐德公司的 Modican QUANTUM 最新系列产品。包括CPU、电源模块、通信模块，I/O 模块的所有模块可以带电插拔，支持不停机维修；输出模块可以带预设置故障处理功能。PLC 装置采用统一的高速背板总线，背板总线的速率不低于 80M，确保系统性能的一致。

厂内 PLC 尽量选用同一系列的模块，以减少备件和维护量，本工程 PLC 设备的选型参照表 22-5。

表 22-5　　Modican QUANTUM 硬件选型表

序号	设备名称	型号规格	单位	备注
主机架				
1	电源模块	140CPS11420	块	
2	热备 PLC 处理器	140CPU67160	台	
3	以太网通信模块	140NOE77101	块	
4	热备底板（6 槽）	140XBP00600	块	
5	RIO 通信主站模块（双缆）	140CRP93200	块	
6	热备光纤	490NOR00003	根	
7	附件及其他分离器	MA0186100	只	
8	F 接头	MA0329001	盒	
9	终端电阻	520422000	只	
远程站				
1	远程站电源模块	140CPS11420	块	
2	RIO 远程站通信模块	140CRA93200	台	
3	远程站 RIO 底板（16 槽）	140XBP01600	块	槽数根据需要配置

续表

序号	设备名称	型号规格	单　位	备　注
4	16 点数字量输入模件（DI）	140DDI84100	块	
5	16 点数字量输出模件（DO）	140DDO84300	块	
6	模拟量输入模件（16 点，AI：4～20mA）	140ACI04000		
7	模拟量输出模件（8 点，AO）	140ACO13000		
8	8 点热电阻输入模块	140ARI03010		
9	附件及其他（端子）	140XTS00200	只	
10	分支器	MA0185100	只	
11	F 接头	MA0329001	盒	

四、补给水 PLC 配置说明

本工程 PLC 采用 CPU 双机热备，系统主 CPU 和备用 CPU 系统完全相同，即双机架、双电源、双 CPU、双通信模块，双机无扰切换时间小于等于 48ms。PLC 系统在上层冗余以太网中的地址可在热备系统中能够自动转换，无论哪一台 PLC 切换成主机，主机和备机 IP 地址总能够相互切换，使之固定不变。

（1）PLC 的供电采用 AC 220V 50Hz 的双路电源，一路使用，一路备用，故障时可以自动切换。

（2）环境温度为 0～50℃，相对湿度为 5%～95%。

（3）模拟量 I/O 是 4～20mA DC 信号，热电阻（Pt100）信号采用三线制。

（4）在控制室盘内安装的 I/O 模件是低电压（DC 24V），现场来的 I/O 接点电压是无源接点。

第十节　上 位 机 配 置

一、上位机硬件配置

上位机采用美国进口 Nematron 品牌原装工控机，其最低要求为：

CPU	Intel Core2 DUO ≥2.0G
硬盘	80G
内存	≥1G
键盘	标准键盘，薄膜式
鼠标	两按键，机械式
显示器	三星 245T 液晶显示器
高速缓存	512K
通信口	两个 10M/100M 自适应以太网卡
驱动器	DVD ROM
图形卡	1280×1024 32 位真彩色

二、上位机软件配置

本工程中上位机操作系统采用 Windows XP，监控软件采用 Wonderware InTouch 10.0

版组态软件。

InTouch 软件是 Wonderware 公司的一个开放且可扩展的 HMI，拥有尖端的绘图功能、全面的脚本与图形动画，为应用设计提供了无与伦比的动力和灵活性。与广泛的自动化设备连通方便、多样且可靠。新手经过短期简单培训，能够快速地定制直观、美观、安全、可靠且可维护的 HMI。已经成为世界上最受欢迎的 HMI 之一。

（1）InTouch 包含三个主要程序，它们分别是 InTouch 应用程序管理器、WindowMaker 及 WindowViewer 。

1）InTouch 应用程序管理器用于创建管理应用程序。它也可以用于将 WindowViewer 配置成服务，为基于客户端和基于服务器的架构配置“网络应用程序开发”（NAD），以及配置“动态分辨率转换”（DRC）。数据库实用程序也从“应用程序管理器”启动。

2）WindowMaker 是一种开发环境，用于开发应用程序，在其中可以使用面向对象的图形来创建富于动感的触控式显示窗口。这些显示窗口可以连接到工业 I/O 系统以及其他的 Microsoft Windows 应用程序。

3）WindowViewer 是一种运行时环境，用于显示在 WindowMaker 中创建的图形窗口。WindowViewer 可以执行 InTouch QuickScript，执行历史数据记录与报告，处理报警记录与报告，并同时可以充当 DDE 与 SuiteLink、通信协议的客户端和服务器。

（2）Wonderware InTouch 和其他人机界面软件相比，主要特点是：

1）可靠性和稳定性非常高。经过了完备的测试和运行考验。超过 10 万套 InTouch 软件在全球工厂内使用，遍布多个国家和各种行业。

2）开放性高。可以运行在 Windows 95/98/NT/XP 环境 ，基本的通信格式包括“快速 DDE”和 SuiteLink。快速 DDE 兼容微软的 DDE，可以直接与众多 Windows 下运行的软件通信。支持标准的 ActiveX。提供广泛的通信协议转换接口——I/O Server，能方便地连接到各种控制设备，包括 Siemens、Modicon 等主流自控设备。甚至，也可以利用第三方 Server。还提供了一个工具软件，帮助编写通信协议转换软件。

3）网络功能强大。通过 DDE 和 NetDDE 的方式，可与本机和其他计算机中的应用程序实时交换数据。用户可以轻松地为自己的应用程序开发各种网络多媒体功能。提供了单一且一致的环境，用于 HMI 应用的集中管理和远程、随处部署。

4）数据库功能。InTouch 除了自身带有数据库以外，还支持 SQL 语言，可以方便地与其他数据库连接。同时，它支持通过 ODBC 访问各种类型的数据库，便于系统的综合管理。

5）通用且界面友好的多用户开发与编辑环境适用于工程协同，减少了工程周期。

第十一节　补给水处理系统控制操作及注意事项

一、在进行气动阀门的上位机单独操作前，应检查的事项

（1）仪表操作气源的压力是否大于 0.6MPa。

（2）仪表用压缩空气储罐的出口阀是否打开。

（3）相应单体设备的电磁阀箱上气源进气阀是否打开。

（4）相应单体设备的电磁阀箱上的阀门操作选择开关是否打在“远方”位置（在上位画

面上有相应的指示)。

(5) 上位机画面该单体设备所在的设备组是否在“自动优先”状态。

(6) 若单体设备所在的设备组有报警存在，则应消除该组设备的报警后再进行操作。

二、控制系统泵、阀操作方式说明

本系统中阀门、泵、风机有三种典型操作方式。

1. 就地手动操作方式

(1) 电磁阀的开关在就地电磁阀箱上，旋转手动/自动旋钮到手动位置，在阀箱面板上，操作对应阀门的开、关按钮。

(2) 泵、风机和加热器的启停位于就地的MCC柜上，旋转MCC柜上就地/远方旋钮到就地位置，在MCC柜对应抽屉面板上，按启动按钮启动泵和风机；按停止按钮停止泵和风机。

图 22-7　阀门点动操作画面

2. 画面点动操作方式

(1) 在就地电磁阀箱上，旋转手动/自动按钮到自动位置；在上位机画面控制菜单上，切换对应阀门的手动/自动模式为手动模式。

(2) 点击需操作的对应阀门，将会弹出如图22-7所示阀门的操作画面。

(3) 在操作画面弹出后，若用鼠标点击【开阀】，则【开阀】的颜色会变为红色，此时按下【确定】按钮后，则开阀的指令发出，PLC接收命令，从DO(开关量)输出模块发出信号至阀门控制箱，阀门控制箱完成控制操作；若用鼠标点击【关阀】，则【关阀】的颜色会变为红色，此时按下【确定】按钮后，则关阀的指令发出，PLC接收命令再发给阀门控制箱，阀门控制箱具体控制阀门。

(4) 在操作画面中，鼠标点击【开阀】或【关阀】，按下【取消】按钮后，则上位机不发出阀的操作指令，关闭操作画面。

(5) 若操作画面弹出后，未按【开阀】或【关阀】按钮而直接按【确定】按钮后，上位机也不发出阀的操作指令。

(6) 在泵、风机或加热器就地的MCC柜上，旋转就地/远方旋钮到远方位置；在上位机画面上，点击需操作的对应泵、风机或加热器，将会弹出如图22-8所示风机的操作画面。

(7) 在如图22-8所示风机的点动操作(简称点操)画面上，用鼠标点击【自动】，可切到【手动】，再次点击【手动】可切回到【自动】，完成手、自动切换。

(8) 在如图22-8所示风机的操作画面弹出后，把自动/手动按钮切换到手动位置，若用鼠标点击【启动】，则【启动】的颜色会变为红色，此时按下【确定】按钮后，则泵或风机启动的指令发送至PLC，PLC

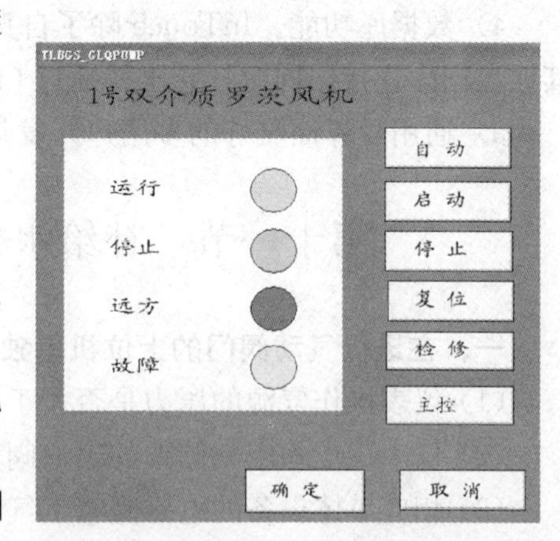

图 22-8　风机点动操作画面

再经逻辑运算后将指令发送至 MCC 柜，MCC 柜具体控制对应的风机。

(9) 若用鼠标点击【停止】，则【停止】的颜色会变为红色，此时按下【确定】按钮后，则泵或风机停止的指令发出。

(10) 若用鼠标点击【启动】或【停止】后，按下【取消】按钮，则上位机不发出泵或风机的操作指令，关闭操作画面。

(11) 若操作画面弹出后，未按【启动】或【停止】按钮而直接按【确定】按钮，上位机也不发出泵或风机的操作指令。

(12) 鼠标点击【检修/工作位】按钮，实现工作位和检修状态之间的切换，【检修】的颜色会变为红色，此时【启动】和【停止】按钮无效，当切换到【工作位】时才能恢复使用。

(13) 如出现报警，待报警消失后，按【报警复位】才可清除报警。

(14) 如使用【主控/备用】切换按钮，可以实现自动状态下启动相对应的主控泵。

泵的主备选择指对于一用一备的泵，在自动模式下启动主控泵，若主控泵出现故障自动切换到备用泵，若两台泵都出现问题则步序自动延时，待故障解除后自动继续执行。在泵类操作画面中，单击主备切换按钮，即可实现主控泵和备用泵的切换，主泵变为备用泵，备用泵变为主泵。当其中的一个为主控泵时，另一个自然为备用泵。

3. 程序自动

程序自动开关操作指阀、泵和风机在自动模式下，按照工艺步序及相应的时间自动进行启动和停止操作。在自动模式下，单个泵和风机并不需要运行人员的干预。

三、复杂型单元的控制

在锅炉补给水系统中，我们把像过滤器单元、阴床单元、阳床单元、混床单元等这样的一个小系统称为复杂型控制单元。每个复杂型控制单元都有自己独立的工作状态、操作状态和独立的控制按钮。这样设定的目的是为了在制水过程中可独立的投运或停止某个复杂型控制单元，同时也为了当某个复杂型控制单元出现事故情况时不致影响其他的复杂型控制单元。下面对复杂型控制单元的通用特性进行说明。

1. 工作状态

(1) 滤池单元有 3 种状态：【运行】、【停止】、【反洗】。

(2) 过滤器单元有 3 种状态：【运行】、【停止】、【反洗】。

(3) 超滤单元有 3 种状态：【运行】、【停止】、【反洗】。

(4) 反渗透单元有 3 种状态：【运行】、【停止】、【反洗】。

(5) 阴阳床单元有 3 种状态：【运行】、【停止】、【再生】。

(6) 混床单元有 3 种状态：【运行】、【停止】、【再生】。

(7)【运行】状态：指该复杂型控制单元处于程序自动控制制水状态。

(8)【停止】状态：指该复杂型控制单元处于停止状态。

(9)【再生】状态：指该复杂型控制单元处于程序自动控制再生过程的状态。

(10)【反洗】状态：指该复杂型控制单元处于程序自动控制反洗过程的状态。

2. 操作状态

操作状态指复杂型控制单元的程序控制状态，有“手动”、“自动”。

(1) 自动。仅在【运行】和【再生】\【反洗】状态下有效，指复杂型控制单元在运行步序过程中，每步序结束后不需要人为进行步序之间的转换，而自动转入下一步序执行。

（2）暂停的作用。在运行过程中，如遇设备特殊情况需要在当前步暂时停下来时，可按下此键，暂停键变红且原启动的设备将全部关闭，计时器暂停计时；待事故处理完毕后再按下此键，则解除暂停，程序将继续执行该步，计时器继续计时。

（3）延时的作用。延时的作用与暂停不同，按下此键后，所有的相关设备继续运行，只是计时停止，直到解除延时，计时才会继续。

（4）步进的作用。当不需要执行该步时可以直接按此按钮跳到下一步。

3. 步序显示

（1）步序名称的文字中有3种颜色，红色表示该步序正在被执行；绿色表示该步序已经被执行；黑色表示该步序未被执行。

（2）步序名称后为该步设定时间值，以分钟为单位。

（3）最低端显示当前步已运行时间。

4. 运行终点可设定

运行终点可设定指失效后自动反洗或失效后退出运行。

（1）每个复杂型单元均有独立的制水终点条件判断。单元的不同，终点条件判断的条件也有所不同。比如过滤器的终点条件是运行时间累计。当时间累计值大于设定值时，若使用时间累计判断，则发出制水终点信号。时间累计设定值可由运行人员进行修改。当再生启动后累计值自动清零。

（2）如果选择【失效后自动反洗】，则当运行时间累计到时，自动进入反洗状态。若选择【失效后退出运行】，则时间累计到时，退出运行进入停止状态。

四、上位机软件操作说明和操作画面

（一）进入 InTouch 系统操作

上位机 InTouch 系统启动后，首先是系统主画面如图 22-9 所示。要进入系统中，操作员必须登录。在画面上点击【系统登录】，将会弹出登陆对话框，如图 22-10 所示。在【名称】中输入用户名，在【口令】中输入密码，正确的话就完成登录。

图 22-9　系统主画面

图 22-10　登陆对话框

本系统共有三个权限的用户，不同权限的用户可进行不同级别的操作，三个用户分别是：

1. Name：ADMIN

Password：* * * * * *

ADMIN 是最高等级，功能包括进入系统、退出系统、更改密码、进入开发环境、配置用户。

（1）更改密码。更改各级别操作员的密码。

（2）开发环境。进入开发系统，可进行一系列的组态工作。

（3）配置用户。增加或删除各级别的操作员名称和口令。

2. 用户名：tloper

密码：* * * * * *

OPER 是操作员权限，和 ADMIN 比少了更改密码、开发环境、配置用户。

3. 用户名：guest

密码：* * * * *

（1）GUEST 是级别最低的，他只能浏览画面，不能操作。

（2）根据操作的需要和操作员权限输入相应的用户名和密码。

（二）锅炉补给水系统滤池及过滤器画面

锅炉补给水系统滤池及过滤器画面如图 22-11 所示。

如图 22-11 所示，滤池及过滤器画面显示各设备的状态及工艺参数的当前值，下面的按钮用来完成在本系统中各个画面间之互相换切。

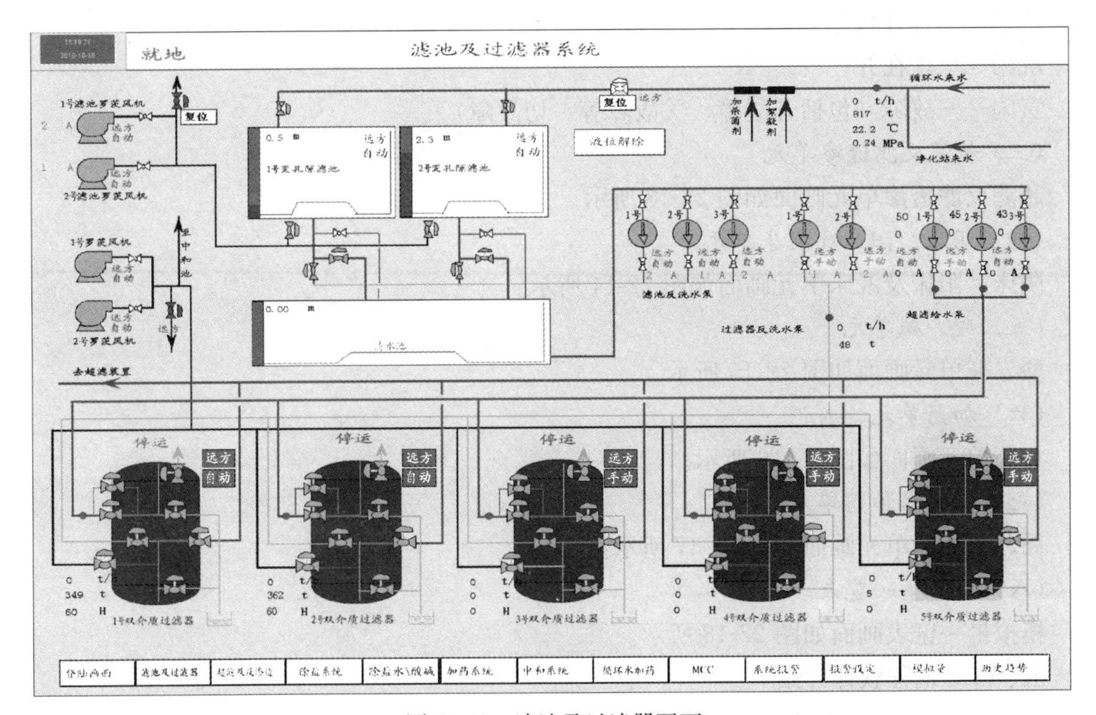

图 22-11　滤池及过滤器画面

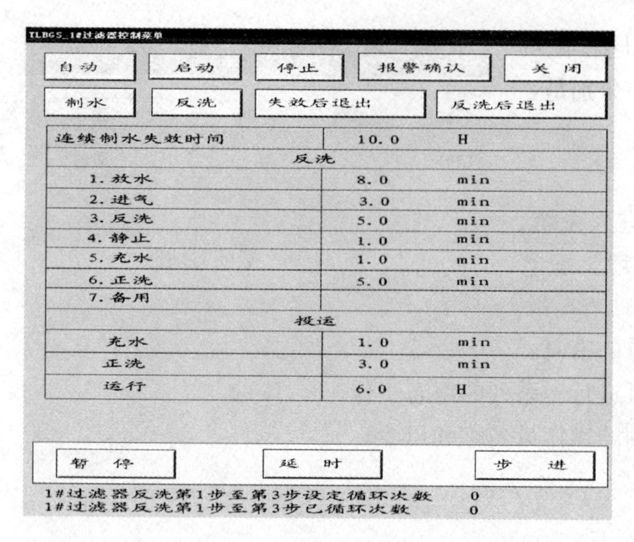

图 22-12 过滤器操作画面

过滤器操作画面如图 22-12 所示。

(1) 在自动方式下，可按【制水】、【反洗】选择需执行的程序，再按【启动】按钮，开始执行程序。当程序正在运行时，可以按【停止】按钮，终止程序，进入停运状态。

(2) 程序将按照程控步序进行制水或反洗，在各步执行过程中可按【暂停】、【延时】、【步进】按钮进行操作。

(3) 在手动方式下，可点动操作相关的阀门或启动泵（注意：设备必须处于远方状态下，点动操作和程序控制才有效）。

1）在监控画面中，泵显示颜色的不同代表不同状态，具体定义如下：

红色——已启动

绿色——已停止

黄闪——故障（包括启动故障、停止故障、电气保护动作等一切故障）

2）在监控画面中，气动阀显示颜色的不同代表不同状态，具体定义如下：

绿色——关闭状态

绿闪——正在关

红色——打开状态

红闪——正在开

黄闪——故障（包括开故障、关故障等一切故障）

（三）超滤反滤透渗单元

超滤反滤透渗单元画面如图 22-13 所示。

（四）阴床、阳床及混床单元

阴床、阳床及混床单元画面如图 22-14 所示。

（五）酸、碱单元

酸、碱单元画面如图 22-15 所示。

（六）加药单元

加药单元画面如图 22-16 所示。

（七）循环水加药单元

循环水加药单元画面如图 22-17 所示。

（八）模拟量一览表

模拟量一览表画面如图 22-18 所示。

五、PLC 编程软件介绍

1. 安装 Unitypro 软件

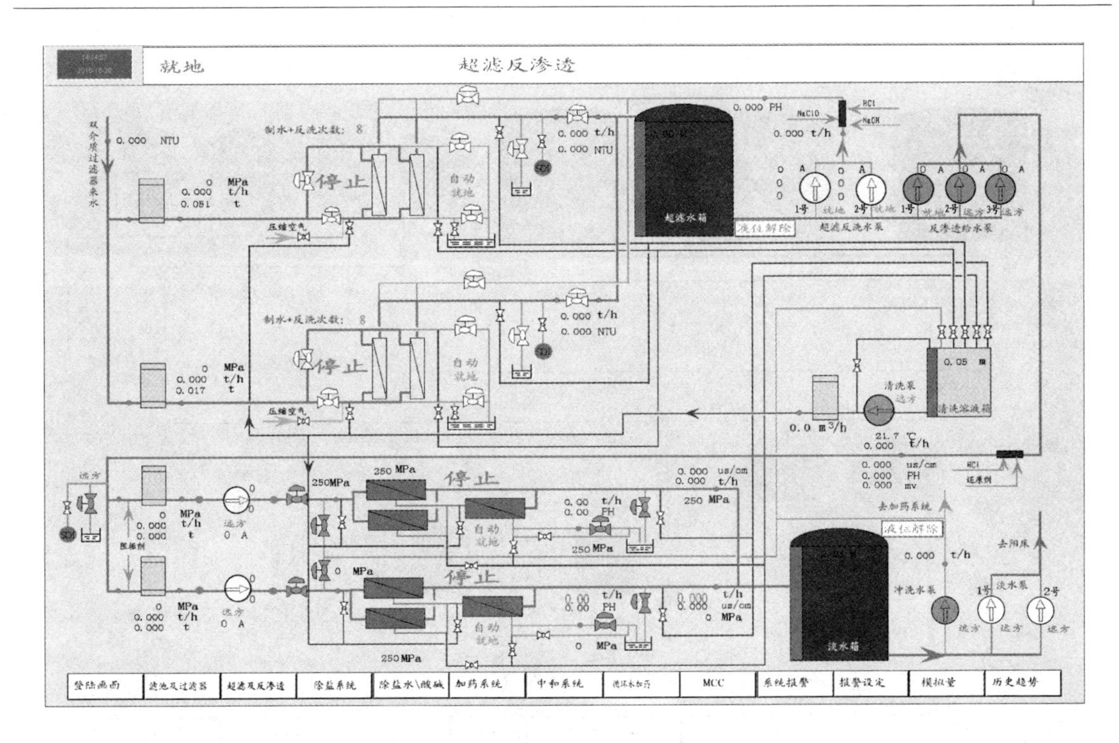

图 22-13　超滤反滤透渗单元画面

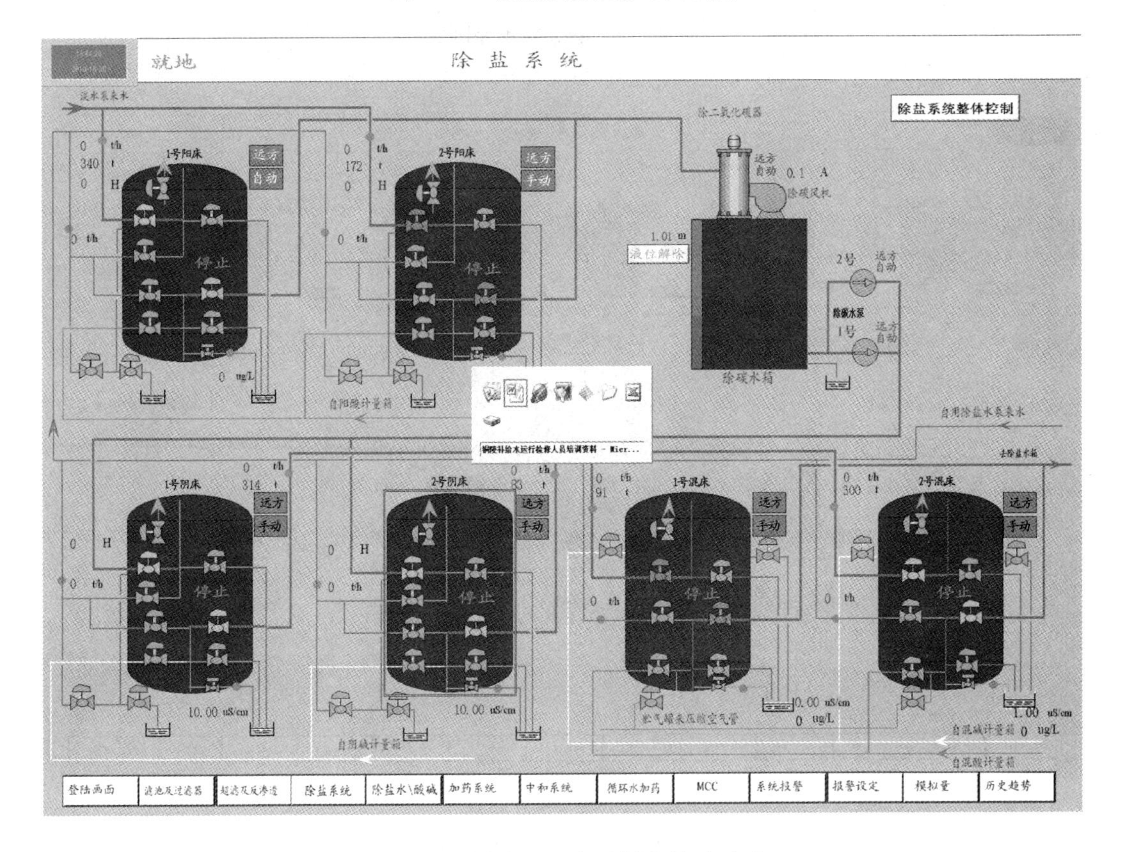

图 22-14　阴床、阳床及混床单元画面

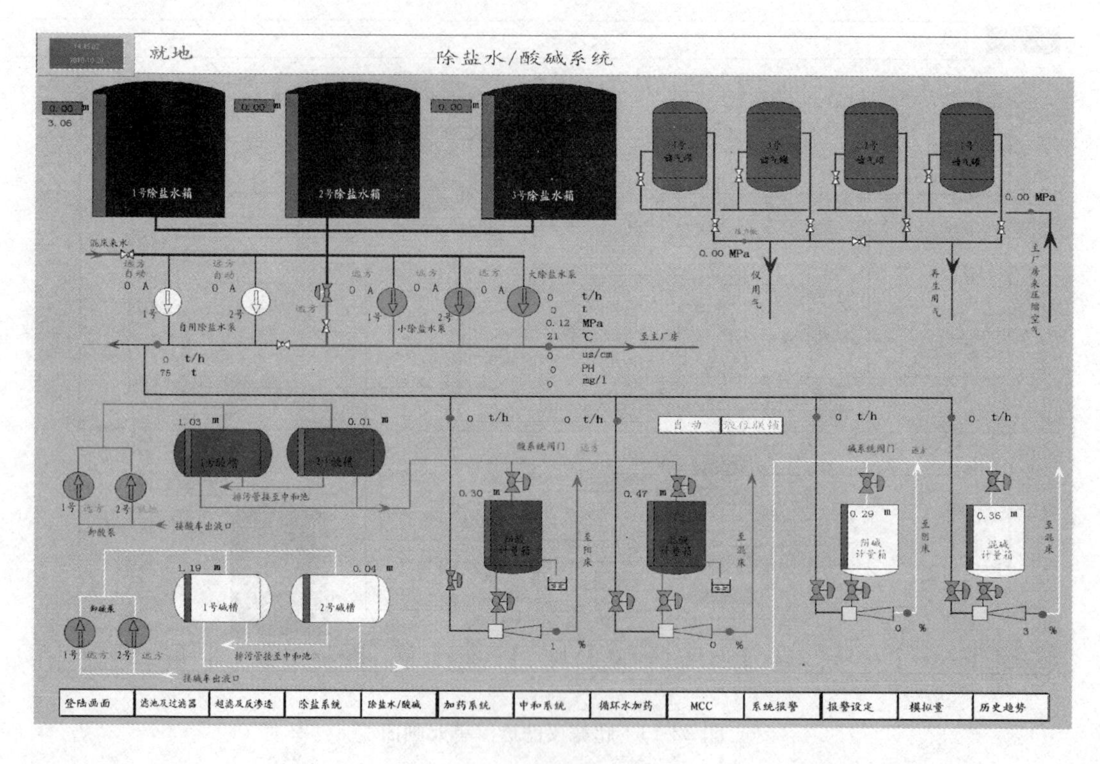

图 22-15 酸、碱单元画面

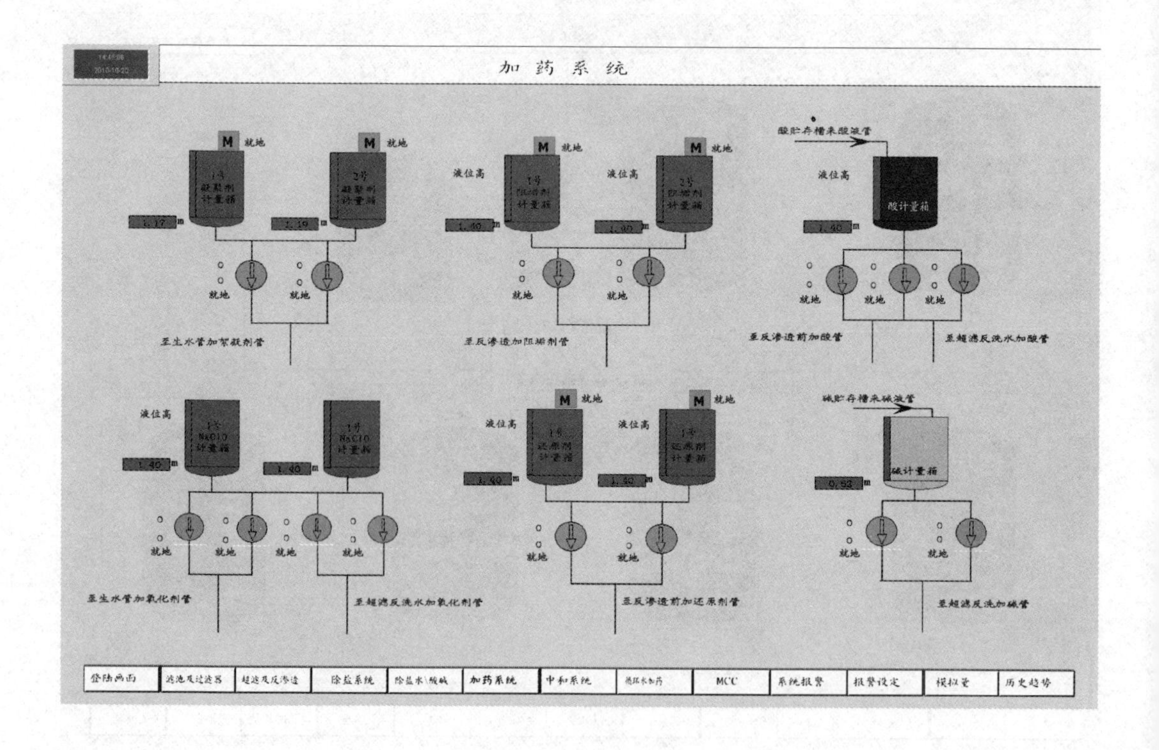

图 22-16 加药单元画面

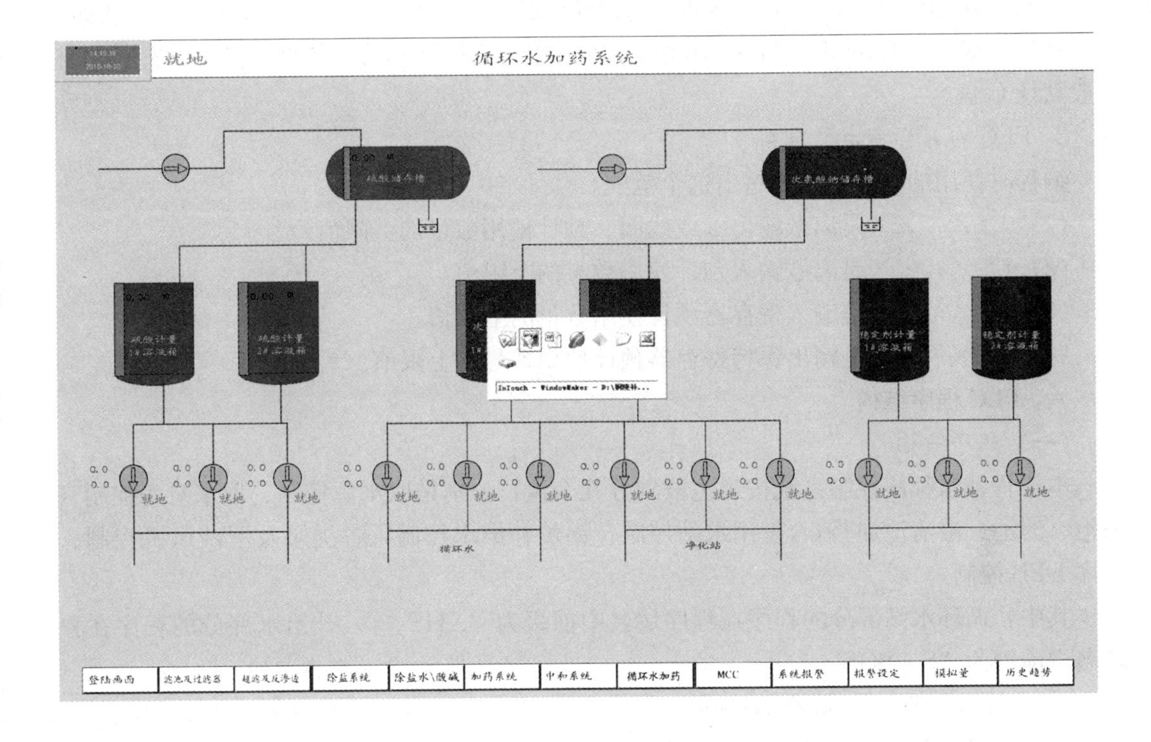

图 22-17　循环水加药画面

14:48:57
2010-10-20

模拟量一览表

1号变孔隙滤池反洗水泵电流	1.8	A	1号超滤保安过滤器进出口差压	0.0	Mpa	循环水系统来水管流量	0.0	m^3/h
2号变孔隙滤池反洗水泵电流	1.1	A	2号超滤保安过滤器进出口差压	0.0	Mpa	1号超滤保安过滤器进口流量	0.0	m^3/h
3号变孔隙滤池反洗水泵电流	1.7	A	1号反渗透保安过滤器进出口差压	0.0	Mpa	2号超滤保安过滤器进口流量	0.0	m^3/h
1号双介质过滤器反洗水泵电流	1.3	A	2号反渗透保安过滤器进出口差压	0.4	Mpa	1号超滤出口流量	0.0	m^3/h
2号双介质过滤器反洗水泵电流	1.5	A	1号超滤进口压力	0.0	Mpa	2号超滤出口流量	0.0	m^3/h
1号变孔隙滤器罗茨风机电流	1.7	A	2号超滤进口压力	0.0	Mpa	清洗水流量	0.0	m^3/h
2号变孔隙滤器罗茨风机电流	1.4	A	1号超滤出口压力	0.0	Mpa	超滤反洗流量	0.0	m^3/h
1号反渗透给水泵电流	0.0	A	2号超滤出口压力	0.0	Mpa	反渗透入口母管流量	0.0	m^3/h
2号反渗透给水泵电流	0.0	A	1号反渗透进水压力	250.0	Mpa	1号反渗透浓水pH	0.0	pH
3号反渗透给水泵电流	0.0	A	2号反渗透进水压力	250.0	Mpa	2号反渗透浓水pH	0.0	pH
1号除盐水泵电流	0.0	A	1号反渗透一段排水压力	250.0	Mpa	1号反渗透产水导电度	0.0	μS/cm
2号除盐水泵电流	0.0	A	2号反渗透一段排水压力	250.0	Mpa	2号反渗透产水导电度	0.0	μS/cm
3号除盐水泵电流	0.0	A	1号反渗透浓水压力	250.0	Mpa	1号阳床出水钠浓度	0.0	μg/l
1号自用除盐水泵电流	0.5	A	2号反渗透浓水压力	0.0	Mpa	2号阳床出水钠浓度	0.0	μg/l
2号自用除盐水泵电流	0.2	A	1号反渗透产水压力	250.0	Mpa	1号阴床出水电导度	10.0	μS/cm
除碳器风机电流	0.1	A	2号反渗透产水压力	0.0	Mpa	2号阴床出水电导度	10.0	μS/cm
1号超滤给水泵电流	0.1	A	循环水系统来水管温度	22.2	℃	1号混床出水电导度	0.0	μS/cm
2号超滤给水泵电流	0.0	A	循环水系统来水管压力	0.2	MPa	1号混床出水硅浓度	0.0	mg/l
3号超滤给水泵电流	0.0	A	反渗透入口母管导电度	0.0	μS/cm	2号混床出水电导度	1.0	μS/cm
1号高压泵电流	0.0	A	反渗透入口母管pH	0.0	PH	2号混床出水硅浓度	0.0	mg/l
2号高压泵电流	0.0	A	反渗透入口母管ORP	0.0	mv	至主厂房除盐水母管压力	0.1	MPa
1号超滤反洗水泵电流	0.1	A	反渗透入口母管温度	21.7	℃	至主厂房除盐水母管温度	21.2	℃
2号超滤反洗水泵电流	0.1	A	1号超滤产水浊度	0.0	NTU	至主厂房除盐水母管电导率	0.0	μS/cm
1号中和池出水pH值	0.0	pH	2号超滤产水浊度	0.0	NTU	至主厂房除盐水母管pH值	0.0	pH
2号中和池出水pH值	0.0	pH	超滤反洗水泵出口母管pH	0.0	pH	至主厂房除盐水母管硅浓度	0.0	mg/l

登陆画面	滤池及过滤器	超滤及反渗透	除盐系统	除盐水\酸碱	加药系统	中和系统	循环水加药	MCC	系统报警	报警设定	模拟量	历史趋势

图 22-18　模拟量一览表画面

PLC采用施耐德公司的昆腾系列。编程和调试软件为Unitypro。具体的安装方法如下。

开机，在Windows下，打开Unitypro安装盘，执行Install，自动安装，选择安装目录，一般默认C盘。

2. PLC内部标签定义原则

编程时使用的参考号不能超出这个范围。

(1) 0×××××是离散输出（或线圈）预计使用数量的上限值。

(2) 1×××××是离散输入预计使用数量的上限值。

(3) 3×××××是输入寄存器预计使用数量的上限值。

(4) 4×××××是输出保持寄存器预计使用数量的上限值。

六、PLC程序结构

（一）程序结构

本工程补水程序控制系统按工艺段划分几个组，分别是取水源控制、取水泵房控制（澄清池、滤池、澄清池加药）、复用水站控制、锅炉补给水控制，各类泵及罗茨风机控制、子程序DFB控制。

其中，循环水站部分的程序在程序块名中前缀为“XHS_”，补给水部分的程序在程序块名中前缀为“S_BGS_”。

1. 补给水部分包括55个sections

(1) S_QSB_ INITIALIZE	初始化
(2) BGS_simulation	仿真程序
(3) BGS_SSJK	生水进水阀和生水泵
(4) BGS_MCC	补给水、办公楼A/B MCC上电控制
(5) BGS_LC_COM	滤池公共控制
(6) BGS_LC1	1号滤池逻辑和阀门控制
(7) BGS_LC2	2号滤池逻辑和阀门控制
(8) BGS_LC_PUMP2	3台滤池反洗水泵
(9) BGS_LC_LCFJ	2台滤池反洗罗次风机控制
(10) BGS_GLQ1	1号过滤器逻辑程序控制
(11) BGS_GLQ1_VALVE	1号过滤器阀门
(12) BGS_GLQ2	2号过滤器逻辑程序控制
(13) BGS_GLQ2_VALVE	2号过滤器阀门
(14) BGS_GLQ3	3号过滤器逻辑程序控制
(15) BGS_GLQ3_VALVE	3号过滤器阀门
(16) BGS_GLQ4	4号过滤器逻辑程序控制
(17) BGS_GLQ4_VALVE	4号过滤器阀门
(18) BGS_GLQ5	5号过滤器逻辑程序控制
(19) BGS_GLQ5_VALVE	5号过滤器阀门
(20) BGS_GLQ_FX_PUM	过滤器反洗水泵
(21) BGS_GLQ_LCFJ	2台过滤器罗茨风机

(22) BGS_CL1　　1号超滤逻辑控制
(23) BGS_CL1_VALVE　　1号超滤阀门控制
(24) BGS_CL2　　2号超滤逻辑控制
(25) BGS_CL2_VALVE　　2号超滤阀门控制
(26) BGS_CL_FX_PUMP　　1号超滤反洗泵
(27) BGS_FST1　　1号反渗透逻辑控制
(28) BGS_FST1_VALVE　　1号反渗透阀门控制
(29) BGS_FST2　　2号反渗透逻辑控制
(30) BGS_FST2_VALVE　　2号反渗透阀门控制
(31) BGS_FST_GY_PUMP　　2台反渗透高压水泵
(32) BGS_YANG1　　1号阳床逻辑控制
(33) BGS_ YANG1_VALVE　　1号阳床阀门控制
(34) BGS_ YANG2　　2号阳床逻辑控制
(35) BGS_ YANG2_VALVE　　2号阳床阀门控制
(36) BGS_YANGNASAMP　　阳床钠切换采样
(37) BGS_YING1　　1号阴床逻辑控制
(38) BGS_YING1_VALVE　　1号阴床阀门控制
(39) BGS_YING2　　2号阴床逻辑控制
(40) BGS_YING2_VALVE　　2号阴床阀门控制
(41) BGS_HC1　　1号混床逻辑控制
(42) BGS_HC1_VALVE　　1号混床阀门控制
(43) BGS_HC2　　2号混床逻辑控制
(44) BGS_HC2_VALVE　　2号混床阀门控制
(45) BGS_YYH_LOGIC　　一级除盐控制（阴、阳、混床）
(46) BGS_JIAYAO　　生水管、超滤、反渗透加次氯酸钠、絮凝剂、还原剂、阻垢剂、酸、碱
(47) BGS_CTFJ　　除碳风机
(48) BGS_RO_PUMP　　3台清水泵（RO提升泵），1台冲洗泵，1台清洗泵
(49) BGS_SUANJIAN_VALVE　阳床、阴床、混床加酸、碱阀门
(50) BGS_ChuYan_pump　　3台除盐水泵，2台自用水泵
(51) BGS_ZHSC_VALVE　　中和水池阀门
(52) BGS_FSC_PUMP　　2台废水泵，2台卸酸泵，2台卸碱泵
(53) BGS_DanShui_pump　　2台淡水泵
(54) BGS_ANALOG1　　模拟量
(55) BGS_ANALOG2　　模拟量转换

2. 循环水站包括2个sections

(1) XHS_JAOYAO　　循环水加药

（2）XHS _ ANALOG　　　　　循环水系统模拟量转换

说明：

（1）仿真SIMU。仿真是程序开发者用来调试程序的手段，与使用者无关。

（2）对泵及罗茨风机都有主控和备用之分。若选择了主控，随程序控制需要启动时即被启动。当主控设备发生故障时，则自动切换至备用设备，以保证整个过程的连续性。

3. 子程序PB

（1）AI _ ACC：带流量累计的流量采样。

（2）AI _ DF：纯采样；带上限、上上限、下限、下下限报警控制的采样。

（3）ANALOG：带上限、上上限、下限、下下限报警控制的采样。

（4）AO _ DF：模拟量输出。

（5）ALEVELCTL：带上限、上上限、下限、下下限液位采集。

（6）PUMP：双线圈泵类控制。

（7）V1ARALM：单线圈阀控制。

（8）V2ARLARM：双线圈阀控制。

（二）变量说明

程序变量分为两大类，一类是与各类设备有关的变量，如泵、罗茨风机、加热器、阀门等，均以工艺设备编号来确定。举例如下：

1. 硬地址变量（S _ 单元号 _ KKS编码 _ 特征码）

S _ BGS _ LOGCB21AA001VO　1号过滤器进水阀开命令

S _ BGS _ LOGCB21AA001VC　1号过滤器进水阀关命令

S _ BGS _ LOGCB21AA001ZO　1号过滤器进水阀开到位

S _ BGS _ LOGCB21AA001ZC　1号过滤器进水阀关到位

S _ BGS _ LOGCK31AP001ZS　1号变孔隙过滤器反洗水泵已运行反馈

S _ BGS _ LOGCK31AP001ZF　1号变孔隙过滤器反洗水泵保护动作反馈

S _ BGS _ LOGCK31AP001 _ FAULT　1号变孔隙过滤器反洗水泵综合报警反馈

S _ BGS _ LOGCK31AP001RL　1号变孔隙过滤器反洗水泵远方/就地反馈

S _ BGS _ LOGCL11CL101　清水池液位

S _ BGS _ LOGCK31AP001C　1号变孔隙过滤器反洗水泵电流

S _ BGS _ LOGCK11AP001VF　1号超滤给水泵变频反馈

S _ BGS _ LOGCB20CF101　双介质过滤器反洗水流量

S _ BGS _ LOGCB21CT101　厂区来5号/6号汽轮机循环水系统来水管温度

S _ BGS _ LOGCK11AP001 _ SP　1号超滤给水泵变频设定

2. 复杂单元控制变量（以2号澄清池为例）

S _ BGS _ LC1 _ CTLMODE　1号滤池控制方式：=1，（自动状态）；=0，（手动状态）。

LC1 _ PLCEN　1号滤池程序控制按钮

LC1 _ OPEREN　1号滤池点动操作按钮

S _ BGS _ LC1 _ YXPB　1号滤池运行按钮

S_BGS_LC1_FXPB　　1号滤池反洗停止按钮
S_BGS_LC1_STEPADVPB　　1号滤池跳步按钮
S_BGS_LC1_LOCK　　1号滤池暂停按钮
S_BGS_LC1_UNLOCKPB　　1号滤池解除暂停按钮
S_BGS_LC1_HOLDPB　　1号滤池延时按钮
S_BGS_LC1_HOLD　　1号滤池延时状态
S_BGS_LC1_LOCK　　1号滤池暂停状态
S_BGS_LC1_STOPPB　　1号滤池停止按钮
S_BGS_GLQ5_FX_S1_PRSET　　5号过滤器反洗第一步设定时间
S_BGS_GLQ5_FX_S2_PRSET　　5号过滤器反洗第二步设定时间
S_BGS_GLQ5_FX_S3_PRSET　　5号过滤器反洗第三步设定时间
S_BGS_GLQ5_FX_S4_PRSET　　5号过滤器反洗第四步设定时间
S_BGS_GLQ5_FX_S5_PRSET　　5号过滤器反洗第五步设定时间
S_BGS_GLQ5_FX_S6_PRSET　　5号过滤器反洗第六步设定时间

3. 手动开关命令变量（S_单元号_KKS编码_特征码）

S_BGS_LOGCF61AA001MANO　　1号混床系统入口阀手动开命令
S_BGS_LOGCF61AA001MANC　　1号混床系统入口阀手动关命令
S_BGS_HC1CTLMODE　　1号混床系统手自动按钮
S_BGS_LOGCF61AA003MANO　　1号混床反洗进水阀开关命令：=1（开阀），=0（关阀）

4. 泵和阀的状态位说明（S_单元号_KKS编码_POS）

(1) S_BGS_LOGCB12AA002_POS　2号滤池出水门状态

阀门POS定义如下：

=1 关到位
=2 开到位
=3 正在关
=4 正在开
=5 关报警
=6 开报警
=7 报警已确认

(2) S_BGS_LOGCK31AP001_POS：1号滤池反洗水泵状态

泵POS定义如下：

POS.00=启动报警
POS.01=停止报警
POS.02=跳闸报警
POS.03=总故障
POS.04=来自MCC柜报警
POS.05=已运行

POS. 06=已停止

POS. 07=远方位

POS. 08=主控泵

POS. 09=控制方式

POS. 10=检修按钮

POS. 11=报警确认

（三）控制说明

在本工程控制系统中，我们要注意复杂单元操作和单体设备操作的不同。在本工程控制系统中，我们称过滤器、超滤、反渗透、阴阳床、混床为复杂单元，与之有关的泵和阀称为单体设备。

对某一复杂单元来说，均有控制菜单选择，即可选择按照一定的步序或时间来执行的程序控制方式，亦可选择根据需要由操作员实现画面点操的操作方式。不同的操作方式，决定了与之相关的阀门与泵的控制方式。

对于单体设备如阀门、泵、风机等，在程序控制方式下，由程序控制决定其开/关；在画面点操方式下，由操作员选取对应设备进行操作，这种方式亦称为人工干预。

（四）复杂单元的连锁说明

每一个复杂单元都有程序控制步序，而正常执行这些步序需要一些必备条件，如果条件不满足，用户是不能选用该项操作的（即按钮按下没有反应），但在制水过程中为保证连续制水，阀门故障是不自动停机的，泵故障是采用一用一备、两用一备的切换原则。每次运行程序时，首先检查复杂单元参数是否设置正确，需要启动的泵是否在自动方式、主备选择是否在主控方式。

下面将复杂单元程序【制水、反洗（再生）】必备条件列举如下：

1. 过滤器

（1）运行条件：阀箱在远方操作状态且无故障，清水池液位非低，超滤水箱液位非高。

（2）自动停止：当液位连锁有效时清水池液位低或超滤水箱液位高。

（3）反洗条件：阀箱在远方操作状态且无故障，三台超滤给水泵至少有一台主泵在远方自动操作状态且无故障，反洗水泵至少一台在远方自动操作状态且无故障，罗茨风机至少一台在远方自动操作状态且无故障，清水池液位非低。

同一时刻只有一台过滤器在反洗，如果出现多台过滤器出现失效且又选择了失效后反洗，则按照物理编号排序依次反洗，如1号、2号、3号在制水同时出现失效，则1号先反洗，1号结束后2号反洗，然后3号反洗。

当然，所有液位连锁，必须是在液位连锁有效的情况下才被执行，该选择可通过按钮由操作级别较高者控制。

2. 超滤

（1）运行条件：阀箱在远方操作状态且无故障，至少有一台过滤器在制水，超滤水箱液位非高，清水池无低报警。

（2）自动停止：（当液位连锁有效时）发生清水池液位低低或超滤水箱液位高高时，进出口压力超过报警设定，没有选择“运行后反洗”且反洗结束时，没有选择“加药反洗后制水”且加药反洗结束。所以，正常情况下，选择“运行后反洗”，是否选择“加药反洗后制水”可根据情况选择。

（3）水反洗条件：阀箱在远方操作状态且无故障，超滤水箱中液位，超滤反洗水泵至少有一台在远方自动操作状态且无故障。

同一时刻只能一台超滤水反洗，所以尽量选择不同的制水时间或启动时间。

（4）加药反洗条件：阀箱在远方操作状态且无故障，酸存储罐液位非低低，碱存储罐液位非低低。

制水、水反洗、加药反洗均可独立进行。

3. 反渗透 RO 液位连锁 RO

（1）RO 运行条件：阀箱在远方操作状态且无故障，淡水池液位非高，高压泵无故障。

（2）RO 自动停止：当 RO 液位连锁有效时，出现淡水池高。

（3）停运条件：阀箱远方无故障，RO 淡水泵液位非低。

4. 阳床

（1）运行条件：阳床在自动操作状态，阀箱在远方操作状态且无故障，RO 淡水池液位非低，淡水泵至少有一台在远方自动操作且无故障。

如果选择了失效后再生，当制水时间到后自动再生，选择了再生后运行，则再生后自动制水。

（2）再生条件：阳床在自动操作状态，阀箱在远方操作状态且无故障，3 个除盐水箱池液位均非低，两台自用水泵至少有一台在远方自动操作且无故障。

5. 阴床

（1）运行条件：阴床在自动操作状态，阀箱在远方操作状态且无故障。

如果选择了失效后再生，当制水时间到后自动再生，选择了再生后运行，则再生后自动制水。

（2）再生条件：阴床在自动操作状态，阀箱在远方操作状态且无故障，3 个除盐水箱液位均非低，除碳器水泵在远方自动操作且无故障。

6. 混床

（1）运行条件：混床在自动操作状态，阀箱在远方操作状态且无故障。

如果择选了失效后再生，当制水时间到后自动再生，选择了再生后运行，则再生后自动制水。

（2）再生条件：混床在自动操作状态，阀箱在远方操作状态且无故障。

7. 对一用一备泵的操作说明

在手动方式下，操作员可根据现场工况，点动操作其中任何一台泵。在自动方式下，将遵循以下原则：

（1）一用一备：设置一台为主控，另一台必为备用，如程序控制需要启动则先启动主控泵，当主泵控有问题则切换到备用泵，有故障的泵待故障消除后可以按确认，它不会再次启动。

（2）三台泵情况下为独立设定主备用，人为设定主控方式。

第二十三章

凝结水精处理程序控制

本章内容主要介绍铜陵发电厂六期“上大压小”改扩建 2×1000MW 机组工程的凝结水精处理程序控制系统。本工程凝结水精处理的工艺流程为：

主凝结水泵出口凝结水→前置过滤器→高速混床→树脂捕捉器→低压加热器。

凝结水精处理系统参数如下：

（1）每台机组需处理的凝结水量：

额定：2014t/(h·台)

最大：2304 t/(h·台)

（2）凝结水精处理系统凝结水入口压力：

额定：3.3MPa

最大：4.0MPa

（3）凝结水精处理系统凝结水入口温度：

额定：≤50℃

最大：60℃

凝结水精处理系统和体外再生系统分开布置，精处理系统设备布置在主厂房零米层，再生系统、辅助系统和控制室布置在集控楼零米层。

凝结水精处理系统的水质如表 23-1 所示。

表 23-1　凝结水精处理系统的水质

项　目	典型启动		正常运行状态	
	预计进水值	要求出水保证值	预计进水值	要求出水保证值
悬浮固体（μg/L）	1000	<100	25	≤10
总溶解固形物（不计氨，μg/L）	650	<50	100	<20
二氧化硅 SiO_2（μg/L）	500	<50	20	<10
钠 Na^+（μg/L）	～20	5	2～5	<1
总铁 Fe（μg/L）	1000	<100	15	≤3
总铜 Cu（μg/L）		<15		≤1
氯 Cl^-（μg/L）	100	<10	20	≤1
阳导电度（25℃，阳柱后，μS/cm）		<0.2		≤0.10
pH 值（25℃混床，以 H^+/OH^- 型运行）	8.0～9.0	6.5～7.5	8.0～9.0	6.5～7.5

第一节　凝结水精处理系统总体概述

本工程中，凝结水精处理系统每台机组由3×33.3%前置过滤器和4×33.3%高速混床组成。3台前置过滤器不设备用，4台混床3用1备；两台机组高速混床共用一套树脂体外再生装置及其辅助系统。

每台机组精处理系统设有两套自动旁路系统【前置过滤器1套（含调节小旁路）、混床一套】，旁路阀均采用电动蝶阀，每个旁路系统均设有手动检修旁流阀，当旁路系统中的旁路阀有故障时，打开手动旁路阀，关闭自动旁路阀前后的隔离阀，进行检修自动旁路阀。

一、凝结水精处理系统故障解列

在遇到下列情况之一时，旁路系统应能自动打开，并切除凝结水精处理系统中的相应设备：

（1）进口凝结水水温大于或等于50℃。

（2）精处理系统进口压力大于4.0MPa。

（3）铁含量大于1000μg/L时，不投高速混床；铁含量大于2000μg/L时，前置过滤器也不投。

（4）前置过滤器进出口压差大于0.12MPa。

（5）精处理混床的进出口压差大于0.35MPa。

（6）运行混床出水氢电导率大于0.15μS/cm、二氧化硅不小于10μg/L或钠含量不小于1μg/L。

二、前置过滤器旁路工作方式

前置过滤器进、出口母管设0～100%连续可调开度的旁路。旁路阀工作方式如下：

（1）当三台过滤器正常运行时，过滤器的旁路阀全关。

（2）当有一台过滤器失效时，过滤器的调节小旁路阀开33%。

（3）当有两台过滤器失效时，过滤器的调节小旁路阀开66%。

（4）当凝结水不通过过滤器时，过滤器的大旁路阀和调节小旁路阀完全打开，能通过100%的凝结水量。

前置过滤器的正常运行周期不低于10天，前置过滤器进口悬浮物不超过200μg/L时滤元的使用寿命不低于1年，前置过滤器的滤元的正常使用寿命不低于2年（或反洗次数不低于100次）。

三、高速混床再循环工作方式

高速混床还设有再循环单元。每台机组混床单元设有1台再循环泵，再循环系统是由于混床初投时水质较差不能立即向热力系统送水，在混床投入前先进行再循环，即将混床出水通过循环旁路及泵送至混床入口母管，混床启动初期出水不符合要求时，需经再循环泵循环至混床出水合格方可向系统供水。

机组正常运行时，高速混床3台运行，1台备用，当任1台混床出水不合格或压差过大时，将启动备用混床，先进行再循环运行直至出水合格并入系统。

四、高速混床旁路工作方式

高速混床进、出口母管设一个 0～100%连续可调开度的旁路。旁路阀工作方式如下：

(1) 机组冷启动前，旁路阀全开；点火阶段，开始冲转汽轮机时，高速混床旁路门全开，水全部由凝结水泵打到轴加后排放 15～30min，直至铁含量小于 1000μg/L，YD（硬度）≤2.5μmol/L 时，投入混床。

(2) 投运 1 台混床时，旁路阀开 66%。

(3) 投运两台混床时，旁路阀开 33%。

(4) 正常情况下，三台混床运行，旁路阀全关，对 100%凝结水进行处理。

(5) 凝结水超标时或解列时，旁路阀全开。

混床在满负荷及 AVT 工况下（pH=9.2），正常运行周期应不低于 6 天（氢型运行）；在满负荷 OT 工况下（pH=8.0～9.0），正常运行周期不低于 30 天（当 pH<8.5 时）。

五、凝结水精处理系统控制特点

凝结水精处理系统基本上都采用以时间控制为主，以条件控制为辅的开关量控制，这是可编程控制器的典型应用类型。因而本工程凝结水精处理控制系统采用 PLC+上位机的典型控制方式。顺序控制逻辑在 PLC 内编程实现，必要的保护和闭锁功能也在 PLC 内实现；监视和操作在上位机上进行，上位机上运行监控组态软件。

六、凝结水精处理控制系统构成

本工程 5 号、6 号机组凝结水精处理系统、汽水取样系统、加药系统共用 1 套凝结水精处理 PLC 程序控制系统，采用 1 套冗余的热备 CPU 来实现控制。程序控制机柜、电源柜、操作员站均布置在本期集控楼零米凝结水精处理就地控制室内。

凝结水精处理系统、锅炉补给水处理系统与辅助（车间）系统、循环水处理系统通过控制网络相连，为整个辅助车间（系统）集中控制的一部分。在电厂集中控制室内，通过全厂辅助车间监控网络上的操作员站对凝结水精处理系统和补给水系统进行集中实时监控，即通过 LCD 画面、鼠标和键盘对所有辅助车间（系统）进行监视和控制，车间控制室不再设常规控制仪表盘。在凝结水精处理车间电子设备室内设置 1 台本地上位机，并兼做工程师站，用于系统操作、调试和事故处理时使用。在辅助车间系统网络和本地上位机站都可以对整个工艺系统进行集中监视，但两处操作有闭锁措施，只能在一个有控制权的地方进行控制，控制权可以切换。

工艺系统内所有的电动/气动阀门、风机、泵等设备，均可有三种操作方式：就地手动操作、LCD 上软手动操作、程序自动操作。每种方式都能相互闭锁。对于气动阀门还能在电磁阀箱上进行就地控制，就地与远控的闭锁控制逻辑在电气线路中实现。

七、加药系统构成

本工程化学加药系统按单元成套组装，系统共分三个单元，即给水和凝结水加氨单元、闭式水和给水加联氨单元、给水和凝结水加氧单元。凝结水加氨和加氧点设在凝结水精处理出水母管上；给水加氨和加氧（联氨）点设在除氧器出水下降管上。化学加药系统中的给水、凝结水加氨单元、给水加联氨单元、闭式冷却水加药单元均为两机共用 1 套装置。氨计量箱设置为 2 台，联氨计量箱设置为 1 台，与闭式冷却水计量箱共用。化学加药系统中的给水和凝结水加氧单元为每机一套。加氧控制柜能接受来自凝结水和给水流量、溶解氧量信号，自动调节加氧量，同时，为了保证机组水质差时，停止加氧，引入精处理出口母管和给水氢电导率两个信号，当精处理出口和给水氢电导率同时超过 0.2μS/cm 时，给水和精处理加氧电磁阀关闭，停止加氧。

八、加药控制要求

（1）配氨自动。氨加药单元应实现自动配药，每台氨溶液箱进液口、进水口要求采用电动阀，用于配药时自动启停。

（2）给水加氨自动。由给水管路上流量表送出的模拟信号与加氨泵实现连锁，并由给水 pH 值校核。

（3）凝结水加氨自动。由凝结水管流量表送模拟信号与加氨泵实现连锁。

（4）给水加氧自动。由给水管路上的溶氧表或流量表送出的模拟信号与加氧流量调节阀连锁。

（5）凝结水加氧自动。由凝结水管路上的溶氧表及流量表送出的模拟信号与加氧流量调节阀连锁。

（6）给水加联氨手动控制，但能实现远程操作。

（7）闭式冷却水为手动控制，但能实现远程操作。

九、汽水取样系统

汽水取样系统两台机组各设置一套取样装置，各取样信号送凝结水精处理 PLC 程序控制系统，用于监测机组汽水系统的各取样信号和化学加药的连锁控制功能。汽水取样系统向凝结水精处理 PLC 程序控制系统输出的信号为 4～20mA 模拟信号，并从凝结水精处理控制系统输出信号至机组 DCS，信号形式为 4～20mA DC 两线制。

系统装置的组成单元如下：

（1）前置过滤器单元。包括两台前置过滤器及相应的配套设备、单元内所有的管道、管件、阀门、管道支吊架和必须的附件，还包括测量仪表。

（2）混床单元。包括三台混床及相应的树脂捕捉器、再循环泵及单元内所有的管道、管件、阀门、管道支吊架及必须的附件，还包括测量仪表。

（3）再生单元。包括树脂反洗、分离、再生、储存、装卸设备，以及单元内的所有管道、管件、阀门、管道支吊架及必须的附件，还包括测量仪表。

（4）酸碱储存及计量单元。包括酸储存罐、碱储存罐、酸计量箱、碱计量箱、酸碱喷射器，以及单元内的所有管道、管件、阀门、管道支吊架及必须的附件，还包括测量仪表。

（5）罗茨风机单元。包括风机、消音器、风机入口过滤器及管道、阀门等。

（6）冲洗水泵单元。包括冲洗水泵、管道、阀门等。

（7）旁路单元。包括三套旁路、混床进出口母管隔离阀及其检修手动旁流阀门、管路。

（8）压缩空气单元。包括压缩空气储罐及管道、阀门等。

（9）控制单元。包括一套能实现以上 8 个单元组成的系统装置，即自动投入—自动运行、运行操作、状态监视、异常报警、危急保安、数据储存及记录的 PLC 系统。

控制内容还增加 4 号机组化学加氨、加氧的控制；增加机组排水槽两台泵的启停控制；增加汽水系统所有水质监视点输入信号的显示和报警；并设有全部监视和状态信号外传的接口及其光缆。

控制单元包括 PLC 控制器、电源、控制机柜、初步 I/O 点数和各类卡件清单，以及工程师工作站、操作员站、打印机、网络设备、软件等。

（10）现场仪表控制盘。包括电源分配盘、电磁阀箱、仪表盘等。

第二节　前置过滤器的自动控制

一、前置过滤器的主要阀门的选择

首先要确定管径，再次要考虑手动和自动，还要考虑阀门的类型（如蝶阀、球阀），及执行机构（如气动、电动），本工程中前置过滤器主要阀门的选择：

（1）进水阀。带电动执行机构的蝶阀，DN350。

（2）出水阀。带电动执行机构的蝶阀，DN350。

（3）排空阀（排气门）。带气动执行机构的蝶阀，DN100。

（4）进气阀（进压缩空气）。带气动执行机构的蝶阀，DN100。

（5）排水阀。带气动执行机构的蝶阀，DN100。

（6）反洗水阀。带气动执行机构的蝶阀，DN100。

（7）进水隔离阀。手动蝶阀，DN350。

（8）出水隔离阀。手动蝶阀，DN350。

（9）旁路阀升压阀。带气动执行机构的球阀，直径至少为 DN15。

（10）过滤器旁路阀。电动调节蝶阀，DN450。

（11）过滤器旁路阀检修阀及隔离阀。手动蝶阀，DN500。

二、前置过滤器的运行

1. 前置过滤器运行条件

（1）精处理系统进水压力小于或等于 4.0MPa。

（2）精处理系统进口水温小于 50℃。

（3）精处理系统进水含铁量小于或等于 2000μg/L。

（4）前置过滤器进出口压差小于或等于 0.12MPa。

2. 机组启动时前置过滤器的运行

机组启动初期，凝结水含铁量超过 1000μg/L 时，不投入凝结水精处理混床系统，仅投入前置过滤器，可以迅速降低系统中的铁悬浮物含量，使机组尽早转入运行阶段。前置过滤器正常运行压降应小于 0.02MPa。

前置过滤器的投运程序见表 23-2。

表 23-2　　前置过滤器运行程序

步序	步骤名称	进水阀 V1	升压阀 V2	出水阀 V3	反洗进水阀 V4	进压缩空气阀 V5	排气阀 V6	中间排水阀 V7	底部排水阀 V8	再循环阀	再循环泵	冲洗水泵	转步延时	转步条件
1	低压充水		●					●					5min	
2	下部充水	●						●						至中排出水或设定时间

续表

步序	步骤名称	进水阀V1	升压阀V2	出水阀V3	反洗进水阀V4	进压缩空气阀V5	排气阀V6	中间排水阀V7	底部排水阀V8	再循环阀	再循环泵	冲洗水泵	转步延时	转步条件
3	上部充水	●					●							设定时间
4	升压	●				●				●				至额定压力
5	运行	●		●									240h	指定时间或压差≥0.12MPa或进水超标
6	停运													
7	反洗													

注 表中●表示阀门打开。

三、前置过滤器的停止

精处理系统进口凝结水水温不小于50℃、进口压力大于4.0MPa或铁含量大于2000μg/L时，判定进水超标，停运所有3台过滤器，精处理旁路阀全开，同时关闭前置过滤器进出水母管总阀门、关闭高速混床进出水母管总阀门，凝结水100%全从旁路通过。当过滤器运行时间达累计值或进出口压差不小于0.12MPa时，判定该台过滤器失效，停运该台过滤器，前置过滤器失效1台，旁路阀开度增加33%。

四、前置过滤器的反洗

当发生压降过高，表明截留了大量固体，前置过滤器退出运行，用反洗水泵和压缩空气进行反洗。

反洗包括气冲洗和水冲洗，具体参见如下步骤：

（1）排水。开排气门和中排水门，将滤元顶部以上的水排除。

（2）空气吹洗。开排气门和进压缩空气门，对滤元进行空气吹洗。

（3）水冲洗。开反洗进水门和底部排水门，由内向外对滤元进行水冲洗。

上述（2）、（3）可根据需要重复多次。

（4）充水。开排气门和反洗进水门向过滤器内充水，至滤元顶部。

（5）空气清洗。开进压缩空气门，使过滤器内升压到0.2MPa，然后快速开底部排水门，泄压排水，排出过滤器内污物，此步可进行多次。

（6）充水。开排气门和反洗进水门向过滤器内充水至排气门有水为止。

（7）升压。开进水升压门，升压至运行压力时即可转入运行。

前置过滤器反洗程序见表23-3。

表23-3 **前置过滤器反洗程序**

步序	步骤名称	进水阀V1	升压阀V2	出水阀V3	反洗进水阀V4	进压缩空气阀V5	排气阀V6	中间排水阀V7	底部排水阀V8	再循环阀V9	再循环泵	冲洗水泵	转步延时	转步条件
1	排气减压						●	●					30s	过滤器入口压力<0.12MPa
2	空气吹洗					●			●				8s	内部水排空延时8s

续表

步序	步骤名称	进水阀V1	升压阀V2	出水阀V3	反洗进水阀V4	进压缩空气阀V5	排气阀V6	中间排水阀V7	底部排水阀V8	再循环阀V9	再循环泵	冲洗水泵	转步延时	转步条件
3	水冲洗				●		●					●		仅大反洗用
4	低压充水		●				●							至滤元顶部
5	进空气					●								0.2MPa
6	空气清洗					●			●					时间
7	充水				●		●							排气阀出水
8	升压		●											至额定压力
9	备用													
10	运行	●		●										

注　表中●表示阀门打开，步序2、3可根据实际情况设定循环次数。

为节省传感器，简化程序，减少故障，步序转化尽量采用延时控制，具体延时时间在首次调试测算后确定。

第三节　高速混床的自动控制

一、高速混床主要阀门的选择

(1) 进水阀。DN350电动法兰式蝶阀，材质为不锈钢。

(2) 出水阀。DN350电动法兰式蝶阀，材质为不锈钢。

(3) 排空阀。DN40不锈钢气动球阀。

(4) 再循环出口阀。DN250气动蝶阀，材质为不锈钢。

(5) 空气进口阀。DN100气动蝶阀，材质为不锈钢。

(6) 冲洗水上、下进口阀。DN80不锈钢蝶阀。

(7) 树脂输入阀。DN80气动球阀，材质为不锈钢。

(8) 树脂输出口阀。DN80气动球阀，材质为不锈钢。

(9) 进、出水隔离阀。DN350手动蝶阀，材质为不锈钢。

(10) 进、出口手动取样阀。采用DN15，手动针型阀，材质为不锈钢。

二、某机组高速混床单元

如图23-1所示，某机组的高速混床系统由两台高速混床组成，两台构成基本相同，正常时两台同时运行，两台共用一旁路系统再循环水泵，再生时输入、输出树脂至再生系统的共用管道。

三、高速混床的运行

1. 系统启动前的准备

(1) 检查待投运混床处于退出状态，无检修工作，各种检测仪表完好备用。

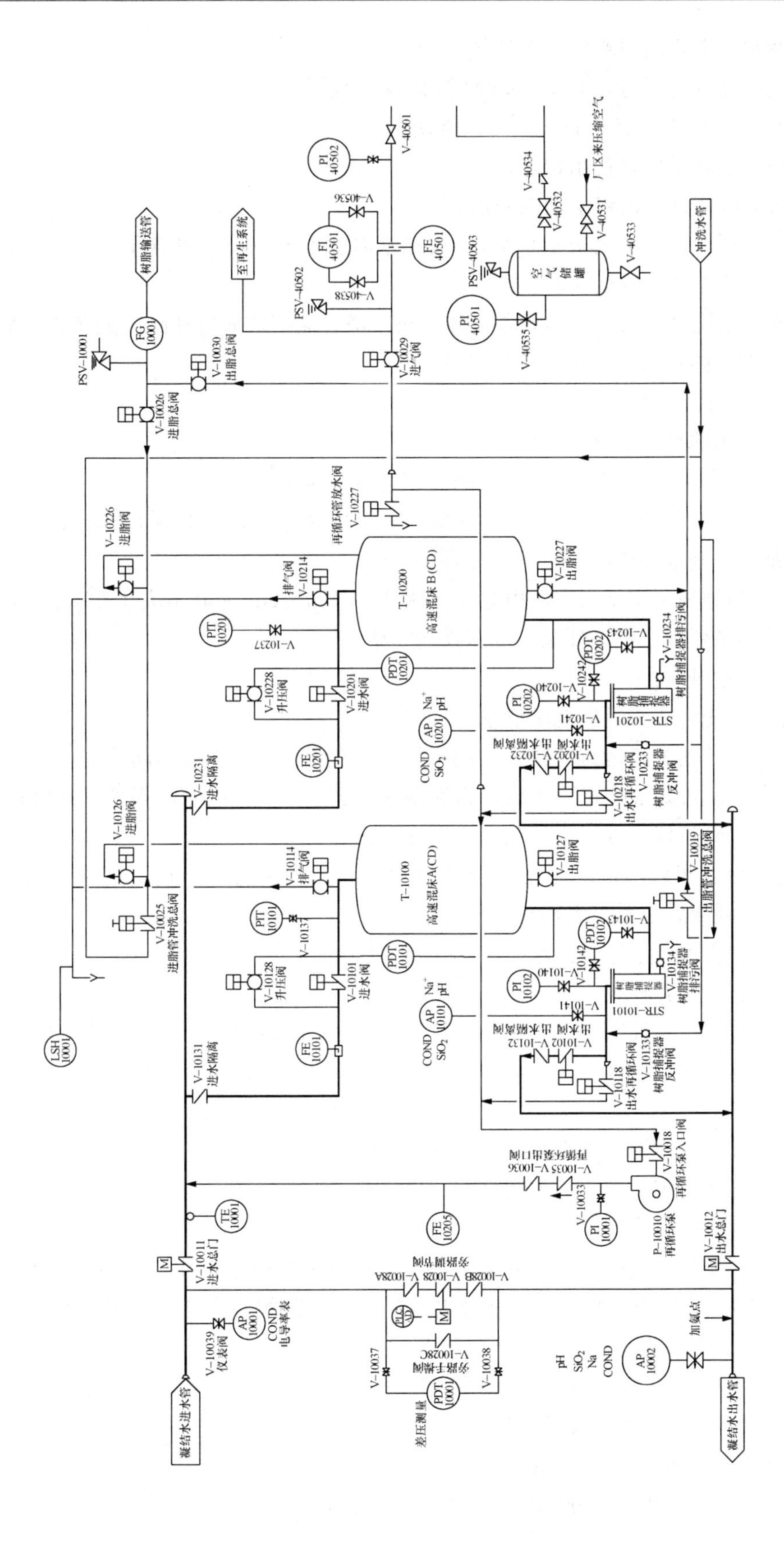

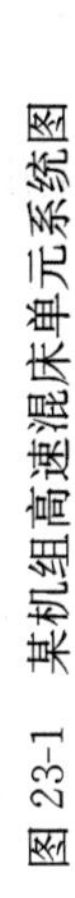
图 23-1　某机组高速混床单元系统图

(2) 控制台、电磁阀门箱已送电送气。

(3) 仪用压缩空气压力在0.4～0.9MPa之间，且干燥无油。

(4) PLC及工控机已启动完毕，可正常使用。

(5) 再循环泵处于良好备用状态。

(6) 待投运混床进、出口手动阀开启。

(7) 凝结水压力稳定不大于4.0MPa，凝结水温度小于50℃，铁含量不大于1000μg/L。

(8) 前置过滤器处于投运状态。

(9) 在整个系统投运前，应确认各床体、再生塔、储存塔的自动阀门处于关闭状态，与各个操作过程有关的水泵、风机处于停运状态。

2. 高速混床的投运操作

(1) 高速混床的投运步骤：

1) 升压。开进水升压阀，对待投运的混床进行升压操作。

2) 再循环进水。升压至与进水压力相等时，开混床进水阀、再循环阀、再循环泵出口阀、再循环泵，关进水升压阀。进行再循环。

3) 运行。当循环正洗至出水氢电导率不大于0.15μS/cm或硅不大于15μg/L时，开混床出水阀，关再循环阀、再循环泵。混床投运完毕。

(2) 操作注意事项：

1) 操作前应先将待投运的混床满水。

2) 投运前，若是旁路运行，待三台混床投入正常运行后，将旁路阀关闭。

3) 操作前，应确认混床进出水管、再循环泵进、出水管上的手动阀处于开启状态。

4) 进、出水管道仪表处于投运状态，取样阀开启。

5) 投运一台混床后，系统旁路阀开度为66%；投运两台混床后，系统旁路阀开度为33%；投运三台混床后，系统旁路阀全部关闭。

6) 投运后，再循环泵进、出水手动阀保持开启。

3. 高速混床的停运操作

运行中，运行的三台混床中的任意一台出水氢电导率大于0.15μS/cm、压差大于0.3MPa或累积制水量达设定值时，应判断其失效，操作者应投运备用混床，停运失效混床。

(1) 停运步骤：

1) 停运。关闭失效混床进水阀、出水阀及各仪表取样阀。

2) 卸压。开排气阀，卸压后关闭。

(2) 操作注意事项：

1) 若是切换操作，应确认备用混床正常投运后再进行撤运操作；若无备用混床，应先将旁路阀开启33%；若是将两台混床都撤出，应先将旁路阀开启66%；若是将三台混床都撤出（如机组停运），应先将旁路阀完全打开。

2) 若是用自动程序停运，必须有备用混床，若是半自动程序停运，应先投运备用混床。

四、高速混床的失效树脂转送操作

1. 高速混床失效树脂（CD）转送至分离塔（SPT）

高速混床失效树脂转送至分离塔程序见表23-4。

表 23-4　　高速混床失效树脂转送至分离塔程序

序号	步　骤	时间 (min)	开启的阀门	开启的泵/风机	说　明
1	混床泄压	1	V-10114CD 排气阀		混床排气阀打开，卸压
2	混床气力送出树脂	10	V-10029CD 进气阀，V-10118CD 出水再循环阀，V-10127CD 出脂阀，V-10030CD 出脂总阀，V-10023 1 号机树脂输送中间阀，V-30101SPT 进脂阀，V-30119SPT 底部排水阀		维持混床混床顶部空气室，树脂被压送到分离罐
3	混床气、水力输送树脂	10	V-10025CD 进脂管冲洗总阀，V-10126CD 进脂阀，V-10029CD 进气阀，V-10118CD 出水再循环阀，V-10127CD 出脂阀，V-10030CD 出脂总阀，V-10023 1 号机树脂输送中间阀，V-30101SPT 进脂阀，V-30119SPT 底部排水阀	水泵	顶部进水并维持其气室，继续输送树脂
4	混床排气排水	10	V-10114CD 排气阀，V-10118CD 出水再循环阀，V-10027 再循环管放水阀，V-10019 出脂管冲洗总阀，V-10030CD 出脂总阀，V-10023 1 号机树脂输送中间阀，V-30101 SPT 进脂阀，V-30119SPT 底部排水阀	水泵	混床从再循环母管排水，并冲洗树脂输送管
5	混床排水，管道冲洗	5	V-10114CD 排气阀，V-10118CD 出水再循环阀，V-10027 再循环管放水阀，V-10019 出脂管冲洗总阀，V-10030CD 出脂总阀，V-100231 号机树脂输送中间阀，V-30101SPT 进脂阀 V-30119 SPT 底部排水阀，V-30019 SPT 再生系统管道冲洗阀	水泵	保证混床内水放净，同时对输送管道进行双向冲洗

2. 备用混脂从阳再生罐（CRT）送至高速混床（CD）

备用混脂从阳再生罐送至高速混床程序见表 23-5。

表 23-5　　备用混脂从阳再生罐（CRT）送至高速混床（CD）程序

序号	步　骤	时间 (min)	开启的阀门	开启的泵/风机	说　明
1	CRT 进气，输送树脂	现场设定	V-30312 CRT 上部进气阀，V-30302 CRT 出脂阀，V-10023 1 号机树脂输送中间阀，V-10026CD 进脂总阀，V-10126CD 进脂阀，V-10118CD 出水再循环阀，V-10027 再循环管放水阀		进气加压，树脂随水输出

续表

序号	步　骤	时间(min)	开启的阀门	开启的泵/风机	说　明
2	CRT 气、水力输送树脂	4	V-30312 CRT 上部进气阀，V-30302CRT 出脂阀，V-10023 1号机树脂输送中间阀，V-10026CD 进脂总阀，V-10126CD 进脂阀，V-10118CD 出水再循环放水阀，V-10027 再循环管放水阀，V-30316 CRT 反洗进水阀	水泵	维持空气室，CRT 下部进水冲动树脂
3	CRT 淋洗，树脂传送	现场设定	V-30302 CRT 出脂阀，V-10023 1号机树脂输送中间阀，V-10026 进脂总阀，V-10126 进脂阀，V-10118CD 出水再循环阀，V-10027 再循环管放水阀，V-30316 CRT 反洗进水阀，V-30315 CRT 上部进水阀	水泵	CRT 上、下同时进水，以保证罐内树脂被输送彻底
4	CRT 泄压、管道冲洗、混床进水	现场设定	V-30314 CRT 排气阀，V-30019 再生系统管道冲洗阀，V-10023 1号机树脂输送中间阀，V-10026 进脂总阀，V-10126 进脂阀，V-10114CD 排气阀，V-10025 进脂管冲洗总阀	水泵	冲洗树脂输送管，确认CRT 中无树脂，混床（CD）中树脂达适当水平面

五、树脂再生

本工程两台机组的混床共用一套再生系统，再生系统的主要功能满足混床在上述工况运行时的树脂分离、清洗、再生及树脂储存的全部要求，且不对树脂造成不必要的损害。

本工程高速混床采用在国内有成熟运行经验的再生技术。高塔分离法，又称完全分离法，由树脂分离塔（SPT）、阴树脂再生塔（ART）、阳树脂再生塔（CRT）（兼作树脂储存罐）以及罗茨风机和压缩空气储存罐等组成。高塔再生单元系统如图 23-2 所示。本工程另设一台失效树脂储存罐。一套再生单元内能存放 2 份混床树脂，两台机组凝结水精处理混床单元和再生单元能存放 10 份混床树脂。

混床失效树脂可送入树脂分离罐，也可先送入树脂储存罐，待分离罐内的树脂分离完成后，再送入再生罐分别再生。阳、阴树脂再生完成后在阳再生罐内混合储存，也可将混合后的树脂送入树脂储存罐。

中压除盐系统和低压再生系统之间装有带筛网的压力安全阀，筛网可以泄放压力而不让树脂漏过。

失效树脂在分离罐（SPT）内分离并送出程序如表 23-6 所示。阴树脂在阴再生罐（ART）内再生程序如表 23-7 所示。阳树脂在阳再生罐（CRT）内再生程序如表 23-8 所示。阴再生罐内树脂输送到阳再生罐程序如表 23-9 所示。阳、阴树脂在阳再生罐内空气混合并漂洗备用程序如表 23-10 所示。

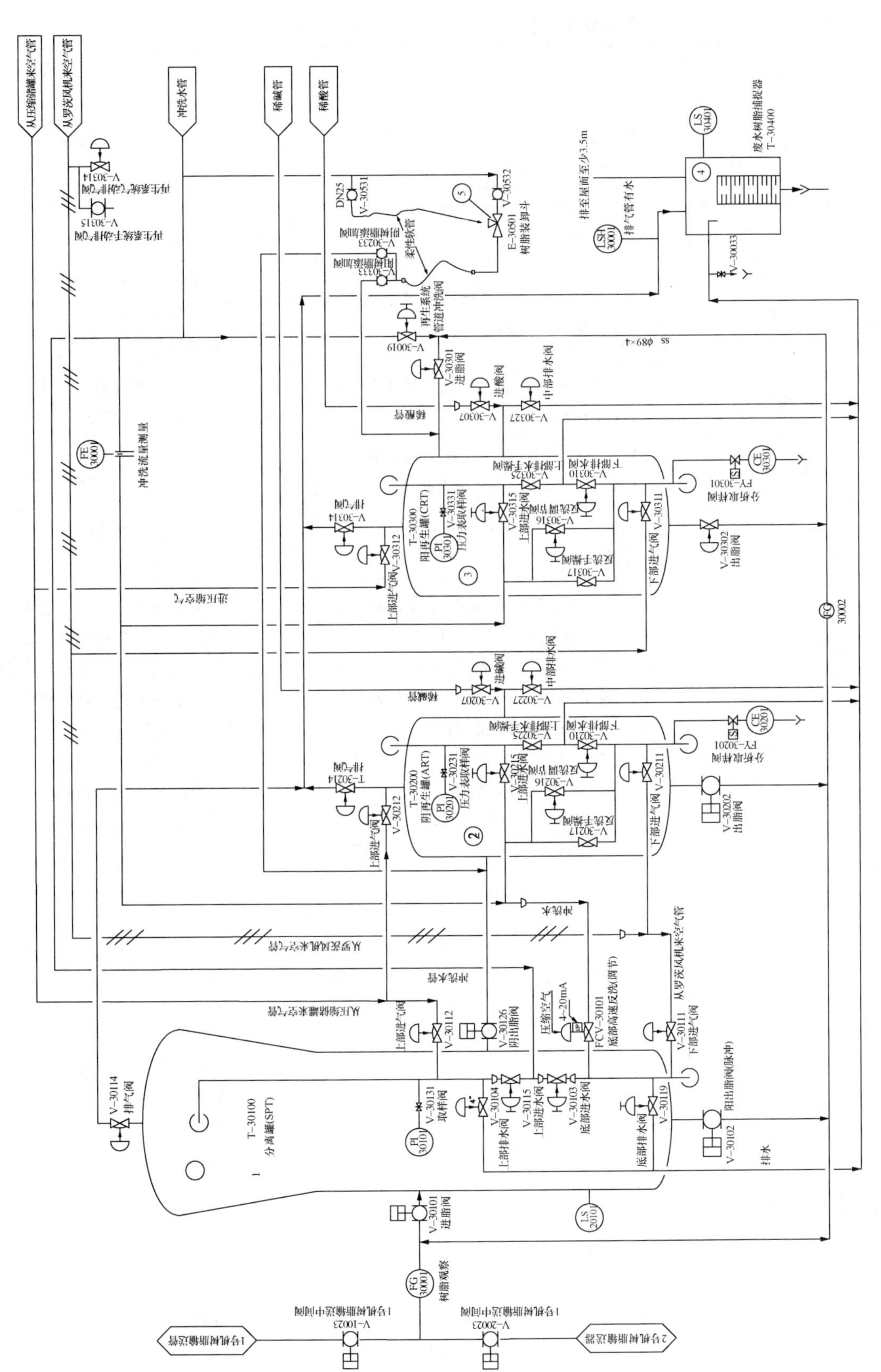

图 23-2　高塔再生单元系统图

表 23-6　　失效树脂在分离罐（SPT）内分离并送出程序

序号	步　骤	时间（min）	开启的阀门	开启的泵/风机	说　明
1	分离罐充水	2	V-30115SPT 上部（正洗）进水阀，V-30114SPT 排气阀	冲洗泵	直至排气管出水开关动作
2	分离罐压力排水	现场设定	V-30112SPT 上部进气阀，V-30119SPT 底部排水阀	冲洗泵	排水至树脂面 150～200mm
3	分离罐卸压	1	V-30104SPT 上部（反洗）排水阀，V-30014 再生系统气动排气阀	冲洗泵 风机	先开启风机以除去管道中可能存在的杂质，为下步做准备
4	空气擦洗	15	V-30104SPT 上部（反洗）排水阀，V-30111SPT 下部进气阀	冲洗泵 风机	解决树脂抱球，除去部分渣渍，以利分离
5	分离罐充水	2	V-30104SPT 上部（反洗）排水阀，V-30103SPT 底部（反洗）进水阀	冲洗泵	进水到顶部视镜的底沿
6	分离罐压力排水	现场设定	V-30112SPT 上部进气阀，V-30119SPT 底部排水阀	冲洗泵	排水到树脂层上部 500mm 处
7	分离罐树脂第一次分离	现场设定	FCV-30101SPT 底部高速反洗阀，V-30114SPT 排气阀，V-30104SPT 上部排水阀，V-30019 再生系统管道冲洗阀，V-30103SPT 底部（反洗）进水阀，V-30102SPT 阳出脂阀（脉冲）	冲洗泵	具体的流量分配以及各阀门的定时启闭通过调试最终确定，在该步中，操作员必须在现场观察树脂的分离效果
8	分离罐中阴树脂输送至阴罐	7	V-30115SPT 上部进水阀，FCV-30101 底部高速反洗阀，V-30126SPT 阴出脂阀，V-30210ART 下部排水阀，V-30214ART 排气阀	冲洗泵	分离出来的阴树脂被从分离罐上部进入的水压入阴罐，目测检查 SPT、ART 树脂面
9	分离罐树脂第二次分离	现场设定	FCV-30101 SPT 底部高速反洗阀，V-30104SPT 上部排水阀，V-30019 再生系统管道冲洗阀，V-30102SPT 阳出脂阀（脉冲）	冲洗泵	各阀门的流量分配以及部分阀门的启闭与第一次分离相同
10	分离罐中阳树脂送至阳罐	10	V-30115SPT 上部（正洗）进水阀，V-30102SPT 阳出脂阀，V-30301CRT 进脂阀，V-30310CRT 下部排水阀，V-30314CRT 排气阀	冲洗泵	阳树脂被从分离罐上部进入的水压入阳罐，当界面检测器 LS-30101 发出信号或设定时间结束时，分离罐阳出脂阀即关闭
11	树脂输送管路的冲洗	2	V-30301CRT 进脂阀，V-30310CRT 下部排水阀，V-30019 再生系统管道冲洗阀，V-10019 出脂管冲洗总阀，V-10030CD 出脂总阀，V-10023 1 号机树脂输送中间阀	冲洗泵	管路中残留的树脂随水被注入阳罐

表 23-7 阴树脂在阴再生罐（ART）内再生程序

序号	步骤	时间(min)	开启的阀门	开启的泵/风机	说明
1	ART 压力排水	现场设定	V-30212ART 上部进气阀，V-30227ART 中排阀，V-30014 再生系统气动排气阀	冲洗泵风机	阴罐排水到中排不出水为准，而风机预先启动主要用于排除管道中可能存在的杂质
2	ART 空气擦洗	现场设定	V-30211ART 下部进气阀，V-30214ART 排气阀	冲洗泵风机	在水量较小的情况下，树脂才能起到较好的擦洗效果
3	继续空气擦洗/水反洗	现场设定	V-30211 ART 下部进气阀，V-30214ART 排气阀，V-30216ART 反洗调节阀，V-30227ART 中部排水阀	冲洗泵风机	反洗进水量为树脂体积的 1/2
4	ART 加压	现场设定	V-30212 上部进气阀	冲洗泵	形成 0.41MPa 空气室
5	ART 底部及四周冲洗	现场设定	V-30212 上部进气阀，V-30210ART 下部排水阀，V-30227ART 中部排水阀	冲洗泵	通过底排和再生配水器把悬浮物排出罐外
6	ART 充水	现场设定	V-30215ART 上部（正洗）进水阀，V-30214ART 排气阀，V-30207ART 进碱阀，V-40233 碱喷射器进水阀，TCV-40301 温度调节阀	冲洗泵	阴罐中部同时进水是为了冲刷可能吸附在中部碱装置上的树脂或杂质等，并形成碱稀释水流量，冲水至 LS-30001（检测到汽水管有水）动作，即转步序号 1～6 可以不断重复，由操作员设定重复次数
7	注入 5%碱液	现场设定	V-30207ART 进碱阀，V-30210ART 下部排水阀，V-40233 碱喷射器进水阀，V-40236 碱喷射器进碱阀，TCV-40301 温度调节阀	冲洗泵	
8	ART 碱液置换漂洗	30	V-30207 ART 进碱阀，V-30210 ART 下部排水，V-40233 碱喷射器进水阀，TCV-40301 碱喷射器进碱阀	冲洗泵	
9	ART 快速漂洗	15	V-30215 ART 上部（正洗）进水阀，V-30210 ART 下部排水阀	冲洗泵	流速较快以利再生时置换出的离子不滞留
10	ART 重力排水	现场设定	V-30014 再生系统气动排气阀，V-30227 ART 中部排水阀，V-30214 ART 排气阀	冲洗泵风机	排水到中排无水为准，风机预先启动排除杂质
11	ART 空气擦洗	现场设定	V-30211ART 下部进气阀，V-30214ART 排气阀	冲洗泵风机	

续表

序号	步骤	时间(min)	开启的阀门	开启的泵/风机	说明
12	空气擦洗/水反洗	现场设定	V-30211ART下部进气阀，V-30214ART排气阀，V-30216ART反洗调节阀，V-30227ART中部排水阀	冲洗泵 风机	反洗水量为树脂体积的1/2
13	ART加压		V-30212ART上部进气阀	冲洗泵	形成0.41MPa空气室，阴罐进气加压，为曝气做准备
14	AR底部及四周冲洗		V-30212 ART上部进气阀，V-30210 ART下部排水阀，V-30227 ART中部排水阀	冲洗泵	通过底排和再生配水装置排除杂质及细小颗粒
15	ART充水	8	V-30215 ART上部（正洗）进水阀，V-30214ART排气阀	冲洗泵	如果罐体水充满时，而设定时间未到，那么液位开关LS-30001将发出信号而进入下一步骤。序号10～15可以不断重复，由操作员设定重复次数
16	ART最终漂洗	现场设定	V-30215ART上部（正洗）进水阀，V-30210ART下部排水阀	冲洗泵	对阴树脂进行大流量快速漂洗。该过程中将延时0～15min打开取样阀FY-30230进行检测，当DD<10μS/cm时，则漂洗结束。如果在设定时间内，未达到要求，则应报警查明原因
17	管道调整	现场设定			此时，再生系统处于停运状态，为下一工作提供良好准备

表23-8　阳树脂在阳再生罐（CRT）内再生程序

序号	步骤	时间(min)	开启的阀门	开启的泵/风机	说明
1	CRT压力空气排水	现场设定	V-30312CRT上部进气阀，V-30327CRT中部排水阀，V-30014再生系统气动排气阀	冲洗泵 风机	CRT排水到中排不出水为准
2	CRT空气擦洗	现场设定	V-30311CRT下部进气阀，V-30014再生系统气动排气阀	冲洗泵 风机	阳树脂在水量较少的情况下被空气擦洗
3	空气擦洗/水反洗	现场设定	V-30316CRT反洗进水调节阀，V-30327CRT中部排水阀，V-30314CRT排气阀，V-30311CRT下部进气阀	冲洗泵 风机	反洗进水量为树脂体积的1/2

续表

序号	步　骤	时间(min)	开启的阀门	开启的泵/风机	说　明
4	CRT 加压	现场设定	V-30312 CRT 上部进气阀	冲洗泵	形成 0.41MPa 空气室
5	CRT 底部及四周冲洗	现场设定	V-30312 CRT 上部进气阀，V-30310 CRT 下部排水阀，V30327 CRT 中部排水阀	冲洗泵	罐内被擦洗下来的细小颗粒在中、下部被冲洗出来
6	CRT 充水	现场设定	V-30315CRT 上部（正洗）进水阀，V-30314CRT 排气阀，V-30307CRT 进酸阀，V-40133 酸喷射器进水阀	冲洗泵	阳罐中部同时进水是为了冲刷可能吸附在中部酸装置上的杂质颗粒等，并形成酸稀释水流量，冲水至 LS-30001（检测到排水管有水）动作，即转步 序号 1～6 步骤，可以不断重复，由操作员设定重复次数
7	CRT 注入 5% 的酸溶液	现场设定	V-30310CRT 下部排水阀，V-30307CRT 进酸阀，V-40133 酸喷射器进水阀，V-40136 酸喷射进酸阀	冲洗泵	
8	CRT 酸液置换漂洗	30	V-30307CRT 进酸阀，V-30310CRT 下部排水阀，V-40133 酸喷射进水阀	冲洗泵	用进稀酸同样的流量对阳树脂进行置换
9	CRT 快速漂洗	15	V-30315CRT 上部（正洗）进水阀，V-30310CRT 下部排水阀	冲洗泵	流速较快以利再生时置换出的离子不滞留
10	CRT 重力空气排水	现场设定	V-30327CRT 中部排水阀，V-30314CRT 排气阀，V-30014 再生系统气动排气阀	冲洗泵 风机	水位排到中排无水为止，风机预先启动排气除杂质
11	CRT 空气擦洗	现场设定	V-30314CRT 排气阀，V-30311CRT 下部进气阀	冲洗泵 风机	阳树脂在空气的搅动下被擦洗
12	空气擦洗/水反洗	现场设定	V-30311CRT 下部进气阀，V-30314CRT 排气阀，V-30316CRT 反洗进水调节阀，V-30327CRT 中部排水阀	冲洗泵 风机	反洗水量为树脂体积的 1/2
13	CRT 加压	现场设定	V-30312CRT 上部进气阀	冲洗泵	使阳罐形成 0.41MPa 空气室，为曝气提供动力
14	CRT 底部及四周冲洗	现场设定	V-30312CRT 上部进气阀，V-30310CRT 下部排水阀，V-30327CRT 中部排水阀	冲洗泵	通过底排和再生配水装置排除杂质及细小颗粒
15	CRT 充水	11	V-30314CRT 排气阀，V-30315CRT 上部（正洗）进水阀	冲洗泵	CRT 进满水后，若未到设定时间，则液位开关 LSH－30001 会发出信号而转步。序号 10～15 步骤，可以不断重复，由操作员设定重复次数

续表

序号	步　骤	时间(min)	开启的阀门	开启的泵/风机	说　明
16	CRT 最终漂洗	17或现场设定	V-30315CRT 正洗进水阀，V-30310CRT 下部排水阀	冲洗泵	对阳树脂进行大流量快速漂洗。该过程中将延时0～15min，打开取样阀FY-30330进行检测，当DD<10μS/cm时，则漂洗结束。如果在设定时间内，未达到要求，则应报警查明原因
17	管道调整	5			此时，再生系统处于停运状态，为下次再生提供准备

表 23-9　　阴再生罐（ART）内树脂输送到阳再生罐（CRT）程序

序号	步　骤	时间(min)	开启的阀门	开启的泵/风机	说　明
1	ART 快速漂洗	3	V-30215ART 上部（正洗）进水阀，V-30210ART 下部排水阀	冲洗泵	阴树脂输送前的漂洗是为确保阴树脂输送前的质量，同时取样阀FY-30201自动打开进行检测（DD<10μS/cm）
2	ART 水/气力输送树脂	7	V-30212ART 上部进气阀，V-30216ART 反洗调节阀，V-30202ART 出脂阀，V-30301CRT 进脂调节，V-30310CRT 下部排水调节，V-30314CRT 排气阀	冲洗泵	阴罐下部进水松动树脂，顶部进气形成的一定压力的空气室把树脂送出
3	ART 淋洗树脂输送	8	V-30215ART 上部（正洗）进水阀，V-30216ART 反洗调节阀，V-30202ART 出脂阀，V-30301CRT 进脂阀，V-30310CRT 下部排水，V-30314CRT 排气阀	冲洗泵	阴罐上部进水，保证了罐内的树脂不被残留
4	ART 管道冲洗，CRT 充水	2	V-10019CD 出脂管冲洗总阀，V-10030CD 出脂总阀，V-10023 1号机树脂输送中间阀，V-30019 再生系统管道冲洗阀，V-30301CRT 进脂阀，V-30310CRT 下部排水阀	冲洗泵	树脂罐道从两个方向冲洗，冲洗水仍注入阳罐
5	ART 备用	5			给阴罐充满水是为以后的步骤作好准备

表 23-10　　阳、阴树脂在阳再生罐内空气混合并漂洗备用程序

序号	步　骤	时间（min）	开启的阀门	开启的泵/风机	说　明
1	CRT 重力排水	现场设定	V-30314CRT 排气阀，V-30327CRT 中部排水阀，V-30014 再生系统气动排气阀		阳罐放水到树脂面上 200mm 处，开风机吹管
2	CRT 空气混合	12	V-30311CRT 下部进气阀，V-30314CRT 排气阀	风机	必须确保树脂被搅动
3	CRT 空气混合，排水	现场设定	V-30311 CRT 下部进气阀，V-30314 CRT 排气阀，V-30327 CRT 中部排水阀	风机	当水排到树脂层上或从窥视镜中观察到树脂不再被搅动即可，而边擦洗边排水则确保了树脂不再重新分离
4	CRT 充水	4	V-30315 CRT 上部（正洗）进水阀，V-30314 CRT 排气阀	冲洗泵	
5	CRT 最终漂洗	22	V-30315 CRT 上部（正洗）进水阀，V-30310 CRT 下部排水阀	冲洗泵	该步中将延时 10min，打开取样阀 FY-30301 进行检测
6	CRT 备用	现场设定			在备用期间根据需要进行漂洗

参 考 文 献

[1] 何志. 电力用油. 北京：水利电力出版社，1986.
[2] 温念珠. 电力用油实用技术. 北京：中国水利水电出版社，1998.
[3] 郝有明. 电力用油(气)实用技术问答. 北京：中国水利水电出版社，2000.
[4] 谭志龙，等. 电力用油(气)技术问答. 北京：中国电力出版社，2006.
[5] 钱旭耀. 变压器油及相关故障诊断处理技术. 北京：中国电力出版社，2006.
[6] 罗竹杰，刘杰堂，编. 电力用油与六氟化硫. 北京：中国电力出版社，2007.
[7] 汪红梅. 电力用油(气). 北京：化学工业出版社，2009.
[8] 孟玉婵，等. 电气设备用六氟化硫的检测与监督. 北京：中国电力出版社，2009.
[9] 孙坚明，等. 电力用油分析及油务管理. 北京：中国电力出版社，2009.
[10] 周本省. 工业水处理技术. 北京：化学工业出版社，2003.
[11] 张葆宗. 反渗透水处理应用技术. 北京：中国电力出版社，2004.
[12] 蒋克彬. 水处理工程常用设备工艺. 北京：中国石化出版社，2011.
[13] 李贺. 给水处理导论. 南京：东南大学出版社，2011.
[14] 金明柏. 水处理系统设计实务. 北京：中国电力出版社，2010.
[15] 金熙，等. 工业水处理技术问答. 北京：化学工业出版社，2010.
[16] 张全成，等. 锅炉水处理技术. 郑州：黄河水利出版社，2010.
[17] 冯敏. 现代水处理技术. 北京：化学工业出版社，2010.
[18] 韩隶传，等. 热力发电厂凝结水处理. 北京：中国电力出版社，2010.
[19] 程方，等. 水处理和膜分离技术问答. 北京：化学工业出版社，2012.
[20] 中国华电工程有限公司，等. 大型火电设备手册：水处理系统设备. 北京：中国电力出版社，2009.
[21] 李本高，等. 工业水处理技术. 北京：中国石化出版社，2012.
[22] 国电太原第一热电厂. 化学水处理系统和设备. 北京：中国电力出版社，2008.
[23] 于海琴. 膜技术及其在水处理中的应用. 北京：中国水利水电出版社，2011.
[24] 王鼎臣. 水处理技术及工程实例. 北京：化学工业出版社，2008.
[25] 庄秀梅. 电厂水处理技术. 北京：中国电力出版社，2007.
[26] 窦照英. 锅炉水处理实例精选. 北京：化学工业出版社，2012.
[27] 李培元，等. 发电厂水处理及水质控制. 北京：中国电力出版社，2012.
[28] 白润英，等. 水处理新技术、新工艺与设备. 北京：化学工业出版社，2012.
[29] 陈志和，等. 1000MW 火力发电机组培训教材：水处理设备系统及运行. 北京：中国电力出版社，2010.
[30] 王永华. 现代电气控制技术及 PLC 应用技术. 2 版. 北京：北京航空航天大学出版社，2008.
[31] 李培元. 火力发电厂水处理及水质控制. 2 版. 北京：中国电力出版社，2008.
[32] 程世庆，姬广勤，史永春，等. 化学水处理设备与运行. 北京：中国电力出版社，2008.
[33] 龙志文. 工控组态软件. 重庆：重庆大学出版社，2005.
[34] 刘爱忠. 电厂化学. 北京：中国电力出版社，2002.
[35] 大唐国际发电股份有限公司. 火力发电厂辅控运行. 北京：中国电力出版社，2009.
[36] 白建云，杨晋萍. 程序控制系统. 北京：中国电力出版社，2006.

[37] 王志祥. 热工保护与顺序控制. 2版. 北京：中国电力出版社，2008.
[38] 于萍. 电厂化学. 武汉：武汉大学出版社，2009.
[39] [德]Raimond Pigan；Mark Metter. 西门子 PROFINET 工业通信指南. 汤亚锋译. 北京：人民邮电出版社，2007.